生态城乡与绿色建筑研究丛书
湖北省学术著作出版专项资金资助项目
李保峰 主编
陈宏 副主编／刘小虎 执行主编

A Comparative Study of Building Energy Efficiency Standards
of China and the United States of America

中美建筑节能设计标准比较研究

兰兵 著

华中科技大学出版社
http://www.hustp.com
中国·武汉

图书在版编目(CIP)数据

中美建筑节能设计标准比较研究/兰兵著.—武汉:华中科技大学出版社,2020.10
(生态城乡与绿色建筑研究丛书)
ISBN 978-7-5680-5897-1

Ⅰ.①中… Ⅱ.①兰… Ⅲ.①建筑设计-节能设计-设计标准-对比研究-中国、美国
Ⅳ.①TU201.5-65

中国版本图书馆 CIP 数据核字(2019)第 283466 号

中美建筑节能设计标准比较研究   兰 兵 著
Zhong-Mei Jianzhu Jieneng Sheji Biaozhun Bijiao Yanjiu

策划编辑:易彩萍
责任编辑:易彩萍　周怡露
封面设计:王　娜
责任校对:曾　婷
责任监印:朱　玢
出版发行:华中科技大学出版社(中国·武汉)　　　电话:(027)81321913
　　　　　武汉市东湖新技术开发区华工科技园　　　邮编:430223
录　　排:华中科技大学惠友文印中心
印　　刷:武汉市金港彩印有限公司
开　　本:710mm×1000mm　1/16
印　　张:32.75
字　　数:520 千字
版　　次:2020 年 10 月第 1 版第 1 次印刷
定　　价:398.00 元

前　言

　　资源、环境和发展三者之间的关系一直是我国经济建设中的核心问题，在不同的时代背景下，三者之间的关系有着不同的定位。

　　资源，尤其是能源的短缺一直制约着我国经济和社会的发展。在 20 世纪以前，主要表现为能源生产不足以满足经济建设的需要。20 世纪以来，主要表现为能源的开发和使用与环境保护之间的深刻矛盾，以及因对外油气资源高度依赖引发的严峻的能源安全问题。

　　长期以来，我国采取的模式是把发展放在第一位，追求 GDP 的高速增长，但是粗放型经济增长方式与资源、环境之间的矛盾越来越尖锐，这种发展模式已经不能再继续下去了。遗憾的是，我国没能摆脱西方工业化发达国家经历过的先污染后治理的老路，付出了惨痛的生态环境代价。

　　我国离实现中华民族的伟大复兴还有很长的路要走，人均 GDP 还没有迈入发达国家的初级门槛，但现在所面临的资源、环境和发展之间的形势和矛盾是发达工业化国家所没有经历过的。在全球气候变化的大背景下，中国作为一个负责任的大国，在保障发展中国家权利的前提下，对世界做出了限时大幅度降低二氧化碳排放强度、有效控制温室气体排放总量的郑重承诺，这给整个节能减排工作带来了很大的压力。因此，我国整个经济发展模式必须做出根本性的改变，促使经济增长主要由依靠增加资源投入带动向主要依靠提高资源利用效率带动转变。2005 年，"十一五"规划中首次提出"建设资源节约型、环境友好型社会"的发展战略。2012 年，党的十八大从新的历史起点出发，做出了"大力推进生态文明建设"的战略决策，积极主动应对全球气候变化。

　　节约能源是建设资源节约型社会和生态文明型社会的重要组成部分，建筑能耗大约占我国社会总能耗的三分之一，其消费总量和占比在未来将必然上升，建筑部门被认为具有很大的节能潜力，将成为当今和未来的重点

节能领域。为此,从国家的"八五"计划开始,首次直接提出建筑节能的问题,其后的"九五"计划要求各行各业都要制定节约和综合利用资源的目标与措施,大幅度提高能源利用效率。"十一五"规划中首次将建筑节能纳入"十一五"期间十项重点节能工程之一。"十二五"规划继续将建筑节能作为重点工作。"十三五"规划则明确要求提高建筑节能标准。为此,作为建筑节能的行政主管部门住房和城乡建设部制定了各个相应的五年建筑节能专项规划,部署相关的任务,整个建筑节能工作以前所未有的力度展开。

本书将以中美两国的建筑能耗调查与统计和建筑节能设计标准为研究对象,重点就这两个国家建筑节能的基础性工作展开比较,厘清两国在这两个方面的背景、历史沿革、现状、具体做法、思路,以及相应的解决方案等内容,比较两国如何制定节能政策和立法、如何开展节能基础研究、如何进行建筑能耗调查与统计、如何编制与执行建筑节能设计标准、如何验证节能实效等等,以期对我国建筑节能事业有所贡献。

全书共分为七章。

第一章为绪论。该章解释了为什么要研究中美两国建筑能耗,比较了两国在建筑能耗的定义、建筑类型的划分、建筑气候区划方面的异同,同时也揭示了关于标准、规范的概念在两国语境中不同的含义。此外简要概述了我国能源消耗方面的基本事实与预测。

第二章为中美建筑能耗调查与统计。该章详细介绍了美国在住宅和商用(公共)建筑能耗调查与统计方面40余年的经验与成果,从样本库的建立、抽样和统计方法、数据采集与分析,到数据的分类、分项和分级方法,以及相关数据产品等各方面的情况;梳理了我国当前建筑能耗调查与统计工作的现状、进展,以及能耗调查与统计的总体思路和架构。

第三章为中美建筑节能设计标准发展简史。该章较详细地梳理了两国制定建筑节能设计标准的背景、初衷和发展历史概要,以及施行节能设计标准所取得的实效。

第四章为中美建筑节能设计标准编制与实施机制比较。该章阐述了两个国家建筑节能设计标准制度的异同、建筑节能相关基础研究的基本情况以及在相关建筑节能设计标准编制方面的差异。

第五章为中美建筑节能设计标准编制思路比较。本章较详细地分析了我国标准制定的节能率目标、节能率的分解、建筑物分级,以及对建筑围护结构和建筑设备的设计要求等编制思路,并与美国同类标准进行了比较。

第六章为体形系数的逻辑与应用。体形系数是中美两国在编制建筑节能设计标准方面最大的不同点之一,我国十分重视,并从第一个标准开始就引入这个指标,并在大部分的相关标准中作为重点控制指标加以应用,而美国同类标准中则从未使用。该章论述了体形系数概念的实质,在不同标准中分级控制变化的过程,还分析了体形系数与建筑节能之间的关系以及控制指标的缺陷,并提出了替代指标。

第七章为中美建筑节能设计标准达标路径的比较。该章详细分析了两国为满足标准要求所采取的达标路径的异同,还对两个代表性建筑气候区的建筑围护结构规定性设计指标进行了比较。

在附录中还列出了美国的两个主要节能设计标准的目录结构,有益于帮助读者更准确地了解美国相关标准的内容和编制思路。

本书对我国建筑节能设计标准的研究内容要多于对美国同类标准的研究,且由于我国的标准根据气候和建筑类型分类,这使得在描述我国的标准时行文显得有些繁复,这也是迫不得已的事情。

本研究均是基于公开的资料进行的,对资料掌握有局限性和缺乏亲身参与的经验,书中的观点仅代表作者个人的观点。

目　　录

第一章 绪 论

第一节 为什么研究中美两国建筑能耗

世界上没有任何其他两个国家,有着近乎相同的国土面积,同在北半球相近的纬度,有相近的跨度,有同样丰富的地理环境和建筑气候,从炎热高温到冰雪严寒,从湿润多雨到干燥无雨,因此中美两国在建筑节能方面需要面对和处理的问题有相似的复杂性。仅此一点,中美两国的建筑节能在地理和气候上具有最大的可比性。

俄罗斯、加拿大、巴西、澳大利亚、印度等国同样也有着广阔的国土面积,但气候类型相比中美两国而言要少得多,所需面对和解决的建筑节能技术问题相对要单纯得多。

中美两国同样也是人口大国、经济大国、建筑大国、能源消耗大国和碳排放大国。两国都高度重视建筑节能,因此,从国家层面全面比较建筑节能相关领域的发展,中国和美国是两个比较合适的国家。

近30年来,中美两国在建筑节能领域有着较为广泛的交流,无论是政府之间,还是科研机构和大学之间。我国在建筑节能设计标准的编制方面受到美国很大的影响。早期的建筑设计用气象参数的编译得到美国相关的技术援助,建筑能耗模拟计算工具主要来自美国,某些标准的编制也得到美国相关方面的资助和技术支持,因此,我国的相关节能设计标准的编制思路和架构也不同程度地受到美国的影响。在近十几年,我国开展的建筑能耗统计与调查同样也受到美国经验的影响。这些因素促使两国建筑节能相关问题具有更大的可比性。

美国作为世界上经济和技术较发达的国家,一直以来都是人均能耗和建筑能耗占比较高的大国,也是在建筑节能领域投入资源较多的国家,同时

也是世界上最早制定和执行系统性的建筑节能设计标准的发达国家。40多年来,美国在节能立法、政策制定与行政监督、建筑节能技术和理论的研发、计算评价工具的研发、建筑节能设计标准的编制与更新、绿色建筑评价体系的建立、实施效果的检验和建筑能耗的调查与统计等整个建筑节能环节的各个方面都取得了丰硕的成果,积累了丰富的经验,同时也取得了实实在在的、令人瞩目的节能成绩。

从20世纪80年代以来,中国经过40年的经济持续高速增长,取得了惊人的成就,但与此同时也付出了惨痛的生态环境代价。作为一个后来者,我国人口规模大,继续高速增长的经济总量和能源需求,人民群众对享受经济增长的成果、提高人居环境质量的迫切和刚性需求,与脆弱的生态环境、资源本底、不稳定的国际能源供给之间存在很大的矛盾。继续保持经济高质量可持续发展所面临的压力,比任何一个发达工业化国家所经历的都更为严峻。在全球气候变暖、化石能源与环境的承载力有限的大背景下,如何在建筑面积总量继续大幅度增长的未来做到建筑能耗增长速度比经济增长速度低,或低得多,这是我国建筑节能所要解决的也是必须解决的关键性问题。我们不可能以美国的建筑用能模式和用能强度为目标,条件不允许,环境不允许,资源不允许。

中美两国在能源方面的自然禀赋差异较大,整体经济发展和人均生活水平差别巨大,社会和政治制度迥异,建造传统不同,建筑技术路径和水平存在差异,过去、现在及未来所面临的能源与环境问题差别巨大,等等。但这些都不妨碍我们厘清技术及其背后的社会、政治和经济等制度的区别,通过比较的方式,有助于认清我国当前所面临的建筑节能形势及未来可能遇到的问题,汲取美国和其他先进国家在节能方面获得的经验和技术积累、解决方案和思路,便于我国在解决相似问题时以供参考,探寻适合我国国情的建筑节能发展道路,对我国节能事业的持续高质量发展将十分有益。

第二节　概念与释义

一、建筑能耗与建筑节能

建筑能耗与建筑节能相对应,都有广义和狭义之分。

广义的建筑能耗泛指建筑全生命周期内每一个环节所消耗的能源的总和。其中主要包括建筑的生产、使用及结束的各个过程。在建筑的全生命周期中,建筑材料、部品的生产加工和运输用能、房屋建造和维修过程中的用能一般只占其总能源消耗的 20%,大部分能源消耗发生在建筑物的使用过程中。

建筑节能与建筑能耗对应,也分为广义和狭义,但是一般所指的建筑节能均指的是节约使用过程中的能耗。

2017 年颁布的《民用建筑能耗分类及表示方法》GB/T 34913—2017 中对建筑能耗做了详细的定义,这也是狭义的建筑能耗。第 2.1 条规定,建筑能耗:建筑使用过程中的运行能耗,包括由外部输入、用于维持建筑环境(如供暖、供冷、通风和照明等)和各类建筑内活动(如办公、炊事等)的用能,不包括建筑材料制造和建筑施工的用能。建筑能耗应采用消耗的电力、化石能源等实物量进行表示,并指明能源种类和数量;也可进一步把不同种类的能源量进行统一折算。

第 3.1 条规定:建筑用能边界位于建筑入口处(图 1-1),对应为满足建筑各项功能需求从外部输入的电力、燃料、冷/热媒等能源,即建筑能耗。并且说明建筑能耗不包括由安装在建筑上的太阳能、风能利用设备等提供的可再生能源(非商品能源)。

这是开展建筑节能工作以来首次以标准的形式对相关概念进行明确定义。这为将来相关政策的制定、建筑设计和运行其相关产品,以及数据统计等建筑节能工作提供了基础和明确的内容及方向。

美国的相关概念与我国基本一致,但建筑能耗的分类以及能耗用途分类与我国不同。相关内容将在第二章中阐述。

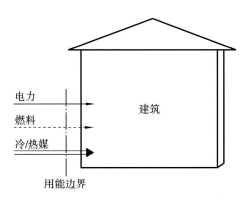

图 1-1　建筑用能边界示意图

中美建筑节能调查统计和设计标准均只关注建筑使用过程中的能耗，而不涉及其他过程中的能耗。

二、标准和规范

在建筑工程领域，标准和规范这两个术语在中美两国的语境中具有不同的含义。

在中国，关于标准的定义在不断变化。

国家标准《标准化基本术语　第一部分》GB 3935.1—83 对标准做如下定义：标准是对重复性事物和概念所做的统一规定。它以科学、技术和实践经验的综合成果为基础，经有关各方协商一致，由主管机构批准，以特定形式发布，作为共同遵守的准则和依据。

GB 3935.1—96 版重新给出了定义：为在一定的范围内获得最佳秩序，对活动或其结果规定共同的和重复使用的规则、导则或特性的文件。该文件经协商一致制定并经一个公认机构批准。标准应以科学、技术和实践经验的综合成果为基础，以促进最佳社会效益为目的。

2002 年重新制定的《标准化工作指南　第 1 部分：标准化和相关活动的通用词汇》GB/T 20000.1—2002 替代了 GB 3935.1—96，其中调整了标准的定义："为了在一定范围内获得最佳秩序，经协商一致制定并由公认机构批准，共同使用的和重复使用的一种规范性文件。注：标准宜以科学、技术和经验的综合成果为基础,以促进最佳的共同效益为目的。"

《标准化工作指南　第1部分:标准化和相关活动的通用词汇》GB/T 20000.1—2014又将标准的定义做了微调:"通过标准化活动,按照规定的程序经协商一致制定,为各种活动或其结果提供规则、指南或特性,供共同使用和重复使用的文件。注1:标准宜以科学、技术和经验的综合成果为基础。注2:规定的程序指制定标准的机构颁布的标准制定程序。注3:诸如国际标准、区域标准、国家标准等,由于它们可以公开获得以及必要时通过修正或修订保持与最新技术水平同步,因此它们被视为构成了公认的技术规则。其他层次上通过的标准,诸如专业协(学)会标准、企业标准等,在地域上可影响几个国家。"

以上这些对标准的定义与国际标准化组织的 ISO/IEC GUIDE 2:2004 *Standarization and Related Activities—General Vocabulary* 的表述是基本一致的。2017年修订的《中华人民共和国标准化法》(以下简称《标准化法》)中第二条:本法所称标准(含标准样品),是指农业、工业、服务业以及社会事业等领域需要统一的技术要求。

我们可以理解为,标准的定义主要阐明以下几个问题:

(1)对重复性的对象做的统一规定;

(2)为了保护社会公共利益和获得最佳秩序,减少社会和经济成本,提高效率;

(3)制定标准的基础是科学、技术和实践经验的综合成果;

(4)制定标准需要特定的机构和程序,需要协商一致,其发布也需要特定的机构和形式。

为了与美国建筑节能设计标准比照,下面给出《标准编写规则　第1部分:术语》GB/T 20000.1—2014使用的官方主要标准化基本术语的英译。标准:standard;国际标准:international standard;区域标准:regional standard;国家标准:national standard;地方标准:provincial standard;行业标准:industry standard;企业标准:company standard;试行标准:prestandard;规范:specification;规程:code of practice;法规:regulation;技术规范:technical regulation;协商一致:consensus;条款:provision;要求:

requirement;必达要求;exclusive;可选要求:optional requirement;描述条款:descriptive provision;性能条款:performance provision;编制:preparation;制定:development;等等。

值得注意的是,在我们的标准化基本术语中,在 GB/T 20000.1—2014 之前并没有给出"规范"一词的定义。GB/T 20000.1—2014 第 5.5 条规定:规范规定产品、过程或服务应满足的技术要求文件。注 1:适宜时,规范宜指明可以判定其要求是否得到满足的程序。注 2:规范可以是标准、标准的一个部分或标准以外的其他标准化文件。在这个定义中,规范使用的英译为 specification;规范与标准一样,都是规定对象应满足的技术文件,不同之处是规范还可规定满足要求的程序。

事实上,在我国已颁布出版的建筑工程类标准和规范的官方英译文件中,"标准"一词通常使用 standard,例如各个建筑节能设计标准。规范则通常使用 code,例如《住宅设计规范》(*Design Code for Residential Buildings*)、《办公建筑设计规范》(*Design Code for Office Building*)、《无障碍设计规范》(*Codes for Accessibility Design*);也有使用 standard 的,例如《旅游景区游客中心设置与服务规范》(*Standard for Setting-up and Services of Tourist Centre in Tourist Attractions*),少量使用 directory,例如《滑道设计规范》(*Technology Directory for Summer Toboggan Run*),还少量使用 specification 一词,例如《地面气象观测规范》(*Specifications for Surface Meteorological Observation*)。由此看来术语并不统一。在相同标准不同版本中,"标准"和"规范"两个术语也可以转换,例如《民用建筑设计通则》(*Code for Design of Civil Buildings*),新版的征求意见稿为《民用建筑统一设计规范》,实际新版本则为《民用建筑设计统一标准》(*Uniform Standard for Design of Civil Buildings*)。

在我国的《标准化法》中并不使用"规范"一词。而在我国工程建设领域中,常使用标准、规范、规程、通则等让人难区分的几个基本术语。实际上,标准、规范、规程、通则等都是我国标准的形式,习惯上统称为"标准",只有针对具体对象才加以区别。当应用于产品、方法、符号、概念等时,一般采用"标准",如《建筑制图标准》《建筑照明设计标准》《建筑抗震鉴定标准》《公共建筑节能设计标准》等；当针对工程勘察、规划、设计、施工等通用的技术事项做出规定时，一般采用"规范"，如《混凝土结构设计规范》《建设设计防火规范》《住宅设计规范》等；当针对操作、工艺、管理等专用技术要求时，一般采用"规程"，如《种植屋面工程技术规程》《建筑玻璃应用技术规程》《体育馆声学设计及测量规程》等。在我国工程建设领域标准化工作中，由于各主管部门或编制单位在使用这几个术语时掌握的尺度、习惯不同，随意性比较大，因此人们很难区分这几个术语。

从我国现有的建筑工程技术领域的规范内容来看，几乎没有增加行政管理和执行程序等方面的条款。因此可以说，标准和规范在这方面基本上没有差别，都属于纯粹的技术标准文件，均只对应用范围、对象和达成目标所应采取的技术路径和方法以及最低可接受的性能指标等做出规定，至于行政管理与执行等职责由法律和不同级别的行政规章等另行规定，例如我国的《标准化法》第2条规定：强制性标准必须执行，国家鼓励采用推荐性标准。这就赋予了标准的法律效力。这是我国标准、规范等制定和施行的一个特点。

美国在关于标准的定义与我国是基本一致的，而规范的含义则差别较大。

在美国的语境中，code（规范）重点在于澄清为达到要求需要做的事情，而 standard（标准）则重点在于为达到要求应该做的事情。编制规范是为了使之成为法律的一部分，因此会加入许多关于行政和执法方面的内容条款，为地方政府、各州乃至联邦政府立法和行政机构的采纳提供便利。而标准则往往只是一组单纯的技术定义、方法、性能参数、规格等文件。

美国采暖、制冷与空调工程师学会（American Society of Heating, Refrigerating and Air-Conditioning Engineers，ASHRAE）编制的一般使用 standard 一词，而国际规范委员会（International Code Council，ICC）编制的一般使用 code 一词。关于两者的区别将会在后续章节中阐述。

在本书中，除非特别说明，书中使用的标准和规范两个术语具有相同的含义，这主要是从标准和规范的技术内容角度出发的。

三、建筑类型划分

在建筑节能设计标准中，中美两国关于建筑类型的划分有很大的不同。

在我国，根据《民用建筑设计统一标准》和其他标准，建筑被划分为工业建筑和民用建筑两大类。工业建筑指供人们从事各类生产活动和储存的建筑物和构筑物。民用建筑是供人们居住和进行公共活动的建筑的总称，按使用功能可分为居住建筑和公共建筑两大类。居住建筑——供人们居住使用的建筑，公共建筑——供人们进行各种公共活动的建筑。所有与建筑设计相关的标准和规范都是在这个分类框架下制定的。建筑节能设计标准也是如此，分为居住建筑节能设计标准和公共建筑节能设计标准。

哪些建筑属于居住建筑，在我国的不同标准规范中并不十分明确和统一，所指范围有所不同，甚至相互矛盾。例如在《严寒和寒冷地区居住建筑节能设计标准》JGJ 26—2018 的第 1.0.2 条文中说明：本标准适用于严寒和寒冷地区新建、扩建和改建居住建筑的节能设计。《夏热冬冷地区居住建筑节能设计标准》JGJ 134—2010 的第 1.0.2 条文中说明：本标准适用于夏热冬冷地区新建、改建和扩建居住建筑的建筑节能设计。在《夏热冬暖地区居住建筑节能设计标准》JGJ 75—2012 的第 1.0.2 条文说明中规定：本标准适用于夏热冬暖地区新建、扩建和改建居住建筑的节能设计。居住建筑主要包括住宅建筑（约占 90％）和集体宿舍、招待所、旅馆以及幼儿园、托儿所建筑等。该标准将招待所、旅馆建筑列入居住建筑类型。而在《旅馆建筑设计规范》JGJ 62—2014 第 4.1.4 条又明确规定：旅馆建筑应进行节能设计，并应符合现行国家标准《公共建筑节能设计标准》GB 50189 和《民用建筑热工设计规范》GB 50176 的规定。类似这样模糊的甚至矛盾的界定在我国的建筑工程技术领域的标准和规范中还不少见，这给设计者和执法者带来了困扰。但凡标准和规范正文或者条文说明中没有明确说明的，都可能为理解的模糊地带，例如酒店式公寓、养（敬）老院、福利院等。

美国的建筑节能设计标准对建筑的分类与我国有很大的不同。在两个最主要的建筑节能设计标准中，对建筑的分类也有所不同。在国际节能规范（IECC）中，将设有采暖和空调设施的建筑分为民用住宅（residential building)和除民用建筑外的其他住宅(commercial building)两大类,分别制定节能设计标准。其中,民用住宅特指地面以上三层及以下的独立的单户或者双户住宅、联排屋以及 R-2(永久性居所,如公寓)、R-3(为少于等于 5 户的团体提供的永久居所)、R-4(为 6～16 户大的团体提供的永久居所)这类住宅建筑。其他建筑指的是除了民用建筑以外的其他所有建筑,不仅包括一般意义上进行商品销售活动的商业建筑,也包括用于办公、教育、饮食、健康医疗、仓储、公共事务等的建筑,还包括 4 层及以上的住宅建筑,如多层公寓、高层公寓。在 ASHRAE 90 中,只将建筑物按照层数分为两大类:一类是 3 层及以下的住宅建筑(low-rise residential buildings);另一类就是除了 3 层以下住宅建筑外的其他建筑(buildings except low-rise residential buildings)。该标准不使用 commercial building 这个划分类型。IECC 和 ASHRAE 90 两个标准对建筑层数的划分是一致的:3 层以下及 4 层以上。

在上述的说明中,我们不能仅从字面上理解这两类住宅。为了与我国的相关标准能尽量对应,本书将 residential building 译为"居住建筑",将 commercial building 译为"商用建筑"。

在美国的各类标准中,很少使用"公共建筑"(public building)这个概念。从中文字面上理解,这里的"公共"应包含两方面的含义:一是对公众开放,可以开展公众活动;二是权属属于非私人的,是公共财产。在中文语境中,"公共建筑"这个词却并不能如此理解,因为有太多的公共建筑并非公众财产,或者对公众开放。在英语中,公共建筑(public building)一般指的是法律权属上的意义,属于公共财产的范畴,而非指其对公众开放与否或是否可以开展公共活动。与公共财产相对的是私有财产。因此,在进行中美建筑设计标准比较时,应认识到两国标准使用的术语内涵的区别。

关于建筑类型的划分,出于目的、用途和方法等不同,还有很多其他的划分结果。例如以节能统计为目的的建筑类型划分,中美也有很大的不同,相关内容将在第二章阐述。

第三节　比较研究方法

比较是认识事物的基础,是人类认识、区别和确定事物关系常用的思维

方法。比较研究方法是广泛应用于社会科学和自然科学各个领域的研究方法。古罗马著名学者塔西陀曾说:"要想认识自己,就要把自己同别人进行比较。"不借助他人,有时我们很难认清自己。我们认识一个事物常借助于将该事物与其他事物的比较来实现。

本书中将综合运用多种比较方法,具体如下。

(1) 横向比较和纵向比较。横向比较,是比较我国同类标准之间的异同,比较美国同类标准之间的异同,同时也比较两国同类标准之间的异同。纵向比较,也称为历史比较,是比较中美两国的建筑节能设计标准在不同时期的发展变化过程,揭示标准编制和发展历史背景、技术基础和变化规律等。

(2) 求同比较和求异比较。求同比较是寻求两国同类标准的共同点,以寻求其共同规律。求异比较是比较两国同类标准的不同点,以发现两国标准发展的特殊性。通过对两国同类标准的求同、求异分析比较,可以更好地认识建筑节能设计标准发展的多样性与统一性。

(3) 定性比较和定量比较。定性比较是通过比较事物之间的本质属性来确定事物的性质,这也是本研究主要采取的比较方法。定量比较则是对事物属性进行量的分析,以准确地确定事物的变化。本研究拟通过比较两国同类标准中相似气候区相同建筑类型的定量要求的异同,来探寻两国标准的具体差异。

本研究运用比较研究法时采取了描述、解释、并列、比较四个步骤。详细描述比较的对象是比较研究的开始,为此必须搜集相关的资料文献。对归类好的资料文献做出解释,即赋予资料以现实和历史意义,为下一步比较分析奠定基础。对各种资料按比较的指标进行归类、并列,从严格意义上讲,比较研究始于并列阶段。比较阶段要对搜集到的材料按一定的标准进行比较,并分析产生差异的原因,而且要进行评价。

第四节　中国能源消费的基本事实和预测

(1) 根据国际能源组织(International Energy Agency,IEA)的数据,

2009 年中国消费了 22.52 亿吨石油当量的能源,比美国大约高出 4%,从此开始成为全球最大的能源消费国。据《BP 世界能源展望 2019》报告,2017年,中国消费了 31.32 亿吨石油当量(根据《中国统计年鉴 2018》,2017 年中国实际能源总消费量 44.9 亿吨标准煤),美国 22.35 亿吨,已超过美国40.1%,占当年全球一次商品能源消费 135 亿吨石油当量的 23.2% 和全球能源消费增长的 33.6%,连续 17 年稳居全球能源消费增长榜首。

(2) 2017 年,按照人均一次商品能源消费量计算,中国是美国的32.5%,是欧盟 28 国的 68.2%,是日本的 62.7%。而人均 GDP 只有美国的14.7%、欧盟 28 国的 26.1%,日本的 22.9%。单位 GDP 能耗是美国的2.23倍,欧盟 28 国的 2.60 倍,日本的 2.72 倍。发达国家的人均能耗在 2000 年左右已经基本趋于稳定(图 1-2)。

中国人均 GDP 还未达到世界平均水平。从这些数据可以看出中国当前的经济结构和能源效率。随着经济社会发展和人民生活水平的提高,预测未来能源消费还将大幅增长。

(3) 中国人均能源资源占有量在世界上处于较低水平,2012 年,煤炭、石油和天然气的人均占有量仅为世界平均水平的 67%、5.4% 和 7.5%[1]。不仅如此,我国几乎所有的矿产品人均储量均不及世界平均水平,经济发展的资源约束不断加大。巨大的人口基数,加上粗放的生产方式,曾经地大物博的中国事实上早已成为资源穷国。据测算,目前中国人均矿产资源储量潜总值只有世界平均水准的一半左右,在世界排名 50 位上下,重要的大宗货物(生产生活资料)均严重依赖进口。

虽然经济发展水平并不完全由人均自然资源决定,但是对于中国这样一个经济和人口体量大国而言,重要能源的匮乏不能不说是经济和社会发展的瓶颈。在努力扩大能源供给安全的同时,在各行各业节约能源是必然的选择。

(4) 从 1992 年开始,中国从能源净出口国变为净进口国。到 2016 年,我国一次能源生产量与消费需求之间有 9 亿吨标准煤的缺口,约占我国能源

---

[1]　《中国的能源政策(2012)》。

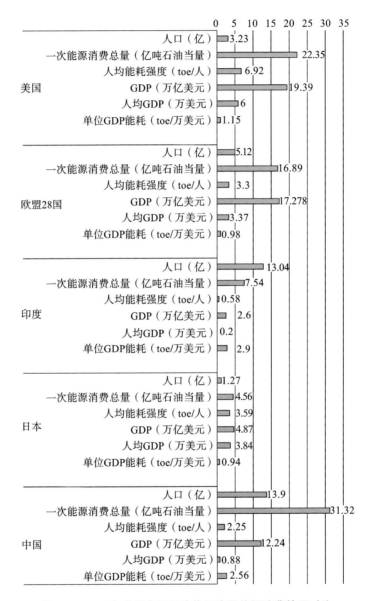

图 1-2　2017 年世界主要经济体经济及能源消费情况对比

能源数据来源:《BP 世界能源展望 2019》,toe 为吨石油当量;人口数据来源:联合国;GDP 数据来源:世界银行。根据《中国统计年鉴 2018》数据,中国人均能源消费量为 3.23 toe。

注:2017 年世界人均 GDP 为 1.069 万美元,发达国家门槛标准为 1.26 万美元。

消费总量的 22.2%,其中主要以石油类能源缺口最为明显。2018 年石油对外依赖度达到 70%,天然气(包含液化天然气)的对外依赖度达到 45.3%。预计未来还会继续上升。对于中国这样一个经济体量大国而言,油气对外依赖度不断攀升,已经严重威胁到国家的能源安全,严重影响到中国经济和社会发展的可持续性和稳定性,影响到外交政策的制定等重大问题。油气海上运输安全风险加大,跨境油气管道安全运行问题不容忽视。国际能源市场价格波动加大了国内能源供应难度。能源储备规模较小,应急能力相对较弱,总体能源安全形势严峻(图 1-3)。

(5)在中国的能源消费结构中,煤炭一直是最重要的组成部分,这是由我国"缺油、少气、富煤"的化石能源结构自然禀赋所决定的。1980—2012 年间,我国煤炭的消费量占能源消费总量的比例高达 70%,2017 年煤炭消费占比降到 60.4%。根据 2016 年 IEA 统计数据,中国煤炭的消费量远远高于其他主要经济体(图 1-4、图 1-5),占世界煤炭消费总量的 50.6%。中国以煤炭为主的能源消费结构在可预见的将来不会改变。

煤炭的大规模开发、运输和利用,均会对生态环境造成严重影响。大量耕地被占用和破坏,水资源污染严重,二氧化碳、二氧化硫、氮氧化物和有害重金属排放量大,臭氧及细颗粒物($PM_{2.5}$)等污染加剧。与石油、天然气等燃料相比,单位热量燃煤引起的二氧化碳排放量比使用石油、天然气分别高出约 36% 和 61%。煤炭是我国北方采暖最主要的燃料,被认为是北方空气污染和雾霾天气的主要原因。

(6)改革开放初的 1980 年,中国排放二氧化碳只有 14.67 亿吨,仅占世界二氧化碳排放总量的 7.58%。2006 年,中国的碳排放总量超过了美国,成为世界头号碳排放大国,排放总量达到了 64.14 亿吨,占世界二氧化碳排放总量的 20.90%。2014 年,我国二氧化碳排放总量为 102.91 亿吨(含生物质燃料的碳排放),占世界碳排放的比重达到 28.48%。2016 年,中国占全球能源相关二氧化碳排放量的 27.5%,而世界发达经济体美国、欧盟和日本在碳排放总量和人均碳排放量上已呈现下降的趋势(图 1-6)。

当前中国碳排放总量不断增加是由我国所处的经济发展阶段所决定的,也是由中国的经济结构和能源消费结构所决定的。

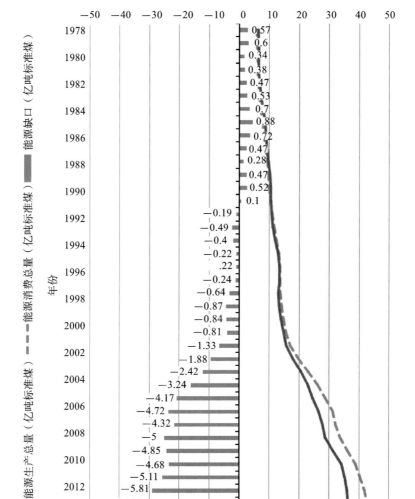

能源生产/消费总量（亿吨标准煤）

图 1-3　1978—2017 年中国能源消费总量、国内生产量及缺口

数据来源：《中国统计年鉴 2018》。

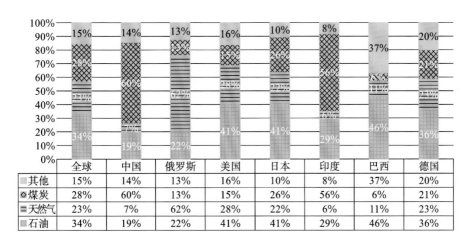

	全球	中国	俄罗斯	美国	日本	印度	巴西	德国
其他	15%	14%	13%	16%	10%	8%	37%	20%
煤炭	28%	60%	13%	15%	26%	56%	6%	21%
天然气	23%	7%	62%	28%	22%	6%	11%	23%
石油	34%	19%	22%	41%	41%	29%	46%	36%

图 1-4　2016 年全球主要经济体能源消费结构对比

数据来源:《BP 世界能源展望 2019》。

据 IEA 统计数据[①],中国(包括香港)单位 GDP 碳排放量[CO_2/GDP (kgCO_2 per 2010 USD)]从 1990 年的 2.27 降至 2016 年的 0.9,下降了 60% (如果按照平价购买力(Purchasing Power Parity,PPP)计算,从 1990 年的 1.15 降至 2016 年的 0.5,也下降了 57%)。而同期,欧盟 28 国的数据从 0.34 下降到 0.2,下降了 41%。美国的数据从 0.51 下降到 0.3,下降了 41%。

2016 年,中国二氧化碳排放量为 6.6 吨/人,比世界平均水平高 49%,是美国的 43.95%,是世界经合组织(Organization for Economic Cooperation and Development,OECD)和日本的 72.76%,但人均 GDP 比这些发达国家要低得多,单位 GDP 的能耗要高得多(图 1-7)。

从图 1-8 可以看出,33 年间我国 GDP 增长了 98 倍,而社会总能耗只增长了 5 倍,单位 GDP 能耗明显下降。一次能源的增长速度只有 GDP 增长速度的 29%。

2009 年 12 月 18 日,温家宝总理代表中国政府在哥本哈根世界气候变化大会上郑重承诺:到 2020 年,我国单位国内生产总值二氧化碳排放比 2005 年下降 40%～45%。温家宝强调,中国政府确定减缓温室气体排放的

———————————

① IEA CO_2 emissions from fuel combustion 2018。

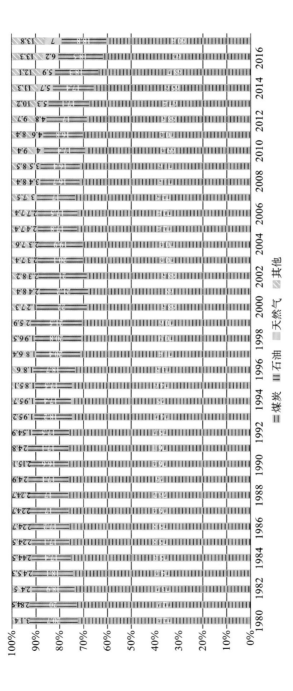

图 1-5　中国能源消费结构占比

数据来源:《中国统计年鉴 2018》。

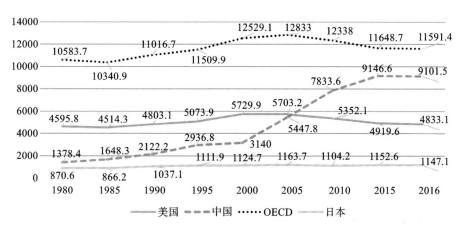

图 1-6　1980—2016 年世界主要经济体碳排放量（仅计算商品燃料燃烧引起的碳排放）

资料来源：IEA CO$_2$ emissions from fuel combustion 2018。

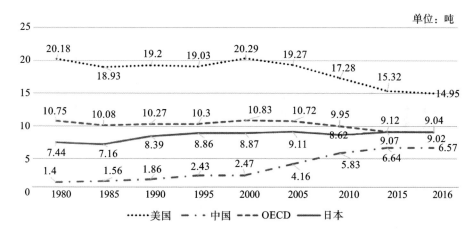

图 1-7　1980—2016 年世界主要经济体人均碳排放量

资料来源：IEA CO$_2$ emissions from fuel combustion 2018。

目标是根据国情采取的自主行动，是对中国人民和全人类负责的，不附加任何条件。我们言必信，行必要！为达到上述目标，我国连续制定了"十一五""十二五"和"十三五"节能减排综合工作方案，发表了《中国应对气候变化的政策与行动（2008 年度报告》《中国应对气候变化的政策与行动 2011 年度报告》《中国的能源政策（2012）》《国家应对气候变化规划（2014—2020 年）》《中国落实 2030 年可持续发展议程国别方案》《中国落实 2030 年可持续发展议

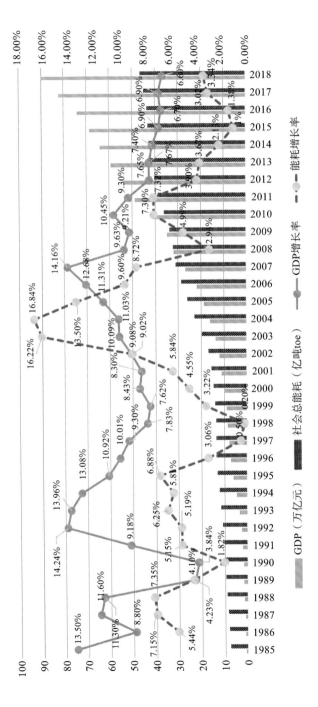

图 1-8 1985—2018 年 GDP 和社会总能耗变化情况

数据来源:《中国统计年鉴 2018》。

程进展报告》等一系列政策文件。从 2009 年开始,中国政府每年发布中国应对气候变化的政策与行动年度报告。经过艰苦卓绝的努力,2017 年,我国单位 GDP 二氧化碳排放比 2005 年下降了 46%,相当于减少排放 40 多亿吨二氧化碳,已经超过《中国的能源政策(2012)》白皮书中对外承诺的到 2020 年单位国内生产总值二氧化碳排放比 2005 年下降 40%~45% 的上限目标,取得了令世人瞩目的成绩。

国家主席习近平 2015 年 11 月 30 日在巴黎出席气候变化巴黎大会开幕式并发表题为"携手构建合作共赢、公平合理的气候变化治理机制"的讲话,其中提到中国在"国家自主贡献"中提出将于 2030 年左右使二氧化碳排放达到峰值并争取尽早实现,2030 年单位国内生产总值二氧化碳排放比 2005 年下降 60%~65%,非化石能源占一次能源消费比重达到 20% 左右。这一讲话实际上为我国未来十几年的国家能源发展定了总基调,实际上也为我国化石能源的消费总量确定了总目标。为此,我国政府于 2016 年 12 月发布了《能源发展"十三五"规划》,规划了化石能源消费的短期目标,要求到 2020 年中国能源消费总量控制在 50 亿吨标准煤以内。

(7) 中国在清洁能源开发利用方面取得了令人瞩目的成绩。目前中国的水电装机、风电装机以及太阳能光电和光热利用规模上已是世界第一,在清洁能源大规模利用方面,中国在世界上已成为示范者和领导者。

按照《能源发展"十三五"规划》中的要求,到"十三五"末的 2020 年:①常规水电规模达到 3.4 亿千瓦,"十三五"新开工规模 6000 万千瓦以上;②运行核电装机规模力争达到 5800 万千瓦,在建核电装机规模达到 3000 万千瓦以上;③风电装机规模达到 2.1 亿千瓦以上;④太阳能发电规模达到 1.1 亿千瓦以上,其中分布式光伏 6000 万千瓦、光伏电站 4500 万千瓦、光热发电 500 万千瓦;⑤生物质能发电装机规模达到 1500 万千瓦左右,地热能利用规模达到 7000 万吨标准煤以上。在该规划中,还制定了到 2020 年非化石能源消费比重从 2015 年的 12% 提高至 15%,煤炭消费比重降至 58%,单位国内生产总值能耗比 2015 年降低 15%,单位国内生产总值二氧化碳排放比 2015 下降 18% 的目标,这四项均是约束性指标,必须完成。由此,国务院还专门印发《关于"十三五"节能减排综合工作方案的通知》,实施部署方案。

第五节　中美建筑气候分区

建筑气候分区是专用于建筑工程领域的气候分区,不同于一般气候和气象学或者其他目的的分区。进行建筑气候分区是开展建筑科学研究以及相关标准和规范制定的重要基础性工作之一。

建筑与气候有着强烈的相关性,气候会影响建筑的设计和建造。制定建筑气候分区的根本目的是为每一种气候分区设立一套适应的建筑解决方案,将维持室内热舒适度和一定的性能以及为之付出的能耗之间建立关系,在建筑设计中加以区别对待,将建筑能耗保持在可接受的水平。

下面分别对中美两国的建筑气候分区做简要介绍,并适当对比,以解释将两国的建筑节能设计标准进行比较的原因之一。

一、美国的建筑气候分区

(一) 美国气候简介

美国的国土面积基本与中国相当。美国大陆最南端在佛罗里达西锁岛北纬 24.61°,美国与加拿大的边境线为最北为北纬 49°,这个南北纬度跨度要比我国从海南岛至漠河的跨度小。从缅因州到华盛顿州东西经度横跨大约 60°,与我国基本相当。

美国幅员辽阔,地形复杂,各地气候差异较大。整体上,美国大陆 48 个州大部分地区属温带和亚热带气候,仅佛罗里达半岛南端小部分属热带气候。这 48 个州可从一般意义上大体分为五个气候区。

(1)东北部新英格兰地区属于温带气候区。因受拉布拉多寒流和北方冷空气的影响,冬季寒冷,1 月份平均温度为 −6 ℃ 左右;夏季温和多雨,7 月份平均温度为 16 ℃,年平均降雨量为 1000 mm。人口密度大。

(2)东南部属于亚热带气候区,因受墨西哥湾暖流的影响,气候温暖湿润,1 月份平均温度为 16 ℃,7 月份平均温度为 24~27 ℃,年平均降雨量为 1500 mm。人口密度大。

（3）中央平原呈半干旱大陆性气候，冬季寒冷，1 月份平均温度为
—14 ℃，夏季炎热，7 月份平均气温为 27～32 ℃。年平均降雨量为 1000～
1500 mm。土地面积有 150 余万平方千米，人口密度较小，每平方千米不到
5 人。

（4）西部高原（科罗拉多高原、怀俄明高原、哥伦比亚高原与大峡谷）干
燥气候区为内陆性气候，年温差较大，科罗拉多高原的年温差高达 25 ℃，年
平均降雨量在 500 mm 以下，高原荒漠地带降雨量不到 250 mm。这一地区
人口稀少。

（5）太平洋沿岸 3 个州属于海洋性气候区，冬暖夏凉，雨量充沛，阳光充
足。1 月份平均气温在 4 ℃以上，7 月份平均气温为 20～22 ℃，年平均降雨
量为 1500 mm。仅加州一个州人口约占全美的 1/8。

如果按照建筑气候分区，美国有两种分法：一种是节能设计标准中使用
的，以精细的数字化命名为主；另一种是美国能源部使用的，以简化的形象
化命名为主。其基础都是由美国能源部所属的西北太平洋国家实验室
（Pacific Northwest National Laboratory，PNNL）和以建筑科学公司的
Joseph W. Lstiburek 为代表的"建设美国"计划成员共同制定的。下面分别
予以介绍。

（二）ASHRAE 的建筑气候分区

在 ASHRAE 90.1—2004 和 ASHRAE 90.2—2004 两个标准之前，
ASHRAE 90 系列标准并没有明确使用"建筑气候分区"这个概念。另一个
重要的建筑节能设计标准 IECC 也是在 2003 版中才开始使用。这比下文要
谈到的中国建筑热工分区和建筑气候分区晚了 10 年。

ASHRAE 90—75 标准采取的方法是为不同建筑类型制定不同采暖度
日数分别需要满足的外围护结构的平均传热系数最大值或者热阻最小值，
用图形表示[1]。而这个采暖度日数实际上就是建筑气候区划最主要的指标，
但标准并不提供，而是需要标准使用者自行查阅 ASHRAE 的基础数据

---

[1]　我国的最早的《民用建筑节能设计标准（采暖居住建筑部分）》JGJ 26—86 与这种做法基本
一致。

手册。

从 2004 年开始明确建筑气候分区,并用附录的形式提供建筑气候分区的定义,为美国的每一个郡县指定一个建筑气候分区,以其行政边界划分建筑气候的边界,并为每一个分区制定单独的外围护结构各组成部位的设计限值要求,同时也为建筑各设备系统按照建筑气候分区制定不同的设计要求。其建筑气候分区的划分标准和数量一直延续至 2013 版未改变,2016 版后做了局部调整。

气候分区的制定为标准的编写带来极大的好处,不再连篇累牍地用采暖度日数(Heating Degree Days,HDD)和空调度日数(Cooling Degree Days,CDD)来设定不同的设计要求。

ASHRAE 的建筑气候分区标准使用了两个划分指标:一是采暖度日数和空调度日数,将全美划分为 8 个大区,用 1~8 数字表示;二是根据降雨量等指标,分为 3 个层级,用 A、B、C 字母表示。理论上共可组成 24 个气候分区。

采暖度日数使用 HDD65 ℉(国际单位近似于 HDD18 ℃),这点与我国一致,空调度日数则使用 CDD50 ℉(国际单位近似于 CDD10 ℃),与我国的定义差别较大。

关于 A、B、C 三个等级的定义如下。

C——海洋性气候(Marine),需满足以下 4 个条件。

①最冷月平均温度在-3~18 ℃。

②最热月平均温度小于 22 ℃。

③一年中至少 4 个月的平均温度大于 10 ℃。

④夏天应是旱季。在寒冷季节,降水量最多的月份的降水量至少是一年中其余时间降水量最少的月份的三倍。冷季为北半球的十月至次年三月,南半球的四月至九月。

B——干燥气候(Dry),需满足以下条件。

①不是海洋性气候。

②年平均降雨量 P<2.0 ×(年平均温度℃ + 7),单位:厘米。

这是一个相对指标,降雨量与该地区的年平均温度联系在一起。

A——湿润气候(Moist):既不属于 C 也不属于 B 的地区。

按照以上的指标和定义,ASHRAE 90 系列对美国的划分结果见表 1-1。

表 1-1　ASHRAE 90 系列 2004 版、2007 版、2010 版、2013 版、2016 版建筑气候分区

分区代码	HDD18°和 CDD10°指标	形象称谓
0①	6000＜CDD10 ℃	极热气候区——Extremely Hot
1	5000＜CDD10 ℃≤6000	炎热潮湿气候区——Very Hot Humid (1A) 炎热干燥气候区——Very Dry Humid (1B)
2	3500＜CDD10 ℃≤5000	湿热气候区——Hot Humid(2A) 干热气候区——Dry Humid(2B)
3A 和 3B	2500＜ CDD10 ℃≤3500	温暖湿润气候区——Warm Humid(3A) 温暖干燥气候区——Warm Dry(3B)
3C	CDD10 ℃≤2500,且 HDD18 ℃≤2000	温暖海洋性气候区——Warm Marine
4A 和 4B	CDD10 ℃≤2500,且 2000＜HDD18 ℃≤3000	混合湿润气候区——Mixed Humid (4A) 混合干燥气候区——Mixed Dry (4B)
4C	2000＜HDD18 ℃≤3000	混合海洋性气候区 Mixed Marine
5A、5B 和 5C	3000＜HDD18 ℃≤4000	凉爽湿润气候区——Cool Humid (5A) 凉爽干燥气候区——Cool Dry (5B) 海洋性气候区——Marine (5C)
6A 和 6B	4000＜HDD18 ℃≤5000	寒冷湿润气候区——Cold Humid (6A) 寒冷干燥气候区——Cold Dry (6B)
7	5000＜HDD18 ℃≤7000	严寒气候区——Very Cold
8	7000＜HDD18 ℃	极地气候区——Subarctic

注:建筑气候区分类的英文后续不再重复出现,以本表中英名词对照为标准。

───────────

① ASHRAE Standard 169—2013 增加了 0 分区。

2006 年,ASHRAE 单独为建筑设计标准编制了一个气象设计参数和建筑气候划分数据手册,将原来在基础数据手册的功能分离出来。在 ASHRAE Standard 169—2013 中新增了 0 区和极热区(又分为极热湿润区 0A 和极热干燥区 0B 两个二级分区)。这一分区并非为美国而准备,而是为了使 ASHRAE 覆盖全球各种气候。

ASHRAE Standard 169—2013 直接列出了美国、加拿大和世界其他国家 5564 个主要县市所属的分区,包括美国全部 3000 余个郡县、加拿大所有省/城市,还包括我国 397 个气象站点所属的分区(2006 版只列出了上海 1 个城市)。我国对应的标准为《建筑节能气象参数标准》JGJ/T 346—2014,提供了 450 个城镇的典型气象年参数。

ASHRAE 90—2016 与 ASHRAE 169—2013 保持了一致,并且根据最新的气象统计资料,调整了全美约 10% 郡县的气候分区所属,大约有 300 个,其中多数重新分配到较温暖的气候区。这是气候变暖的直接结果,意味着这 10% 的郡县在执行建筑节能设计标准时要调整原来采用的相应围护结构和设备设计的各种指标(图 1-9)。

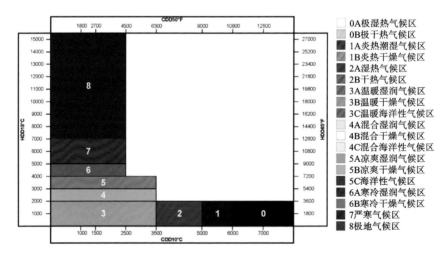

图 1-9 ASHRAE 169—2013 的建筑气候区划分与 HDD 和 CDD 的关系

(三) IECC 的建筑气候分区

在 IECC 建筑节能设计标准早期的前三个版本(IECC—1998、IECC—

2000、IECC—2003)中,将全美按照 HDD65 ℉和 CDD50 ℉划分成了 19 个
一级分区,又以降雨量等为指标划分 A、B、C 3 个层级,这样共划分出 33 个
建筑气候分区。两个标准中的"第 3 章　设计条件"中按每个州图示列出每
一个郡县所属的分区。这种划分方法是沿袭 ICC 合并之前的 3 个大片区的
设计标准方法。这样细致的划分结果导致一个州就有很多个分区,例如加
利福尼亚州就被划分成了 13 个分区。

　　这两个版本列出了每一个气候分区在不同窗墙比条件下,不同外围护
结构部位和部件的设计要求,或者直接按照 HDD 来设立参数。这种既按照
气候分区选取设计指标,又列出 HDD 来作为设计指标的选取因子,给使用
者带来了不便。

　　从 IECC—2006 开始,所采取的建筑气候分区就与 ASHRAE 90.1—
2004 中的划分及定义基本保持一致了(表 1-2)。

表 1-2　IECC 和 ASHRAE 90 系列标准对建筑气候分区的比较

IECC(2006 版、2009 版、2012 版、2015 版、2018 版)		ASHRAE 90 系列(2004 版、2007 版、2010 版、2013 版、2016 版)		
分区代码	分区指标	分区代码	分区指标	形象称谓
		0	6000＜CDD10 ℃	极热气候区——Extremely Hot
1	5000＜CDD10 ℃	1	5000＜CDD10 ℃ ≤6000	炎热潮湿气候区——Very Hot Humid (1A) 炎热干燥气候区——Very Dry Humid(1B)
2	3500＜CDD10 ℃ ≤5000	2	3500＜CDD10 ℃ ≤5000	湿热气候区——Hot Humid(2A) 干热气候区——Dry Humid(2B)

IECC(2006版、2009版、2012版、2015版、2018版)		ASHRAE 90系列(2004版、2007版、2010版、2013版、2016版)		
3A和3B	2500＜CDD10 ℃≤3500,且HDD18 ℃≤3000	3A和3B	2500＜CDD10 ℃≤3500	温暖湿润气候区——Warm Humid(3A)温暖干燥气候区——Warm Dry(3B)
3C	HDD18 ℃≤2000	3C	CDD10 ℃≤2500,且HDD18 ℃≤2000	温暖海洋性气候区——Warm Marine
4A和4B	CDD10 ℃≤2500,且 HDD18 ℃≤3000	4A和4B	CDD10 ℃≤2500,且 2000＜HDD18 ℃≤3000	混合湿润气候区——Mixed Humid(4A)混合干燥气候区——Mixed Dry(4B)
4C	2000＜HDD18 ℃≤3000	4C	2000＜HDD18 ℃≤3000	混合海洋性气候区——Mixed Marine
5	3000＜HDD18 ℃≤4000	5A、5B和5C	3000＜HDD18 ℃≤4000	凉爽湿润气候区——Cool Humid(5A)凉爽干燥气候区——Cool Dry(5B)海洋性气候区——Marine(5C)
6	4000＜HDD18 ℃≤5000	6A和6B	4000＜HDD18 ℃≤5000	寒冷湿润气候区——Cold Humid(6A)寒冷干燥气候区——Cold Dry(6B)
7	5000＜HDD18 ℃≤7000	7	5000＜HDD18 ℃≤7000	严寒气候区——Very Cold

续表

IECC(2006 版、2009 版、2012 版、2015 版、2018 版)		ASHRAE 90 系列(2004 版、2007 版、2010 版、2013 版、2016 版)		
8	7000＜HDD18 ℃	8	7000＜HDD18 ℃	极地气候区——Subarctic

从表 1-2 的对比可以看出，两个标准编制机构对建筑气候分区的划分方法基本是一致的，具体指标只有细微区别，保持了各自的理解。这也是两个标准可以相互承认的基础。IECC—2015 和 IECC—2018 并未追随 ASHRAE 169—2013 那样增设 0 分区。

(四)"建设美国"建筑气候区划

2003 年，"建设美国"建筑气候区划在"建设美国"小组的指导下，美国能源部国家可再生能源实验室的研究人员按照"建设美国计划"的要求将 IECC 建筑气候分区图简化为五个大区：湿热气候区、混合湿润气候区、干热和混合干燥性气候区、海洋性气候区、寒冷和严寒气候区。

这五个大区可以看成是 IECC 或 ASHRAE 标准的简化，其目的是使描述简单而形象，以推进能源部的建筑节能计划。这种简化分法也应用在本书第二章将阐述的美国 EIA 居住建筑和商用建筑的能耗调查统计工作中。

二、中国的建筑气候分区

我国疆域辽阔，地形复杂，气候类型多样。地理特征主要表现为如下四个方面：一是南北纬度差异大，二是海陆差异大，三是海拔高程差异大，四是地形复杂。独特的地理特征导致各地气候差异悬殊。从温寒带气候的漠河到热带海洋性季风气候的海南岛，从东部温暖湿润区到西部干燥高寒区，平均温度、昼夜温差、湿度、太阳辐射强度、日照时长、降雨规律、风速、热季和冷季持续时长等都存在巨大差异。

据中科院国情小组根据 2000 年资料统计分析，胡焕庸线(又称黑河—腾冲线)东侧占全国 43.18％的国土面积，聚集了全国 93.77％的人口和 95.70％的 GDP。而黑河—腾冲线以东区域的气候相较于世界其他同纬度

地区更为恶劣,表现如下。

①由于受北方蒙古和西伯利亚冷空气影响,在冬季我国东部地区与世界同纬度相比最冷。以 1 月平均气温为例,东北北部比同纬度地区低 14~18 ℃,黄河流域比同纬度地区偏低 10~14 ℃,长江以南偏低 8 ℃以下,华南沿海地区也要低 5 ℃左右。冷季持续时间长,必然采暖度日数大,从而导致采暖能耗高。

②7 月平均气温比世界同纬度地区高 1.3~2.5 ℃,尤以长江中下游为代表的夏热冬冷地区最为突出。同比,夏季气温更高且时间长,从而导致对空调制冷的需求更高,时间更长。

③东部地区夏季和冬季湿度过高,风速普遍偏小,静风范围大。湿冷湿热更增加了人的不舒适感。

④东部大部分地区都面临着冬、夏两季的建筑节能设计问题。随着气候变暖,夏季炎热范围北移,这种挑战越来越明显。

以上种种不利气候条件都增加了建筑节能设计的难度。为了适应各地不同的气候条件,建筑上反映出不同的特点和要求。因此,研究我国建筑与气候的关系,按照各地建筑气候的相似性和差异性进行科学合理的建筑气候区划,概括出各区气候特征,明确各区建筑的基本要求,提供建筑设计所需的气候参数,合理利用当地气候资源,改善环境功能和使用条件,提高建筑技术水平,加快建设速度,发挥建设投资的经济效益和社会效益都有重要的意义。

在我国的建筑工程领域,气候分区有两个相似的概念:一是建筑热工分区,二是建筑气候区划。前者由《民用建筑热工设计规范》GB 50176 定义,后者由《建筑气候区划标准》GB 50178 划分。两者的划分目的、划分标准以及称谓都有所区别。

建筑热工分区反映的是建筑热工设计与气候的关系,主要体现在气象基本要素对建筑物及围护结构的保温隔热设计影响。建筑气候区划反映的是建筑与气候的关系,主要体现在各个气象基本要素的时空分布及其对建筑的直接作用,显示的是建筑与气候的密切联系。

我国对建筑气候区划开展研究实际始于 1958 年[1],被列为国家建筑科学重点研究项目之一。1959 年 4 月,当时的建设部和中央气象局在上海召开了关于全国建筑气候分区的学术讨论会议。会议一致认为综合自然气候条件以及与之有关的地理环境、人民生活习惯和民族特点等地区因素在建筑上的反映,划分建筑气候区并适当照顾行政区界,这一区划原则是符合现实条件和建设要求的。会议同意划分 7 个大区,即东北内蒙、华北、西北、华东华中、华南、西南、青藏高原和新疆地区,但对个别区界作了部分调整。大区内的二级区少数界线作了局部修改,并增划内蒙巴盟西部和新疆东部两个二级区,共计 25 个二级区。黑龙江省北部地下土壤常年冻结,新疆吐鲁蕃夏季酷热,建筑上应作特殊处理,与会人员一致同意划为两个特区。1964 年提出了《全国建筑气候分区草案(修订稿)》,由国家科学技术委员会内部出版,但是由于历史原因,该草案未能得到实际应用,建筑气候区划工作暂停。

(一)《民用建筑热工设计规范》GB 50176 中的分区

《民用建筑热工设计规范》GB 50176 的前身是《民用建筑热工设计规程》JGJ 24—86[2]。JGJ 24—86 是我国首次编制的有关民用建筑热工设计的标准性文件。该规程首次对全国进行建筑热工分区,其后的 GB 50176—93[3]和 GB 50176—2016[4] 分别对其中的分区进行了修改和完善。

在 JGJ 24—86 中,用累年最冷月(1 月)和最热月(7 月)平均温度作为分区指标,将全国简单划分为四个建筑热工设计分区。这是一个非常粗略的分区,每个分区包含的面积和纬度变化都非常大(表 1-3)。

表 1-3　《民用建筑热工设计规程》JGJ 24—86 中的建筑热工设计分区

分 区 名 称	分 区 指 标
严寒地区(简称Ⅰ区)	累年最冷月平均温度低于或等于−10 ℃的地区

[1]　韩璃,石泰安.建筑气候分区研究工作进展动态[J].建筑学报,1959(5).
[2]　1986 年 2 月 21 日发布,1986 年 7 月 1 日试行.
[3]　1993 年 3 月 17 日颁布,1993 年 10 月 1 日起施行.
[4]　2016 年 8 月 18 日颁布,2017 年 4 月 1 日起施行.

续表

分 区 名 称	分 区 指 标
寒冷地区(简称Ⅱ区)	累年最冷月平均温度高于−10 ℃,低于或等于0 ℃的地区
温暖地区(简称Ⅲ区)	累年最冷月平均温度高于0 ℃,最热月平均温度低于28 ℃的地区
炎热地区(简称Ⅳ区)	累年最热月平均温度高于或等于28 ℃的地区

该规程分别对每个分区的建筑热工设计提出了要求。

1993年,《民用建筑热工设计规范》GB 50176—93颁布施行,取代了JGJ 24—86。在该规范中,一是细化了分区指标,增加了累年日平均温度≤5 ℃和≥25 ℃的天数作为辅助指标;二是调整了分区数量,把以长江中下游为主的、原来包含在炎热地区和温暖地区中间的区域分离出来,单独划为夏热冬冷地区(表1-4)。

表1-4 《民用建筑热工设计规范》GB 50176—93中的建筑热工设计分区

分区名称	分 区 指 标	
	主要指标	辅助指标
严寒地区	最冷月平均温度≤−10 ℃	日平均温度≤5 ℃的天数≥145 d
寒冷地区	最冷月平均温度0～−10 ℃	日平均温度≤5 ℃的天数90～145 d
夏热冬冷地区	最冷月平均温度0～10 ℃,最热月平均温度25～30 ℃	日平均温度≤5 ℃的天数0～90 d,日平均温度≥25 ℃的天数40～110 d
夏热冬暖地区	最冷月平均温度>10 ℃,最热月平均温度25～29 ℃	日平均温度≥25 ℃的天数100～200 d
温和地区	最冷月平均温度0～13 ℃,最热月平均温度18～25 ℃	日平均温度≤5 ℃的天数0～90 d

2016 年,《民用建筑热工设计规范》GB 50176—2016 颁布施行,取代 GB 50176—93。该规范未对建筑热工一级分区划分指标做任何调整,大区划分延续 GB 50176—93 的 5 个分区,但增加了采暖度日数 HDD18 和空调度日数 CDD26 作为二级区划指标,将 5 个一级热工分区细化为 11 个二级分区。HDD18 和 CDD26 指标既表征了气候的寒冷和炎热的程度,也反映了寒冷和炎热持续时间的长短(表 1-5)。

表 1-5　《民用建筑热工设计规范》GB 50176—2016 中的建筑热工设计分区

一级分区			二级分区	
一级分区名称	主要指标	辅助指标	二级区划名称	区划指标
严寒地区(1)	最冷月平均温度≤−10 ℃	日平均温度≤5 ℃的天数≥145 d	严寒 A 区(1A)	6000≤HDD18
			严寒 B 区(1B)	5000≤HDD18<6000
			严寒 C 区(1C)	3800≤HDD18<5000
寒冷地区(2)	最冷月平均温度−10～0 ℃	日平均温度≤5 ℃的天数90～145 d	寒冷 A 区(2A)	2000≤HDD18<3800,且 CDD26≤90
			寒冷 B 区(2B)	2000≤HDD18<3800,且 CDD26>90
夏热冬冷地区(3)	最冷月平均温度 0～10 ℃,最热月平均温度 25～30 ℃	日平均温度≤5 ℃的天数0～90 d,日平均温度≥25 ℃的天数 40～110 d	夏热冬冷A 区(3A)	1200≤HDD18<2000
			夏热冬冷B 区(3B)	700≤HDD18<1200

续表

一级分区			二级分区	
一级分区名称	主要指标	辅助指标	二级区划名称	区划指标
夏热冬暖地区（4）	最冷月平均温度＞10 ℃，最热月平均温度 25～29 ℃	日平均温度≥25 ℃的天数100～200 d	夏热冬暖A区（4A）	500≤HDD18＜700
			夏热冬暖B区（4B）	HDD18＜500
温和地区（5）	最冷月平均温度 0～13 ℃，最热月平均温度 18～25 ℃	日平均温度≤5 ℃的天数0～90 d	温和A区（5A）	CDD26＜10，且 700≤HDD18＜2000
			温和B区（5B）	CDD26＜10，且 HDD18＜700

（二）《建筑气候区划标准》GB 50178—93 中的分区

在《民用建筑热工设计规范》GB 50176—93 颁布施行的同年，还颁布了一个专项的《建筑气候区划标准》GB 50178—93[①]。该规范可看做是 20 世纪 50—60 年代的研究成果，尤其是对 1964 年提出的《全国建筑气候分区草案（修订稿）》的继承。在该草案中建筑气候区划的雏形已经形成，7 个大区也与《建筑气候区划标准》GB 50178—93 基本一致，只是将 25 个二级区缩减到了 20 个。

在 GB 50178—93 中，建筑气候区划以累年 1 月和 7 月平均气温、7 月平均相对湿度等作为主要指标，以年降水量、年日平均气温小于等于 5 ℃和大于等于 25 ℃的天数等作为辅助指标，将全国划分成 7 个一级分区和 20 个二级分区。这样的划分方法与前述的 GB 50176—93 中并没有一一对应，不知

---

① 1993 年 7 月 5 日颁布，1994 年 2 月 1 日起施行。

为何。同年颁布的标准规范区划不同,也可将 GB 50176—93 中的区划看做是 GB 50178—93 的简化版。对比这两个建筑气候区划会发现,两者的区划大体相同,但 GB 50178—93 要细致得多。这样将纬度跨度巨大的一个大区再次细分,符合我国气候的实际情况,也便于分别制定不同的设计要求(表1-6)。

将细化后 GB 50176—2016 的分区与 GB 50178—93 对比后也会发现,两者之间没有办法做到一一对应,如 GB 50178—93 的 20 个二级分区与 GB 50176—2016 的 11 个二级分区无法对应。例如 GB 50178—93 中的Ⅲ区,细分为 A、B、C 3 个二级分区,而 GB 50176—2016 夏热冬冷分区的二级分区只有 2 个。Ⅰ大区细分为 A、B、C、D 4 个二级分区,而 GB 50176—2016 以及《严寒和寒冷地区居住建筑节能设计标准》JGJ 26—2010 中都只有严寒 A 区(1A)、严寒 B 区(1B)、严寒 C 区(1C)3 个,无法一一对应。Ⅵ大区中 3 个二级分区的和Ⅶ大区中 4 个二级分区因缺乏 HDD18 参数,如何在 JGJ 26—2010 中找到具体定位还未知,这些地区只能在地方节能设计标准中予以明确(表1-7)。

实际上,1993 年颁布两个标准之后,后续的建筑节能设计标准大都是按照《建筑气候区划标准》GB 50178—93 中的建筑区划来制定的,但也不完全一致。例如,《民用建筑节能设计标准(采暖居住建筑部分)》JGJ 26—95 并未据此作出相应的回应,而只是在"第 4 章　围护结构热工设计"中依采暖期室外平均温度列出了若干城市的各部分围护结构传热系数的限值,而不是按照 GB 50178—93 的划分方法分类,也没有使用 GB 50176—93 的划分方法。GB 50178—93 和 GB 50176—93 两个标准在前,JGJ 26—95 在后,却没有继承两个标准的划分方法。

《严寒和寒冷地区居住建筑节能设计标准》JGJ 26—2010、《夏热冬冷地区居住建筑节能设计标准》JGJ 134—2010、《夏热冬暖地区居住建筑节能设计标准》JGJ 75—2003 和 JGJ 75—2012 以及《公共建筑节能设计标准》GB 50189—2005 中都细分了这些标准的大气候区。这些标准对建筑气候分区的适用规定和名义细分或实际的细分,都有自己的一套做法,与上述的两个标准都不完全吻合。

表 1-6　GB 50178—93 建筑气候区划与 GB 50176—93 建筑热工分区对照表

区名	《建筑气候区划标准》GB 50178—93		二级区划指标			《民用建筑热工设计规范》GB 50176—93		
	一级区划指标 主要指标	辅助指标		1月平均气温	冻土性质	分区名称	分区指标 主要指标	辅助指标
I	1月平均气温≤-10 ℃ 7月平均气温≤25 ℃ 7月平均相对湿度≥50%	年降水量 200～800 mm 年日平均气温≤5 ℃的日数≥145 d	I A	≤-28 ℃	永冻土	严寒地区	最冷月平均温度≤-10 ℃	日平均温度≤5 ℃的天数≥145 d
			I B	-28～-22 ℃	岛状冻土			
			I C	-22～-16 ℃	季节冻土			
			I D	-16～-10 ℃	季节冻土			
	一级区划指标 主要指标	辅助指标		7月平均气温	7月平均气温日较差	分区名称	分区指标 主要指标	辅助指标
II	1月平均气温 -10～0 ℃ 7月平均气温 18～28 ℃	年日平均气温≥25 ℃的日数<80 d 年日平均气温≤5 ℃的日数 90～145 d	II A	>25 ℃	<10 ℃	寒冷地区	最冷月平均温度 0～-10 ℃	日平均温度≤5 ℃的天数 90～145 d
			II B	<25 ℃	≥10 ℃			

续表

| 《建筑气候区划标准》GB 50178—93 | | | | | | 《民用建筑热工设计规范》GB 50176—93 | | |
| 一级区划指标 | | | 二级区划指标 | | | 分区名称 | 分区指标 | |
区名	主要指标	辅助指标		最大风速	7月平均气温日较差		主要指标	辅助指标
Ⅲ	1月平均气温 0~10 ℃ 7月平均气温 25~30 ℃	年日平均气温≥25 ℃的日数 40~110 d 年日平均气温≤5 ℃的日数 0~90 d	ⅢA	>25 m/s	26~29 ℃	夏热冬冷地区	最冷月平均温度 0~10 ℃，最热月平均温度 25~30 ℃	日平均温度≤5 ℃的天数 0~90 d，日平均温度≥25 ℃的天数 40~110 d
			ⅢB	<25 m/s	≥28 ℃			
			ⅢC	<25 m/s	<28 ℃			
Ⅳ	1月平均气温 >10 ℃ 7月平均气温 25~29 ℃	年日平均气温≥25 ℃的日数 100~200 d	ⅣA	最大风速 ≥25 m/s	—	夏热冬暖地区	最冷月平均温度 >10 ℃，最热月平均温度 25~29 ℃	日平均温度≥25 ℃的天数 100~200 d
			ⅣB	<25 m/s	—			
Ⅴ	7月平均气温 18~25 ℃ 1月平均气温 0~13 ℃	年日平均气温≤5 ℃的日数 0~90 d	ⅤA	1月平均气温 ≥5 ℃	—	温和地区	最冷月平均温度 0~13 ℃，最热月平均温度 18~25 ℃	日平均温度≤5 ℃的天数 0~90 d
			ⅤB	<5 ℃	—			

续表

区名	《建筑气候区划标准》GB 50178—93					《民用建筑热工设计规范》GB 50176—93		
	一级区划指标		二级区划指标			分区	分区指标	
	主要指标	辅助指标		7月平均气温	1月平均气温	名称	主要指标	辅助指标
Ⅵ	7月平均气温<18℃ 1月平均气温0~-22℃	年日平均气温≤5℃的日数90~285 d	ⅥA	≥10℃	≤-10℃	严寒地区	—	—
			ⅥB	<10℃	≤-10℃		—	—
			ⅥC	≥10℃	>-10℃	寒冷地区	—	—
Ⅶ	7月平均气温≥18℃ 1月平均气温-20~-5℃ 7月平均相对湿度<50%	年降水量10~600 mm 年日平均气温≥25℃的日数<120 d 年日平均气温≤5℃的日数110~180 d	ⅦA	7月平均气温日较差≥25℃ 年降水量<200 mm		严寒地区	—	—
			ⅦB	≤-10℃ <25℃	200~600 mm		—	—
			ⅦC	≤-10℃ <25℃	50~200 mm	寒冷地区	—	—
			ⅦD	>-10℃ ≥25℃	100~200 mm		—	—

表 1-7　GB 50178—93 建筑气候分区和 GB 50176—2016 热工分区对照表

《建筑气候区划标准》GB 50178—93						《民用建筑热工设计规范》GB 50176—2016				
一级区划指标		区名	二级区划指标			一级分区			二级分区	
主要指标	辅助指标		二级区划指标	冻土性质	1月平均气温	分区名称	主要指标	辅助指标	二级区划名称	区划指标
I区 1月平均气温≤ -10 ℃ 7月平均气温≤25 ℃ 7月平均相对湿度≥50%	年降水量 200~800 mm 年日平均气温≤5 ℃的日数≥ 145 d	I	I A	永冻土	≤-28 ℃	严寒地区 (1) 最冷月平均温度≤ -10 ℃		日平均温度≤5 ℃的天数≥ 145 d	严寒 A 区(1A)	6000≤ HDD18
			I B	岛状冻土	-28~ -22 ℃				严寒 B 区(1B)	5000≤ HDD18 < 6000
			I C	季节冻土	-22~ -16 ℃				严寒 C 区(1C)	3800≤ HDD18 < 5000
			I D	季节冻土	-16~ -10 ℃					

续表

	《建筑气候区划标准》GB 50178—93					《民用建筑热工设计规范》GB 50176—2016				
区名	一级区划指标		二级区划指标			一级分区			二级分区	
	主要指标	辅助指标		7月平均气温	7月平均气温日较差	分区名称	主要指标	辅助指标	二级区划名称	区划指标
Ⅱ	1月平均气温−10~0℃ 7月平均气温18~28℃	年日平均气温≥25℃的日数<80d 年日平均气温≤5℃的日数~145d	ⅡA	>25℃	<10℃	寒冷地区(2)	最冷月平均温度−10~0℃	日平均温度≤5℃的天数90~145d	寒冷A区(2A)	2000≤HDD18<3800，且CDD26≤90
			ⅡB	<25℃	≥10℃				寒冷B区(2B)	2000≤HDD18<3800，且CDD26>90

续表

区名	《建筑气候区划标准》GB 50178—93 一级区区划指标 主要指标	辅助指标	二级区区划指标	最大风速	7月平均气温日较差	《民用建筑热工设计规范》GB 50176—2016 一级分区 分区名称	主要指标	辅助指标	二级分区 二级区划名称	区划指标
Ⅲ	1月平均气温0～10℃ 7月平均气温25～30℃	年日平均气温≥25℃的日数40～110 d 年日平均气温≤5℃的日数0～90 d	ⅢA	>25 m/s	26～29℃	夏热冬冷地区(3)	最冷月平均温度0～10℃ 最热月平均温度25～30℃	日平均温度≤5℃的天数0～90 d·日 平均温度≥25℃的天数40～110 d	夏热冬冷A区(3A)	1200≤HDD18<2000
			ⅢB	<25 m/s	≥28℃				夏热冬冷B区(3B)	700≤HDD18<1200
			ⅢC	<25 m/s	<28℃					
Ⅳ	1月平均气温>10℃ 7月平均气温25～29℃	年日平均气温≥25℃的日数100～200 d	ⅣA	≥25 m/s	—	夏热冬暖地区(4)	最冷月平均温度>10℃ 最热月平均温度25～29℃	日平均温度≥25℃的天数100～200 d	夏热冬暖A区(4A)	500≤HDD18<700
			ⅣB	<25 m/s	—				夏热冬暖B区(4B)	HDD18<500

续表

《建筑气候区划标准》GB 50178—93					《民用建筑热工设计规范》GB 50176—2016				
一级区划指标			二级区划指标		一级分区			二级分区	
区名	主要指标	辅助指标	二级区	一月平均气温	分区名称	主要指标	辅助指标	二级区划名称	区划指标
V	7月平均气温~25℃ 1月平均气温0~13℃	年日平均气温≤5℃的日数0~90d	VA	≥5℃	温和地区(5)	最冷月平均温度0~13℃，最热月平均温度18~25℃	日平均温度≤5℃的天数0~90d	温和A区(5A)	CDD26<10，且700≤HDD18<2000
			VB	<5℃				温和B区(5B)	CDD26<10，且HDD18<700
			二级区	7月平均气温 / 1月平均气温	分区名称	主要指标	辅助指标		
VI	7月平均气温<18℃ 1月平均气温0~-22℃	年日平均气温≤5℃的日数~285d 90	VIA	≥10℃ / ≤-10℃	严寒地区	—	—	寒冷地区——VIC	VI区中的VIC
			VIB	<10℃ / ≤-10℃	寒冷地区	—	—	严寒地区——VIA、VIB	VI区中的VIA、VIB
			VIC	≥10℃ / >-10℃		—	—		

续表

区名	《建筑气候区划标准》GB 50178—93 一级区划指标 主要指标	辅助指标	二级区划指标	1月平均气温	7月平均气温日较差	年均降水量	《民用建筑热工设计规范》GB 50176—2016 一级分区 分区名称	主要指标	辅助指标	二级分区 二级区划名称	区划指标
Ⅶ	7月平均气温≥18℃ 1月平均气温-20~-5℃ 7月平均相对湿度<50%	年降水量10~600 mm 年平均气温≥25℃的日数<120 d 年平均气温≤5℃的日数110~180 d	ⅦA	≤-10℃	≥25℃	<200 mm	—	—	—		
			ⅦB	≤-10℃	<25℃	200~600 mm	严寒地区	—	—	严寒地区的ⅦA、ⅦB、ⅦC	
			ⅦC	≤-10℃	<25℃	50~200 mm		—	—		
			ⅦD	>-10℃	≥25℃	100~200 mm	寒冷地区	—	—	寒冷地区的ⅦD	

注：在《民用建筑热工设计规范》GB 50176—2016的条文说明第4.1.2条中给出了2016版标准没有再给出包含二级区划的建筑热工区划图的原因。需要指出的是：影响气候的因素很多，地理距离的远近并不是造成气候差异的唯一因素。海拔高度、地形、地貌、大气环流等对局地气候影响显著。因此，各区间、各区域出现相互交叉的情况。这在只有5个一级区划时已经有所表现，但由于一级区划的尺度较大，现象并不明显。当将一级区划细分后，这一现象非常突出。因此，二级区划没有再采用分区图的形式表达。改用表格的形式给出每个城市的区属。这样避免了复杂图形可能带来的理解和偏差。各城市的区属明确，边界清晰，且便于规范的执行和管理。

41

《建筑气候区划标准》GB 50178—93 的区划、《民用建筑热工设计规范》GB 50176—2016 中的建筑热工分区,以及具体的建筑节能设计标准中的建筑气候分区等之间的不协调显而易见。GB 50178—93 颁布之后 20 余年未做更新。像这种不同规范标准在使用或描述相同概念时不一致的现象在我国的标准中并不少见。这虽未影响到具体工作,但这也反映出我国在标准编制和更新时存在的问题。

三、两国建筑气候分区比较

中美两国国土面积广阔,同属北半球,纬度跨度相似,大的建筑气候分区也相似。也因此说明如果要进行两国全域建筑气候分区比较的话,唯有中美两国较为合适。

从以上对中美两国建筑气候分区的总体介绍中,可以看出两国有以下的共同点和不同点(图 1-10、表 1-8)。

(1)我国建筑气候区划的指标要比美国复杂和细致。我国的分区分为一级区划和二级区划,区划指标不仅考虑最冷月和最热月平均温度和降水量,还考虑了风速、冻土等因素。《建筑气候区划标准》GB 50178—93 给出了 7 个一级分区和 20 个二级分区,《民用建筑热工设计规范》GB 50176—2016 给出了 5 个一级分区和 11 个二级分区。两者之间不完全匹配现象明显,与建筑节能设计标准之间的吻合也存在问题。

(2)美国建筑气候分区的划分指标要简单许多,仅仅依据采暖度日数和空调度日数来划分一级分区,并借助干湿度划分二级分区。总的分区只有 8 个(ASHRAE 90.1—2016 为 9 个,增加的一个与美国无关)一级分区和 15 个二级分区。建筑气候分区与建筑节能设计标准之间保持一致,同步更新。

(3)美国为本土每一个郡县指定了其所属的分区,以其行政边界为气候分区的边界,这在使用时就十分明确,没有异议,可减少行政成本和节能设计标准的执行成本。我国在《民用建筑热工设计规范》GB 50176—93 中绘出了热工设计分区图,但跨边界的地区该采取什么标准就可能存在模糊地带,必须辅助其他的方式,例如地方标准予以明确。GB 50176—2016 标准中不再给出二级区划图,而是列出明确分区的 354 个城镇列表,并以这些城镇为参考城镇的方式来确定不在列的城镇所属的分区。这个明确分区的数量与我国的县级行政区的数量还相差很远。这受限于我国气象台站的数量或者积累的气象资料的数量,这方面的工作是我国努力的方向。

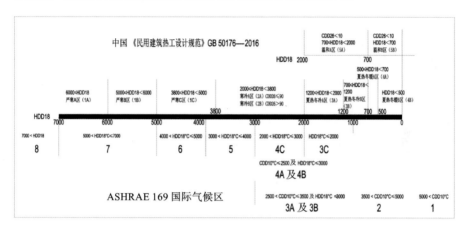

图 1-10 中美两国建筑气候区划对比示意图

注:因缺乏详细气象资料,无法进行 CDD26 和 CDD10 之间的转化,本图仅为示意。

表 1-8 中美建筑节能标准气候区划分对比表

美国气候分区	美国气候特征	美国气候分区特性	中国气候特性	中国气候分区	中国典型城市
1	极热-湿(1A) 极热-干(1B)	5000<CDD10	—	—	—
2	热-湿(2A) 热-干(2B)	3500<CDD10 ≤5000	最冷月平均温度>10 ℃,最热月平均温度 25 ～ 29 ℃。日平均温度≥25 ℃的天数 ≥ 100 ～ 200 d	夏热冬暖地区(南区、北区)	广州(夏季空气调节室外计算日平均温度30.7 ℃)

续表

美国气候分区	美国气候特征	美国气候分区特性	中国气候特性	中国气候分区	中国典型城市
3A,3B	温-湿(3A) 湿-干(3B)	2500<CDD10 ≤3500	最冷月平均温度 0 ~10 ℃,最热月平均温度 25~30 ℃。日平均温度≥25 ℃ 的天数 40~110 d	夏热冬冷地区	上海（舟山:夏季空气调节室外计算日平均温度 28.9 ℃）
3C	热-海洋性	CDD10≤2500 HDD18≤2000			
4A,4B	过渡-湿(4A) 过渡-干(4B)	CDD10≤2500 2000<HDD18 ≤3000	2000 ≤ HDD178 <3800 CDD26>90	寒冷 B 区	北京 (HDD18＝2699, CDD26 ＝94)
4C	过渡-海洋性	2000<HDD18 ≤3000	2000 ≤ HDD18 <3800 CDD26≤90	寒冷 A 区	
5A,5B,5C	寒冷-湿(5A) 寒冷-干(5B) 寒冷-海洋性(5C)	3000<HDD18 ≤4000	3800≤HDD18<5000	严寒 C 区	哈尔滨 (HDD18＝5032, CDD26 ＝14)
6A,6B	寒冷-湿(6A) 寒冷-干(6B)	4000<HDD18 ≤5000			
7	严寒	5000<HDD18 ≤7000	5000≤HDD18<6000	严寒 B 区	
			6000≤HDD18	严寒 A 区	—

资料来源:《国际建筑节能标准研究》,中国建筑工业出版社,2012。

注:该表没有将美国的 8 区列入。

ASHRAE 在其 ASHRAE 169—2013 中不仅提供了 397 个按照该标准划分的中国城镇的建筑气候分区代码,还制作了一张整个中国疆域的建筑气候分区图。该图与我国制作的分区图相比,差异还是很大的。

第二章　中美建筑能耗调查与统计

建筑能耗占比、组成及强度是衡量一个国家经济发展水平、反映一国经济结构的标尺,同时也是反映国民基本生活水准的一杆秤。

建筑能耗的调查与统计是建筑节能最基础的工作之一。

建筑能耗调查与统计的目的,从宏观层面上说,需要掌握整个国家、各个建筑气候区的建筑能耗总量及其占社会总能耗的比例,以及历史变化情况,并做出分析与预测。在中观层面上,需要掌握不同建筑气候区、不同类别建筑消耗的不同形态能源的状况。在微观层面上,还需进一步掌握不同能源在建筑的不同终端使用目的的具体发生规律和比例等详细情况,包括能耗量、强度、建筑类型、面积、气候、能源类型等的相互关系,从而进一步研究建筑节能的具体措施。相应的调查统计数据也由宏观到微观。

一般而言,建筑能耗调查应该包含两个大的方面:一是建筑的基本信息;二是发生在建筑中的能耗信息。前者不仅需要调查建筑的本体信息,包括建筑的地理/行政位置,所属建筑气候区,建筑面积的大小,层数,建筑功能,房龄,空置与否,用能设备的数量、功率、类型,建筑执行的节能设计标准,乃至依附于建筑及地点的可再生能源设备信息等。有了这些信息就有了量的基础。此外还需要尽可能掌握建筑使用模式方面的信息,例如建筑使用人数、活动类型、使用开放规律、物业管理等。关于发生在建筑中的能耗信息,需要掌握建筑输入和消耗的能源形态/品种,如电力、天然气、煤炭、燃料油等,以及这些能源如何在各种终端目的被消耗的具体情况。两者相结合,才能得到全面的建筑能耗信息。

只有掌握了翔实、准确、全面的建筑能耗信息,才能为政策制定者,能源供应者和消费者、管理者,建筑产业各环节参与者,建筑产品开发者和生产者,建筑节能设计标准的制定者与更新者、研究者乃至社会公众等提供据此进行判断的理性依据。数据越详尽准确,越有利于做出正确的评判,也越有

助于找到未来建筑节能降耗的要点和方向,有的放矢。

基于建筑属性基本相同或相似,建筑能耗总量、强度和终端使用分配等指标也基本相似,在时间和成本可行的前提下,建筑能耗统计一般都采取抽样调查的方法。抽样方法设计越科学,越有代表性,采样概率越大,其统计结果越可信。

第一节　美国的建筑能耗调查与统计

美国的建筑能耗统计由能源信息署(Energy Information Administration,EIA)负责。该机构专司能源信息的收集、统计、分析和发布,是美国最主要的能源信息来源,建筑能耗的调查统计只是其小部分工作。

1974 年爆发石油危机后,根据 1974 年的《联邦能源管理法案》[*Federal Energy Administration*(FEA) *Act*(P. L. 93—275,15 USC 761)]创建了联邦能源管理局,取代原来旨在管理石油分配和价格管控的联邦能源管理办公室。同年,还成立了能源研究与开发管理局。根据该法案,联邦能源管理局被赋予了从能源生产到消费各环节收集数据的权力。

1976 年,根据《节能生产法案》[*Energy Conservation and Production Act*(P. L. 94—385,15 USC 790)],在联邦能源管理局内设立了能源信息和分析办公室,即后来的能源信息署。该办公室的任务如下:①建立一个全面的国家能源信息系统;②具备能源分析和预测方面的专门知识;③接受专业审计审查小组的绩效审计;④与联邦机构协调能源信息活动;⑤应要求及时向任何正式成立的国会委员会提供任何能源信息;⑥定期向国会和公众报告能源形势和趋势。

1977 年,根据美国《能源部组织法》[*Department of Energy Organization Act*(P. L. 95—91,42 USC 7135)],撤销了联邦能源管理局和能源研究与开发管理局,合并升级为能源部,同时将大部分分散在各个联邦机构中有关能源和核能核武器方面的行政管理职能合并到一起。与此同时将能源信息和分析办公室重组为 EIA,将其建立成单独的联邦政府能源信息管理机构,授权其收集、评估和分析能源信息,向联邦政府、州政府和公众提供能源信息和预测,以及向国会提供总结这些活动的年度报告。EIA 在数据收集方面有独立于能源部其他部门的自主权,以及在编制统计和分析报告方面有独立于联邦政府的自主权。

1992 年,根据《能源政策法案》[*Energy Independence and Security Act* (P. L. 102—486,42 USC 13385)],要求 EIA 将数据收集和分析扩展到其他领域,包括能源消耗、替代燃料和替代燃料车辆、温室气体排放、化石燃料运输率和分配模式、可再生能源发电以及外国购买和进口铀。

2005 年,根据 2005 版能源政策法案,又要求 EIA 调查可再生燃料领域的数据,包括可供消费者使用的可再生燃料清单和对未来清单的预测和可再生燃料混合研究,以及关于可再生燃料生产、混合、进口、需求和价格的每月数据。

2007 年,根据《能源独立和安全法案》[*Energy Independence and Security Act* (P. L. 110—140,42 USC 17001)],要求 EIA 编制一份五年计划,以提高其数据收集的质量和范围,并编写州一级的数据需求评估报告和满足这些需求的计划,并授权拨款执行这两项计划。该法案要求 EIA 准备停运正在计划建设的炼油厂,并对石油产品供应和价格的影响半年进行一次分析。

建筑能耗统计调查由 EIA 下设的能源消费和效率统计办公室具体负责。在实际操作中,这方面的调查统计由 EIA 委托第三方机构进行,具体由发展与研究国际有限公司执行。该公司成立于 1985 年,专门为政府和私营机构提供能源数据调查和分析咨询服务。

EIA 的建筑能耗调查分为两个大的建筑类别进行:一是居住建筑能耗调查(Residential Energy Consumption Survey,RECS);二是商用建筑能耗调查(Commercial Buildings Energy Consumption Survey,CBECS)。两者聚焦于调查统计数据。此外,在 2011 年之前还每年发布《建筑能耗数据手册》(*Buildings Energy Data Book*),该手册主要提供以上两方面数据来源的概要和分析,以及其他有关建筑能源及相关数据的资料汇编。

EIA 的建筑能耗调查成果除了提供历次 RECS 和 CBECS 调查年的数

据产品以外,还提供有关调查的背景资料和相关技术信息,全面介绍有关调查的抽样设计方法、数据采集和录入、数据处理、数据质量保障措施、统计模型及校正方法、历次调查年的方法比较等,为数据使用者准确理解和使用提供丰富的信息。此外,该调查还发布众多根据两项调查结果得出的分析和预测报告。

一、居住建筑能耗信息调查

居住建筑能耗信息调查 RECS 是一项面向全美的抽样调查,目的是收集家庭能源消费方面的相关数据。EIA 自 1978 年起,也就是开始执行建筑节能政策、施行建筑节能设计标准后即开始进行这项调查,迄今为止,分别进行了 14 次。基本上每三四年进行一次。

RECS 一般分三个阶段进行:第一阶段称为家庭和住宅基本信息调查,在全美范围内抽取有代表性家庭/住宅样本,收集与住宅能耗相关的建筑特征和使用模式等信息;第二阶段称为能源供应商调查,通过能源供应商收集被调查家庭/住宅的详细能耗数据;第三阶段就是将两者结合起来进行数据分析,最终得出统计数据。

EIA 在每个调查周期都会发布各种 RECS 数据产品,为广泛的数据用户量身定制。这些数据包括与能源相关的特征汇总表格,决定关键变量的能源消耗强度的详细列表,以及用于对家庭能源使用进行定制分析的公共用途微数据。2015 年,RECS 发行版包括突出重点调查结果的文件、标准表格和一个微数据文件。RECS 的调查数据也是用作 EIA 能源消费预测的关键信息,例如用于年度能源展望和能源计划分析等。

1. 采样方法和数量

以来自美国人口普查局所做的美国社区调查(American Community Survey,ACS)统计的美国主要居所为抽样基数。主要居所指的是日常生活所主要居住的住房单元,不包含空置的、度假用的、季节性的住房单元及第二居所、军营、集体宿舍。按照这个定义,2015 年全美 50 个州和哥伦比亚特区共有 1.182 亿套主要居所被纳入抽样池。

2015 年 RECS 采用了多阶段的区域概率抽样设计,从大的地理区域开始,到单个住房单元结束。抽样设计的第一阶段是将全美划分为若干大的地理区域,这个地理区域与人口调查分区相结合,按全国、人口调查大区、详细分区层级,通过对每个家庭的平均预估能耗值的精确控制来编制地理区域的样本分配。2015 年,全国被划分为 19 个大的地理区域。

第二阶段是样本抽取。样本抽取从随机选择的公共用途微数据区(Public Use Microdata Areas,PUMAs)开始,这个 PUMAs 区域是人口普查局划定的至少有 10 万人的、以普查区和郡县为基础的地理区域。在 RECS 多级区域概率设计的第一阶段抽样中,从 19 个大的地理区域中各选取了 200 个 PUMAs。在第二阶段抽样中,选定的 PUMAs 又被划分为若干人口普查街区组(Census Block Groups,CBGs)。CBGs 指人口普查局指定的人口在 600～3000 人的地理区域,然后从每个 PUMAs 中各抽取 4 个 CBGs,这样一共就选取了 800 个 CBGs。

抽样设计的第三阶段,是从选定的 CBGs 家庭名单中随机抽取住户。在大多数 CBGs 中,家庭名单来自美国邮政局的递送地址表(US Postal Service's Delivery Sequence File,DSF)。在家庭 DSF 覆盖率较低的 30% CBGs 中,则采用现场采样的方法来产生被调查家庭的抽样清单。

按照以上方法,2015 年最终共产生了 12753 户待抽样调查住户名单。

2015 年 RECS 实际上只有 5686 户完成了调查,只占全美主要家庭/住宅的 0.0048%。RECS 历次调查实际完成的样本量都不高,1993 年有 7111 户,1997 年有 5900 户,2001 年有 4822 户,2005 年有 4382 户,2009 年最多,有 12093 户。这么少的样本量需要代表 1.182 亿户家庭,EIA 认为这得益于其样本抽取设计的广泛代表性。不过可能更多的是限于有限的预算。

需要注意的是,RECS 调查不是以建筑整体栋数为单位,而是以家庭为单位。家庭与住宅紧密联系在一起,但如果某个家庭居住在集居住宅中,例如公寓,则只收集该家庭居住单元的情况而不采集整个建筑的数据。

2. 调查统计方法

对某个具体的家庭或某套住宅而言,一般通过能源供应商调查就能准确获取该户所消耗的各种能源形态的数量及费用,甚至是分时信息。但这些能源是如何在家里的各种终端用途上消耗的,按照美国现有的数据采集

模式还难以做到准确全面和实时采集。因此还需要对家用用能设备的安装及使用情况,以及无法从能源供应商那里获得的可再生能源使用情况等信息进行详细调查和数据采集,同时还包括家庭的具体情况,如人口、收入等。以上这些家庭、住房及能耗情况主要采用三种方式获得:住户通过 EIA-457 表在网上填报;让住户填写同样内容的纸质问卷;调查人员上门面对面调查。前两种方式是主要的,这样做可以大大节约数据采集的成本和时间。只有当被调查家庭不能准确回答表中的问题或者填报的数据超出了常规值时,才会采用上门调查的方法。特别是在住户关于能耗方面的问题不清楚或者回答错误时,EIA 才会从能源供应商那里获取相关数据。

这项调查就是家庭和住宅基本信息调查,这些数据汇总成居住建筑能耗信息,为住宅能耗模型中的各终端使用量的估算提供支撑。

EIA 为住户和能源供应商准备了两大类 EIA-457 表格,为住户准备的表格又分为租赁的和非租赁的两类。该表格长达 96 页,将绝大部分问题描述得很清楚,并辅以图像示意解释,被调查者只需选择即可,无须自己填写。这样做可以为受访者提供便利,同时也最大程度消除了歧义和误解,保证数据的准确性和真实性。

从调查中得到的家庭能源消费量在家庭使用终端上的准确分配,可反映出季节性等问题。EIA 根据每种终端用途都有自身的耗能规律这一特性,自 1980 年开始建立了模式化的终端能源消费估算模型,采用统计回归模型,通过非线性回归找到未知参数的最佳值,按最终使用的模型之和对年化能源总量进行回归,也可借此来纠正被调查家庭误报的数据。该模型使用的校准方法是简单的归化法,校准或分配从能源供应商获得数据与模型估算之间的差额,按照相同比例(能源供应商提供的数值与终端能耗模型估算量的比值)分配到住房的所有能源终端用途上。

2015 年,RECS 对终端用能建模和校准方法进行了重大更新。在新的方法中,终端用能模型遵循工程方法。工程模型不像在统计建模中那样估计未知参数并解释数值,而是在现有研究的基础上对统计模型进行改进。工程模型使用公布的参数值,如单位能耗(Per Unit Energy Consumption,UEC)估计值,来构建有物理原理基础的模型。与统计模型不同,工程模型是独立的,不依赖来自能源供应商的能耗数据。该标定方法在简单分段计算的基础上,根据模型估算的假设不确定性进行处理,使得最不确定的估算往往得到最大的校正,而最小的估计往往得到最小的校正。这样将使终端用途能耗的估算数据更加接近实际情况。2015 年 RECS 中的校准程序使用最小方差估计,它更好地结合了家庭特征数据的不确定性,并识别最终用途之间的相关性。

RECS 的历次成果主要包含以下四个方面:住宅建筑基本信息、能源消耗量和费用、微观数据以及方法说明。以下以最近的 2015 年的调查统计结果为例,简要说明前两者的主要成果。

(一) 住宅建筑基本信息

2015 年 RECS 的住宅基本信息调查的 EIA-457 表包含了 200 多个关于住房及家庭相关的问题,这些信息汇总成住宅建筑基本信息。

住宅建筑基本信息统计成果包含以下 11 大类,每一大类又包含若干子项。

(1) 能源种类和终端使用目的等。

(2) 建筑实体特征,如住宅的层数、面积、围护结构材料、房间数量、外窗数量及材料等。

(3) 主要用能器具类型、数量和使用频率等。

(4) 主要用电设备类型、数量和使用频率等。

(5) 照明设备类型和安装数量等。

(6) 采暖能源种类、采暖设备种类以及室内温度设定等。

(7) 空调设备类型、数量、使用年限、温度调节方式、温度设定以及风扇安装情况等。

(8) 生活热水设备能源种类、容量、使用年限等。

(9) 居家人口数量、18 岁以下孩子数量、家庭年收入、所住房屋的权属情况、能源费支付方式、户主年龄、族裔、典型每周居家天数等。

(10) 全美、东北区、中西部、南部、西部,单家庭独立住宅、公寓、活动房屋的计算住宅面积及平均面积。

(11) 家庭能源消费得不到保障的情况。

其中第(1)~(9)项分别按照住宅类型,住宅权属,竣工年份,家庭成员数量,家庭年均收入,建筑气候分区,东北部、中西部、南部和西部,住宅面积制作成9个子表,每个子表又根据其内容设置不同的调查统计项目。第(10)项分别按照全美、东北区、中西部、南部、西部,独立住宅、联排住宅公寓、活动房屋制作成8个子表计算住宅面积。第(11)项反映了居住在不同人口调查区、城乡、不同建筑气候区、不同住宅类型、不同房龄、不同采暖能源类型、不同空调设备、不同外窗种类、不同围护结构保温情况、不同家庭成员数量、不同户主年龄、不同族裔、不同家庭年均收入、不同住房权属情况下家庭能源消费得不到保障的情况。

这11类数据大致可以归纳为4类:一是关于住房实体本身的;二是关于用能设备及使用方面的;三是关于家庭情况的;四是关于房屋权属或租赁情况的。这些数据是进行住宅建筑能耗调查统计的基础。从公布的调查数据来看,在住宅建筑基本信息方面提供了98个表格,非常详尽。信息越详细,越能反映美国住宅能源消费的详细情况。

以下这些数据可以帮助我们勾勒出2015年与建筑能耗相关的美国住宅和家庭信息的总体概貌。

需要特别说明的是计算面积。RECS所统计的面积与其他用途计算的面积所采取的方法不同,因此结果也不同。RECS所关注的是耗能空间的大小,其计算规则是生活区域全部计算,阁楼如果有采暖或空调设备或者装修过才计算,与住宅毗邻的车库如果有采暖或空调设施才计算,地下室无论采暖与否全部计算。这样计算得出的面积与房产登记面积或向税务局申报的面积不同。EIA调查统计面积也主要采取住户自报,部分采取调查人员上门复核和测量相结合的方法。

(1)住房数量及面积:全美纳入统计的作为主要居所的住宅共计1.182亿套,总面积2374亿平方英尺(220.5446亿平方米)。平均每户2008.4602平方英尺(186.5860平方米)。

(2)住宅类型:独立住宅7390万套,占62.52%;双拼或联排式的住宅700万套,占5.92%;2~4户的公寓940万套,占7.95%;5户及以上的公寓2110万套,占17.85%;活动房屋有680万套,占5.75%。

(3) 计算面积:小于 93 平方米的,2660 万户,占 22.50%;93～139 平方米的,2610 万户,占 22.08%;139～186 平方米的,1750 万户,占 14.81%;186～232 平方米的,1410 万户,占 11.93%;232～279 平方米的,1080 万户,占 9.14%;超过 279 平方米的,2310 万户,占 19.54%。

(4) 住宅层数:1 层,4750 万户;2 层,2950 万户;3 层及以上,180 万户;错层式住宅 210 万户;未要求统计层数的(如公寓、活动房屋)3730 万户。

(5) 住宅权属情况:有产权的有 7450 万户,租住的有 4370 万户。

(6) 住宅竣工时间:1950 年以前的,2080 万套;20 世纪 50 年代的,1260 万套;20 世纪 60 年代的,1280 万套;20 世纪 70 年代的,1830 万套;20 世纪 80 年代的,1600 万套;20 世纪 90 年代的,1680 万套;2000—2009 年的,1700 万套;2010—2015 年的,380 万套。平均房龄为 35.3 年。

(7) 每户住宅的房间数量(不含浴室卫生间):1 间或 2 间,530 万户;3 间,900 万户;4 间,1680 万户;5 间,1940 万户;6 间,2220 万户;7 间,1690 万户;8 间,1260 万户;9 间及以上,1600 万户。

(8) 每户住宅的卧室数量:0 间,320 万户;1 间,1170 万户;2 间,2980 万户;3 间,4760 万户;4 间,2050 万户;5 间及以上,530 万户。

(9) 2015 年家庭年收入(x:万美元):$x<2$,2290 万户;$2\leqslant x<4$,2730 万户;$4\leqslant x<6$,1840 万户;$6\leqslant x<8$,1520 万户;$8\leqslant x<10$,970 万户;$10\leqslant x<12$,810 万户;$12\leqslant x<14$,540 万户;$x\geqslant14$,1120 万户。

(10) 城乡:城市化区域,8220 万户;乡镇,1250 万户;乡村,2350 户[①]。

(11) 按采暖使用的主要能源种类统计:天然气,5770 万户;电力,4090 万户;燃料油/煤油,580 万户;液化石油气,500 万户;木柴,350 万户;以上合计 1130 万户,占比 95.6%。有采暖设备而不用的有 360 万户,没有采暖设备的,160 万户,两者合计只有 520 万户,仅占 4.4%。可见采暖需求之广,即便是温暖/炎热的美国南方地区。

(12) 空调设备情况:安装空调制冷设备的,1.028 亿户,占 86.97%;没有安装的,1540 万户,占 13.03%。其中安装中央空调设备的,7610 万户;使

① 在 RECS 中,集中居住在一片或一带,超过 5 万人的称为城市化区域,有 0.25～5 万人的称为城市集群,在中国类比为乡镇,其余的为乡村。

用分体式空调的,3210 万户。其中有热泵辅助加热的有 5540 万户,没有热泵辅助加热的有 2070 万户。使用窗式或分体式空调的,3210 万户,其中安装 1 台的有 1590 万户,安装 2 台的有 960 万户,安装 3 台及以上的有 660 万户。有的家庭既装有中央空调又装有分体式空调。从以上数据可看出夏天居民对空调制冷的需求也是非常广泛的,事实上,在美国的严寒和寒冷建筑气候区,安装空调设备的家庭就有 3620 万户,占全部统计数的 30.63%。

(13) 采暖面积:全美住宅采暖面积共计 2074 亿平方英尺(192.6746 亿平方米),占全部统计面积的 87.36%。空调制冷面积 1625 亿平方英尺(150.9625 亿平方米)占全部统计面积的 68.45%。平均每户有采暖面积1754.6531 平方英尺(163.0073 平方米),空调制冷面积1374.7885平方英尺(127.7179 平方米)。从中可以看出对采暖的需求要显著高于对空调的需求。

(14) 围护结构保温情况:非常好的,3750 万户;一般的,5790 万户;较差的,2090 万户;没有保温措施的,190 万户。

(15) 外墙材料:铝合金、钢和乙烯基外饰面的,4020 万户;清水砖的,3290 万户;木材的,1800 万户;粉刷的,1530 万户;混凝土或混凝土砌块的,670 万户;复合墙板的,300 万户;石材的,140 万户;其他材料,70 万户。

(16) 外窗玻璃:安装单层玻璃的,4870 万户;安装双层玻璃的,6830 万户;安装三层玻璃的,120 万户。

(17) 地下室:有地下室的 3520 万户,其中装修过的有 2060 万户,没装修的有 1460 万户;没有地下室的 4570 万户,未调查的(如公寓、活动房屋)3730 万户。

限于篇幅,还有更多详细的关于住宅及家庭方面的信息没有列出。如此丰富的统计指标为能耗分析提供了足够多的参数。

有关美国住宅的基本信息,还有两个重要来源。一是美国住房与城市发展部提供的美国住宅调查统计数据库(American Housing Survey,AHS);二是由人口普查局主导的美国社区调查(American Community Survey,ACS)。

AHS 是美国规模最大、最权威的全国住房抽样调查,该调查从 1974 年开始,基本上是全国每两年、大城市每年进行一次,为政府和公众提供详细、全面、准确、公开和免费的有关住房方面的数据。AHS 不仅统计有关住宅本体方面及居住者的信息,还统计有关社区邻里、交通等方面的信息。

ACS 是一项每年对超过 300 万美国家庭的调查。ACS 问卷包括类似于 RECS 的问题,如家庭情况和住房基本结构特征问题等,两项调查都设置了住房类型、房龄、主要取暖燃料和家庭收入等问题。ACS 统计的美国住宅数量就是 RECS 的统计样本总库。

2013 年的 AHS 数据库共提供了 73 个统计表格。从这个数据库的以下数据也可以帮助我们更进一步准确勾勒出美国住宅的情况。

(1) 全美共有 13283.2 万套住宅,其中有人日常居住的有 11585.2 万[①]套,季节性住宅为 406.7 万套,空置为 1291.4 万套,空置率 9.72%。在有人居住的 11585.2 万套住宅中,在自有产权的有 7565 万套占 65.30%,租住的 4020.1 万套占 34.7%。

(2) 在去除活动房屋 860.3 万套后的 12422.9 万套住宅中,各类住宅比例如下:1 层的 4288.2 万套,占 34.52%;2 层的 4429.1 万套,占 35.65%;3 层的 2805.5 万套,占 22.58%;4~6 层的 638.1 万套,占 5.14%;7 层及以上的住宅 262 万套,占 2.11%。合计 3 层及以下的占 92.75%,4 层及以上的只占 7.25%(图 2-1)。此外在有人居住的 11585.2 万套住宅中,完全独立的住宅就有 7432.3 万套,占 64.15%。从以上这些数据可以清晰地看出美国住宅的基本模式和形态。这也是美国建筑节能设计标准中将 3 层及以下的住宅单设标准的根本原因。

(二) 住宅能耗信息

住宅能耗信息反映的是住宅中能源消耗的量与价。统计成果分为以下 7 个大类,共提供了 60 个子表。

(1) 统计概要。能耗总量与能耗强度。

(2) 按照能源形态分类统计(以 Btu 和实物量分别计量)。按地区等指

---

① 注:AHS 数据库有人住的 11585.2 万套与 RECS 统计的主要居所 11820 万套不一致,这是由于统计年份不同造成的。两者概念基本一致,大同小异。

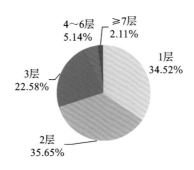

图 2-1　2015 年美国住宅层数比例

标计算总量和每户平均值。

（3）按照终端使用目的分类。按地区等指标计算总量和每户平均值。

（4）按能源形态分类计算终端使用目的的消耗量与价。按地区等指标计算总量和每户平均值。

（5）详细的终端能源消费量和费用估算。

（6）按照主要的采暖能源形态的采暖能耗。

（7）特殊附表：木材作为燃料及消耗量。

从上述的分类分项统计表可以看出，基本上所有与能耗相关的建筑的基本信息，关于建筑本体的，包括建筑面积大小、层数、房龄、围护结构材料、所处的建筑气候区、人口普查分区、城乡、权属和家庭情况，如家庭人口、年均收入等，都与发生在住宅内的能耗产生关系，并且按照终端使用目的和能源形态的不同建立联系，编织出一张巨大的数据关系网络。

通过 2015 年 RECS 的数据分析，可以从以下几个基本要点了解美国家庭/居住建筑的总体能耗特点（注：为方便与我国的建筑能耗相比较，以下图表均改为公制单位。按照 1 ft² = 0.0929 m²，1×10⁶ Btu = 36 kgce，1000 Btu/ft² = 0.388 kgce/m² 进行换算）。

除特别说明外，住宅消耗的能源均指住宅输入或实际消耗的能源（site or delivered energy），不包含能源从生产至运输到建筑中的过程中所发生的损耗①,也不包括生物质能源如木材和煤炭及依附于建筑所产生的可再生能源(如太阳能)的能耗。

还需要特别说明的是,每次 RECS 调查都是一项横向研究,关注的是全国范围内住宅能耗的整体情况,RECS 并没有将纵向比较作为自己的任务。这是因为:第一,每次抽样调查的样本不同,同一家庭或住宅在两次或两次以上调查中被抽中的概率非常低,每次调查被抽中的地理区域也不相同;第二,历次调查年都可能对调查流程、指标换算和能耗模型等做些许调整,对统计和测算结果的校正也有少许不同。因此不能简单将多轮调查的结果放在一起比较,即便这样做,也只能是粗略地观察变化的大体趋势。

1. 户均总能耗

(1)从 1978—2015 年的 11 次调查数据中,可以看出每户的总能耗总体呈下降趋势,这是在平均每户建筑面积增加(每户的建筑面积从 20 世纪 70 年代的 164 m² 增至 21 世纪的 220 m²)以及家用耗能器具种类大大丰富、数量大大增加的前提下实现的。这可能是因为家用耗能器具能效的提高、建筑围护结构保温和气密水平的提高,说明整体节能成效还是很明显的(图 2-2)。

(2)在 2015 年的数据中,户均总能耗统计如下:1970—1979 年竣工的,2531.8 kgce/户;1980—1989 年竣工的,2365.2 kgce/户;1990—1999 年竣工的,2818.8 kgce/户;2000—2010 年竣工的,2815.2 kgce/户;2010—2015 年竣工的,2412 kgce/户。建设年代与户均能耗之间规律不明显(图 2-3)。

(3)不同气候区的户年均总能耗差别明显,例如严寒和寒冷地区,户年均总能耗为 3391.2 kgce,而气候温和的太平洋海洋性气候区户均能耗为 2062.8 kgce,但相差不到一倍(图 2-4)。

(4)独立住宅的户年均总能耗远高于公寓住宅。独立住宅户年均总能耗为 3406 kgce,而 5 户及以上的公寓则为 1231 kgce。这多半是因为独立住宅面积一般比公寓中每单户面积大得多。

---

① RECS 注明了电力能耗的能量转化系数。一次能源:建筑输入电力=3.05。但 RECS 统计时只计算建筑输入电量,也就是建筑实际消耗的电能。如果要计算建筑消耗总量占社会总能耗的比例,则需要换算。

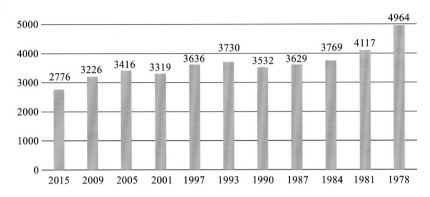

图 2-2 1978—2015 年 11 次调查年户年均总能耗（kgce）

注：不含一次电力、一次能源和木材。

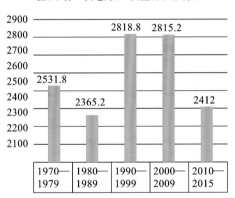

图 2-3 2015 年统计的不同竣工年代的住宅户年均总能耗（kgce）

注：不含一次电力、一次能源和木材。

（5）城乡户年均总能耗差别很小。城镇户年均总能耗为 2729 kgce，乡村为 2966 kgce，这也可大致说明美国城乡在这方面基本没有什么差别。

（6）2015 年，全美 1.182 亿套住宅消耗了 9114 万亿 Btu，约相当于 3.28 亿 tce，平均每平方英尺 3.84 万 Btu，相当于 14.88 kgce/m²。每个家庭消耗 7710 万 Btu，相当于 2.78 tce。平均每个家庭能源消费 728 美元。

（7）2015 年，住宅总能耗占总的建筑能耗比例约为 55%。

2. 单位面积能耗强度

（1）平均每户总能耗在下降，而每户建筑面积在增加，说明每户单位面积的能耗强度在下降（图 2-5）。全美住宅单位面积年均能耗强度下降还是

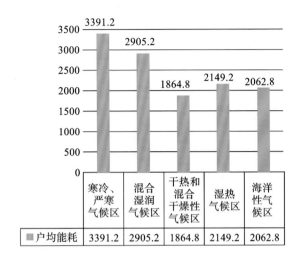

图 2-4　2015 年不同气候区住宅户年均能耗总量(kgce)

	寒冷、严寒气候区	混合湿润气候区	干热和混合干燥性气候区	湿热气候区	海洋性气候区
户均能耗	3391.2	2905.2	1864.8	2149.2	2062.8

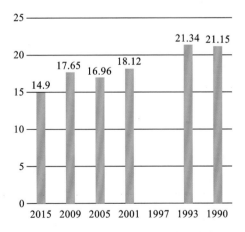

图 2-5　自 1990 年来 7 次 RECS 统计的户年均

能耗变化(缺 1997 年数据)(kg/m²)

很明显的,从 20 世纪 70 年代竣工的 15.44 kgce/m²,到 2010 年代竣工的
11.06 kgce/m²,下降了 28.37%(图 2-6)。

(2)低层的独立或联排住宅和多层公寓相比,单位面积年均能耗强度几
乎没有什么差别。以 2015 年 RECS 数据为例,独立住宅为 14.39 kgce/m²,
联排住宅为 15.33 kgce/m²,5 户以上公寓为 15.05 kgce/m²。集居住宅的单

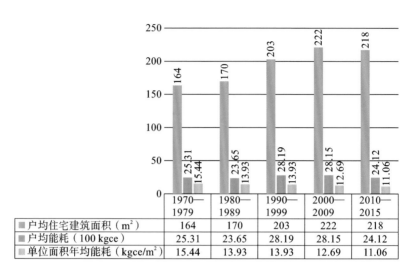

	1970—1979	1980—1989	1990—1999	2000—2009	2010—2015
■ 户均住宅建筑面积（m²）	164	170	203	222	218
■ 户均能耗（100 kgce）	25.31	23.65	28.19	28.15	24.12
■ 单位面积年均能耗（kgce/m²）	15.44	13.93	13.93	12.69	11.06

图 2-6 2015 年美国户均住宅建筑面积、户均能耗和单位面积年均能耗变化

位能耗反而比独立住宅略高。

（3）不同气候区的住宅，其单位面积年均能耗密度差别并不显著。以 2015 年 RECS 数据为例，严寒和寒冷的东北和中西部的 16.41 kgce/m²，与能耗密度最小的太平洋海洋性气候区及干热区的 12.07 kgce/m² 相差只有 26%。

3. 住宅终端用途能耗

2015 年美国住宅终端用途能耗占比与 1987 年相比，有很大差异（图 2-7、图 2-8）。

全美绝大部分地区都有采暖需求，即使是温暖或炎热的美国南部。全美居住建筑总计算建筑面积为 220.5 亿平方米，其中采暖面积有 192.7 亿平方米，占 87.39%。安装采暖设备的家庭有 1.131 亿户，占全美家庭数量的 95.69%。大部分地区也都有空调需求，空调制冷面积 151 亿平方米，占 68.48%。安装空调设施的有 1.028 亿户，占 86.97%。除了湿热地区外，采暖能耗多远高于空调能耗，无论是数量还是强度。这也说明了美国住宅建筑节能的方向重点在于控制采暖能耗。

从全美各地区来看，采暖和空调能耗面积密度从 20 世纪 70 年代以来基本都呈稳定下降趋势，尤其是在 2010 年以后，下降得比较明显。这与后文将

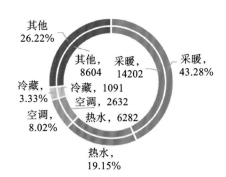

图 2-7　2015 年美国住宅终端用途
能耗占比（百万吨标准煤）

图 2-8　1987 年美国住宅户均终端
用途能耗占比（kgce）

论述的美国节能设计标准实施效果基本是对应的。这个现象也可部分佐证新的节能设计标准的实施和更新所取得的成效。由于 RECS 调查统计使用的气候分区与建筑节能设计标准的分区不同，其对应关系详见本书第一章。

从全美来看，采暖和空调能耗占户年均总能耗的比例大约为 50%，并且基本上表现为：越是新建的房子，采暖和空调在户年均总能耗中所占的比例越小；越温和的地区，采暖和空调在户年均总能耗中所占比例越小。采暖和空调所占的比例较高，说明通过建筑设计的手段来降低建筑能耗的潜力是最大的，毕竟家庭中有些其他终端目的使用的能耗需求是刚性的，例如烹饪、影视娱乐等，很难有较大幅度的降低。

美国的南部（可简单类比我国的夏热冬冷和夏热冬暖地区）户均夏天空调的能耗在 2010 年以前基本没有什么变化，在 2010 年后出现了明显的下降。从 2010 年前 30 年的平均每户 11.3 M Btu 下降到 2010—2015 年间的 9.8 M Btu。按照每户平均住宅建筑面积 2008 平方英尺（186.55 平方米）计算，大约可折算成 18.9 kgce/m²，约下降了 14%，效果还是比较明显的。

电源热泵采暖越来越普遍，尤其是在南部和西部冬天相对温和的地区，而较冷的地区则以天然气为主。2015 年，在使用电热泵的 1180 万户家庭中，840 万户（71.19%）在南方，在较冷的气候区，电加热的成本和效率常常限制了电源热泵的使用（图 2-9）。

2015 年全美有超过 7600 万家庭使用了中央空调系统，占全部家庭的 64.30%，比 2005 年不到 6600 万户（55.84%）有所增加。

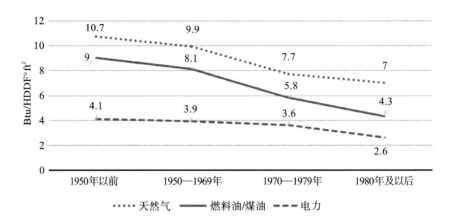

图 2-9　1987 年 RECS 调查报告中反映的自 1950 年来
独立住宅的采暖能耗强度变化情况

注：该图表数据基于 1987 年 RECS 用非线性回归方法测算获得。电力部分是建筑实际输入的数
　　量。

　　从佛罗里达一直延伸到得克萨斯州的炎热潮湿的气候区，在过去的几十年里住宅建筑建设速度明显高于寒冷地区。居住在炎热潮湿地区的家庭已占美国所有家庭的 19％。自 2000 年以来建造的房屋中，近 28％的住房都集中在这一地区，这是美国几十年来人口从寒冷到温暖地区流动的具体体现。考虑到气候变暖和家庭空调用电占主导地位，该气候区的平均家庭用电量高于美国其他地区（图 2-10）。

　　从表 2-1 可看出某些地区在某些年份竣工的住宅的能耗值有不正常的偏差，RECS 并没有解释原因。可能是调查样本的抽取等方面的原因。

　　2015 年 RECS 数据库并未直接提供不同年代不同房龄的住宅采暖和空调能耗密度，以上数据均根据公布的数据转换制作而成。同时需要说明的是，RECS 也并未说明，早年建设的住宅是否经过节能改造或节能改造的占比有多大。RECS 数据库中也没有按照建筑气候区和房屋竣工年代来交叉计算住宅的采暖和空调能耗强度变化（图 2-11～图 2-15）。

　　如果要单独研究某个气候区不同年代建设的住宅，也就是说，采用节能标准以及采用不同节能率的标准后，能耗强度是否发生变化，现有的 RECS 调查数据库还不足以得出准确的结论（表 2-2）。

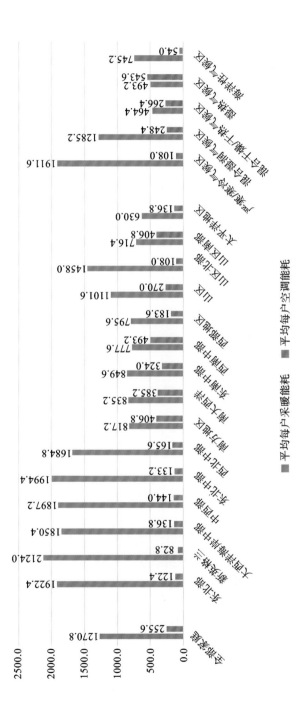

图 2-10　2015 年全美不同地区户均采暖和空调能耗（kgce）

表 2-1　2015 年美国各地区、各年代住宅平均每户总能耗和采暖、空调终端能耗（kgce）

住宅竣工年代	全美				东北部				中西部				南部				西部			
	总计	采暖	空调	采暖和空调占总能耗比例	总计	采暖	空调	采暖和空调占总能耗比例	总计	采暖	空调	采暖和空调占总能耗比例	总计	采暖	空调	采暖和空调占总能耗比例	总计	采暖	空调	采暖和空调占总能耗比例
1970—1979 年	2530.8	1148.4	244.8	55.05%	3020.4	1677.6	111.6	59.24%	3211.2	1814.4	126	60.43%	2354.4	831.6	378	51.38%	1972.8	720	176.4	45.44%
1980—1989 年	2365.2	900	262.8	49.16%	2772	1332	93.6	51.43%	3063.6	1638	140.4	58.05%	2322	684	406.8	46.98%	1746	489.6	144	36.29%
1990—1999 年	2818.8	1141.2	284.4	50.57%	3819.6	2044.8	115.2	56.55%	3427.2	1774.8	126	55.46%	2509.2	774	403.2	46.92%	2458.8	846	266.4	45.24%
2000—2009 年	2815.2	1018.8	288	46.42%	3538.8	1688.4	90	50.25%	3304.8	1630.8	126	53.16%	2577.6	666	414	41.90%	2620.8	939.6	226.8	44.51%
2010—2015 年	2412	867.6	237.6	45.82%	2383.2	1177.2	46.8	51.36%	2775.6	1306.8	82.8	50.06%	2347.2	662.4	352.8	43.25%	2304	864	115.2	41.72%

注：①能耗计算不包含生物质燃料、煤炭和区域采暖。依附本建筑的太阳能发电和集热用于采暖的计入住宅的能耗中。

②采暖包括主要采暖设备和辅助采暖设备的总能耗。

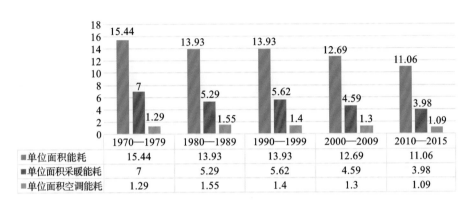

	1970—1979	1980—1989	1990—1999	2000—2009	2010—2015
单位面积能耗	15.44	13.93	13.93	12.69	11.06
单位面积采暖能耗	7	5.29	5.62	4.59	3.98
单位面积空调能耗	1.29	1.55	1.4	1.3	1.09

图 2-11　全美 2015 年住宅年均能耗密度（kgce/m²）

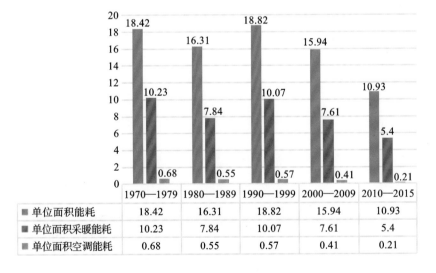

	1970—1979	1980—1989	1990—1999	2000—2009	2010—2015
单位面积能耗	18.42	16.31	18.82	15.94	10.93
单位面积采暖能耗	10.23	7.84	10.07	7.61	5.4
单位面积空调能耗	0.68	0.55	0.57	0.41	0.21

图 2-12　2015 年东北部地区住宅年均能耗密度（kgce/m²）

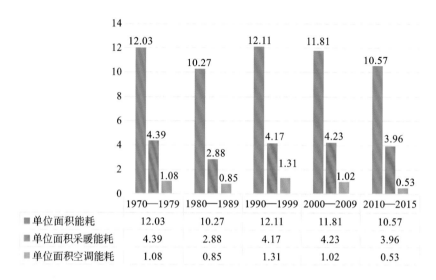

图 2-13　2015 年西部地区住宅年均能耗密度（kgce/m²）

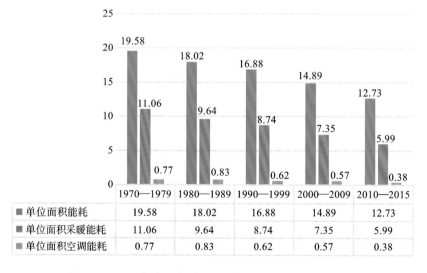

图 2-14　2015 年中西部地区住宅年均能耗密度（kgce/m²）

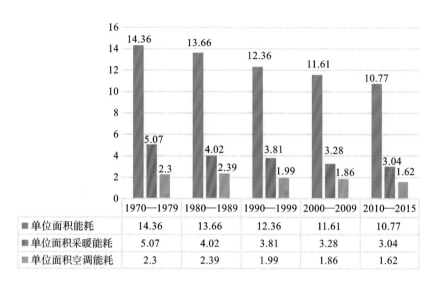

	1970—1979	1980—1989	1990—1999	2000—2009	2010—2015
单位面积能耗	14.36	13.66	12.36	11.61	10.77
单位面积采暖能耗	5.07	4.02	3.81	3.28	3.04
单位面积空调能耗	2.3	2.39	1.99	1.86	1.62

图 2-15　2015 年南部地区住宅年均能耗密度（kgce/m²）

表 2-2　2015 年 RECS 能耗调查结果总表

	家庭总数（百万户）	能耗总量（百万tce）	每家庭能耗量（kgce）	每家庭成员能耗量（kgce）	单位面积年均能耗强度（kgce/m²）	总费用（亿美元）	平均每个家庭（美元）	平均每个家庭成员（美元）	单位面积费用（美元）
全部家庭	118.2	328.14	2776	1091	14.9	219.34	1856	728	0.92
按人口调查区和子区									
东北部	21	71.42	3398	1372	17.5	47.66	2269	915	1.09
新英格兰	5.6	19.69	3503	1451	17.3	14.31	2541	1054	1.16
大西洋海岸中部	15.4	51.7	3362	1343	17.7	33.36	2169	866	1.06
中西部	26.4	89.5	3395	1361	16.1	46.42	1760	706	0.77
东北中部	18.1	63.18	3492	1372	16.7	31.88	1 762	693	0.78
西北中部	8.3	26.32	3179	1332	14.7	14.54	1757	737	0.75
南部地区	44.4	110.3	2480	983	13.8	85.19	1917	758	0.99
南大西洋	23.5	57.02	2430	972	13.1	46.09	1963	787	0.98

续表

	家庭总数（百万户）	能耗总量（百万tce）	每家庭能耗量（kgce）	每家庭成员能耗量（kgce）	单位面积年均能耗强度（kgce/m²）	总费用（亿美元）	平均每个家庭（美元）	平均每个家庭成员（美元）	单位面积费用（美元）
东南中部	7.2	17.93	2491	990	14.4	13.72	1907	757	1.02
西南中部	13.8	35.32	2567	994	14.8	25.38	1843	713	0.98
西部地区	26.4	56.92	2156	803	13.0	40.06	1518	565	0.85
山区	8.5	22.72	2668	1033	14.3	13.94	1638	634	0.82
山区北部	4.2	12.85	3024	1130	15.0	6.74	1586	593	0.73
山区南部	4.3	9.86	2315	929	13.5	7.2	1688	678	0.92
太平洋地区	17.9	34.16	1912	698	12.2	26.12	1461	534	0.87
按城市乡村分类									
城镇	94.7	258.52	2729	1076	15.2	167.97	1773	700	0.92
城市区	82.2	224.6	2732	1069	15.2	146.57	1782	698	0.92
乡镇区	12.5	33.91	2707	1130	15.7	21.4	1710	714	0.92
乡村地区	23.5	69.59	2966	1138	13.8	51.37	2190	841	0.94
按大都市、小城镇及其他									
大都市	98.5	272.77	2768	1080	14.8	181.34	1840	717	0.91
小城镇	12.3	34.2	2779	1145	14.9	22.92	1861	767	0.92
其他	7.4	21.1	2869	1152	16.0	15.08	2050	823	1.06
按建筑气候区									
严寒/寒冷气候区	42.5	144.14	3391	1361	16.4	79.6	1874	751	0.84
混合湿润气候区	33.5	97.38	2905	1130	15.1	69.92	2086	812	1.01
混合干燥/干热气候区	12.7	23.76	1865	695	12.1	18.89	1484	552	0.89

续表

	家庭总数（百万户）	能耗总量（百万tce）	每家庭能耗量（kgce）	每家庭成员能耗量（kgce）	单位面积年均能耗强度（kgce/m²）	总费用（亿美元）	平均每个家庭（美元）	平均每个家庭成员（美元）	单位面积费用（美元）
湿热气候区	22.8	49.07	2149	868	13.3	41.06	1800	728	1.03
海洋性气候区	6.7	13.75	2063	749	12.1	9.86	1479	536	0.8
按住宅类型									
独立住宅	73.9	251.68	3406	1246	14.4	161.65	2188	801	0.86
联排住宅	7	17.68	2520	1030	15.3	11.23	1602	655	0.9
2～4户的公寓	9.4	18.11	1926	803	20.4	12.48	1329	555	1.3
5户及以上的公寓	21.1	26.06	1231	623	15.1	22.1	1045	529	1.18
活动房屋	6.8	14.62	2153	821	19.4	11.88	1750	666	1.46
按住宅权属状态									
自有住宅	74.5	245.7	3298	1274	14.4	159.9	2146	829	0.87
单户住宅	66.2	228.49	3452	1314	14.2	146.21	2208	840	0.84
公寓	3.3	6.3	1886	958	17.7	4.92	1476	748	1.28
活动房屋	5	10.94	2200	886	19.4	8.77	1768	712	1.44
租赁住宅	43.7	82.4	1886	763	16.6	59.43	1360	550	1.11
单户住宅	14.7	40.86	2786	911	16.2	26.67	1818	594	0.98
公寓	27.2	37.87	1393	655	16.7	29.66	1090	514	1.22
活动房屋	1.8	3.71	2027	673	19.5	3.1	1702	565	1.52
按住宅竣工年份									
1950年前	20.8	66.31	3193	1278	17.1	39.48	1901	762	0.94

续表

	家庭总数（百万户）	能耗总量（百万tce）	每家庭能耗量（kgce）	每家庭成员能耗量（kgce）	单位面积年均能耗强度（kgce/m²）	总费用（亿美元）	平均每个家庭（美元）	平均每个家庭成员（美元）	单位面积费用（美元）
1950—1959 年	12.6	38.41	3038	1242	17.5	23.52	1861	760	1
1960—1969 年	12.8	34.6	2700	1152	15.5	22.5	1756	750	0.94
1970—1979 年	18.3	46.44	2531	1004	15.4	32.36	1765	700	1
1980—1989 年	16	37.91	2365	983	13.9	27.99	1747	725	0.95
1990—1999 年	16.8	47.41	2819	1048	13.9	32.57	1937	719	0.89
2000—2009 年	17	47.81	2815	1008	12.7	34.21	2013	721	0.84
2010—2015 年	3.8	9.25	2412	860	11.1	6.72	1755	626	0.75
按户均建筑面积统计									
≤92.9	26.6	38.59	1451	716	20.9	29.91	1126	554	1.5
93～139.3	26.1	55.51	2124	835	18.7	41.01	1569	618	1.28
139.3～185.7	17.5	48.92	2801	1094	17.3	33.54	1919	750	1.1
185.7～232.2	14.1	45.65	3233	1177	15.6	29.46	2088	759	0.94

续表

	家庭总数（百万户）	能耗总量（百万tce）	每家庭能耗量（kgce）	每家庭成员能耗量（kgce）	单位面积年均能耗强度（kgce/m²）	总费用（亿美元）	平均每个家庭（美元）	平均每个家庭成员（美元）	单位面积费用（美元）
232.2～278.6	10.8	40	3704	1386	14.6	24.65	2282	854	0.84
＞278.6	23.1	99.43	4306	1454	11.4	60.76	2631	888	0.65
按家庭成员数量									
1 人	28.7	57.28	1991	1991	14.2	37.91	1319	1319	0.87
2 人	42.7	116.24	2722	1361	14.2	78.96	1849	924	0.9
3 人	19.4	59.15	3046	1015	15.5	39.02	2009	670	0.95
4 人	15.5	52.99	3416	853	15.6	35.27	2274	569	0.96
5 人	7.2	25.13	3496	698	16.4	16.8	2338	468	1.02
≥6 人	4.6	17.32	3737	565	16.3	11.38	2457	371	0.99
按 2015 年家庭年均收入									
＜20000 美元	22.9	46.91	2052	932	16.7	32.47	1421	645	1.08
20000～39999 美元	27.3	67.75	2480	1055	15.8	44.49	1629	692	0.96
40000～59999 美元	18.4	48.74	2650	1076	15.0	32.73	1778	723	0.93
60000～79999 美元	15.2	43.85	2880	1076	14.4	29.55	1940	725	0.9
80000～99999 美元	9.7	29.77	3074	1134	14.5	19.5	2014	741	0.88
100000～119999 美元	8.1	26.39	3254	1102	13.3	17.74	2187	739	0.83

续表

	家庭总数（百万户）	能耗总量（百万tce）	每家庭能耗量（kgce）	每家庭成员能耗量（kgce）	单位面积年均能耗强度（kgce/m²）	总费用（亿美元）	平均每个家庭（美元）	平均每个家庭成员（美元）	单位面积费用（美元）
120000～139999美元	5.4	19.87	3661	1213	14.4	13	2396	794	0.87
≥140000美元	11.2	44.78	4003	1325	14.0	29.87	2669	884	0.86
按能源费用支付方式									
全部由家庭自付	105.8	307.44	2905	1116	14.7	203.8	1927	740	0.9
部分自付，部分包含在租金中	6.1	10.19	1670	832	18.7	7.44	1220	607	1.27
全部包含在租金中	5.5	8.68	1584	770	17.9	6.92	1262	614	1.32
其他支付方式	0.9	1.8	2102	896	17.9	1.17	1369	584	1.08
按主要采暖能源									
天然气	57.7	198.61	3445	1332	16.7	108.13	1875	726	0.84
电	40.9	75.46	1843	742	11.8	68.43	1672	672	1
燃料油/煤油	5.8	23.22	4003	1570	18.6	16.94	2919	1144	1.26
液化天燃气	5	16.85	3362	1354	14.5	13.26	2645	1066	1.06

注：能耗量均为实际消耗量，不包含能源转换损失。热量单位已按照1trillion Btu＝36000tce，1 M Btu＝36 kgce，1000Btu/ft²＝0.388 kgce/m²进行转换。计算建筑面积、城市乡村分类、气候区分类等的定义见前文。

72

二、商用建筑能耗信息调查

商用建筑能耗信息调查（Commercial Buildings Energy Consumption Survey，CBECS）第一次是在 1979 年，后分别于 1983 年、1986 年、1989 年、1992 年、1995 年、1999 年、2003 年、2012 年、2018 年进行调查，迄今为止共进行了 10 次。1989 年之前的 3 次是以非居住类建筑能耗调查的名义进行的。最新的 2018 年 CBECS 调查结果将于 2020 年向社会公布。

这里的商用建筑与美国建筑节能设计标准中对商业建筑的定义有所区别。建筑节能设计标准中的商用建筑包括了 4 层及以上的居住建筑，如公寓、集体宿舍等，而 CBECS 将此排除。这里的商业建筑指的是其至少一半的建筑面积是用于非居住、非工农业生产用途的所有建筑。按照这一定义，CBECS 将传统上不被视为"商业"建筑的建筑类型，如学校、医院、惩教机构和用于宗教崇拜的建筑都纳入统计范围，以及商店、餐馆、仓库和办公楼等传统商业建筑。特别说明的是，CBECS 只调查超过 1000 平方英尺（约 93 平方米）的建筑。

1. 样本抽取与确定样本数量

商用建筑的抽样要比住宅建筑复杂得多。据估计，2012 年全美大约有 560 万栋商用建筑。如何在时间和成本可行的前提下抽取调查对象，EIA 设计了两种样本抽取框架。第一种称为区域框架，抽取样本量大约占 80%；第二种称为重点调查对象框架，抽取样本量大约占 20%。

区域框架方法开始于 2003 年的 CBECS。设计这个框架最困难，最费时间，成本也最高。它由统计上选定的地理区域中的所有商业建筑组成。根据美国人口普查局掌握的各郡县人口数量和商用建筑数量，EIA 将美国约 3000 余个郡县[①]划分成 687 个初级抽样单元（Primary Sampling Units，PSUs），每个 PSU 可以是一个郡县，也可以是几个毗邻的郡县。2003 年的 CBECS 从这 687 个 PSUs 单元中抽取了 108 个，然后将其进一步细化分为

---

① 郡县是沿袭英国的一种行政区划，可简单理解成仅次于州的二级行政区划，相当于我国的地级市。其行政管辖区一般要大于城市。

7031 个二级抽样单元(Secondary Sampling Units,SSUs),SSUs 与美国人口普查局的人口统计区块相同。再次从 7031 个二级抽样单元中抽取 511 个作为最终的调查统计区块。这些区块的商用建筑就是本次详细调查的样本库。2012 年,这 511 个区块中有超过 14 万栋的商用建筑。2012 年的 CBECS 继承了 2003 年 108 个 PSUs 单元中的 65 个,更换了 43 个。

重点调查对象框架或称为大型建筑抽样框架,是基于在所有商用建筑中,有一些类型或规模的建筑,其消耗的能源种类、总量、终端使用类型以及密度等要比其他建筑复杂,在能耗统计中更加重要。按照区域抽样方法难以保证这些建筑被选中,同时也不能提供大中小型建筑的最佳组合,以保证有足够数量的超大型建筑物可供取样,因此需要将这类建筑单独列出备选。这个重点调查对象包含 5 类建筑:医院、联邦政府建筑、机场、大学校园建筑和其他超过 20 万平方英尺(约合 18580 平方米)建筑面积的建筑。

为了优化调查成本和能耗估算精度,在选择具体被调查建筑时,利用抽样框架上的现有建筑信息,将建筑按规模和类型划分为性质相近的亚类,然后统计每个亚类中可供抽样建筑的数量,以尽量减少能源消耗估算的差异。同时总能耗变化很大的分组,特别是大型建筑,抽样率高于总能耗变化较小的分组。在计算了每个亚组的最优样本率和数量后,采用抽样系统的选择程序选择建筑的最终样本。此外,每个被抽样建筑都分配了一个权重,称为"基本权重"(基本权重=1/选择概率)。这个权重是指建筑物所代表的建筑数量(包括建筑物本身和其他类似的非抽样建筑)。为反映抽样中被证明不符合资格的建筑物和未对调查做出反映的建筑物,还需对基准权重做部分调整。通过将样本中所有建筑物的调整基准权相加,计算出商业建筑的估计总数量。

2012 年 CBECS 的初始样本略多于 1.2 万栋建筑,实际进行调查的有效样本数量是 6720 个。1995 年有效样本为 5766 个,1999 年为 5430 个,2003 年为 5215 个。这些样本大约只占美国总数约 560 万栋商用建筑的千分之一。

如果住宅建筑的能耗特征有着极强的相似性,除了采暖空调外,其余的能耗强度和数量相差应该不会很大,这样就可以用较少的样本代表一个行政区和建筑气候区的住宅/家庭建筑能耗特性。公共建筑的类型要比住宅丰富得多,能耗特征也复杂得多。上述的样本量分配到除空置建筑外的 15 种商用建筑分类,每种只有 400 栋左右。如果再考虑子分类和气候区的话,每种被抽样的概率就非常小了。但据 EIA 称,这样的样本量可以保证约 95%的统计置信概率。EIA 在 2018—2019 年获得的财政拨款为 1.25 亿美元,之前的预算还要少一些,而建筑能耗调查只是其职责的一小部分,这可能才是在全国进行如此大规模的调查统计而样本量如此之少的原因。

2. 调查数据获取方法

与 RECS 调查程序完全一样,CBECS 的数据收集分为两个阶段。第一阶段是建筑调查,收集与能耗相关的基本建筑信息,诸如建筑物本体信息、耗能设备安装及运行情况、就业人数、使用规律,以及建筑使用者自报的能源使用量及费用。第二阶段是建筑能耗调查(Energy Suppliers Survey, ESS),直接从能源供应商保存的记录中获得关于建筑物实际能源消耗和支出的数据,包括区域集中采暖和制冷数据。在这个过程中,被调查对象是否参加是自愿的,如果被调查对象不同意,EIA 就会另外从备选名单中再抽取调查对象。据统计,历次响应调查的比例在 82%～91%。而能源供应商配合调查则是法律规定的义务,是强制性的。

一般而言,数据主要从建筑业主或物业管理者和租用者那里获得,采用计算机辅助的手段填报 EIA-871 问卷,调查人员可以上门调查,也可以直接通过网络调查。只有那些不能准确提供信息的或者所提供的信息超出了某些预期值的范围时,才启动 ESS。据统计,大约有一半的受访者无法准确提供自己的能源数据。

收集的建筑和能耗数据会被用于能源终端使用强度模型,结合人口普查局的人口及分区数据,以及气象数据等最终估算出各类能源和各类终端使用目的等的全国数据,编制各种统计结果并向社会公开发布,据此进行评判和预测。

3. 建筑类型划分

为了准确掌握不同类型建筑能耗强度和终端能耗使用特点,CBECS 给出了自己的商用建筑类型划分方法。这一方法主要是基于建筑内人的行为特征,如密度、使用时间、业务活动类型等,与能源使用特征,如总量、能耗强度、终端使用目的分配等之间的强相关性。如果是多功能建筑或者行为多样,则按照分配给面积最大的,或者一年中发生活动频次最高的一类来归类。

CBECS将商用建筑分为16种类型(表2-3和表2-4)。

表2-3　美国商用建筑调查建筑分类

序号	建 筑 类 型	按发生在建筑中的活动类型定义	CBECS调查表中的子类别
1	教育	用于学术或技术课堂教学的建筑物,如小学、中学、高中以及大学的教学楼。在主要用途不是教室的教育园区内的建筑物包含在与其使用有关的类别中。例如,行政大楼是"办公室"的一部分,宿舍是住宿,图书馆是用于公共集会的建筑	中小学、高中、学院或大学、学前班或日托、成人教育、职业或职业培训、宗教教育
2	食品销售	用于食品零售或批发的建筑物	食品杂货店或食品市场、有便利店的加油站、便利店
3	饮食服务	用于配制和销售供消费的食品和饮料的建筑物	快餐店,餐厅或自助餐厅,酒吧,餐饮服务或接待厅,咖啡店、面包店或甜甜圈店,冰淇淋店或冷冻酸奶店
4	医院	用作住院诊断和治疗设施的建筑物	医院、住院康复治疗所

续表

序号	建 筑 类 型	按发生在建筑中的活动类型定义	CBECS 调查表中的子类别
5	诊所	用作门诊诊断和治疗设施的建筑物	医务室(见 4)、门诊或其他门诊保健、门诊康复治疗、兽医院
6	住宿	用于为短期或长期居民提供多种住宿设施的建筑物,包括用于专业护理和其他居家照顾的建筑物	汽车旅馆,旅馆,宿舍,兄弟会或姐妹会,养老院,疗养院、辅助生活或其他居家护理,修道院,庇护所、孤儿院或儿童之家,客栈
7	零售	出售及展示食物以外商品的建筑物	零售商店,啤酒、葡萄酒或酒类商店,租赁中心,车辆或船的经销商或陈列室,工作室、画廊
8	商场	集中式的商业建筑	封闭式购物中心、带形购物中心
9	办公室	用于一般办公空间、专业办公室或行政办公室的建筑物	行政或专业办公室,政府机关,混合使用办公室,银行或其他金融机构,医院办公室,销售办事处,承包商办公室(如建筑、管道、暖通空调),非营利性或社会服务业,市政厅或城市中心,宗教办公室,呼叫中心

序号	建筑类型	按发生在建筑中的活动类型定义	CBECS调查表中的子类别
10	公共事务	人们聚集在一起的社会或娱乐活动的场所,无论是私人的或非私人的	社会或会议中心(如社区中心、小屋、会议厅、会议中心、高级中心),娱乐中心(如健身房、健身俱乐部、保龄球馆、溜冰场、室内球类运动馆),娱乐或文化场所(如博物馆、剧院、电影院、体育场、娱乐场、夜总会),图书馆,殡仪馆,学生活动中心,民兵训练中心,展厅,广播演播室,交通终点站
11	公共秩序和安全	用于维护治安或公共安全的建筑物	警察局、消防站、监狱、教改院或监狱、法院或缓刑室
12	宗教	人们聚集进行宗教活动的建筑物(如教堂、清真寺、犹太教堂和寺庙)	—
13	服务	提供某种服务的建筑物,但食品服务或商品零售除外	车辆维修或车辆修理厂、车辆贮存/维修(车厢)、修理车间、干洗店或自助洗衣店、邮局或邮政中心、洗车店、加油站、照片加工车间、美容院或理发店、复印中心或印刷车间、狗舍

序号	建 筑 类 型	按发生在建筑中的活动类型定义	CBECS调查表中的子类别
14	仓库	用来存放货物、制成品、商品、原材料或个人物品的建筑物(如自用仓库)	冷藏库、非冷藏仓库、配送中心或航运中心
15	其他	具有一定零售空间的工农业建筑;开展多种不同商业活动的建筑物,这些商业活动总共占地板空间的50%或更多,但其最大的单一活动是农业、工业/制造业或住宅;以及不属于任何其他类别的所有其他杂项建筑	飞机库、火葬场、实验室、电话交换,有一定零售空间的农业、制造业或工业建筑、数据中心或服务器大楼
16	空置	调查时空置面积比任何商业活动所用的面积都要大的建筑物。因此,空置的建筑可能有一些正在使用的楼面空间	—

表 2-4　商用建筑改造升级情况表

	建筑数量/千栋	建筑数量占比	总建筑面积/百万平方米	建筑面积占比
全部建筑	5557	100%	8091	100.00%

续表

	建筑数量/千栋	建筑数量占比	总建筑面积/百万平方米	建筑面积占比
2008年前进行过以下任何一种更新改造	2094	37.68%	3922	48.47%
扩建	444	7.99%	1210	14.95%
减小面积	71	1.28%	163	2.01%
更换屋顶	987	17.76%	1943	24.02%
更换外墙材料	194	3.49%	393	4.86%
内部重新布局	889	16.00%	1982	24.50%
更换外窗	560	10.08%	1139	14.08%
采暖空调通风设备升级	1101	19.81%	2488	30.75%
照明升级	982	17.67%	2369	29.28%
电气系统升级	747	13.44%	1501	18.55%
给排水升级	644	11.59%	1285	15.88%
外保温升级	382	6.87%	707	8.73%
消防、安全等升级	616	11.09%	1598	19.74%
结构升级	152	2.74%	364	4.49%
其他	39	0.70%	79	0.97%
没有变过	3160	56.87%	3637	44.96%
建于2008年或之后	303	5.45%	532	6.57%
自1990年以来进行过以下任一项主要设备的更换				
采暖设备	1874	33.72%	2560	31.64%
空调设备	1971	35.47%	2852	35.25%

续表

	建筑数量/千栋	建筑数量占比	总建筑面积/百万平方米	建筑面积占比
集中式水加热设备	3348	60.25%	4416	54.58%
分散式水加热设备	690	12.42%	1179	14.57%
中央和分散式加热设备兼有	385	6.93%	1746	21.58%

注:列出这份表格有助于了解商用建筑与能耗相关的改造活动,进一步将商用建筑与建筑能耗数据产生联系。表内与节能密切相关的有外墙保温升级改造以及采暖和空调设备的更换等。

(一)商用建筑基本信息

商用建筑基本信息包含 8 个大类表格:汇总概要表;按人口统计分区统计;按建筑面积规模和竣工年代统计;按建筑类型统计;按建筑内就业人数与使用状况统计;按能源种类和终端使用情况统计;按采暖、空调和照明建筑面积统计;按能源终端使用设备情况统计。

总体而言,以上 8 大类建筑的基本信息可以分为以下两个大类。

(1)建筑物本体信息。可细分为地理位置、气候分区、面积大小、层数、建筑功能类型、建造年代、权属、安装的主要用能设备数量及输入的能源形态种类、主要外围护结构材料、设备更换情况等。细致到屋顶形态和材料特征、外窗特征、装修改造设备更换的具体内容和年份等。

(2)建筑物使用信息。可细分为就业人数、入驻机构数量、每周开放使用时间、终端用能设备使用情况、物业管理等。细致到上班时开灯比例、下班后开灯比例、台式计算机情况、笔记本计算机情况、复印机情况、服务器情况、电视或投影机数量和使用时长情况、非饮食类建筑配备餐饮设施情况等。

将以上这些主要变量或指标进行交叉,例如按照总的、平均以及中位数的建筑面积、数量,总的、平均和中位数雇员人数,平均每周使用开放时长,平均房龄,建筑面积分级、建筑数量、建筑类型、终端用能种类和用途等分项。2012 年的 CBECS 一共统计制作了 46 个子表,以提供更加丰富的内容信息供数据使用者分析参考。

以下源自 2012 年 CBECS 调查统计的数据和图表可有助于大体了解美国商用建筑的总体概貌。CBECS 的建筑面积计算规则与 RECS 有所不同，不再仅聚焦于耗能空间，与我国的面积计算规则基本相仿，由建筑外围护结构所包覆的空间面积包含了装修和未装修的、开放和封闭的，也包括地下室（无论采暖与否）。

（1）全美商用建筑数量和面积。全美有商用建筑 555.7 万栋，总建筑面积达 80.91 亿平方米，平均每个美国人拥有 25.78 平方米，平均每栋建筑有 1456 平方米。3 层及以下的建筑数量占 96.60%，建筑面积占 78.25%（图 2-16 和图 2-17）。美国实际上仅限于城市中心面积很小的区域到处是高楼大厦，其他绝大部分区域是低层建筑，无论是居住建筑还是商用建筑，数据也很好地证明了这点。全美国只有一个曼哈顿。中国现在是高层建筑数量最多、密度最大、分布最广的国家，无论是住宅还是公共建筑。城市中的高层建筑不像美国那样集中，而是在城市都有分布。

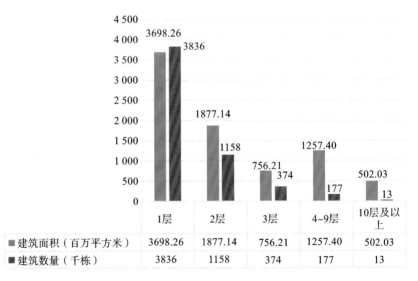

	1层	2层	3层	4~9层	10层及以上
■建筑面积（百万平方米）	3698.26	1877.14	756.21	1257.40	502.03
■建筑数量（千栋）	3836	1158	374	177	13

图 2-16　2012 年全美商用建筑数量、层数和面积分布

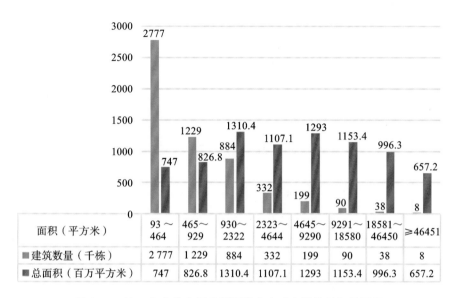

面积（平方米）	93～464	465～929	930～2322	2323～4644	4645～9290	9291～18580	18581～46450	≥46451
■建筑数量（千栋）	2 777	1 229	884	332	199	90	38	8
■总面积（百万平方米）	747	826.8	1310.4	1107.1	1293	1153.4	996.3	657.2

图 2-17　2012 年全美商用建筑面积大小对应的数量和总面积

（2）商用建筑建设年代、数量和面积分布。从图 2-18 中可以看出，从 20 世纪初开始持续建设高潮，一直延续至 20 世纪 80 年代到达顶峰，20 世纪 90 年代开始下降，进入 21 世纪陡然下降，之后基本保持平稳。平均每栋建筑面积在 21 世纪保持稳定。图 2-19 和图 2-20 分别为 2012 年全美各年代商用建筑数量和建筑面积占比情况，图 2-21 和图 2-22 分别为 2012 年全美各商用建筑数量和建筑面积占比情况。

（3）2012 年按主要活动分建筑类型数量、面积、面积占比和平均每栋建筑面积如图 2-23 所示。

（4）2012 年全美商用建筑外墙材料情况如图 2-24 所示。

（5）2012 年建筑平均每周开放使用时间如图 2-25 所示。其中，以数量计各类建筑每周开放使用情况见表 2-5，以面积计各类建筑每周开放使用情况见表 2-6。

所有建筑平均每周开放使用时间为 62 小时。

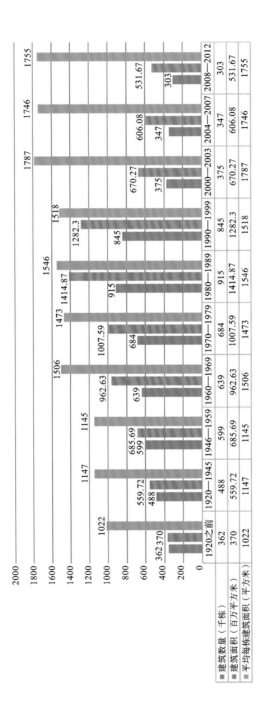

	1920之前	1920—1945	1946—1959	1960—1969	1970—1979	1980—1989	1990—1999	2000—2003	2004—2007	2008—2012
建筑数量（千栋）	362	488	599	639	684	915	845	375	347	303
建筑面积（百万平方米）	370	559.72	685.69	962.63	1007.59	1414.87	1282.3	670.27	606.08	531.67
平均每栋建筑面积（平方米）	1022	1147	1145	1506	1473	1546	1518	1787	1746	1755

图 2-18　2012 年全美商用建筑建设年代、数量和面积分布

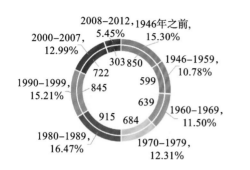

图 2-19 2012 年全美各年代商用
建筑数量占比(千栋)

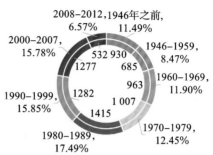

图 2-20 2012 年全美各年代商用建筑
面积占比(百万平方米)

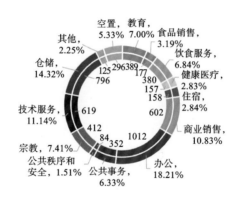

图 2-21 2012 年全美各类商用建筑数量占比(千栋)

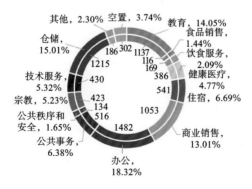

图 2-22 2012 年全美各类商用建筑面积占比(百万平方米)

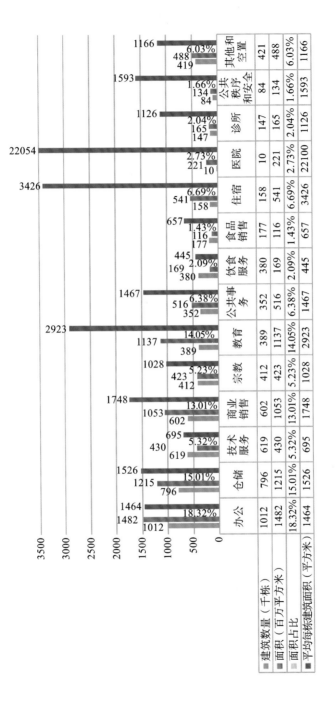

图2-23　2012年按主要活动分建筑类型的数量、面积、面积占比和平均每栋建筑面积

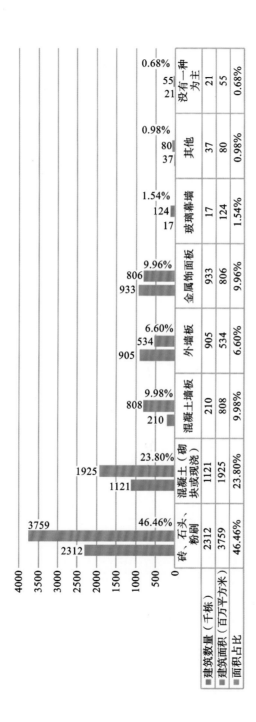

图 2-24 2012 年全美商用建筑外墙材料情况

	砖、石头、粉刷	混凝土（砌块或现浇）	混凝土墙板	外墙板	金属饰面板	玻璃幕墙	其他	没有一种为主
建筑数量（千栋）	2312	1121	210	905	933	17	37	21
建筑面积（百万平方米）	3759	1925	808	534	806	124	80	55
面积占比	46.46%	23.80%	9.98%	6.60%	9.96%	1.54%	0.98%	0.68%

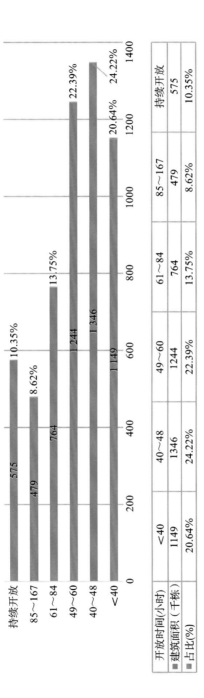

图 2-25 2012 年建筑平均每周开放使用时间

开放时间(小时)	<40	40~48	49~60	61~84	85~167	持续开放
建筑面积（千栋）	1149	1346	1244	764	479	575
占比(%)	20.64%	24.22%	22.39%	13.75%	8.62%	10.35%

表 2-5　以数量计各类建筑每周开放使用情况（千栋）

每周开放时间/小时	建筑总数量	办公	仓储	技术服务	商业销售	宗教	教育	公共事务	饮食服务	食品销售	住宿	医院	诊所	公共安全
数量	5557	1012	796	619	602	412	389	352	380	177	158	10	147	84
<40	1149	61	142	71	44	289	60	110	58	Q	Q	N	79	28
40~48	1346	488	199	194	118	38	127	44						
49~60	1244	309	195	207	171	37	121	75	166	31	N	N	61	Q
61~84	764	79	77	101	185	27	45	69						
85~167	479	31	53	24	70	Q	28	33	131	94	Q	N	Q	N
持续开放	575	45	130	Q	15	Q	8	21	24	49	153	10	Q	54

表 2-6　以面积计各类建筑每周开放使用情况（百万平方米）

每周开放时间/小时	建筑总面积	办公	仓储	技术服务	商业销售	宗教	教育	公共事务	饮食服务	食品销售	住宿	医院	诊所	公共安全
总计	8091	1482	1215	430	1053	423	1137	516	169	114	533	221	144	109
小于40	764	21	74	27	21	205	79	64	26	Q	Q	N	44	20
40~48	1470	421	299	103	66	60	318	62						
49~60	1907	556	353	150	183	65	359	75	73	N	N	N	101	Q
61~84	1474	204	143	93	490	52	214	128						
85~167	873	73	173	24	190	Q	135	112	59	65	Q	N	Q	N

续表

每周开放时间/小时	建筑总面积	办公	仓储	技术服务	商业销售	宗教	教育	公共事务	饮食服务	食品销售	住宿	医院	诊所	公共安全
持续开放	1603	207	172	Q	103	Q	32	75	10	26	533	221	Q	89

注：①Q表示相对标准误差大于50%；或小于20个样本建筑物，不提供数据。N表示没有样本。

该图表揭示了建筑使用强度。CBCES还提供了不同建筑类型的使用强度统计数据。使用强度与建筑能耗量和强度有着极为紧密的关系。

（二）商用建筑能耗信息

能耗的量与价数据统计按照能源形态和终端使用目的两个方面进行。限于篇幅，以下主要按建筑类型概要总结和介绍商用建筑能耗的量和强度，其中更需关注与建筑设计节能密切相关的能耗强度或密度。

1. 能源形态/品种

能源形态/品种分为电力、天然气、燃料油和区域供暖四大类分别统计。电力又分为输入和本建筑自产（自发电和本地可再生能源利用）两类（表2-7、图2-26）。

表 2-7　2012 年美国各类商用建筑实际消耗的各能源形态表
（按照实际消耗的主要能源计量）

	建筑数量/千栋	总建筑面积/百万平方米	折合百万吨标准煤(1 trillion Btu≈36000 tce)						
			建筑消耗的主要能源形态之和	占比	电力		天然气	燃料油	区域供热
					一次电力	建筑输入电力			
总计	5557	8091	250.67	100%	465.62	152.68	80.93	4.82	12.28
教育	389	1137	30.31	12.09%	50.26	16.49	10.48	1.01	2.34

续表

| | 建筑数量/千栋 | 总建筑面积/百万平方米 | 折合百万吨标准煤(1 trillion Btu≈36000 tce) | | | | | | |
| | | | 建筑消耗的主要能源形态之和 | 占比 | 电力 | | 天然气 | 燃料油 | 区域供热 |
					一次电力	建筑输入电力			
食品销售	177	116	9.43	3.76%	22.82	7.49	1.91	Q	N
饮食服务	380	169	18.50	7.38%	30.60	10.04	8.17	Q	Q
健康医疗总计	157	386	25.85	10.31%	40.10	13.14	9.54	0.72	2.45
其中:医院	10	221	19.76	7.88%	27.58	9.04	7.88	0.58	2.23
其中:诊断	147	165	6.08	2.43%	12.53	4.10	1.66	Q	Q
住宿	158	541	20.30	8.10%	33.41	10.94	7.96	0.29	1.12
商业销售总计	602	1053	36.29	14.48%	77.44	25.38	10.48	0.32	Q
其中:零售	438	504	13.10	5.23%	30.85	10.12	2.66	0.25	Q
其中:商场	164	547	23.18	9.25%	46.55	15.26	7.81	Q	Q
办公	1012	1482	44.68	17.82%	94.93	31.14	10.15	0.65	2.74
公共事务	352	516	17.28	6.89%	30.13	9.90	4.86	0.25	2.30
公共秩序和安全	84	134	4.79	1.91%	8.03	2.63	1.48	0.07	Q
宗教	412	423	6.23	2.49%	8.89	2.92	3.13	0.18	N
技术服务	619	430	9.79	3.91%	14.00	4.57	4.39	0.58	Q
仓储	796	1215	15.44	6.16%	31.18	10.22	5.00	0.18	Q
其他	125	186	10.30	4.11%	20.92	6.88	2.92	0.36	Q
空置	296	302	1.48	0.59%	2.88	0.94	0.47	Q	Q

注:①Q 表示相对标准误差大于 50%;或小于 20 个样本建筑物,不提供数据。N 表示没有样本。

②一次电力等于建筑输入电力(实际消耗的电力)加上发电过程中的转换损失和输配电损失,2012 CBECS 定义的转换系数为 3.05。

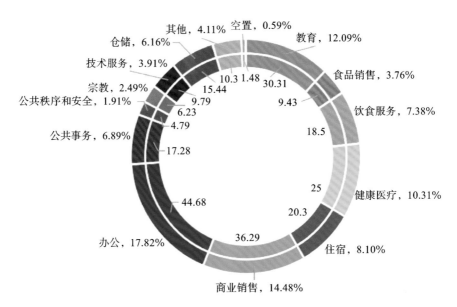

图 2-26   2012 年各类商用建筑能耗占比

2. 能源终端用途

能源终端用途分为 10 种:采暖、空调、通风、热水、照明、烹饪、冷藏、办公设备、计算及其他。

从图 2-27 可以看出,与居住建筑不同,能源终端使用目的分配比例发生了重要变化,但采暖仍然是最大的一部分,占 25.22%。

2012 年,商用建筑总消费量约为 2.5 亿吨标准煤,占建筑总能耗的 45%。能耗总密度最高的是饮食服务,采暖能耗密度最高的是医院,空调能耗密度最高的也是医院,这与其全年全天开放使用是相对应的(图 2-27、表 2-8、表 2-9 和图 2-28)。

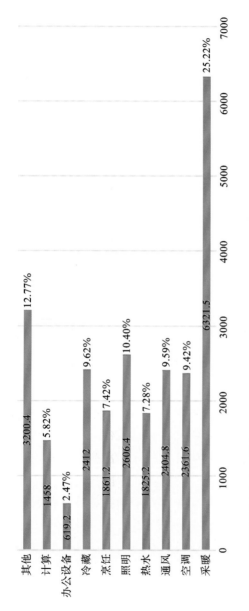

	采暖	空调	通风	热水	照明	烹饪	冷藏	办公设备	计算	其他
能耗总量（万吨ce）	6321.5	2361.6	2404.8	1825.2	2606.4	1861.2	2412	619.2	1458	3200.4
所占百分比	25.22%	9.42%	9.59%	7.28%	10.40%	7.42%	9.62%	2.47%	5.82%	12.77%

图 2-27　2012 年全部商用建筑按能源终端用途计量比例与消耗量

表 2-8 2012 年所有商用建筑按终端使用目的计量能耗密度表（kgce/m²）

序号	建筑类型	总计	采暖	空调	通风	热水	照明	烹饪	冷藏	办公设备	计算	其他
	所有建筑平均	31.8	8.7	3.3	3.1	2.5	3.4	5.4	3.5	0.8	2.0	4.1
1	教育	26.7	9.7	3.3	2.2	2.2	2.4	0.7	1.4	0.7	2.5	2.7
2	食品销售	81.3	10.4	2.1	3.6	1.0	4.8	12.3	45.6	0.6	0.8	4.3
3	饮食服务	109.7	10.6	7.0	6.7	9.8	4.0	46.9	24.2	1.6	1.0	4.5
4	健康医疗	67.0	20.0	7.7	7.7	7.7	5.7	7.8	1.8	1.6	3.2	7.6
4a	医院	89.7	27.2	11.6	7.5	12.8	6.5	8.5	2.3	2.0	3.5	9.7
4b	诊所	36.8	10.2	2.7	8.0	0.9	4.6	4.1	1.0	1.0	2.8	4.9
5	住宿	37.6	4.6	2.9	3.3	9.4	2.6	6.6	2.2	2.9	0.5	5.6
6	商业销售	34.5	6.6	3.2	4.2	2.4	4.8	4.4	7.2	0.6	0.8	3.5
6a	零售	26.0	6.0	2.9	3.3	0.3	5.2	1.7	4.6	0.5	0.8	3.3
6b	商场	42.4	7.2	3.4	4.9	4.0	4.5	5.4	9.2	0.7	0.8	3.7
7	办公	30.2	7.6	3.0	5.2	0.9	3.6	Q	0.8	0.9	4.1	3.7
8	公共事务	33.5	14.3	7.2	1.7	0.5	2.5	2.1	1.9	0.5	1.2	5.4
9	公共秩序和安全	35.8	10.6	4.4	1.4	6.3	4.2	1.6	0.8	0.9	2.1	6.0
10	宗教	14.7	6.7	1.4	1.1	Q	0.8	1.4	0.3	0.3	0.3	2.4
11	技术服务	23.4	11.4	2.1	1.3	2.3	3.3	0.7	0.5	0.4	0.8	3.6
12	仓储	13.2	4.5	1.3	0.5	0.4	2.7	Q	2.1	0.2	0.6	2.7

续表

序号	建筑类型	总计	采暖	空调	通风	热水	照明	烹饪	冷藏	办公设备	计算	其他
13	其他	56.3	14.3	5.6	3.3	0.5	7.5	Q	3.3	0.5	8.6	15.3
14	空置	9.5	3.7	0.9	1.2	0.3	1.7	Q	0.5	0.2	0.5	2.9

注:Q 表示相对误差大于 50% 或小于 20 个样本建筑物,不提供数据。

表2-9 4次统计年的各类建筑采暖和空调能耗密度变化情况(kgce/m²)

序号	建筑类型	采暖				空调			
		2012 年	2008 年	1995 年	1992 年	2012 年	2008 年	1995 年	1992 年
	所有建筑平均	8.7	12.8	11.3	10.9	3.3	2.8	2.3	2.6
1	教育	9.7	15.3	12.7	15.6	3.3	3.1	1.9	2.4
2	食品销售	10.4	11.2	10.7	8.3	2.1	3.8	5.2	5.0
3	饮食服务	10.6	16.7	12.0	11.1	7	6.8	7.6	13.7
4	健康医疗	20	27.3	21.4	19.4	7.7	5.5	3.8	7.1
4a	其中:医院	27.2	35.6	N	N	11.6	7.2	N	N
4b	其中:诊所	10.2	14.8	N	N	2.7	2.8	N	N
5	住宿	4.6	8.6	8.8	19.9	2.9	1.9	3.1	8.1
6	商业销售	6.6	9.3	11.9	9.5	3.2	3.8	2.3	1.3
6a	其中:零售	6	9.6	N	N	2.9	2.3	N	N
6b	其中:商场	7.2	9.2	N	N	3.4	4.8	N	N
7	办公	7.6	12.7	9.4	12.9	3	3.5	3.5	4.4
8	公共事务	14.3	19.3	20.8	7.7	7.2	3.7	2.4	1.3
9	公共秩序和安全	10.6	19.4	10.8	N	4.4	3.5	2.4	N
10	宗教	6.7	10.2	9.2	N	1.4	1.1	0.7	N
11	技术服务	11.4	13.9	N	N	2.1	1.5	N	N
12	仓储	4.5	7.5	6.1	7.1	1.3	0.5	0.3	0.7

续表

序号	建筑类型	采暖				空调			
		2012 年	2008 年	1995 年	1992 年	2012 年	2008 年	1995 年	1992 年
13	其他	14.3	30.8	23.1	9.3	5.6	4.1	3.6	1.1
14	空置	3.7	5.6	4.6	N	0.9	0.2	0.2	N

注:上表列出了 2012 年、2008 年、1995 年和 1992 年 4 个统计年的数据,2003 年 CBECS 未提供相应数据;N 表示没有样本。

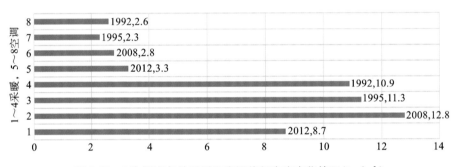

图 2-28 4 次调查年的采暖和空调能耗密度变化情况(kg/m²)

说明:因调查抽样对象大部分不一致,不同调查年所采取的能耗估算模型及校对方法有所差异,因此跨调查年的纵向比较仅供参考。同时也说明,并不能将 CBECS 的统计结果进行简单的纵向比较。

从表 2-10~表 2-12 可以看出,不同年代竣工的建筑类型总能耗密度总体变化幅度不大。不同年代建设的不同规模的建筑,其能耗密度变化也不大。

表 2-10 2012 年不同年代、不同类型建筑的年均能耗密度表(kgce/m²)

建筑类型	建筑能耗密度		
	1959 年以前	1960—1989 年	1990—2012 年
所有建筑平均	26.6	32.8	31.4
教育	25.7	27.2	26.8
食品销售	Q	79.8	86.2
饮食服务	79.7	114.4	129.1

续表

建筑类型	建筑能耗密度		
	1959 年以前	1960—1989 年	1990—2012 年
健康医疗	60.8	68.6	67.3
其中:医院	85.9	88.2	92.9
其中:诊所	29.5	35.4	40.0
住宿	37.4	36.0	39.6
商业销售	25.6	36.2	35.1
其中:零售	19.8	24.2	29.1
其中:商场	40.4	42.6	42.4
办公	29.8	32.6	26.6
公共事务	26.2	38.0	34.6
公共秩序和安全	Q	39.0	31.9
宗教	14.0	16.3	13.8
技术服务	22.8	24.6	20.5
仓储	14.2	12.9	12.1
其他	21.6	65.6	68.6
空置	3.2	5.8	5.7
建筑规模/平方米			
93～464	28.3	36.5	38.7
465～929	24.8	30.4	27.5
930～2322	20.1	26.3	23.9
2323～4644	21.3	30.6	24.9
4645～9290	28.3	29.1	30.8
9291～18580	24.2	36.7	31.7
18581～46450	35.7	35.5	40.1
≥46451	39.4	43.9	41.3

注:2012 年 CBECS 提供的建设年代划分就是这样,时间跨度很大;Q 表示相对标准误差大于50%或小于 20 个样本建筑物不提供数据。

表 2-11 2012 年不同年代建筑按能源终端使用目的计算能耗密度表（kgce/m²）

建造年代	总的能耗强度	按能源终端使用目的计算使用强度									
		采暖	空调	通风	热水	照明	烹饪	冷藏	办公设备	计算	其他
总平均	31.8	8.7	3.3	3.1	2.5	3.4	5.4	3.5	0.8	2.0	4.1
1920 年之前	24.3	11.3	1.4	2.1	1.1	2.1	5.0	1.9	0.5	1.2	3.0
1920— 1945 年	27.7	10.1	2.6	2.4	2.6	2.6	3.3	2.6	0.7	1.7	3.1
1946— 1959 年	28.9	10.1	2.6	2.7	2.5	2.8	4.2	2.5	0.7	1.5	3.5
1960— 1969 年	34.3	11.3	3.2	2.9	2.9	3.5	3.7	3.1	0.9	2.3	4.6
1970— 1979 年	37.2	9.9	3.6	3.7	3.8	3.7	7.5	3.9	1.0	2.3	4.2
1980— 1989 年	30.5	6.3	4.0	3.5	2.2	3.5	5.0	3.5	0.9	2.1	4.1
1990— 1999 年	32.6	7.3	3.7	3.3	2.3	3.6	6.3	4.3	0.9	2.1	4.2
2000— 2003 年	31.2	8.1	3.5	3.4	1.7	3.6	4.5	3.4	0.8	2.2	4.3
2004— 2007 年	31.6	6.9	3.3	2.9	2.7	3.5	Q	4.5	1.0	1.6	4.0
2008— 2012 年	33.2	8.1	3.5	3.4	2.7	3.5	5.5	4.2	0.9	1.9	4.5

注：Q 表示相对标准误差大于 50% 或小于 20 个样本建筑物，不提供数据。

表 2-12　2012 年不同年代不同气候区建筑能耗密度表（kgce/m²）

	寒冷/严寒 气候区	混合潮湿 气候区	混合干燥/ 干热气候区	湿热 气候区	海洋性 气候区
所有年代 平均强度	33.4	31.6	25.9	28.6	31.1
建设年代					
1920 年之前	21.1	31.4	Q	Q	Q
1920—1945 年	27.0	29.4	23.0	21.6	Q
1946—1959 年	34.6	23.5	21.2	31.2	Q
1960—1969 年	31.7	35.1	37.0	33.6	31.3
1970—1979 年	37.8	44.6	23.7	30.1	26.7
1980—1989 年	34.1	28.3	20.7	32.5	26.6
1990—1999 年	33.7	30.6	29.4	25.6	44.4
2000—2003 年	37.2	29.8	22.9	27.3	Q
2004—2007 年	41.4	26.8	22.2	29.7	Q
2008—2012 年	33.7	34.4	36.8	21.1	Q

注：CBECS 并未提供不同气候区内不同年代建设的商用建筑的各项终端使用目的的能耗强度变化数据；Q 表示相对标准误差大于 50% 或小于 20 个样本建筑物，不提供数据。

　　以 2012 年同一次调查的近 40 年建设的商用建筑为考察对象，从上表可以看出，大部分能源终端使用目的、使用强度并没有发生特别明显的变化。以采暖和空调能耗为例，除个别年份明显偏出常规值以外，节能非常有限，甚至没有变化。也就是说，建筑节能设计标准的实施在采暖和空调方面的节能效果在其中并没有反映出来。一方面可能是因为一部分早期建筑进行了节能改造（注：在 2008 年前只有 8.74% 的建筑面积进行过外墙保温升级改造，1990 年后有 31.64% 的建筑面积进行过采暖设备的更换，35.25% 的建筑面积进行过空调制冷设备的更换），另一方面也可能是因为样本量不足所造成的，否则难以解释个中原因。

　　由于 2012 年 CBECS 并未提供详细的按照不同年份划分的各个气候区

的各类建筑的按能源终端目的的能耗密度的表格，以上的猜测只是基于全美的总数据来判断。2012 年 CBECS 调查总表见表 2-13。

表 2-13　2012 年 CBECS 调查总表

	建筑数量/栋	总建筑面积/百万平方米	总的主要能源消耗量/折合百万 tce	电力		天然气	燃料油	区域供热
				折合一次能源	建筑实际输入			
全部建筑	5557	8091	250.7	465.6	152.7	80.9	4.8	12.3
按单栋建筑面积划分								
93～464	2777	747	26.0	48.9	16.0	9.2	0.8	Q
465～929	1229	827	23.3	42.4	13.9	8.9	0.4	Q
930～2322	884	1310	31.5	59.6	19.5	10.9	0.7	Q
2323～4644	332	1107	29.6	55.8	18.3	10.2	0.5	0.6
4645～9290	199	1293	38.4	71.9	23.5	12.2	0.8	1.9
9291～18580	90	1153	37.3	71.1	23.3	10.4	0.7	2.8
18581～46450	38	996	36.9	67.5	22.1	11.2	0.5	3.2
≥46451	8	657	27.6	48.6	15.9	7.9	0.4	3.4
按建筑类别划分								
教育	389	1137	30.3	50.3	16.5	10.5	1.0	2.3
食品零售	177	116	9.4	22.8	7.5	1.9	Q	N
饮食服务	380	169	18.5	30.6	10.0	8.2	Q	Q
健康医疗	157	386	25.8	40.1	13.1	9.5	0.7	2.4
其中:医院	10	221	19.8	27.6	9.0	7.9	0.6	2.2
其中:门诊	147	165	6.1	12.5	4.1	1.7	Q	Q
住宿	158	541	20.3	33.4	10.9	8.0	0.3	1.1
商业	602	1053	36.3	77.4	25.4	10.5	0.3	Q
其中:零售	438	505	13.1	30.9	10.1	2.7	0.3	Q

续表

	建筑数量/栋	总建筑面积/百万平方米	总的主要能源消耗量/折合百万 tce	电力		天然气	燃料油	区域供热
				折合一次能源	建筑实际输入			
其中:商场	164	547	23.2	46.5	15.3	7.8	Q	Q
办公	1012	1482	44.7	94.9	31.1	10.2	0.6	2.7
公共事务	352	516	17.3	30.1	9.9	4.9	0.3	2.3
公共秩序与安全	84	134	4.8	8.0	2.6	1.5	0.1	Q
宗教	412	423	6.2	8.9	2.9	3.1	0.2	N
服务类型建筑	619	430	9.8	14.0	4.6	4.4	0.6	Q
仓储	796	1215	15.4	31.2	10.2	5.0	0.2	Q
其他	125	186	10.3	20.9	6.9	2.9	0.4	Q
空置	296	302	1.5	2.9	0.9	0.5	Q	Q
竣工年份								
1920 年之前	362	370	8.6	12.0	3.9	3.1	0.6	0.9
1920—1945 年	488	560	15.0	24.0	7.9	5.2	0.5	1.4
1946—1959 年	599	686	19.3	31.8	10.4	7.2	0.6	1.0
1960—1969 年	639	963	32.5	55.1	18.1	11.3	0.7	2.4
1970—1979 年	684	1008	36.4	63.9	21.0	12.2	0.6	2.6
1980—1989 年	915	1415	41.9	87.5	28.7	12.1	0.6	0.6
1990—1999 年	845	1282	39.7	79.8	26.2	12.2	0.5	0.8
2000—2003 年	375	670	20.8	41.7	13.7	5.7	0.4	Q
2004—2007 年	347	606	19.0	36.3	11.9	6.2	0.1	0.8
2008—2012 年	303	532	17.4	33.3	10.9	5.7	0.2	Q
人口调查区								
东北部	806	1443	52.5	82.5	27.1	18.0	3.2	4.3
新英格兰	302	400	13.2	18.9	6.2	4.0	1.7	Q

续表

	建筑数量/栋	总建筑面积/百万平方米	总的主要能源消耗量/折合百万 tce	电力		天然气	燃料油	区域供热
				折合一次能源	建筑实际输入			
大西洋海岸中部	504	1043	39.3	63.6	20.8	14.0	1.5	2.9
中西部	1237	1758	56.4	93.4	30.6	23.1	0.5	2.1
东北中部	735	1184	40.7	65.3	21.4	17.8	0.4	1.2
西北中部	502	574	15.7	28.1	9.2	5.4	0.2	Q
南部地区	2247	3185	92.4	198.6	65.1	22.1	0.8	4.3
南大西洋	1091	1670	48.9	107.4	35.2	11.0	0.6	2.1
东南中部	370	456	13.3	26.5	8.7	3.7	0.1	Q
西南中部	786	1059	30.2	64.8	21.2	7.5	0.1	Q
西部地区	1267	1706	49.4	91.0	29.8	17.7	0.3	1.6
山区	338	463	15.0	25.1	8.2	5.9	Q	0.8
太平洋地区	929	1243	34.3	65.9	21.6	11.8	0.2	0.8
建筑气候区								
严寒/寒冷地区	2031	2963	98.9	157.1	51.5	39.5	2.9	4.9
混合湿润地区	1743	2589	81.7	155.7	51.0	23.7	1.5	5.5
混合干燥/干热地区	837	1118	28.9	57.1	18.7	9.2	0.1	Q
热湿地区	799	1192	34.1	82.6	27.1	6.2	0.2	0.6
海洋性气候区	147	228	7.1	13.2	4.3	2.4	0.0	Q
建筑层数分类								
1 层	3836	3698	101.9	204.3	67.0	33.0	1.5	Q
2 层	1158	1877	52.6	97.1	31.8	18.4	1.2	Q
3 层	374	756	24.0	41.0	13.4	8.1	0.8	1.7
4～9 层	177	1257	51.6	86.5	28.4	15.9	1.0	6.2
≥10 层	13	502	20.6	36.8	12.1	5.4	0.3	2.8

续表

	建筑数量/栋	总建筑面积/百万平方米	总的主要能源消耗量/折合百万 tce	电力		天然气	燃料油	区域供热
				折合一次能源	建筑实际输入			
电梯和自动扶梯数量								
有电梯	405	2984	114.6	202.0	66.2	35.0	2.0	11.3
电梯数量								
1 部电梯	272	1037	31.8	55.0	18.0	10.7	0.6	2.6
2~5 部电梯	118	1191	44.7	83.3	27.3	12.7	0.9	3.7
≥6 部电梯	16	757	38.1	63.7	20.9	11.6	0.5	5.0
有自动扶梯	10	339	13.6	24.8	8.1	3.5	0.2	1.7
主要工作时间工作人员数量								
≤5 人	2892	1649	27.2	50.0	16.4	9.5	1.1	Q
5~9 人	1085	834	21.5	41.9	13.7	7.3	0.3	Q
10~19 人	731	894	27.8	49.5	16.2	10.7	0.4	Q
20~49 人	513	1348	42.8	82.3	27.0	13.6	0.6	1.5
50~99 人	206	1252	41.4	80.2	26.3	13.0	0.8	1.4
100~249 人	93	1016	38.1	69.4	22.8	12.1	0.8	2.4
≥250 人	37	1098	51.9	92.2	30.2	14.7	0.8	6.2
平均每周使用时长								
<40 小时	1149	764	8.2	13.1	4.3	3.5	0.4	Q
40~48 小时	1346	1470	30.0	57.9	19.0	9.3	1.0	0.7
49~60 小时	1244	1907	45.3	89.4	29.3	13.3	0.9	1.8
61~84 小时	764	1474	49.3	93.3	30.6	16.9	0.7	1.1
85~167 小时	479	873	39.5	74.9	24.6	12.6	0.3	2.1

续表

	建筑数量/栋	总建筑面积/百万平方米	总的主要能源消耗量/折合百万tce	电力		天然气	燃料油	区域供热
				折合一次能源	建筑实际输入			
持续开放	575	1603	78.4	137.0	44.9	25.4	1.6	6.5
权属与使用情况								
非政府业主	4781	6275	193.5	370.0	121.3	62.9	3.3	6.0
业主自己使用	2466	2846	94.1	170.6	55.9	32.0	2.0	4.1
租赁	1745	2426	73.5	149.1	48.9	22.8	0.8	0.9
业主自己使用＋出租	349	824	25.5	49.6	16.3	7.9	0.4	1.0
空置	221	179	0.4	0.6	0.2	0.1	Q	Q
政府是业主	776	1816	57.2	95.6	31.4	18.0	1.5	6.2
联邦政府	33	146	4.9	8.5	2.8	1.1	Q	1.0
州政府	185	515	20.0	30.2	9.9	6.1	0.2	3.8
地方政府	558	1155	32.3	56.9	18.6	10.9	1.2	1.5
负责能源系统运行和维护的责任方								
业主	4715	6847	209.1	385.6	126.4	66.7	4.4	11.7
业主和租户	724	1051	35.4	68.1	22.3	12.3	0.4	Q
物业管理方	54	116	3.5	6.9	2.3	1.0	0.0	Q
其他	64	77	2.7	5.0	1.7	1.0	Q	Q
相关用能设备的直接投资者								
建筑业主	4876	7086	215.4	397.6	130.4	68.9	4.4	11.7
业主或租户	540	767	27.6	53.2	17.5	9.5	0.2	Q
物业管理方	35	82	2.2	4.4	1.4	0.6	0.1	Q
其他	106	157	5.5	10.3	3.4	1.9	0.1	Q

续表

	建筑数量/栋	总建筑面积/百万平方米	总的主要能源消耗量/折合百万 tce	电力		天然气	燃料油	区域供热
				折合一次能源	建筑实际输入			
入驻机构数量								
1 个	4205	5109	161.5	291.1	95.4	55.0	3.5	7.5
2～5 个	862	1650	50.4	93.2	30.6	15.4	0.9	3.5
6～10 个	147	411	13.1	26.4	8.6	3.9	0.2	0.4
11～20 个	68	344	12.8	25.7	8.4	4.0	0.0	Q
超过 20 个	27	355	12.5	28.6	9.4	2.4	0.1	0.5
空置	248	222	0.5	0.7	0.2	0.2	Q	Q
主要外墙材料								
砖、石、粉刷	2312	3759	124.5	223.4	73.3	41.8	2.1	7.3
混凝土（现浇或预制）	1121	1925	61.9	120.9	39.6	19.3	1.0	2.0
混凝土墙板	210	808	23.9	45.1	14.8	7.5	0.3	1.4
壁挂板	905	534	14.4	26.7	8.8	4.8	0.8	Q
金属面板	933	806	15.4	29.6	9.7	4.5	0.5	Q
玻璃幕墙	17	124	6.1	11.7	3.9	1.7	0.1	0.5
其他	37	80	2.8	5.1	1.7	Q	Q	Q
没有以一种为主	21	55	1.6	2.9	0.9	0.5	Q	Q
主要屋顶材料								
金属屋顶	1672	1479	31.1	63.3	20.7	8.7	0.8	Q
合成材料或橡胶	911	2398	87.9	158.1	51.8	30.6	1.4	4.0
组合屋顶	836	2028	67.0	126.3	41.4	21.0	1.1	3.5
板材或瓦屋顶	406	400	13.4	22.0	7.2	4.1	0.1	Q
木材	157	106	3.3	5.2	1.7	1.5	Q	Q

	建筑数量/栋	总建筑面积/百万平方米	总的主要能源消耗量/折合百万 tce	电力		天然气	燃料油	区域供热
				折合一次能源	建筑实际输入			
油毡瓦、玻璃纤维瓦或其他片材屋顶	1483	1403	39.8	73.6	24.1	13.2	1.0	1.4
混凝土屋顶	51	153	4.8	11.2	3.7	0.9	0.1	Q
其他	24	63	2.1	4.0	1.3	0.6	Q	Q
没有一种为主	18	61	1.3	2.0	0.6	0.4	Q	Q
屋顶特征								
屋顶倾斜度								
平屋顶	1960	4610	161.1	299.5	98.2	52.4	2.4	8.1
缓坡屋顶	2148	2216	57.5	111.7	36.6	17.3	1.2	2.3
陡坡屋顶	1449	1265	32.0	54.4	17.8	11.2	1.2	Q
冷屋顶	740	1824	66.1	121.7	39.9	21.7	1.2	3.4
2008 年前进行过建筑更新改造统计								
任何类型改造	2094	3922	135.4	242.9	79.6	44.3	2.9	8.6
扩建	444	1210	46.5	76.6	25.1	16.8	1.2	3.3
减少面积	71	163	8.1	13.3	4.4	2.5	Q	Q
屋顶更换	987	1943	71.5	123.4	40.5	24.5	2.0	4.5
外墙更换	194	393	14.4	26.3	8.6	4.6	0.4	0.6
内部隔墙重新布局	889	1982	74.0	133.5	43.8	23.2	1.4	5.7
外窗更换	560	1139	39.2	66.0	21.6	13.9	1.3	2.4
HVAC 设备升级	1101	2488	91.6	162.1	53.2	30.3	1.7	6.4
照明设备升级	982	2369	87.8	153.5	50.3	29.2	1.9	6.5
电气系统升级	747	1501	57.9	99.1	32.5	19.8	1.4	4.2

续表

	建筑数量/栋	总建筑面积/百万平方米	总的主要能源消耗量/折合百万 tce	电力		天然气	燃料油	区域供热
				折合一次能源	建筑实际输入			
管道系统升级	644	1285	50.3	83.2	27.3	18.5	1.2	3.2
保温系统升级	382	707	27.8	47.1	15.4	9.7	0.5	2.2
消防、安全设备升级	616	1598	60.7	105.7	34.7	20.5	1.4	4.1
结构升级	152	364	15.3	25.8	8.5	5.4	0.3	1.0
其他	39	79	2.5	4.9	1.6	0.5	Q	Q
没有变更	3160	3637	97.8	189.4	62.1	30.9	1.7	3.1
建于2008年或更晚	303	532	17.4	33.3	10.9	5.7	0.2	Q
使用能源种类								
电	5234	7884	250.7	465.6	152.7	80.9	4.8	12.3
天然气	2933	5456	199.6	338.4	111.0	80.9	1.5	6.2
燃料油	467	1877	80.3	143.0	46.9	22.4	4.8	6.2
区域供热	48	554	29.1	38.7	12.7	3.9	0.2	12.3
区域供冷	54	428	23.9	32.0	10.5	4.8	0.1	8.5
丙烷（液化石油气）	510	716	21.0	41.3	13.5	5.3	1.5	Q
其他	172	355	10.8	18.6	6.1	3.9	0.3	0.5
使用的所有采暖能源								
电	2858	4555	140.3	290.1	95.1	40.4	1.5	3.2
天然气	2612	4600	160.1	267.2	87.6	71.0	0.9	0.6
燃料油	270	404	13.0	19.4	6.4	2.8	3.7	Q
区域供热	48	550	28.9	38.4	12.6	3.9	0.2	12.2
丙烷（液化石油气）	342	285	5.4	12.9	4.2	0.8	0.5	Q
其他	101	94	1.7	3.3	1.1	0.4	0.1	Q

107

续表

	建筑数量/栋	总建筑面积/百万平方米	总的主要能源消耗量/折合百万 tce	电力		天然气	燃料油	区域供热
				折合一次能源	建筑实际输入			
使用的主要采暖能源								
电	1819	2434	66.5	164.6	54.0	12.1	0.4	Q
天然气	2322	3994	139.4	228.9	75.1	63.7	0.6	Q
燃料油	205	236	6.7	8.9	2.9	0.3	3.5	Q
区域供热	47	539	28.6	37.9	12.4	3.8	0.2	12.2
丙烷(液化石油气)	261	181	2.3	6.7	2.2	Q	Q	N
其他	67	56	0.8	1.7	0.6	Q	Q	N
空间制冷能源								
电	4413	7064	227.6	434.2	142.3	74.9	4.0	6.4
天然气	12	68	3.5	4.1	1.4	2.1	0.0	Q
区域供冷	54	428	23.9	32.0	10.5	4.8	0.1	8.5
热水能耗								
电	2658	3972	111.7	243.2	79.7	26.7	2.1	3.2
天然气	1758	3672	145.0	239.9	78.7	63.8	0.9	1.8
燃料油	77	178	6.3	8.4	2.8	1.3	2.2	Q
区域供热	25	423	23.5	30.9	10.1	3.2	0.1	10.0
丙烷(液化石油气)	142	146	3.1	8.7	2.8	Q	0.2	Q
烹饪能耗								
电	1010	2337	90.4	169.9	55.7	29.2	1.5	4.0
天然气	740	2301	108.5	181.2	59.4	44.6	0.9	3.7
丙烷(液化石油气)	144	186	6.0	13.1	4.3	0.7	1.0	Q
终端能耗统计								

续表

	建筑数量/栋	总建筑面积/百万平方米	总的主要能源消耗量/折合百万tce	电力		天然气	燃料油	区域供热
				折合一次能源	建筑实际输入			
采暖	4722	7439	244.2	448.7	147.1	80.0	4.8	12.3
空间制冷	4461	7366	243.9	455.3	149.3	78.4	4.0	12.1
热水	4423	7340	244.7	453.1	148.6	79.6	4.5	12.1
烹饪	1589	3581	146.8	262.4	86.0	51.9	2.7	6.2
生产制造	259	472	13.0	25.0	8.2	4.4	0.2	Q
自有发电机	410	2382	100.9	183.7	60.2	30.8	2.4	7.5
采暖面积占比								
没有采暖	835	652	6.5	16.9	5.5	0.9	0.1	Q
1%～50%	697	941	16.8	36.7	12.0	4.4	0.4	Q
51%～99%	727	1361	46.7	87.6	28.7	15.9	0.6	1.4
100%	3298	5137	180.6	324.4	106.4	59.7	3.7	10.8
空调面积占比								
没有空调	1096	725	6.8	10.3	3.4	2.5	0.8	Q
1%～50%	1173	1755	35.6	57.3	18.8	15.0	1.2	0.5
51%～99%	897	2111	77.1	142.8	46.8	24.0	1.3	5.0
100%	2391	3500	131.1	255.2	83.7	39.3	1.5	6.6
使用时开灯占比								
不开灯	70	30	0.1	0.4	0.1	Q	Q	Q
1%～50%	1099	1173	23.1	42.6	14.0	7.7	0.6	0.8
51%～99%	1666	3234	109.8	196.9	64.5	37.2	2.0	6.0
100%	2222	3319	116.8	224.5	73.6	35.6	2.1	5.4
建筑没有使用/没有用电	501	335	0.9	1.2	0.4	0.4	Q	Q

续表

	建筑数量/栋	总建筑面积/百万平方米	总的主要能源消耗量/折合百万 tce	电力		天然气	燃料油	区域供热
				折合一次能源	建筑实际输入			
下班后开灯占比								
0	2489	2299	46.5	86.8	28.5	15.8	1.5	0.8
1%~50%	2441	4715	156.5	293.7	96.3	50.2	2.6	7.3
51%~100%	202	643	36.6	61.7	20.2	12.3	0.5	3.6
建筑持续开放使用，没有下班	102	227	11.0	23.3	7.7	2.6	Q	0.5
不使用电力	323	207	N	N	N	N	N	N
采暖设备种类								
热泵	628	1100	32.4	67.3	22.1	8.9	0.4	1.0
火炉	755	804	22.1	39.8	13.1	8.8	0.3	Q
个别空间加热器	1247	1929	56.6	101.7	33.3	19.6	1.4	2.3
区域供热	48	550	28.9	38.4	12.6	3.9	0.2	12.2
锅炉	544	2085	81.4	131.0	42.9	35.4	2.9	Q
户外单元组合式采暖机组	2802	4570	147.0	289.0	94.8	49.0	1.7	1.6
其他	62	146	6.9	14.4	4.7	1.9	Q	Q
空调设备								
家用式中央空调	1546	1372	39.1	69.9	22.9	15.0	0.5	Q
热泵式空调	692	1165	33.8	70.8	23.2	9.3	0.4	0.9
分体式空调	709	1154	36.5	59.9	19.7	13.5	1.3	2.0
区域供冷	54	428	23.9	32.0	10.5	4.8	0.1	8.5
中央冷却器	163	1583	66.7	123.0	40.3	21.5	1.5	3.3

续表

	建筑数量/栋	总建筑面积/百万平方米	总的主要能源消耗量/折合百万 tce	电力		天然气	燃料油	区域供热
				折合一次能源	建筑实际输入			
户外单元组合式空调机组	1909	4195	143.0	272.3	89.3	47.4	2.2	4.0
移动式空调器	109	178	6.3	10.8	3.5	2.6	0.0	Q
其他	Q	30	1.6	3.5	1.2	0.4	Q	Q
自 1990 年以来更换过以下设备								
采暖设备	1874	2560	77.9	145.3	47.6	28.4	1.8	Q
空调设备	1971	2852	90.8	166.8	54.7	31.8	2.1	2.3
热水设备								
中央系统	3348	4416	151.6	272.8	89.4	50.9	3.1	8.2
分布式系统	690	1179	30.0	59.1	19.4	9.3	0.5	0.8
混合系统	385	1746	63.2	121.2	39.7	19.4	1.0	3.1
照明设备								
白炽灯	1826	3568	127.4	229.2	75.1	43.2	2.6	6.6
标准荧光灯	4649	7440	241.7	448.6	147.1	78.0	4.6	12.1
紧凑型荧光灯	2302	5000	183.4	333.1	109.2	60.2	3.2	10.8
高强度放电(HID)	525	2173	78.7	143.1	46.9	25.4	1.8	4.6
卤素灯源	905	2607	97.0	179.2	58.8	31.8	1.5	4.9
LED	473	2050	85.1	155.4	51.0	27.4	1.0	5.6
其他	10	41	2.1	3.6	1.2	0.5	Q	Q
冷藏设备								
任意冷藏设备	3984	6842	233.0	430.7	141.2	75.8	4.2	11.7
步入式冷藏	811	2635	126.9	227.1	74.5	45.0	1.9	5.5

续表

	建筑数量/栋	总建筑面积/百万平方米	总的主要能源消耗量/折合百万tce	电力		天然气	燃料油	区域供热
				折合一次能源	建筑实际输入			
箱式或橱柜式	915	2668	119.4	218.2	71.5	40.2	1.7	5.9
大型冷藏区	78	387	19.1	36.7	12.0	6.3	0.2	0.5
商用制冰机	846	3041	134.3	244.7	80.2	44.6	1.8	7.7
家用冰箱或紧凑型	3388	5795	186.6	341.4	111.9	60.8	3.8	10.0
自动售货机	960	4082	150.4	278.0	91.2	46.6	2.6	10.1
没有冷藏设备	1573	1249	17.7	34.9	11.4	5.1	0.6	0.5
办公设备								
台式计算机数量	3977	7159	237.1	441.1	144.6	76.0	4.3	12.1
带有平板显示器	3847	7075	234.8	436.7	143.2	75.2	4.3	12.1
带有多个监视器	911	2875	105.9	196.0	64.3	31.9	1.8	8.0
笔记本计算机数量	2730	5898	196.8	362.6	118.9	63.2	3.6	11.1
专用服务器数量	1748	4958	172.2	325.5	106.7	53.5	3.3	8.7
激光打印机数量	2339	5040	172.6	320.8	105.2	54.3	3.1	10.0
喷墨式打印机数量	2187	3366	104.5	196.2	64.3	34.4	2.1	3.7
传真机数量	3185	6195	205.4	385.6	126.4	65.6	3.7	9.6
复印机数量	2163	5507	184.0	340.2	111.6	57.5	3.6	11.2
台式计算机数量								
没有	1581	932	13.6	24.5	8.0	4.9	0.5	Q
1~4台	2039	1456	42.6	76.8	25.2	16.3	1.0	Q
5~9台	821	875	26.6	50.1	16.4	9.6	0.4	Q
10~19台	482	872	24.3	48.4	15.9	7.6	0.4	Q
20~49台	355	1216	40.4	78.7	25.8	12.5	0.6	1.5
50~99台	143	770	23.2	44.8	14.7	7.3	0.5	0.8

续表

	建筑数量/栋	总建筑面积/百万平方米	总的主要能源消耗量/折合百万 tce	电力		天然气	燃料油	区域供热
				折合一次能源	建筑实际输入			
100～249 台	92	904	34.6	59.9	19.6	9.9	0.6	4.5
≥250 台	44	1066	45.4	82.5	27.0	12.8	0.9	4.6
笔记本计算机数量								
没有	2827	2193	53.9	103.0	33.8	17.7	1.2	1.2
1～4 台	1944	1966	54.6	102.1	33.5	19.4	1.0	0.6
5～9 台	350	775	25.1	47.3	15.5	8.2	0.5	Q
10～19 台	181	775	25.9	48.9	16.0	8.7	0.3	0.9
20～49 台	144	896	32.7	57.7	18.9	10.3	0.6	2.8
50～99 台	58	486	18.2	32.0	10.5	5.8	0.5	1.4
100～249 台	35	485	18.9	33.8	11.1	5.1	0.4	2.3
≥250 台	20	515	21.5	40.8	13.4	5.7	0.3	2.1
专用服务器数量								
没有	3809	3133	78.4	140.1	45.9	27.5	1.5	3.5
1～4 台	1562	3168	97.8	186.1	61.0	32.3	2.1	2.4
5～9 台	97	580	20.3	37.7	12.3	6.8	0.2	0.9
10～19 台	50	531	21.3	40.9	13.4	5.5	0.5	2.0
20～49 台	25	349	14.3	26.3	8.6	4.4	0.3	1.0
≥50 台	13	331	18.4	34.4	11.3	4.5	0.3	2.3
复印机数量								
没有	3394	2584	66.7	125.4	41.1	23.4	1.2	1.0
1 台	1325	1587	43.3	80.4	26.4	15.1	1.0	Q
2～4 台	648	1887	57.5	109.6	35.9	18.6	1.1	1.9
5～9 台	116	823	28.2	54.0	17.7	8.6	0.4	1.5

	建筑数量/栋	总建筑面积/百万平方米	总的主要能源消耗量/折合百万 tce	电力		天然气	燃料油	区域供热
				折合一次能源	建筑实际输入			
≥10 台	75	1210	55.0	96.2	31.5	15.2	1.2	7.1
电视或视频显示的数量								
没有	2718	2261	43.7	83.8	27.5	14.2	1.3	0.7
1 台	1145	928	25.1	45.2	14.8	9.1	0.7	Q
2～4 台	1035	1530	47.2	88.4	29.0	16.7	0.7	0.8
5～9 台	314	757	28.0	56.2	18.4	8.0	0.4	Q
10～19 台	154	759	29.2	54.9	18.0	8.4	0.4	2.3
20～49 台	106	749	25.8	52.3	17.1	6.9	0.5	1.3
50～99 台	48	407	15.6	29.0	9.5	3.7	0.4	1.9
≥100 台	37	701	36.2	55.8	18.3	13.7	0.6	3.7
饮食准备或服务区域								
点心部或小卖部	153	918	40.0	71.5	23.4	13.1	0.6	2.9
快餐或小型餐厅	173	909	43.4	84.0	27.5	13.4	0.3	2.2
食堂或大型餐厅	130	1414	58.5	97.7	32.0	21.1	1.5	3.8
备有商用厨房/食品制备区	282	1500	64.7	109.4	35.9	24.2	1.2	3.5
备有小型厨房	736	1306	42.7	76.1	24.9	14.7	1.1	2.0
独立计算机区域								
数据中心	97	1032	48.8	89.3	29.3	13.9	1.0	4.6
电脑培训室	244	1646	61.1	112.3	36.8	18.5	1.3	4.4

续表

	建筑数量/栋	总建筑面积/百万平方米	总的主要能源消耗量/折合百万tce	电力		天然气	燃料油	区域供热
				折合一次能源	建筑实际输入			
学生或公共计算机中心	238	1332	45.9	76.0	24.9	15.7	0.9	4.5
HVAC 节能特征								
热回收循环系统	601	2857	113.1	201.9	66.2	36.5	1.5	8.8
进行常规暖通空调维护	3178	6433	223.3	415.3	136.2	71.7	4.0	11.5
配有建筑自动化系统	781	3442	133.5	251.0	82.3	39.6	2.1	9.6
外窗和室内照明特征								
多窗格外窗	3012	5608	189.0	348.6	114.3	63.1	3.4	8.2
彩色玻璃窗	1875	4183	143.0	269.1	88.2	46.4	1.7	6.6
反射式外窗	549	1478	59.5	112.6	36.9	19.5	0.8	2.3
挑檐	1867	2990	111.2	205.8	67.5	37.1	1.5	5.1
天窗或中庭	591	2068	72.4	124.2	40.7	24.5	1.4	5.7
灯光调节	918	2811	105.5	202.8	66.5	33.4	1.3	4.3
人员传感器	813	3332	123.6	228.0	74.7	38.4	2.1	8.3
多级照明或调光	349	1350	58.2	102.0	33.4	20.6	0.6	3.6
日光采集	125	568	22.3	40.8	13.4	7.1	0.3	1.6
需求响应照明	176	440	14.8	29.9	9.8	4.6	Q	Q
自动照明系统	208	1121	43.2	89.6	29.4	12.1	0.4	1.4
建筑物未充分使用时,设备减少使用情况								

续表

	建筑数量/栋	总建筑面积/百万平方米	总的主要能源消耗量/折合百万tce	电力		天然气	燃料油	区域供热
				折合一次能源	建筑实际输入			
采暖	3699	5868	180.8	334.4	109.7	60.3	3.3	7.5
空调	3517	5808	180.3	337.9	110.8	59.2	2.8	7.5
照明	4757	7301	231.3	426.0	139.7	75.8	4.4	11.4

注：①Q表示相对标准误差大于50%；或小于20个样本建筑物，不提供数据。N表示没有样本。

（三）《建筑能耗数据手册》和建筑性能数据库

1.《建筑能耗数据手册》(*Buildings Energy Data Book*)

以上介绍的RECS和CBECS是针对两个建筑大类进行的统计调查，专注于数据本身，而《建筑能耗数据手册》则是一份总的有关建筑能耗方面的统计及进展摘要。它由美国能源部能源效率和可再生能源办公室委托给西北太平洋国家实验室和第三方机构发展与研究国际有限公司完成。自1986年开始以年度报告的形式出版，橡树岭国家实验室以及国家能源技术实验室对此也有很大贡献。但自2011版的《建筑能耗数据手册》出版后就不再更新，其任务部分由其他形式取代或呈现，例如《年度能源展望》等，但不再仅仅聚焦于建筑能耗，还有下文的建筑性能数据库。

由于RECS和CBECS并不是每年都进行，因此《建筑能耗数据手册》的数据不仅来源于此，还包括政府其他部门的数据和文件，以及橡树岭国家实验室的分析模型和预测数据。除了实际数据的分析和预测之外，《建筑能耗数据手册》还汇集了有关建筑节能的相关标准和法律等资料。

下面以2011年的《建筑能耗数据手册》为例介绍该手册的大致内容。该手册共分为九章，分别刊载以下信息。

第一章是整个建筑部门的能耗情况和预测，还对整个建筑部门的投资、环境影响、碳排放等情况进行粗略的预估。

从图 2-29 可看出 30 年间美国终端能耗占比的变化情况,工业占比下降明显,其下降的份额被其他三个部门瓜分,其中商用建筑能耗所占份额上升较快,这与同时期美国第三产业所占份额上升基本是同步的。住宅建筑和商用建筑的能耗占比从 1980 年的 33.6% 稳定增加至 2010 年的 41.1%。并在其后的近十年基本保持这一比例。

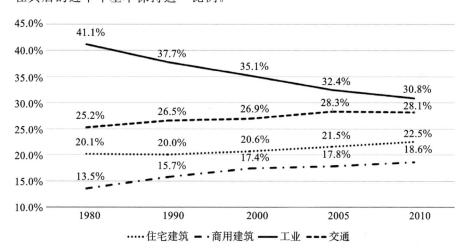

图 2-29　1980—2010 年美国终端能耗占比变化表

数据来源:2011 年《建筑能耗数据手册》。

第二章聚焦居住建筑的能源使用。分别介绍和提供了燃料类型和最终用途的能耗数据,以及不同住房类别的能源消耗强度;平均家庭的特征以及美国住房存量随时间的变化;有关住房建设、现有房屋销售和抵押贷款的统计数据;住宅改造支出和趋势的数据;住宅工业化;低收入家庭和联邦福利住房计划等情况(表 2-14 和表 2-15)。

第三章侧重商用建筑的能源使用。分别介绍和提供了商用建筑物的一次能源和实际消耗的能源,以及各种建筑类型和最终用途的能源强度;商用建筑各种特征的数据,包括建筑面积、建筑类型、所有权和房龄等;商用建筑能耗的数量与价格;商用建筑的环境排放;商用建筑的建造和改造情况;能耗总量或强度高的办公、零售、医疗设施、教育设施和酒店等建筑类型的能耗情况,等等(表 2-16～表 2-18)。

表 2-14　1980—2010 年住宅一次能源消费量及占比（Quadrillion Btu）

| | 天然气 | | 石油类 | | 煤 | | 可再生能源 | | 电力 | | | | 含其他能源 | |
	消费量	占比	消费量	占比	消费量	占比	消费量	占比	实际消费量	损失	总量	占比	总量	占比
1980 年	4.79	30%	1.72	11%	0.03	0%	0.85	5%	2.45	5.89	8.33	53%	**15.72**	100%
1990 年	4.47	26%	1.37	8%	0.03	0%	0.64	4%	3.15	7.24	10.39	61%	**16.91**	100%
2000 年	5.07	25%	1.52	7%	0.01	0%	0.49	2%	4.07	9.20	13.27	65%	**20.36**	100%
2005 年	4.94	23%	1.42	7%	0.01	0%	0.49	2%	4.64	10.08	14.72	68%	**21.58**	100%
2010 年	5.06	23%	1.22	6%	0.01	0%	0.45	2%	4.95	10.39	15.34	69%	**22.07**	100%

数据来源：2011 年《建筑能耗数据手册》。

注：电力和一次能源已按照当年转换比进行了转换。

（单位：Quadrillion Btu，万亿英热单位，相当于 0.36 亿 tce。）

表 2-15 2010 年住宅按终端使用和能源种类消费情况 (Quadrillion Btu)

	天然气	燃料油	液化石油气	其他能源	可再生能源	实际消耗电力	实际输入能源总量	占比	按一次能源转换的电力	一次能源消费总量	占比
采暖	3.50	0.53	0.30	0.04	0.43	0.44	5.23	44.7%	1.35	6.15	27.8%
加热水	1.29	0.10	0.07		0.01	0.45	1.92	16.4%	1.38	2.86	12.9%
空调制冷	0.00					1.08	1.08	9.2%	3.34	3.34	15.1%
照明						0.69	0.69	5.9%	2.13	2.13	9.7%
冷藏						0.45	0.45	3.9%	1.41	1.41	6.4%
家用电器						0.54	0.54	4.7%	1.68	1.68	7.6%
湿清洁器具	0.06		0.03			0.33	0.38	3.3%	1.01	1.06	4.8%
烹饪	0.22					0.18	0.43	3.7%	0.57	0.81	3.7%
计算机						0.17	0.17	1.5%	0.53	0.53	2.4%
其他	0.00		0.16		0.01	0.20	0.37	3.2%	0.63	0.80	3.6%
无指定用途				0.04		0.42	0.42	3.6%	1.29	1.29	5.8%
合计	5.06	0.63	0.56	0.04	0.45	4.95	11.69	100%	15.34	22.07	100%

数据来源:2011 年《建筑能耗数据手册》。

注:①可再生能源包含木材、太阳能集热和发电、地热能;

②湿清洁器具包含电和天然气、洗碗机、洗衣机,但不含加热水的能耗;

③其他包含小型用电设备、加热设备、电机、游泳池加热器、浴缸加热器、户外烧烤炉、户外天然气照明设备。

表2-16 1980—2010年商用建筑一次能源消费量及占比（Quadrillion Btu）

	天然气		石油类		煤		可再生能源		电力				含其他能源	
	消费量	占比	消费量	占比	消费量	占比	消费量	占比	实际消费量	损失	总量	占比	总量	占比
1980年	2.63	24.9%	1.31	12.4%	0.12	1.1%	0.02	0.2%	1.91	4.58	6.49	61.4%	**10.57**	100%
1990年	2.67	20.1%	0.99	7.4%	0.12	0.9%	0.10	0.7%	2.86	6.57	9.43	70.9%	**13.30**	100%
2000年	3.23	18.9%	0.80	4.7%	0.09	0.5%	0.13	0.7%	3.96	8.95	12.90	75.2%	**17.15**	100%
2005年	3.07	17.2%	0.75	4.2%	0.10	0.5%	0.12	0.7%	4.35	9.46	13.81	77.4%	**17.85**	100%
2010年	3.29	18.0%	0.72	3.9%	0.06	0.3%	0.14	0.8%	4.54	9.52	14.05	77.0%	**18.26**	100%

表 2-17　2010 年商用建筑按终端使用和能源种类消费情况（Quadrillion Btu）

	天然气	燃料油	液化石油气	其他能源	可再生能源	实际消耗电力	实际输入能源总量	占比	按一次能源转换的电力	一次能源消费总量	占比
照明						1.19	1.19	13.6%	3.69	3.69	20.2%
采暖	1.65	0.22		0.06	0.11	0.28	2.33	26.6%	0.88	2.93	16.0%
空调制冷	0.04					0.84	0.88	10.1%	2.60	2.64	14.5%
通风						0.54	0.54	6.1%	1.66	1.66	9.1%
冷藏						0.39	0.39	4.5%	1.21	1.21	6.6%
热水	0.44	0.03			0.03	0.09	0.58	6.7%	0.28	0.78	4.3%
电器						0.26	0.26	3.0%	0.81	0.81	4.4%
计算机						0.21	0.21	2.4%	0.66	0.66	3.6%
烹饪	0.18					0.02	0.20	2.3%	0.07	0.25	1.4%
其他	0.30	0.01	0.14	0.05	0.01	0.69	1.20	13.7%	2.13	2.64	14.5%
无指定用途	0.68	0.25				0.02	0.95	10.9%	0.06	0.99	5.4%
合计	3.29	0.52	0.14	0.12	0.14	4.54	8.74	100%	14.05	18.26	100%

注：其他包括 ATM 机、通信设备、医疗设备、泵、应急发电机、热电联供、生产性设备等。

表2-18 1980—2010年美国住宅和商用建筑按能源种类划分的总一次能源消费量（Quadrillion Btu）

年份	天然气		石油类		煤		电力				可再生能源		含可再生能源和其他能源	
	消费量	占比	消费量	占比	消费量	占比	实际消费量	损失	总量	占比	消费量	占比	消费总量	占比
1980年	7.42	28.2%	3.04	11.5%	0.15	0.6%	4.35	10.47	14.82	56.4%	0.87	3.3%	26.29	100%
1990年	7.14	23.6%	2.36	7.8%	0.15	0.5%	6.01	13.81	19.82	65.6%	0.74	2.5%	30.22	100%
2000年	8.30	22.1%	2.32	6.2%	0.10	0.3%	8.02	18.15	26.17	69.8%	0.63	1.7%	37.52	100%
2005年	8.01	20.3%	2.18	5.5%	0.10	0.3%	8.99	19.55	28.53	72.3%	0.62	1.6%	39.44	100%
2010年	8.35	20.7%	1.94	4.8%	0.07	0.2%	9.49	19.90	29.39	72.9%	0.59	1.5%	40.33	100%

第四章提供了有关联邦建筑能耗、特性和支出的信息，以及有关影响上述能源消费的立法信息。根据 2011 年《建筑能耗数据手册》显示，2007 年，联邦建筑占所有建筑总能耗的 2.2％，占美国总能耗的 0.9％。数据显示，2007 年，5 个联邦机构在所有联邦建筑一次能源消费中占 83％，仅国防部就占了一半以上（图 2-30）。

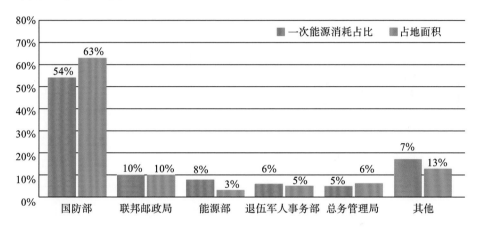

图 2-30　美国联邦政府建筑能耗与面积比例

数据来源：2011 年《建筑能耗数据手册》。

第五章介绍了与节能有关的建筑材料和设备方面的数据。分别就建筑物外围护结构，包括保温隔热材料、屋顶、外窗等，建筑使用的用能设备，包括采暖、水加热、空调、照明、热分配（通风和水泵）、其他耗能器具，以及现场发电情况等进行了介绍。

第六章主要介绍美国的能源供应概况。

第七章概述了影响建筑能耗的国家立法、税收优惠、联邦法规和州计划，以及有关节能和建筑节能设计标准方面的情况。

第八章包括关于商用建筑和住宅建筑用水以及供水所需能源的数据。

第九章重点介绍了美国的两个建筑节能评价项目的应用情况：一个是能源之星（Energy Star）；另一个是绿色建筑评价标准（LEED）。此外还介绍了 3 个专业认证证书以及 5 个高性能建筑案例。据 2011 年的《建筑能耗数据手册》显示：2010 年，有超过 10 万栋新建住宅获得了能源之星证书，大约

占当年独立住宅建设量的 1/4;2010 年,还有 3.5 万户住宅按照能源之星的标准进行了改造。商用建筑获得能源之星的共有 2.2 万栋,总面积为 2.42 亿平方米,占全美商用建筑的 3.7%。此外,截至 2012 年 2 月,美国有 10207 栋建筑获得绿色建筑评价标准认证证书。

该数据手册还提供了 440 多个统计表格,详细载明各方面的数据。

自 2012 年之后,由于《建筑能耗数据手册》不再更新,有关建筑能耗的集成资料分散在其他形式的报告和数据中,例如《月度能源评论》《年度能源评论》《年度能源展望》,以及全球视野每年的《国际能源展望》等。这些数据及分析研究资料都可从美国能源部、EIA 等官网下载,供相关人士查阅使用。

2. 建筑性能数据库

能源部设立专题网页提供建筑能耗的数据和分析工具。建筑性能数据库是美国能源部整个建筑节能计划中的一个重要组成部分,由负责 RECS 和 CBECS 的能源效率和可再生能源办公室负责,并由相关的国家实验室提供技术支持。它是美国最大和公开的关于商用和住宅建筑的能源相关特性的数据库,有超过一百万条记录。建筑性能数据库将联邦、州和地方政府、公共事业部门、能源效率项目、建筑业主和私营公司收集的数据合并、整理和匿名化,并使其成为公众可用的数据,其数据不仅仅来源于 RECS 和 CBECS。

建筑性能数据库是为了解决建筑节能市场中缺乏实证数据来证明建筑实体、用能设备及使用方面的特征与建筑能耗之间的关系这一困境而设立的。在建筑活动的实践中产生越来越多的数据,分散于不同的数据库中,很难聚合和分析。能源部建筑性能数据库希望建立所需的大型综合数据集类型,以分析具体房地产部门和当地市场的建筑绩效驱动因素,并了解不同技术和操作变量的相对影响。

建筑性能数据库将本建筑的能耗强度等与相类似建筑进行比较,帮助业主或者物业管理者用较低的成本明白节能的潜力和方向。联邦政府、州或地方等各级政府部门也可以通过建筑性能数据库匿名发布详细信息,最大限度地提高为各种解决方案收集的数据的价值。这有助于增加对当地房地产市场的了解,查明当地既有建筑中最常见的节能措施,使之能够与其他管辖区和国家数据库进行比较。同样,节能产品的提供商或者能源管理服务公司可以利用建筑性能数据库来评估建筑类型潜在的节能可能性,并支持为客户进行的分析。随着建筑性能数据库数据量持续增长,其分析能力变得更加强大,它还可以帮助承包商提供有竞争力的定价,以进入新的市场,或者扩大实施的节能措施类型。

此外,对于公共部门和建筑节能项目的管理者而言,当地数量庞大的既有建筑的各项数据库也能通过各种建筑类型及节能措施所展示的最大节能潜力,来验证或修订相关计划。未来,建筑节能计划可以通过开发为数据库用户定制的接口来提高测算和验证的严谨性,降低成本,并对节能的不确定性和持久性进行分析。

建筑性能数据库的最终目标是通过使用大量的真实建筑数据来了解建筑物组之间的性能区间,同时控制多个变量,从而提高投资者对节能回报的信心。这为各项决策提供了比能源审计和能耗模拟所产生的单点估算更多的帮助,因为它使投资者能够更好地进行绩效风险分析。这为项目的领导人和金融机构提供了更好的决策依据。

建筑性能数据库的目标是成为种子资源,吸引更多的数据贡献者,为能源效率领域的决策和投资提供支持。建筑性能数据库的价值取决于数据的数量和深度。数据越多,越便于分析更多的节能改进措施、建筑类型和地理区域,扩大使用和应用范围,并继续提高建筑性能数据库的价值和质量。目前数据的提供者包括了联邦机构、州和地方政府、能源效率项目、房地产所有者和私营企业等,数据量涉及百万栋建筑。

下面简要介绍一下建筑性能数据库的使用。

建筑性能数据库为分析建筑性能数据提供了两种主要方法:一是"查询",它允许用户在建筑性能数据库中浏览单个数据集;二是"比较",允许用户比较建筑性能数据库的多个数据集。

(1)查询。

查询工具允许用户浏览和检索建筑性能数据库中的单个数据集。它提供三种不同的数据显示方式：直方图、散点图和表格。数据可以由 35 个以上的不同参数进行过滤,如建筑物类型、位置、建筑面积以及其他参数。

用户可以根据五个参数类别过滤数据集,可以组合这些参数类别,将显示范围缩小到特定的参数。也可以保存已过滤的数据集,也允许数据使用者保留正在使用的数据。

参数类别包含以下 5 个分类。

①建筑分类信息:可将数据过滤为住宅或商用建筑类别以及次级分类,如独立住宅、公寓、零售、办公、公共服务等。

②位置信息:数据可通过建筑气候区、州、城市或邮政编码等进行过滤。

③建筑信息:可以按建筑竣工年份、营业时间、人员数量、密度、建筑面积、LEED 分数、LEED 年、能源之星标识、能源星级评级和能源星级评级年进行过滤。

④建筑系统信息:可通过各种不同的建筑系统类型进行过滤,包括照明、采暖、采暖能源、制冷、外窗玻璃层数、玻璃类型、气流控制、外墙热阻 R 值、外墙类型、屋顶和天花板形式等。

⑤能源利用强度信息:数据可按能源总的使用强度、采暖能耗使用强度、电力能耗使用强度数据及能源数据的年份进行过滤。

过滤后的数据以直方图、散点图和表格的形式显示出来。每个参数都显示了所选建筑的能耗性能分布。

①直方图:直方图显示数据为条形图。条形图可以定义为特定指标参数,也可以定义为过滤记录的百分比。

②散点图:将数据显示为散点图,由用户自己选择 x 轴和 y 轴。

③表格:显示给定参数的汇总统计数据,按附加的参数分组。

（2）比较。

比较的方法允许用户创建两个独立的过滤数据集,并使用不同的变量对它们进行比较。可以使用与查询工具相同的参数对数据进行过滤。例如,这一特征有助于确定不同建筑气候区建筑物之间的差异,或者采用不同技术的建筑物之间的差异。

①可以根据与上述探索函数相同的参数对数据集进行过滤和比较。

②允许用户对特定变量(如技术类型、地理位置)的影响进行投资组合级别的分析。

③结果显示为直方图和散点图。直方图显示了所选参数的两个数据集之间的差异,而散点图显示了这两个数据集。

④基于数据的稀疏性,直方图不考虑其他可能相关的建筑特征的相对影响。例如,照明效率更高的建筑物也可能有效率更高的暖通空调系统,或者系统效率更高的建筑物可能有更多的便利设施和服务,从而使其能源使用量更高。

可以使用以下两种方法来计算直方图结果。

a. 精算:对数据集进行成对的采样,并生成差异的分布。水平轴显示选定变量的值的变化,而垂直轴显示导致该变化水平的一对一比较的百分比或计数。换句话说,y 轴等于观察在 x 轴上指定的变量的变化概率。

b. 回归:拟合多个线性回归模型到数据集,然后使用模型系数来预测差异的分布。

建筑性能数据库还为上述的查询和比较提供了便利的数据分析工具。

大量的研究者和机构根据建筑性能数据库进行各种各样的专题研究,这些研究成果大多可在能源部网站查阅。

RECS 和 CBECS 为掌握整个国家的建筑能耗和变化情况提供依据,建筑性能数据库则为分析或改进某个地区、某类或某个具体建筑的能源效率提供数据支持,两者的目的不同,但两者的基础都是强大的数据调查与统计。我国正在为建设和运行的国家机关办公建筑和大型公共建筑能耗监测系统采集和积累数据,建筑性能数据库的做法可为此提供模式参考。

除了建筑性能数据库以外,能源部还联合其下属的国家实验室建立了其他数据库,例如高性能建筑数据库和住宅建筑能耗信息库。

第二节　中国的建筑能耗调查与统计

在我国当前各项官方的统计年鉴或其他统计数据中,是查询不到有关建筑能耗这项数据的。

以《中国统计年鉴》为例,有关能源消费是按国民经济七大行业[①]进行统计的,民用建筑能耗分散于各行各业中,即便是农林牧渔和工业门类中,也有部分办公、生活等用途应归为民用建筑的辅助建筑,其能耗都被归为这一大类,没有被单独统计。这种统计分类方法数十年没有大的变化。

《中国能源统计年鉴》中的能源消费数据分类方法与《中国统计年鉴》是完全一致的,是能源生产与消费部分的详细版。

《中国建筑年鉴》在 1992 年后更名为《中国建筑业年鉴》,完全没有关于建筑能耗的统计数据。

按照行业进行能源消费统计的做法在中国已经有数十年的历史,国际能源署（International Energy Agency,IEA）和经济合作与发展组织（Organization for Economic,Cooperation and Development,OECD）在 20 世纪 90 年代建立的按照终端用途来进行能源消费统计的体系则是目前国际通行的模式,联合国、欧盟、亚太经济合作组织等都采用此模式。这种模式分为 5 类终端用途:工业、交通、居住、商用和公共服务以及其他(包含农业、渔业和其他非指定的用途)。美国 EIA 只有前 4 类,没有"其他"。这样进行的能源消费统计,就可直接从数据中得出民用建筑能耗的总量和所占比例,即居住和商用的总和。

撇开建筑能耗的分类和分项的具体数据不谈,单看民用建筑能耗占社会总能耗的比例这一最基本的数据,我国就有多种不同说法。

1. 官方数据

负责建筑节能的国务院建设行政主管部门很少公布关于建筑能耗占比

---

① 能源消费七大统计门类为:a. 农、林、牧、渔业;b. 工业;c. 建筑业;d. 交通运输、仓储和邮政业;e. 批发、零售业和住宿、餐饮业;f. 其他行业;g. 生活消费。

的具体数据。根据 2002 年 6 月的《建设部建筑节能"十五"计划纲要》中显示的数据,我国 2000 年建筑用商品能源消耗共计 3.56 亿吨标准煤,占当年全社会终端能源消费量的 27.8%。其他年份的建筑节能五年计划纲要中再未公布相关数据。2010 年 9 月 14 日,住房和城乡建设部时任总经济师的李秉仁在国务院新闻发布会上介绍关于住房城乡建设领域节能减排、应对气候变化工作有关情况时说,目前,建筑运行能耗约占我国全社会总能耗的 30%。这样的官方表态并不多见,在住房和城乡建设部的历次节能规划等重要的政策性文件中,几乎未见这样的数据。缺乏准确的统计数据可能是主要原因。

早在 1982 年为了编制相关规范和标准,建设部就曾组织开展北方集中采暖区的居住建筑采暖能耗调查,仅限于北方和居住建筑,之后也曾进行过类似的调查统计,但这样的工作并不连续,规模不大,并且多仅限于局部地区或城市。

2. 清华大学建筑节能研究中心的数据

清华大学建筑节能研究中心是我国最重要的建筑节能研究机构之一。自 2007 年开始连续出版《中国建筑节能年度发展研究报告》。

由于建筑终端能耗从现有的统计数据中不可得,为了得出建筑能耗占社会总能耗的比例,该研究团队做了大量的工作,包括对北京市 70 余栋建筑的采暖能耗进行长期监测,对北京市 800 万平方米采暖住宅的能耗进行调查,对北京市百余个靠锅炉供热的小区的能耗进行统计,对北京、上海、深圳等地几千户住宅的能耗进行调查,对全国 24 个省份的典型农户进行调查统计等,用到一些统计和计算方法,包括《中国统计年鉴》和《能源统计年鉴》的能源统计数据的调整测算、能耗数据调查、模拟分析方法等,并建立了中国建筑能耗模型,并根据此模型算法得出 1996—2016 年建筑运行能耗占社会总能耗的比例,总体为 20%～23%,如表 2-19 所示。

表 2-19 1996—2016 年建筑运行能耗及占社会总能耗的比例①

年份	社会总能耗 /亿吨标准煤	建筑运行能耗 /亿吨标准煤	建筑运行能耗 占社会总能耗 /（%）	《中国统计 年鉴 2018》数据社会 总能耗/亿吨标准煤
1996 年	13.89	2.86	20.6	13.51
1997 年	13.78	2.73	19.8	13.59
1998 年	13.22	2.61	19.7	13.62
1999 年	13.38	2.71	20.3	14.06
2000 年	13.86	2.83	20.4	14.70
2001 年	14.32	3.01	21.0	15.55
2002 年	15.18	3.20	21.1	16.96
2003 年	17.50	3.82	21.8	19.71
2004 年	20.32(21.32)	4.10(5.10)	20.2(23.5)	23.03
2005 年	22.33	4.55	20.4	26.14
2006 年	24.63	4.95	20.1	28.65
2007 年	—	6.07	23.0	31.14

---

① 在 2008 年的年度报告序言中，解释了关于农村建筑能耗及对建筑运行能耗占社会总能耗之比的影响。2007 年报告中尚缺少全面和可信的农村建筑用能数据。为此，2006 年、2007 年我们组织了 800 多人次的学生志愿者进行了农村能源状况的实际调查。他们对我国 24 个省、市、自治区的 200 多个县市的典型村、典型户进行了深入的调查和分析，初步得到我国农村建筑能耗的第一手数据。统计结果表明，我国农村建筑能耗远远高于原来认识的"低商品能耗，高生物质初级能源"的状况，北方农村实际使用的燃煤量超过 1 亿吨。这一数值远超出国家统计局统计年鉴中的相关燃煤统计数据。看来目前我国农村各类小煤窑产煤通过各种非正式渠道进入农村的燃煤在 1 亿吨标准煤左右。这一事实动摇了我们原来得出的"建筑能耗占我国商品能源总量的 18.8%"的认识，考虑到这 1 亿吨标准煤和其他一些因素，我们现在得到的初步认识是：我国城乡建筑运行能耗约占我国商品能源总量的 25.5%。希望这一数据能帮助我们更清楚地认识当前开展的建筑节能工作。如我在 2007 年报告的序言中所说，本书中的许多数据仍然是不准确的，许多认识也可能不全面，甚至存在谬误。然而，这些数据的收集、分析和计算可能是长期的任务，对一些问题的认识也可能是长期的争论。等到这些都有了最终的结果再向社会公布，可能将贻误时机，严重影响我国建筑节能工作的大计。从这一考虑出发，我们还是发表了这些不成熟的数据，给出这些不成熟的看法。希望得到社会各界的批评与纠正。我们也将继续像这次一样，随着对更多数据的掌握和对问题认识的深入，在每年的年度报告中随时改正，逐渐完善。

续表

年份	社会总能耗/亿吨标准煤	建筑运行能耗/亿吨标准煤	建筑运行能耗占社会总能耗/（%）	《中国统计年鉴2018》数据社会总能耗/亿吨标准煤
2008 年	—	6.55	23	32.06
2009 年	—			33.61
2010 年	—	6.78	20.9	36.06
2011 年	—	6.87	19.7	38.70
2012 年	—	6.90	19.1	40.21
2013 年	—	7.56	19.5	41.69
2014 年	—	8.19	20	42.58
2015 年	—	8.64	20.1	42.99
2016 年	—	9.06	20.8	43.58

注：① 1996—2006 年数据来自《中国建筑节能年度发展研究报告 2008》；②2007 年以后数据来自 2009 年之后的《中国建筑节能年度发展研究报告》；③建筑运行能耗已按当年煤电效率进行了转化；④不含生物质能，全部为商品能源；⑤缺 2009 年数据；⑥不同年份的《中国统计年鉴》的相同指标在不同年份数据不同，甚至差异巨大。

　　该研究中心掌握的实际调查数据，结合"十二五"期间各级政府 2008 年后上报的能耗实测统计数据，与经过大量修订的 CBEM 模型测算的数据和国家发展和改革委员会发布的 2011 年中国能源统计年鉴中转换得到的建筑能耗总量非常接近，这使得《中国建筑节能年度发展研究报告》中的建筑能耗占比以及其他相关能耗数据具有很高的可信度。该中心在不同年份的年度报告也在修订这些数据，这些是经过测算的而不是统计获得的，因此与真实情况还有一定的距离。

　　3. 专业协会的数据

　　以中国建筑节能协会为代表。该协会成立于 2010 年，其下设的能耗统计专业委员会于 2016 年至 2018 年发布了《中国建筑能耗研究报告》。

　　2016 年的《中国建筑能耗研究报告》中指出，由于选择不同的计算方法、统计口径、数据来源等，导致当前不同机构或学者对中国建筑能耗测算的结

果差异巨大,关于中国建筑能耗占全国能源消费比重的测算数据分布在15%~50%的超大区间之内。

关于建筑能耗占社会总能耗的比例,该报告给出了与《中国建筑节能年度发展研究报告》很不一样的结果。2001—2014年建筑能耗占全国能源消费总量的比例在17%~21%,与GDP增速的波动呈反向关系。经济发展越快,GDP增速越大,建筑能耗比例则越小。2002—2007年,GDP增速逐年增大,2007年达到顶峰,为14.2%。而建筑能耗比例则从2002年的最高峰20.26%,下降到2007年的最低谷17.86%;2007—2014年,GDP增速存在一定波动,建筑能耗比例则相应发生反向波动。2010年后GDP增速逐年下降,建筑能耗比例则逐年上升(图2-31)。

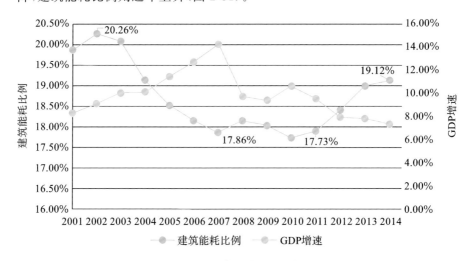

图 2-31　中国建筑能耗占社会总能耗比例与 GDP 增速的关系

数据来源:2016 年《中国建筑能耗研究报告》。

该研究同样是按照自己的逻辑和方法,从各种数据来源中解析建模测算得出。

4. 其他独立研究者

有文献[1]认为能源统计问题在中国尤为突出。由于能源统计工作被严

---

[1]　王庆一. 按国际准则计算的中国终端用能和能源效率[J]. 中国能源,2006(12).

重削弱,统计功能和统计设计缺失,统计指标体系陈旧,以及其他人为因素,导致能源数据的可获得性、可信度和国际可比性差,成为国内、国际能源政策分析人员面临的难题之一。有些数据由于缺乏适当的定义以及统一的口径和计算方法,导致谬误和混乱。例如建筑运行能耗占全国能源消费量的比例更是不统一,2004 年以来报刊上出现的数据有 15％、20％、30％、26.5％、37％、46.3％。该文献认为民用、商业和其他部门用能(相当于建筑能源消费量)占比为 1980 年 23.7％,2000 年 19.6％,2003 年 20.6％,2004 年 19.7％,2005 年 20.7％。

还有文献[①]根据能耗调查统计模式的测算,2004 年民用建筑能耗占全社会总能耗 13.77％,其中居住建筑为 5.77％,公共建筑为 8％。采用现行能源统计模式调整测算,居住建筑能耗占全社会总能耗的 5.46％,公共建筑为 8.16％。

类似这样的研究不少,得出的结果差异巨大。

5. 国际机构

国际能源署 IEA 和美国 EIA 也对我国的建筑能耗量和占比进行过测算,从 16％～30％不等。因为缺乏翔实、全面和准确的统计数据来源和统一的统计口径,无论是决策者、研究者,还是其他利益相关者,都无法得到准确的建筑能耗总量及占比的基本数据,各种研究结果差异巨大。这同时也说明,全国范围的建筑能耗调查统计这项基础工作并不是科研院所、民间机构和独立研究者等靠自身力量所能完成的,这本应该是政府的职责。

无论建筑能耗总量和占比的真实数据如何,几乎可以肯定的是,这两个数据在可预见的未来将继续上升,原因如下。

(1) 城镇化率增长。

从 1980 年以来,我国的城市化率以每年约 1％的速度提高。从 2000 年开始,平均每年约新增 2222 万城镇人口,这意味着这些人口从传统较高比例地消耗生物质能源转变为全部消费商品能源。如果简单按照现在城市人均

---

① 张蓓红,陆善后,倪德良.建筑能耗统计模式与方法研究[J].建筑科学,2008(8).

住宅面积 35 平方米及配套公共建筑面积 15 平方米计算[①],每年需新增 11 亿平方米建筑面积。新增的建筑面积所消耗的能源,即便减去新增人口原来在乡村消耗的商品能源也将是非常可观的数量(图 2-32)。

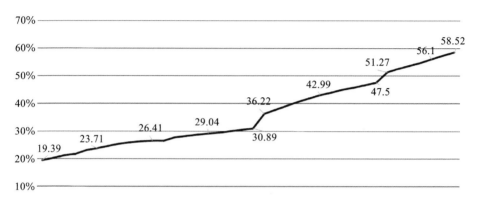

图 2-32　1980—2017 年中国城市化率增长情况

数据来源:《中国统计年鉴 2018》。

(2)产业结构转型。

第三产业比例的提高也必然导致建筑能耗总量和所占比例增加。改革开放以来,我国的产业结构发生了明显的变化,第一产业 GDP 占比快速下降。第二产业占比缓慢下降。工业用能占中国能源消费的 70% 以上,工业是能源节约的重点领域。国家制定钢铁、石化、有色、建材等重点行业节能减排先进适用技术目录,淘汰落后的工艺、装备和产品,发展节能型、高附加值的产品和装备。建立完善重点行业单位产品能耗限额强制性标准体系,强化节能评估审查制度。组织实施热电联产、工业副产煤气回收利用、企业能源管控中心建设、节能产业培育等重点节能工程,提升企业能源利用效率。按照我国的产业和能源发展政策,该部分能耗占比在短期内基本稳定,长期必然下降。第三产业占比增长迅速。发达国家的第三产业 GDP 占比

　　[①]　据统计,2016 年,城镇人均实有公共建筑 14.8 平方米,当年住宅竣工面积/城镇新增人口 = 35.4 平方米/人。

一般在 67％左右，美国高达 75％。随着我国整体产业结构逐渐转型升级，未来我国第三产业还有很大的增长空间。第三产业增长所消耗的能源有很大一部分将转化为建筑能耗(图 2-33)。

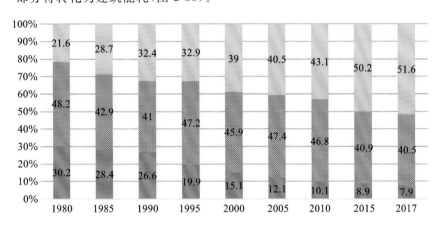

图 2-33　1980—2017 年国民经济构成比例变化

数据来源：《中国统计年鉴》2010—2018 年。

（3）国民收入增加。

国民收入的增加提高了人们对生活水平和舒适室内环境的要求，这也必然导致采暖和空调能耗的增加。现阶段，我国许多地区空调设备装得多，而使用相对较少，原来传统上不采暖的地区也因国民收入的增加而有了强烈的采暖需求。这部分增加的建筑能耗是刚性的，需求是合理的，增量是可观的。

2006 年是我国建筑能耗调查统计的一个转折点，自此建设部开始在全国范围部署建筑能耗专项调查工作，各试点城市从 2008 年起向民用建筑能耗统计信息报送平台上报大型公共建筑和国家机关办公建筑的基本信息、能耗信息，至今已十余年。但目前仍然处于总体基本掌握、局部比较清楚、详细情况不明的状态。迄今为止，仍然没有一份全国性的、官方的、详细的建筑能耗统计数据公之于众，目前在公开渠道看到的都只是局部的、零星的数据，这不能不说是我国建筑节能工作的一大短板。

如前所述,建筑能耗数据需要掌握从宏观到微观各个层面的准确情况,只有掌握了这些信息才能为建筑节能各方的参与者制定政策、研发产品和技术、制定与更新建筑节能设计标准提供依据。否则只能是盲人摸象,无法准确评判现行的建筑节能政策及技术,尤其是现行的建筑节能设计标准实施后的具体成效,也难以在未来准确找到经济可行的改进措施。这一切都需要建筑能耗调查统计数据支持。

一、中国建筑能耗调查统计发展概要

以下按照时间顺序,简要梳理我国关于建筑能耗统计的法律、政策、技术纲要和规划,以及制度建设和相关标准的情况。

在1984年的《中国节能技术政策大纲》中,未要求进行建筑能耗统计工作。在1996版和2006版的《中国节能技术政策大纲》也未作要求。

在1995年的《建设部建筑节能"九五"计划和2010年规划》中,未要求进行建筑能耗统计工作。

在1996年的建设部《建筑节能技术政策》中,未要求进行建筑能耗统计工作。

1997年11月建设部《1996—2010年建筑技术政策纲要》中,未要求进行建筑能耗统计工作。

1997年11月通过的《中华人民共和国节约能源法》(以下简称《节约能源法》),以及2007年和2016年两次修订的《节约能源法》中均对能源统计工作做了相关规定,要求:县级以上各级人民政府统计部门应当会同同级有关部门,建立健全能源统计制度,完善能源统计指标体系,改进和规范能源统计方法,确保能源统计数据真实、完整;国务院统计部门会同国务院管理节能工作的部门,定期向社会公布各省、自治区、直辖市以及主要耗能行业的能源消费和节能情况等信息;用能单位应当加强能源计量管理,按照规定配备和使用经依法检定合格的能源计量器具;用能单位应当建立能源消费统计和能源利用状况分析制度,对各类能源的消费实行分类计量和统计,并确保能源消费统计数据真实、完整。但该法未对建筑能耗做相关规定。

在2002年6月公布的《建设部建筑节能"十五"计划纲要》中,在"建筑节能工作中存在的问题和障碍"一节中明确表明"建筑能耗数据缺乏调查统计"。在第四章"支撑条件与保障措施"中，要求在政府机构精简的条件下，各级建设行政管理部门可以委托有关建筑节能社会团体与中介机构，从事与建筑节能有关的政策规划研究、数据统计分析等工作。这可能是在政府文件中第一次明确认识到建筑能耗统计工作的重要性。

在 2005 年 2 月通过的《中华人民共和国可再生能源法》中，没有关于统计工作的相应条款。

在 2006 年 3 月发布的建设部《建设事业"十一五"规划纲要》中，第十一章第三节中，明确要求：围绕大力发展节能省地型住宅和公共建筑，强化建筑节能技术标准执行监督、实施效果评价监测，建立建筑能耗统计、建筑能效认证、建筑节能性能测评与标识等制度，形成有效的建筑节能行政监管体系。这可能是 2007 年建立《民用建筑能耗统计报表制度》的来源，也可能是第一次明确要求进行建筑能耗统计，这是一个转折点。

在 2006 年 8 月《国务院关于加强节能工作的决定》中，第三十六条规定：加强能源统计和计量管理。各级人民政府要为统计部门依法行使节能统计调查、统计执法和数据发布等提供必要的工作保障。各级统计部门要切实加强能源统计，充实必要的人员，完善统计制度，改进统计方法，建立能够反映各地区能耗水平、节能目标责任和评价考核制度的节能统计体系。要强化对单位国内（地区）生产总值能耗指标的审核，确保统计数据准确、及时。各级质量技术监督部门要督促企业合理配备能源计量器具，加强能源计量管理。

在 2006 年 9 月的建设部《关于贯彻〈国务院关于加强节能工作的决定〉的实施意见》中，第十三条规定：制定大型公共建筑能耗限额。会同国家发展改革委研究制定公共建筑能耗限额和超限额加价制度。各地应开展大型公共建筑能耗统计工作，结合实际研究制定大型公共建筑单位能耗限额。第十六条规定：建立建筑能耗统计制度。制定《建筑能耗统计标准》，掌握建筑能耗水平、建筑终端商品能耗结构、用能模式，积累建筑能耗基础数据，为制定政策提供依据。各地应充分认识能耗统计工作的重要性，认真组织做好相关工作。

2006年,建设部印发行业标准《民用建筑能耗统计标准(征求意见稿)》意见表。

2007年7月,建设部将《民用建筑能耗统计标准(征求意见稿)》修改后以《民用建筑能耗数据采集标准》JGJ/T 154—2007为名颁布。

2007年7月,建设部和国家统计局印发《民用建筑能耗统计报表制度(试行)》的通知,要求统计城镇民用建筑在使用过程中的各种能源消耗量,对抽样城市和建筑都做了部署。之后,又分别在2010年、2012年、2013年、2015年和2018年5次印发《住房和城乡建设部关于印发〈民用建筑能耗统计报表制度〉的通知》[①],布置相应年度的建筑能耗的统计工作。

2007年10月,建设部印发《国家机关办公建筑和大型公共建筑能源审计导则》。随后开发统计软件供各地使用。

2008年6月,建设部印发《国家机关办公建筑和大型公共建筑能耗监测系统建设相关技术导则》的通知。该通知包含1个规范和4个导则《国家机关办公建筑和大型公共建筑能耗监测系统建设、验收与运行管理规范》《国家机关办公建筑和大型公共建筑能耗监测系统分项能耗数据传输技术导则》《国家机关办公建筑和大型公共建筑能耗监测系统数据中心建设与维护技术导则》《国家机关办公建筑和大型公共建筑能耗监测系统分项能耗数据采集技术导则》《国家机关办公建筑和大型公共建筑能耗监测系统楼宇分项计量设计安装技术导则》。各地政府随后据此纷纷制定各自的平台建设实施方案,计划对目标建筑的能耗实施实时监测和数据采集。

2008年8月国务院颁布《民用建筑节能条例》。第三章第二十五条规定:县级以上地方人民政府建设主管部门应当对本行政区域内既有建筑的建设年代、结构形式、用能系统、能源消耗指标、寿命周期等组织调查统计和分析。第四章第三十二条要求:县级以上地方人民政府建设主管部门应当对本行政区域内国家机关办公建筑和公共建筑用电情况进行调查统计和评价分析。国家机关办公建筑和大型公共建筑采暖、制冷、照明的能源消耗情

---

① 2010年、2012年、2013年印发的是《民用建筑能耗和节能信息统计报表制度》,2015年印发的是《民用建筑能耗统计报表制度》,2018年印发的是《民用建筑能源资源消耗统计报表制度》,其内容基本一致。

况应当依照法律、行政法规和国家其他有关规定向社会公布。第三十四条规定：县级以上地方人民政府建设主管部门应当对本行政区域内供热单位的能源消耗情况进行调查统计和分析，并制定供热单位能源消耗指标；对超过能源消耗指标的，应当要求供热单位制定相应的改进措施，并监督实施。该条例明确要求对国家机关办公建筑和公共建筑的用电情况进行调查统计并公示。这也是随后各级政府向社会公示其办公楼能耗的政策依据。

在 2008 年的《中华人民共和国能源法》送审稿中，第十八条"能源统计和预测预警"要求各级人民政府统计主管部门会同能源主管部门建立和完善能源统计体系，依法发布能源统计信息。对能源统计做了原则性规定，主管部门是统计局和能源局，住房和城乡建设部不在其列。建筑能耗统计工作是能源统计工作的一部分，对此没有提出具体要求。

2009 年 10 月，住房和城乡建设部印发《关于征求民用建筑能耗和节能信息统计报表制度和建筑能耗统计、监测、考核实施方案（征求意见稿）意见的函》。

在 2011 年《中国应对气候变化的政策与行动（2011）》白皮书中，第三章第三条中要求：加强统计核算能力建设，完善能源等相关统计制度。印发《节能减排统计监测及考核实施方案和办法》，进一步完善能耗核算制度，新建了 10 项能源统计制度，基本涵盖了全社会各领域能源消费。各地方完善能源统计机构设置和人员配备，加强能源统计工作。各省（自治区、直辖市）均成立了能源统计机构，重点用能单位也加强了能源统计和计量工作。建立重点用能单位能源利用状况报告制度，规范重点用能单位能源利用状况报告报送工作。制定林业碳汇计量监测技术指南，推进了林业碳汇计量监测体系建设。

2011 年 7 月，住房和城乡建设部印发《国家机关办公建筑和大型公共建筑能耗监测系统数据上报规范》的通知。

在 2012 年 5 月住房和城乡建设部的《"十二五"建筑节能专项规划》中，表示在"十一五"（注：2006—2010 年）期间完成大型公共建筑能耗统计 33000 栋，能源审计 4850 栋，公示了近 6000 栋建筑的能耗状况，已对 1500 余栋建筑的能耗进行动态监测。再次部署了"十二五"期间的建筑能耗统计工作。

要求加大大型公共建筑的能耗统计、能源审计、能效公示、能耗限额、超定额加价、能效测评制度实施力度。要求各地住房和城乡建设主管部门应对本地区既有建筑进行现状调查、能耗统计,并计划会同国家统计局建立健全建筑能耗统计体系,提高统计的准确性和及时性(表2-20)。

表2-20　我国建筑能耗统计信息汇总表(截至2011年)

年度	建筑基本信息/栋	建筑能耗信息/栋	锅炉房/个
2007 年	181763	61960	1230
2008 年	179319	51988	941
2009 年	288652	93658	3021
2010 年	25492	19021	2072
2011 年	297617	79351	1836

数据来源:《民用建筑能耗标准》实施指南(2018年)。

从上表的数据采集量来看,已经远远超过了美国的 RECS 和 CBECS。

2012 年 9 月,住房和城乡建设部印发了《民用建筑能耗和节能信息统计暂行办法》,明确各级建设行政主管部门在统计部门的业务指导下开展建筑能耗统计工作,并且要求各级建设行政主管部门在与统计部门协商后向全国和各级行政区公布民用建筑能耗和节能信息统计数据。该办法公布后,各级政府建设行政主管部门纷纷制定了各自行政区的实施细则。

在 2015 年的《国务院办公厅关于加强节能标准化工作的意见》中,第二章第四条中要求:创新节能标准技术审查和咨询评议机制,加强能效能耗数据监测和统计分析,强化能效标准和能耗限额标准实施后评估工作,确保强制性能效和能耗指标的先进性、科学性和有效性。在第七章第十条要求:继续加强能力建设。建立温室气体排放基础统计制度,加强对可再生能源、能源供应和消费的统计。

2016 年 11 月,住房和城乡建设部印发《公共建筑能源审计导则》。

2017 年 3 月,住房和城乡建设部《建筑节能与绿色建筑发展"十三五"规划》中,要求在"十三五"期间深入推进公共建筑能耗统计、能源审计工作,建立健全能耗信息公示机制,在第四章第五节中,要求健全建筑节能与绿色建筑统计体系,不断增强统计数据的准确性、适用性和可靠性。强化统计数据的分析应用,提升建筑节能和绿色建筑宏观决策和行业管理水平。建立并完善建筑能耗数据信息发布制度。加快推进建筑节能与绿色建筑数据资源服务,利用大数据、物联网、云计算等信息技术,整合政府数据、社会数据、互联网数据资源,实现数据信息的搜集、处理、传输、存储和数据库的现代化,深化大数据关联分析、融合利用,逐步建立并完善信息公开和共享机制,提高全社会节能意识,最大限度激发微观活力。

2017 年 11 月发布国家标准《民用建筑能耗分类及表示方法》GB/T 34913—2017。

2018 年 8 月 17 日,住房和城乡建设部发布《2018 年建筑节能与绿色建筑研究课题公开招标公告》,共列出了 18 个课题,将公共建筑节能信息服务平台建设指南编制、建筑节能与绿色建筑立法工作研究、建筑节能与绿色建筑数据统计及发布研究等列入招标项目。

从以上并不全面的梳理中可以看出,从 1986 年开始建筑节能之后的第 20 年,相关部门开始认识到建筑能耗统计工作的重要性,并开始部署相关工作。与此同时,有关建筑能耗统计工作的相关法律、政策、制度以及标准等表面上似乎已经比较全面地建立起来,可以实际运行,但从公布的成果来看实际情况并非如此。

二、中国建筑能耗调查统计框架

目前建筑能耗统计的技术框架由《民用建筑能耗数据采集标准》JGJ/T 154—2007 以及《民用建筑能耗分类及表示方法》GB/T 34913—2017 两个标准建立。实施则按照《民用建筑能耗统计报表制度》和《民用建筑能耗和节能信息统计暂行办法》,以及《关于印发国家机关办公建筑和大型公共建筑能耗监测系统建设相关技术导则的通知》进行。

(一)《民用建筑能耗数据采集标准》JGJ/T 154—2007

该标准由 2006 年公布的《民用建筑能耗统计标准》征求意见稿修订而来。

1. 数据采集对象

数据采集对象分为居住建筑和公共建筑。

（1）居住建筑按建筑层数分 3 类进行建筑能耗数据采集：①低层居住建筑(1～3 层)；②多层居住建筑(4～6 层)；③中高层及高层居住建筑(7 层及以上)。

（2）公共建筑按规模分为中小型公共建筑和大型公共建筑：小于等于 20000 平方米的是中小型，大于 20000 平方米的是大型①。

（3）公共建筑按建筑功能分 4 类：①办公建筑；②商场建筑；③宾馆饭店建筑；④其他建筑。

（注：实际操作中将大于等于 3000 平方米的国家机关办公建筑单独列为一类。）

2. 数据采集指标

（1）建筑能耗应按以下 4 类分别进行数据采集：①电；②燃料(煤、气、油等)；③集中供热(冷)；④建筑直接使用的可再生能源。

（2）民用建筑基本信息采集指标应包括各类民用建筑的总栋数和总建筑面积。

（3）民用建筑能耗数据采集指标应为各类民用建筑的全年单位建筑面积能耗量和全年总能耗量。

3. 采集样本量和样本的确定方法

（1）居住建筑。

①创建样本库。将辖区内所有居住建筑全部纳入样本库，分别建立低层、多层、中高层和高层居住建筑 3 个基本信息分类表。

②样本的确定。从上面 3 个基本信息分类表中按照下列方法抽取样本。

a.居住建筑按 1% 的抽样率随机抽样确定样本量。

b.当按 1% 的抽样率确定的建筑栋数少于 10 栋时，确定样本量为 10 栋。

c.当某类居住建筑的总栋数少于 10 栋时，则全部抽样。

（2）公共建筑。

① 创建样本库。

---

① 有的统计将安装采暖或空调设施达 20000 平方米的建筑划为大型公共建筑，否则归为普通公共建筑一类。

将辖区内所有公共建筑按照中小型建筑和大型公共建筑分类建立基本信息表,创建样本库。

中小型建筑按照中小型办公建筑、中小型商场建筑、中小型宾馆饭店建筑、其他中小型公共建筑建立 4 类基本信息表。

大型公共建筑按照大型办公建筑、大型商场建筑、大型宾馆饭店建筑和其他大型公共建筑 4 类分别建立基本信息表。

②样本的确定。

中小型建筑按照下列方法抽取样本。

a.按 10％的随机抽样率确定样本量。

b.当按 10％的抽样率确定的建筑栋数少于 3 栋时,确定样本量为 3 栋。

c.当某类中小型公共建筑的总栋数少于 3 栋时,则全部抽样。

大型公共建筑按照 100％抽样。

4.能耗数据采集方法

集中供热(冷)量主要从楼栋的计量总表处采集,没有总表的则采取采集热力站或锅炉房(供冷站)的供热(冷)量,按面积均摊获得样本建筑集中供热(冷)量。电力、燃气等数据则主要从能源供应端处获得,不得已时才采取逐户调查的方式。

5.数据发布

相关数据宜分为国家级、省级、市级和基层单位四级发布。

该标准还提供了格式化的建筑信息调查、数据采集、数据处理和成果数据等样表,包括:附录 A 城镇民用建筑基本信息表;附录 B 样本建筑能耗数据采集表;附录 C 建筑能耗数据处理方法;附录 D 城镇民用建筑能耗数据报表;附录 E 城镇民用建筑能耗数据发布表。

从采集对象、建筑分类、采集指标的确定,到样本量和样本的抽取办法的建立,以及数据录入和处理,该标准已经构建了我国建筑能耗统计大的技术框架。这一框架与美国的 RECS 和 CBECS 的总体思路是基本相似的,如果要进行比较,我国的显得更加粗放一些,更加具有中国特色,也更加符合中国国情。

（二）《民用建筑能耗分类及表示方法》GB/T 34913—2017

该标准可以说是《民用建筑能耗数据采集标准》JGJ/T 154—2007 的补充。它聚焦于建筑能耗的两个分类：一个是区域和类别分类；一个是按照能耗终端用途分类。此外，对建筑实际消耗的电力和冷（热）量与一次化石能源的折算进行了统一规定。

1. 建筑能耗分类

将建筑能耗统计分为 4 个大类：北方城镇建筑供暖能耗；公共建筑能耗；不包括北方城镇建筑供暖能耗的城镇居住建筑能耗；农村居住建筑能耗。

这个分类与我国建筑节能通常采取的划区块划大类的做法是一致的。如果有了建筑基本信息的各种属性特征做统计基础，加上建筑能耗的量与强度统计等，就可以按照各种分类方法得出无数所需能耗数据类型，深度进行数据挖掘。划分成上述 4 类只是传统统计习惯。

2. 建筑能耗终端用途分类

不分居住建筑和公共建筑类别的差异，将建筑能耗按照终端用途分为 11 个小类：供暖用能；供冷用能；生活热水用能；风机用能；炊事用能；照明用能；家电/办公设备用能；电梯用能；信息机房设备用能；变压器损耗；其他专用设备用能。

这个分类与美国 RECS 和 CBECS 能源终端用途的分类略有差异。RECS 分为"采暖、热水、空调、冷藏和其他"5 个小类。CBECS 分为"采暖、空调、通风、热水、照明、炊事、冷藏、办公设备、计算和其他"10 个小类。我国标准将电梯用能、变压器损耗单独列出，没有单独列冷藏一项。我国的信息机房设备用能则相当于美国的计算用能。

有了分项或者终端使用数据，可以详细掌握能源消耗情况，有助于为建筑节能政策的修订、标准的修编以及建筑产品和设备能效的提高提供翔实的依据，还可更进一步为建筑的节能运行提供依据。这是一个非常理想的目标，比《民用建筑能耗数据采集标准》中仅要求粗略的指标要详细得多。在 2018 年 3 月印发的有效期为 3 年的《民用建筑能源资源消耗统计报表制度》中，暂时还未要求按照该标准进行数据的采集或分析。

国家机关办公建筑和大型公共建筑能耗监测系统的建立和运行可以准

确实现能源分类和分项的实时采集,但这仅限于上述这两大类,居住建筑和中小型公共建筑目前没有这样的监测计划。

居住建筑的能耗主要是电力、燃气和集中采暖。电力方面,为实施远程抄表和分时计价,智能电表已经非常普及,因此理论上可以采集详细的分时电量和电流,而这与家庭活动和用能器具的使用时间紧密相关,这可借鉴EIA所采取的工程模型和分解模型算法来辅助解决。燃气方面也类似,烹饪消耗几乎是固定的,多出来的就是热水或采暖能耗。中小型公共建筑也可采取类似做法来拆分终端用能。

该标准还首次明确了建筑能耗的计算边界位于建筑入口处,建筑能耗统计就是计算建筑实际消耗的各类能源。也就是说,在统计完建筑实际消耗的各种形态的能源量后,如果要折算民用建筑消耗的社会总能耗,还需要考虑各种形态的能源从生产端到建筑输入端的过程中所应承担的比率损失。例如煤电,发电厂从煤到电的转换有能源转化效率,此外还有输配电线损失等。再如天然气,采掘天然气生产需要消耗能源,中间加压远程运输也需能源,还要考虑漏气损失等。

(三)我国建筑能耗调查与统计的实施

上述《民用建筑能耗数据采集标准》JGJ/T 154—2007 是 2008 年我国正式开始建筑能耗统计工作的技术基础。但是《民用建筑能耗统计报表制度》的实行并未完全按照该标准执行。《民用建筑能耗统计报表制度》历经 6 次印发,每一版只做了微调,以下以该制度和实施方案为基础,梳理我国建筑能耗统计实施的要点。

1. 实施主体

《民用建筑节能条例》(2008 年)明确规定,建筑能耗调查统计由各级政府建筑行政管理部门负责。《民用建筑能耗和节能信息统计暂行办法》第三条明确规定:国务院住房城乡建设主管部门在国务院统计主管部门的业务指导下,负责全国民用建筑能耗和节能信息统计工作。县级以上地方人民政府建设主管部门在上级建设主管部门和同级统计主管部门的指导下,负责本辖区的民用建筑能耗和节能信息统计工作。能源行政管理部门被排除在建筑能耗的统计职责之外,统计部门也只是业务指导,并不参与具体工

作。这种制度设计与美国 EIA 全面承担所有有关能源方面的调查统计、分析、预测职责大不相同。

从十余年来的建筑节能统计实践结果来看,由于多种原因,建设行政主管部门似乎并未为此做好充分的准备。

2. 样本库建立与样本抽取

(1) 样本库建立。

样本库建立是建筑能耗信息调查的基础工作,也是通过抽样回归总体量的基础。基层单位的住房和城乡建设行政主管部门应组织对辖区范围内的所有民用建筑,按照居住建筑和公共建筑 2 个大类,12 个小类建立基本信息表(注:居住建筑 3 类,中小型公共建筑 4 类,大型公共建筑 4 类,将超过 3000 平方米的国家机关公共建筑单独列为一类),创建样本库。建筑基本信息的调查统计不仅可供建筑能耗调查抽样使用,也可同时知晓一个行政区乃至一个国家建筑的数量、面积、分类数量等,这是一项非常基础又非常重要的工作。

我国自 2008 年的《中国统计年鉴》之后就不再公布年末实有房屋建筑面积和住宅建筑面积数据,即便公布,也对样本库的建立没有什么帮助。到目前为止,从公众的角度而言,几乎没有任何渠道了解类似于美国 AHS、ACS 和 RECS 所公布的全国住宅建筑基本信息的详细数据,以及 CBECS 所公布的有关商用建筑的详细基本信息。在各省市的统计年鉴中,城市建设专栏关于房屋情况的统计数据有的非常简略,有的根本就未设置城市建设统计栏目。关于这方面做的最好的可能是上海市统计年鉴,其中关于房屋的统计数据也还需要补充完善才能成为建筑基本信息库。

《民用建筑能耗统计报表制度》的实施方案中有关建筑基本信息统计表要比《民用建筑能耗数据采集标准》JGJ/T 154—2007 标准中的样表丰富得多,并不断增加信息指标。2018 年的最为完善,采集指标包括了竣工时间、建筑类型、建筑功能、建筑层数、建筑面积、供热方式、供冷方式、所执行的建筑节能标准、是否实施节能改造等重要信息。在未来,还应该进一步丰富完善建筑本体、建筑设备和建筑使用三个方面的建筑基本信息。

（2）样本抽取。

《民用建筑能耗数据采集标准》JGJ/T 154—2007 设计了一套抽样方法。大体是居住建筑按照 1% 随机抽取，中小型公共建筑按照 10% 随机抽取，大型公共建筑则按照 100% 抽取。这样的设计比较笼统，按照这样的概率，对建筑能耗统计目的而言，被抽取样本量将是一个天文数字，没有必要也不可行。

《民用建筑能耗统计报表制度》的实施方案采取的是先选定而不是先抽取各建筑气候区的代表性城市，从这些城市抽取 10% 的街道（城关镇），再从这 10% 的街道的各类建筑样本库中抽取被调查建筑。具体是：2007—2008 年度抽取 23 个城市，2009—2010 年、2011—2012 年和 2013—2014 年度都是抽取 79 个城市，大型公共建筑和国家机关公共建筑全部抽取，其余的 7 类居住和中小型公共建筑按照三个竣工时段（1990 年及之前竣工的、1991—2000 年竣工的以及 2001 年以后竣工的）全部按照 20% 抽取；2015—2016 年和 2017—2019 年度抽取 106 个省市，直接确定样本量，不包含大型公共建筑和国家机关公共建筑，也不包含农村，数量就达到惊人的 67000 栋（表 2-21）。这样的抽样概率要远远大于美国，样本量几乎是 RECS 和 CBECS 的 6～10 倍。与美国 RECS 不同的还有，我国采取的方法是以建筑整体栋为调查单位，不考虑空置情况，而美国采取的方法是以家庭为单位，如果这个家庭居住在公寓中，不统计整个建筑而只统计这个家庭的建筑和能耗情况。

高抽样概率和样本量，从统计的角度意味着有更高的准确性和代表性，从样本中所得出的能耗值用于回归整体也更可信，然后根据统计的行政区的建筑基本信息表（总栋数和总面积等），反推出该行政区的建筑总能耗和单位建筑面积能耗，最后测算出全国建筑的整体能耗情况。

高抽样概率和样本量同时也意味着更大的工作量，目前没有信息显示各地在每个统计年是否都完成了这个目标。

表 2-21　各省(区、市)城镇居住建筑和中小型公共建筑最低统计数量

(2015—2016 年和 2017—2019 年)

省(区、市)名称	每个省市居住建筑统计数量/栋	居住建筑抽样总数/栋	每个省市中小型公共建筑统计数量/栋	公共建筑抽样总数/栋
北京、上海、天津、重庆、广东	1500	7500	1000	5000
河北、山西、黑龙江、吉林、辽宁、山东、江苏、安徽、浙江、江西、河南、湖北、湖南、广西、四川、陕西、甘肃	1200	20400	800	13600
内蒙古、福建、云南、贵州、宁夏、青海、新疆、大连、青岛、宁波、厦门、深圳	900	10800	600	7200
海南、新疆生产建设兵团	600	1200	400	800
西藏	300	300	200	200
		40200		26800

数据来源:2015—2016 年《民用建筑能耗统计报表制度》和 2017—2019 年《民用建筑能源资源消耗统计报表制度》。

3. 关于建筑分类

如前所述,我国的公共建筑主要按照建筑面积来分类,其次重点关注若干种能源消耗量大的具体建筑类型。美国 CBECS 则按照在建筑中发生的活动为分类依据。较少的建筑分类可以减少工作量,便于抓重点,但不便于全面深入分析。

当前我国建筑能耗统计工作实际上把工作重点放在国家机关办公建筑和大型公共建筑,无论是统计公示还是实时监测系统的建设,对其他类型建筑的投入力量都较少。

4. 购买服务

由于建筑能耗统计工作有比较强的专业性,加之建设行政主管部门普遍缺少相关工作人员,因此部分城市采取了向社会购买服务的做法,例如北京、广州和徐州等。这与 EIA 的做法相似,但 EIA 是与第三方机构签订的长期合约,并且负责全美范围,这样可以最大程度维持统计调查的延续性和水准。因为招标法等原因,上述城市采取一年一招标的方法,自然中标结果就可能不一样。这种做法的效果还有待时间检验。

5．调查间隔

我国当前采取的是年报制度。如果不同统计年的样本是一样的,所需采集的只有能耗这个动态数据,工作量会大大减少,如果按照除了大型公共建筑和国家机关公共建筑外其余都随机抽样规则,按年报规则,这个工作量就会大大增加。

(四)我国建筑能耗调查与统计现状

以 2007 年 7 月建设部和国家统计局印发《民用建筑能耗统计报表制度(试行)》为标志,我国真正开展全国范围的建筑能耗统计工作。之后又分别在 2010 年、2012 年、2013 年、2015 年和 2018 年再次印发类似通知,各地已经上报了大量有关建筑能耗的相关数据。2012 年 5 月,在《住房和城乡建设部"十二五"建筑节能专项规划》中,显示了"十一五"期间的建筑能耗统计数量,但未提及详细统计成果,也未提及有关居住建筑的能耗统计情况。不过这可能是我国首次在政府的官方文件中列举全国建筑能耗统计的具体成果。2017 年 2 月,《建筑节能与绿色建筑发展"十三五"规划》没有公布"十二五"期间的建筑能耗统计工作情况。

2013 年的一份分析报告[①]可能是首份根据《民用建筑能耗统计报表制度》实施后收集的数据撰写的全国范围内有关公共建筑的能耗分析报告。但这只是一份比较粗略的分析报告,不是统计数据本身。该报告显示,2012 年,全国各省市住房和城乡建设行政主管部门共上报了 26546 栋大型公共建筑和 17962 栋国家机关办公建筑的基本信息和能耗信息。17962 栋建筑(其中大型公共建筑 5349 栋,国家机关公共建筑 12613 栋)的能耗信息有效样本量 13221 个,占 73.6%。这个样本量已经大大超过了 2012 年美国 CBECS

---

① 刘海柱,丁洪涛,曾狄.2012 年民用建筑能耗统计数据分析报告[J].建设科技,2013(18).

的 6720 个。

类似还有在 2013 年之前由上海市城乡建设和交通委员会定期发布《上海市民用建筑能耗调查统计年度报告》，在成立专门的上海市国家机关办公建筑和大型公共建筑能耗监测中心之后，从 2014 年开始定期发布年度《上海市国家机关办公建筑和大型公共建筑能耗监测及分析报告》等。目前像这样可供查询的连续的、规范的建筑能耗分析报告案例还十分有限。

这说明能耗统计工作开展十余年来，工作重点放在国家机关办公建筑和大型公共建筑能耗的统计与监测上，而对中小型公共建筑和居住建筑的重视程度还不够，至于农村建筑能耗①，官方的相关数据更少见。

关于数据公开，上述的大部分法律、政策和制度对建筑能耗统计的成果向社会公示都有明确要求，自 2008 年开始，被选中的调查城市也都纷纷公示了国家机关办公建筑和大型公共建筑的部分数据，而中小型公共建筑和居住建筑的能耗数据则未见公示。至今未见作为国务院建设行政主管部门和统计部门就全国的建筑能耗统计数据汇总公示，也未建立单独的数据发布渠道和平台。历次《民用建筑能耗统计报表制度》和实施方案并未对公示什么以及公示到怎样的程度做详细的描述可能是最主要的原因，以至于在最新的 2018 年 2 月印发的《民用建筑能源资源消耗统计报表制度》总说明第九条中，明确说明本制度搜集的数据通过汇总后供内部使用，不向社会公开发布。

纵观各省市已经发布的能耗公示信息，可以大致看出以下特点：各省市的能耗公示披露主体绝大多数是地方建筑主管部门；披露范围绝大多数局限于国家机关办公建筑、大型公共建筑，没有中小型公共建筑和住宅建筑的能耗信息，有关农村建筑能耗数据从未公示；披露内容深度不一，有的甚至只公示单位建筑面积的电耗值一项；披露建筑数量较少，与《民用建筑能耗统计报表制度》中要求的抽样调查样本量相差甚远，部分省市只公示部分能耗低于当地公共建筑能耗标准引导值的建筑，超出的不公示；披露方式主要是政府相关网站，信息公示时间较短、公示位置不明显、难以查询；每年披露

---

① 清华大学建筑节能研究中心 2012 年和 2016 年发布的《中国建筑节能年度发展研究报告》为农村建筑能耗专篇。

对象与披露内容不完全一致，难以比较，有的连统计指标的定义都不同；同一省份不同地级市披露内容相差较大。这样的公示结果多停留在形式层面，研究价值不大。

文献①分析了我国公共建筑能耗信息披露的障碍，被调研对象认为披露障碍主要是没有法律法规支持和披露意识不强，占比分别约为 60% 和 70%，涉及信息安全、没有资金支持和披露效果不明的占 35% 左右。关于政府披露意愿方面，该文献分析，在理论上，国家级政府和省级政府部门不会对建筑的各类具体公共建筑能耗信息进行披露：一是因为披露具体建筑的各类能耗相关信息，信息量巨大，耗费人力物力，且在各市公布的情况下，此工作属于重复的工作；二是即使详细披露各建筑的能耗信息，各建筑信息之间没有可比性，信息披露几乎没有成效。而关于建筑业主、物业、开发商披露意愿方面，该文献分析指出，80% 的业主、物业管理人员及建筑使用人员认为建筑能耗信息披露必须披露的内容为建筑名称、建筑功能、建筑电力消耗数据。另外建筑层数、动力用电、空调用电、竣工时间、建筑面积、建筑节能新技术等可以根据不同的披露对象进行选择性的披露。业主认为更多的内容如能效标识等级、动力用电可再生能源建筑应用技术、围护结构形式、空调系统参数、门窗结构形式、照明形式、医院建筑性质、宾馆饭店建筑的星级等级、煤炭消耗数据、燃气消耗数据、照明插座用电和其他用电等没有必要进行披露。

（五）思考与建议

建筑能耗调查统计的目的是通过对具有代表性的样本与建筑能耗相关信息的调查，以及该建筑具体的分类和分项能耗的采集，运用统计学手段来掌握一个行政区、建筑气候区乃至全国范围的建筑能耗的量和分布规律，其重点不是掌握某个具体建筑的用能情况，而是整体的建筑用能情况。因此，如何在时间、经费可行的前提下，尽可能使最少的样本具有最大的代表性和可信度是我们需要思考和解决的问题。建筑一旦建成，在正常使用情况下其能耗有着很强的稳定性。因此，我们应该思考或调整我国当前的建筑能

---

①　刘海柱，戚仁广，程杰．公共建筑能耗信息披露制度现状分析研究［J］．建设科技，2018(8)．

耗统计工作思路,把工作重点放在以下几个方面。

1. 建筑基本信息普查

从被抽取进行建筑能耗统计的 106 个城市开始,全面建立居住建筑和公共建筑的建筑基本信息库,城镇的和乡村的都需要统计。在这方面,城市规划管理部门、房屋管理部门和城市建设档案馆都是重要的信息来源,已经具备良好的基础。这些部门取得经验后尽快在全国推广,目标是建立全国范围的建筑基本信息库。这项工作可能最为耗时费钱,但也是最为基础和重要的工作。否则,庞大的样本调查统计的工作还是无法回归到整体。

2. 优化统计样本抽取设计

是否需要上述的样本采集概率和(数)量是需要重点考虑的问题。如果按照美国的 RECS 和 CBECS 的示范经验,似乎并不需要,EIA 在样本抽取框架设计方面,尤其是 CBECS 花费了大量时间,事半功倍。与其用大样本低质量的数据采集方法,不如降低样本量,提高数据质量。

3. 数据采集

统计数据的目的是了解当前的实际状况及纵向和横向比较,审视当前的建筑节能政策,评估建筑节能设计标准的实效,并为未来节能政策的制定和调整、建筑节能设计标准规范的修订、与建筑相关产品和设备等的研发提供数据支持,准确、真实和全面是第一位的,因此应把质量放在第一位。据文献①报道,2012 年,各地上报的 17962 栋大型公共建筑和国家机关办公建筑的能耗信息中,有效信息只有 13221 栋,有效率只有 73.6%。此外,还应采集更多的指标。

4. 改年报为 3 年报

同样出于节约人力物力、提高调查统计质量的目的,掌握被调查建筑每年的能耗的重要性远比准确掌握整体状况的重要性要低。建筑能耗的规律不在乎某一年而是一段时期的变化。

5. 国家机关办公建筑和大型公共建筑能耗监测系统建设问题

住房和城乡建设部从 2008 年开始部署国家机关办公建筑和大型公共建

---

① 刘海柱,丁洪涛,曾狄.2012 年民用建筑能耗统计数据分析报告[J].建设科技,2013(18).

筑能耗监测系统的建设,目前已有 30 余个城市建成并运行①,还有更多的城市正在建设或计划建设。这是我国的制度性优势。这套系统可以准确实现能源分类和分项的实时采集,为该栋建筑节能降耗措施提供数据支持,但其本身并不能直接节能。该系统的建设耗资巨大,以 2009 年大连市的系统为例,建设预算为 2924 万元,平均每栋建筑的分项计量装置的安装建设费用达 18.5 万,还不包括监测中心租金、宽带租用费、人员、车辆及日常运行费用。如果在全国实行,则是一笔巨大的开支,因此是否有必要有如此大的监测量以及是否有必要在全国范围大面积推广都值得商榷。可考虑将此部分预算用于重点监测最有代表性的建筑能耗分项分类能耗,数量适当控制,其余转为全国建筑能耗信息发布平台和建筑基本信息库的建设。已经建设运行的检测系统所采集的数据可参考前述的美国 BDP 的做法,建设相关的开放数据库,便于发挥更大的持续的价值。

第三节　本 章 小 结

美国开展建筑能耗统计已经超过 40 年,共 10 余次,积累了丰富的经验和成果。总结其中的经验将十分有助于我国的建筑能耗统计工作。以上概括性地讲解了美国居住建筑和商用建筑能耗总体状况,也有助于让我们借鉴其中的能耗调查经验和方法,加快我国的建筑能耗调查统计工作。这些经验主要体现在以下几个方面。

（1）制定专门法律,授权设立专业机构,编制专门预算,明确职责和权力,独立运行。

美国根据法律设立了单独的联邦政府能源信息管理机构,负责全美的能源数据的统计、分析和预测工作。这是一个集成的机构,所有相关职能集中在一起,建筑能耗的统计只是其职能的一小部分。如此便于开展工作,提高效率,也能减少机构和人员的重复设置,减少预算。2018 和 2019 年,EIA

---

①　《中国建筑节能年度发展研究报告 2018》详细介绍了公共建筑节能监测平台建设和运行情况。

获得的预算只有 1.25 亿美元。美国联邦政府认为，进行全国的建筑能耗信息统计是联邦政府的职责，也因此各州市一般不会再设置重复的机构。

法律授予 EIA 收集、评估和分析能源信息的权力，并授予其在数据收集方面独立于能源部其他部门的自主权，以及在 EIA 编制统计和分析报告方面独立于整个联邦政府方面的自主权，做到独立运行。

（2）委托第三方机构执行建筑能耗调查统计。

由于建筑能耗的特殊性，一般会在几年之内保持相当的稳定性，EIA 认为建筑能耗调查并非是其日常工作，而是每三四年才会进行一次的活动，又由于建筑能耗统计工作具有专业性，并且这只是其职责的一小部分，因此 EIA 采取了向市场专业公司购买服务的做法，与第三方专业机构签订长期合约，保持建筑能耗统计的连续性和质量的稳定性。这样 EIA 没有必要雇佣很多编制人员从事这项工作，也可以节约大量预算。EIA 在其中所起的主要作用是编制任务要求、参与设计和提供协助。

（3）统计信息公开。

这是法律的明确要求。EIA 不仅公布历次 RECS 和 CBECS 的调查统计结果，还公布原始的调查数据，以及相关的调查背景和技术信息，任何人都可在 EIA 的网站自由下载和使用。EIA 在此基础之上，还进行了大量的专项研究工作，例如统计抽样方法、分析与预测等，这些发布方式和成果形式都对我国有很好的参考价值和借鉴意义。

（4）长期积累的建筑基本信息数据库是进行建筑能耗统计工作的强大基础。

以整个国家的相关统计成果作为基础。住宅方面主要来自定期进行的 AHS 和 ACS 调查，商用建筑则主要依靠 CBECS 长期的积累。

（5）样本抽样设计从一开始就覆盖全国。

设计详细的采样框架，覆盖全国，在预算范围内尽可能用最少的样本量保证样本的置信率和代表性。

（6）丰富的数据采集指标，成熟的成果形式。

从上述的介绍中就可得知，数据采集越详尽，其统计调查的价值越大。EIA 在设计调查问卷内容方面的经验值得我们汲取。一次调查就能采集更多有价值的静态的和动态的信息。这也给我们启示：不必拘泥于 JGJ/T 154—2007 所圈定的建筑类型，可以更丰富一些，此外应该把建筑使用方面的信息也纳入采集内容。

EIA 提供多种形式的统计成果，不仅仅提供编译过的丰富的数据表格，还提供去除建筑名称和地址等隐私信息的原始采样数据，利于数据使用者进行深度挖掘，此外还公布调查方法、分析与预测、研究报告和勘误等。美国能源部以及众多国家实验室的官网也提供内容丰富的建筑节能相关数据。

在看到 RECS 和 CBECS 表面上提供了非常丰富的统计数据成果的同时，也应认识到，这些数据一般只能供政府、社会公众、利益相关者和研究者对美国建筑能耗做总体的了解。研究者如需进行详细的数据挖掘工作，还需要更详细的数据，例如建筑性能数据库。可能受限于预算，历次 RECS 和 CBECS 实际采集的样本量都不大，尤其是 CBECS，相对于其众多的建筑类型而言更是如此。由于样本抽样设计的缘故，RECS 和 CBECS 的调查结果并不适合做纵向比较，这也是其不足的地方。例如想考察不同建筑设计节能标准实施后的能耗强度变化，该数据库就不能提供很好的支持，研究者还需自行做专项的调查或者使用建筑性能数据库。此外，RECS 和 CBECS 对可再生能源的使用的调查统计显得不足，这也可能是因为其应用较少[①]，或者是有另外的不限于建筑中的可再生能源应用调查专项。

我国自 2007 年开始正式进行建筑能耗调查，历经十余年，发布过 6 次相关制度和实施方案，还是未能汇总公布相关的调查成果，这不能不说是一大遗憾。这也说明我国相关部门在思想上或技术上等可能还没有准备好，或者遇到了难以克服的障碍。因此，迄今为止，我们还是不能得到以下信息：建筑能耗占社会总能耗的比例，住宅的数量（栋或户）、公共建筑的数量，住宅和公共建筑的总建筑面积、空置或使用状况、竣工年代，住宅和公共建筑的比例，住宅和公共建筑城乡比例，主要用能设备安装和使用情况，各自的能耗量与强度状况等。由于不同年代建筑采用了不同的节能设计标准，其

---

① 美国住宅有分布式太阳能发电 150 万户，只占全部 1.182 亿户的 1.26%，全部是单户独立住宅。商用建筑没有数据。

采暖空调等关键性能耗指标的变化情况,与设计标准预期的节能率的关系,总体都处于不可知的状况,这一切都需要有数据的支撑,真实数据是检验节能政策、建筑节能设计标准和行政监督实效的唯一标准。因此,在建筑能耗方面,可以说我们目前仍然处于总体基本掌握、局部比较清楚、详细情况不明的状态。显然,这与我国当前的发展阶段及对未来的节能要求是极不相符的。

今后的建筑能耗调查在法律和制度建设、建筑基本信息库建设、整体调查和采样设计、提高数据采集质量和指标丰富度、数据采集渠道的打通、专业力量的培养,乃至整个能源统计口径和力量的整合,及消除行业分割等方面还有很多工作要做。建筑能耗调查统计并非是一项高技术的工作,只要我们下定决心就一定能把这项工作做好,为建筑节能降耗打下坚实的数据基础,为立法者、政策制定者、建筑节能设计相关标准规范的编制者、建筑产品和设备的研发和生产者、专业研究者、建筑管理和使用者,以及其他利益相关者提供全面翔实的数据产品。

第三章　中美建筑节能设计
标准发展简史

第一节　美国建筑节能设计标准发展简史

一、从 NBSIR 74—452 到 ASHRAE 90—75

《新建筑节能设计和评价标准》NBSIR 74—452（*Design and Evaluation Criteria for Energy Conservation in New Buildings*），发表于 1974 年，ASHRAE 90—75 即 *Energy Conservation in New Building Design*，发表于 1975 年。

第二次世界大战之后的 30 年经济持续增长，能源供应稳定，价格低廉，在 20 世纪 70 年代初，美国人口占全世界的 5％，消费了 25％的能源。此时的美国对外石油依存度很高，并且进口主要来自中东地区[①]。

1973 年底，突如其来的第四次中东战争爆发，引发了第一次世界石油危机，美国是受其影响最大和最严重的国家。突如其来的变化让美国措手不及，石油价格数倍上涨及供应短缺将美国原来一切正常的生活打乱了。在该年冬季，大量学校停课、工厂停工，政府设施被临时关闭，尼克松总统不得不宣布全国进入紧急状态并动用国家战略储备。美国 GDP 当年下降了 4.7％，国家陷入了严重的经济衰退，美国经历了 19 世纪 30 年代大萧条以来从未有过的恐慌。

在石油危机之前，全美约三分之一的能源用于建筑的采暖、空调、照明、

---

① 1946 年，美国的石油消费总量首次超过了国内石油总产量，到 1973 年，美国消费的石油中有 36.1％依靠进口。

热水等建筑服务用途①,建筑设计和使用从未考虑过节能问题,以"一切如常"为基础。

石油危机后,节能才被迫进入联邦政府、各行各业,乃至个人生活中需要面对和处理的重要事项,并逐步得到重视。其后还发生了几次石油危机,以及气候变化带来了一系列影响,使得节能变得越来越重要。

为了应对这一突如其来不知何时结束的危机,1973 年底,美国全国建筑规范和标准协商会(National Conference of States on Building Codes and Standards,NCSBCS)请求美国国家标准局(National Bureau of Standards,NBS),即现在的国家标准技术研究院(National Institute for Standards and Technology,NIST),开发一套旨在新建筑设计中节约能源的设计和评价指南供各州使用,直至适用于全美的协商一致的正式节能设计标准出台,也可以说是先制定一套应急的、临时的设计和评价指南。NCSBCS 要求 NBS 在制定这套指南时能在不降低性能和舒适性,并在现有技术可行的前提下,适用于全国各气候区的各类建筑,减少能源的使用或者提高能源的效率。

NBS 长期对建筑热工性能的理论和实测方面进行研究,也对照明方面有研究,很快就开发出了在经济和技术上可行的解决方案。1974 年 2 月,NBSIR 74—452 发布,供联邦政府和各州使用。

NCSBCS 是为解决美国各州建筑工程类标准和规范不一致而成立的一个民间组织。在 20 世纪 90 年代以前,美国大部分州都是由各州的立法部门自行编制和施行在本州内的各类建筑标准。因为各大片区都有自己的标准和规范的编制组织或机构,因此也普遍存在着各州标准和规范之间不一致的现象。为解决这一问题,在 20 世纪 60 年代中期,基于各州与 NBS 在全国度量衡会议、水泥和混凝土参考实验室和美国国家公路与运输官员协会方面的合作经验基础,NBS 构想出一个用于解决各州在建筑标准和规范不一致的方案。1967 年 11 月 20 日,在威斯康辛州州政府牵头举办的、由 16 个州代表出席的会议上,NCSBCS 正式成立。会议商定:NCSBCS 作为一个公

---

① 资料来源:www. eia. gov,Energy Consumption Estimates by Sector。1970 年,建筑能耗占社会一次性能源总能耗 32.6%,1973 年占 33.07%。2016 年占 39.66%,其中住宅占 20.96%,商用建筑占 18.7%。

开讨论的平台,在州级层面上解决制定建筑规范过程中的行政问题,并且计划开发和采纳一套统一的、综合性的建筑标准和规范。但此时尚未涉及建筑节能方面的标准等问题。

1973 年的石油危机迫使 NCSBCS 迅速着手制定一个统一的建筑节能设计标准。但是 NCSBCS 此时还没有编制这方面标准和规范的经验和研究积累。其标准和评估委员会注意到能源危机带来的紧迫感,可能导致一些州颁布匆忙准备但并不适合解决问题的法规,在该委员会的要求下,Paul R. (Reece) Achenbach 总结了 NBS 在建筑中关于建筑节能方面的研究成果,最后,委员会成员达成以下一致意见。

①(我们)赞同这样的观念:节能是联邦政府关注的问题之一,与之相关的建筑设计和建造也应该成为制定建筑标准和规范的主题。

②与 NCSBCS 的宗旨相同,应建立一套统一的、适用于全国的、以性能为导向的建筑节能设计参考标准。

③(我们)请求接续 NBS 在建筑节能领域中的探索,向 NCSBCS 标准和评估委员会提交关于拟议标准可能的内容、策略,以及包括成本因素和建筑节能相关的参考标准在内的建议报告。

在此之前,美国工程建设类规范和标准的适用范围历来仅限于人员和财产安全问题,从未有标准和规范来制约建筑中的能源使用,因此,以上的动议将导致美国的建筑标准制定发生一个重大转变。

1973 年 8 月,NCSBCS 正式要求 NBS 协助制定一项四部分的建筑节能计划,包括编制供国家监管者参考的性能标准草案,并请求 NBS 为新标准通过美国国家标准协会(ANSI)的最终处理程序的整个过程承担秘书处的职责。NBS 接受了 NCSBCS 的请求,表示:①编制一个新建筑的节能设计和评价标准(由 NCSBCS 将向合适的申办者提供这些标准,作为编制建筑节能性能化标准的基础);②为推进其标准通过协商一致的处理流程给 NCSBCS 提出建议。1974 年初,NBS 的一个由保罗·里斯·阿肯巴赫(Paul Reece Achenbach)领导的 15 人组成的编制组和 5 名顾问完成了拟议标准的编制工作。该编制组调查了多种不同方法,经比较后认为一个由建筑构件性能为基础的性能标准是最有可能实现节能目标的方法。这个方法被选中很大程度上是受当时的技术知识和经济评价手段所限,同时也是时间紧迫的缘故。

最后形成的 NBSIR 74—452 标准被认为是主要基于建筑构件性能的解决方法,包括一些规定性的设计要求或性能指标,并具有一些建筑性能化标准的特征。如图 3-1 所示,该标准提供了三种途径。路径 1:基于规定性要求的建筑围护结构和设备的设计方法,这也是最基本的方法,即只要建筑围护结构部件,以及供暖、空调、通风、家用热水和照明各个系统达到既定的性能标准,就认为符合节能标准。路径 2:不满足路径 1 要求的替代设计方法。该方法首先根据第一种方法确定的目标建筑物的年能量需求,允许设计者自由选择或组合任何的建筑自身及设备方面的节能措施,使目标建筑的能耗等于或大于用第一种方法达到的节能效果。路径 3:使用风能和太阳能作为建筑补充或替代能源的设计方法。该方法允许从太阳能或风能中获得高达 50% 的建筑所需能源,来达到减少化石能源消耗的目的(图 3-1)。

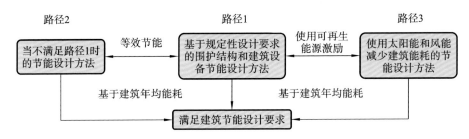

图 3-1　NBSIR 74—452 中三种节能路径示意图

资料来源:David R Lide, etc. Design and Evaluation Criteria for Energy Conservation in New Buildings, A Century of Excellence in Measurements, Standards, and Technology, A Chronicle of Selected NBS/NIST Publications 1901—2000, NIST Special Publication 958, January 2001.

从以上三种路径或设计方法可以看出,美国从最初的建筑节能设计标准就开始确立了规定性指标法和性能化方法的路径,这一思想一直影响着其后所有的建筑节能设计标准的编制思路,无论是 ASHRAE 90,还是 IECC。遗憾的是,在建筑中鼓励使用可再生能源的思路很长时间内并没有在其后的标准中坚持并作为重要的内容。一方面是石油危机带来的阵痛是短暂的,石油禁运持续不到半年时间,经济的持续增长使得石油价格与其收入相比仍然是廉价的。另一个原因是利用可再生能源的技术和时机还不成熟,成本过高。这一现象直至 21 世纪才有所改变。

NBS 在制定 NBSIR 74—452 标准时发现,为了编制节能标准还需要更多关于建筑能耗和经济方面的信息。这些信息主要分为以下 4 个方面。

(1) 确定建筑节能经济效益的评价程序和方法,以及基础统计和实测数据。这是编制节能设计标准的基础。

(2) 能耗分析数据:部分冷暖负载下的能效数据和控制特征;建筑内的气流组织;供能耗分析用的标准气象数据;非常规系统的工程数据;简化和可靠的建筑能耗模拟计算程序。

(3) 检测程序及方法。

(4) 空气渗透对建筑能耗的影响。

NBS 的职责就是从国家层面推进上述领域的基础研究数据的获得和计算程序的开发,其在建筑能源使用方面积累的丰富的研究经验足以应对上面的挑战。在 20 世纪 70 年代初期,NBS 所做的工作就包括工程实测和开发软件两个方面。

NBS 在马里兰州的盖瑟斯堡拥有美国最先进的实验设施和设备,包括大型环境模拟仓,可以全尺寸测试一栋小型建筑在 $-45 \sim 65$ ℃ 环境条件下,采暖、制冷、通风等设备及建筑围护结构的运行情况。实测通常分稳态和动态两种情况。在稳态下测试极端天气条件下的最大供热和制冷负荷;在动态条件下实测出不同气候区每小时的能耗情况。在以上两种情况下还考虑了不同窗墙比、不同围护结构性能,甚至还考虑了一些无法固定的运行工况,如使用者不同的生活方式、使用热水和家用耗能设备的使用频率等。这些实验研究成果为 NBSIR 74—452 标准的推出发挥了至关重要的作用。

在开发建筑能耗计算机动态模拟方面,NBS 的 Tom Kusuda[1] 做出了重大的贡献。他开发了一个动态计算机计算程序,称为国家标准局负荷测定程序(National Bureau of Standards Load Determination Program,

---

[1]　Tamami (Tom) Kusuda(1925—2003 年),日裔美国科学家。1925 年生于美国西雅图,1947 年毕业于日本东京大学,1955 年获得明尼苏达大学机械工程博士学位。同年加入 ASHRAE 的前身 ASRE 工作,1961 年加入 NBS 的建筑技术中心。他的研究为建筑热环境模拟技术奠定了基础,对其后的 BLAST、DOE-2 和 EnergyPlus 等建筑环境模拟工具产生了极大的影响。Kusuda 博士一生获得无数荣誉。

NBSLD），可用于解决上述动态环境下模拟能耗计算问题。在 NBS 的 70000 立方英尺（约 1982 立方米）的环境模拟仓中，设计并进行了一系列的试验，建立了外部环境随动态气温和湿度边界条件变化的三维结构模型来验证 NBSLD。试验检测结果与 NBSLD 模拟计算进行对比，结果表明，NBSLD 的反应系数空间负荷预测方法是准确的，计算的和实测的能源效率之间的一致性也是极佳的[①②]。Tom Kusuda 的 NBSLD 在建筑节能科学研究中具有标志性的影响和贡献。该计算机模拟程序的编制思路是后来最著名的、在全世界应用也最为广泛的能耗模拟程序 DOE-2 的基础。

1974 年 2 月，当 NBSIR 74—452 正式出版后，NBS 建议将它作为开发适用于全国的自愿共识标准的基础。此时，NCSBCS 虽有足够丰富的建筑设计类标准的编制经验，但没有足够的相关的专业人员和研究基础进行建筑节能设计标准的编制，因此在 NBSIR 74—452 编制后期，要求在采暖空调领域最有影响力的美国采暖制冷与空调工程师学会加入，对 NBS 的报告进行再加工，并作为全国的自愿共识标准。ASHRAE 为此组织了一个由 129 人组成的多学科志愿者编制团队，投入了大量人力物力来分析和提炼 NBS 的报告，将这一个按美国常规做法需要 6~8 年才能完成的工作，只花了不到 2 年时间就完成了，得益于各方的高度关切、协作和投入。最终在 1975 年 8 月，经过了两次公开评议后，在美国照明工程学会（IES，即现在的 Illuminating Engineering Society of North American，IESNA）的技术支持下，并且按照 ANSI 的编制程序达成一致意见，最后以 ANSI/ASHRAE/IES Standard 90—75 *Energy Conservation in New Building Design*（《新建筑节能设计标准》）为名出版发行。该标准被认为是世界上第一个从节能角度出发的限制 HVAC、照明和建筑围护结构能耗的建筑设计标准。NBSIR 74—452 只是该标准的基础。

---

① PEAVY B A, POWELL F J, BURCH D M. Dynamic Thermal Performance of an Experimental Masonry Building, Building Science Series 45, National Bureau of Standards, Washington, DC, July 1973.

② PEAVY B A, BURCH D M, POWELL F J, et al. Comparison of Measured and Computer-Predicted Thermal Performance of a Four-Bedroom Wood-Frame Townhouse, Building Science Series 57, National Bureau of Standards, Washington, DC, April 1975.

至此,NBS正式完成了从1970年4月到1976年10月为NCSBCS编制统一协调标准的秘书服务之职,1976年9月,关于制定建筑节能设计标准的工作正式移交给了NCSBCS,但NBS将继续给予技术支持。

1977年1月,在美国能源部下属的能源研究和发展署的资助下,来自NCSBCS的代表和来自3个主要模式建筑规范编制组织①的代表,将ASHRAE 90—75转变成规范式的语言,并提交给公众评审和听证会审查。终于,在1977年12月,最终版本由美国建筑官员协会(Council of American Building Officials,CABO)正式出版,这就是后来众所周知的模式节能规范(Model Energy Code,MEC,或称为样板规范、示范规范,下同)。从此以后,NBS退出了具体的建筑节能设计标准的编制,ASHRAE作为民间机构正式接过了该标准的更新和维护工作。NCSBCS则转而继续从事各州其他建筑标准的协调工作,直至1994年成立国际规范委员会(International Code Council,ICC),并推出另一个建筑节能模式标准(International Energy Conservation Code,IECC)。1998年,NCSBCS的使命也正式由ICC接过。

就在ASHRAE 90—75发布后4个月,在1975年12月22日,美国《能源政策和节约能源法案》开始生效②。该法案要求各州的新建筑应采用节能标准进行设计③(注:并非一定就是Standard 90—75,只要是节能标准就可),并提供经济奖励,对于立法不积极或者立法后不执行的州,将得不到联邦政府的资金或税收方面的支持。这项法案吸引了公众及建筑产业界对建筑节能的关注,也刺激了各州纷纷设立专门的能源办公室,专司建筑节能的实施监管以及建筑节能设计标准的本地化及应用等基础工作。在这种背景下,可以说ASHRAE 90—75的发布适逢其时。联邦立法、Standard 90—75、市场以及对建筑节约能源的强调,共同创造了一次节能高潮。采纳和实施建筑节能条款,这既是强制性也是市场驱动的结果。《1978美国国家能源节约

① 详见第四章。

② 该法案授予美联邦能源管理局执行此法的权限。1977年10月1日,根据 *The Department of Energy Organization Act of 1977*,联邦能源管理局升级合并,设立能源部。

③ Energy Policy and Conservation Act of 1975, Title Ⅲ—Improving Energy Efficency, Part B—Energy Conservation Program for Consumer Products other than Automobiles, Sec. 325. Energy Conservation Standards.

法案》再次推动了建筑节能的进步。在接下来的 10 年里,美国所有的 50 个州都实施了以 ASHRAE 90 系列标准为基础的建筑节能设计标准。

在产品能效标准方面,EPCA 制定了联邦政府能源节约计划。第一次推出了最低能耗标准的概念,针对一些特定产品制定了推荐性的最低能耗标准目标。随后美国历届政府都在此基础上不断提高相应产品的能效限值标准并完善或修订其产品能耗检测程序。

从这个角度讲,EPCA 从法律上开创了美国能源节约制度的先河,成为了美国节约能源法律的基础。随后美国联邦政府制定的所有与产品能源节约相关的法案均是对 EPCA 内容的补充、修改和更新。在美国联邦政府层面所有与能源节约有关的法律、法规的法律依据通常都指 EPCA。

EPCA 第三卷 B 部分建立了节能计划,该计划给能源部授予了"制定、修订和实施电器和设备最低节能标准的权力"。目前,能源目前正在执行超过 50 个产品的测试程序和最低标准,涵盖住宅、商业和工业、照明和管道应用。

二、ASHRAE 90

(一) ASHRAE 90.1

自 ASHRAE 90—75 发布后,该标准已历经十余次的补充、修订和更新,以下几项是 ASHRAE 90 标准发展历史中的重要时间节点和变化(表 3-1)。

表 3-1　ASHRAE 90 系列标准发展史

标准版本	时间	主　要　事　件
NBSIR	1973 年	石油禁运
74—452	1974 年	美国国家标准局 NBS 出版 NBSIR 74—452,新建筑节能设计和评价标准,之后,ASHRAE 与美国照明工程学会合作,以此为基础接手重写国家自愿共识标准的工作
90—75	1975 年	ASHRAE 90—75 标准发行,该标准适用于所有建筑类型

续表

标准版本	时间	主 要 事 件
	1977 年	Arthur D. Little 对 ASHRAE 90—75 所产生的影响做了评估
	1977—1980 年	ASHRAE 90 标准中的设计要求被众多州吸纳进自己的节能标准
90A—1980	1980 年	ASHRAE 90A—1980 发表,该标准并未实质性地提高节能水平,但是增加了一个类似照明功率计算的步骤
	1983 年	新设立了标准编制委员会,制定了两步走来更新 ASHRAE 90—75 标准,并将 ASHRAE 90—75 分解为适用于 4 层及以上的商用建筑的 ASHRAE 90.1 和适用于 3 层及以下的居住建筑的 ASHRAE 90.2 两个相对独立的标准
	1986 年	ASHRAE 特别项目 41 为标准中的 HVAC 部分提供研究成果
90.1—1989	1989 年	ASHRAE 90.1—1989 发布。主要针对建筑围护结构部分和照明部分的性能做了修订
	1989 年	ASHRAE/IES—1993 *Energy Code for Commercial and High-Rise Residential Buildings*—Based on ASHRAE/IES 90.1—1989,专为高层建筑和商用建筑制定的标准,但该标准未更新,被合并至 ASHRAE 90.1
	1992 年	《美国能源政策法案 1992》的颁布实施使以前的自愿性标准具有了强制性
90.2—1993	1993 年	ASHRAE 90.2—1993 标准发布,改编自 ASHRAE 90.1—1989,适用于 3 层及以下的居住建筑
	1995 年	ASHRAE 特别项目 52 为以整个建筑节能为设计目标的设计标准研发制定了评价标准和程序
	1998 年	ASHRAE 宣布 90.1 标准将形成每 3 年更新一个版本的机制

续表

标准版本	时间	主 要 事 件
90.1—1999	1999 年	发布 ASHRAE 90.1—1999 标准。该标准用清晰的、强制性的和可实施的规范语言重新进行编写
90.1—2001 90.2—2001	2001 年	ASHRAE 90.1—2001 和 ASHRAE 90.2—2001 发布。这是宣布固定更新机制后的第一个版本
	2002 年	美国消防协会（NFPA）与 ASHRAE 合作，将 ASHRAE 90.1 和 90.2 体现在其防火规范中
	2003 年	ASHRAE 90.1—2001 被 ICC 采用。ICC 认为拟建建筑如满足 ASHRAE 90.1—2001 标准，也满足 IECC 的要求 能源部宣布将 ASHRAE 90.1—1999 替换《美国能源政策法案 1992》中指定的 ASHRAE 90.1—1989 作为最低可接受的建筑节能设计标准
90.1—2004 90.2—2004	2004 年	发表 ASHRAE 90.1—2004 和 ASHRAE 90.2—2004 版标准 建筑气候分区已从 26 个减少到 8 个
90.1—2007 90.2—2007	2007 年	发布 ASHRAE 90.1—2007 和 90.2—2007 版标准
90.1—2010	2010 年	发布 ASHRAE 90.1—2010 版标准。目标是比 2004 版节约 30% 的能源成本 ASHRAE 90.2—2010 因未能通过审查程序而搁浅
90.1—2013 90.2—2013	2013 年	超过 110 项补遗和更新
90.1—2016 90.2—2018	2016 年 2018 年	

资料来源：2010 年之前信息来自 Bruce D. Hunn，David R. Conover，etc. 35 Years of Standard 90.1[J]. ASHRAE Journal，2011(3). 2013 年版之后信息来自 https://www.ashrae.org。

（1）1977 年，*Building Design：An Impact Assessment of ASHRAE Standard* 90—75。

1977年,理特管理顾问(Arthur D. Little)公司出版了关于ASHRAE 90—75标准对能源、经济及对制度影响的综合评估报告 *Building Design: An Impact Assessment of ASHRAE Standard 90—75*(《新建筑中的节能: ASHRAE 90—75影响力评估报告》)。该报告是该时期除了 NBS 的 Tamami (Tom) Kusuda 撰写的报告之外最有影响力的第三方报告。该报告研究了基于美国4个气候分区的5个建筑类型的能耗和经济分析,检验 ASHRAE 90—75标准在特定建筑产业环节里对微观和宏观经济的影响。该研究用一系列的计算机程序模拟2个居住建筑和3个商业建筑的原型在采用 ASHRAE 90—75标准前后的节能效果对比(注:还不是实测,因为 1977年还没有多少按照 ASHRAE 90—75标准建成并投入使用供实测的项目)。每一个模型的年能源消耗被估算出来,发现 ASHRAE 90—75标准影响着下面的每一个决定:建筑物的物理特性、建筑材料的类型和数量、HVAC系统的容量和配置、每年的运行成本和初始建筑节能成本。

研究结果表明,采用该标准将会对建筑运行能耗产生巨大的影响。与 1973年未采取节能措施的建筑相比,随着建筑类型及大小的不同,能源年消耗量的下降比率从11%到60%不等。该报告还预测,如果在所有州都推行 ASHRAE 90—75标准,新建项目中的年运行能耗量将减少约27%。

这一结果极大地增加了各方采用和积极开展建筑节能的积极性和信心,无论是立法部门、各级政府还是建筑产业以及终端用户。

(2)1983年,ASHRAE 90项目重组为两个委员会。

1982年,美国住房和城市发展部需要一个更为严格的专为居住类建筑使用的节能标准,以此来替代住房和城市发展部的最低性能标准。为此,在 1983年和1984年,ASHRAE 将 ASHRAE 90项目重组为两个委员会,一个专门负责商用建筑部分(含4层及以上的居住建筑),整合 ASHRAE 90A—80,ASHRAE 90B—75 和 ASHRAE 90C—77,发展出后来的 ASHRAE 90.1,适用于4层及以上的商用建筑。ASHRAE 90A—80更新为低层住宅节能设计标准,即后来的 ASHRAE 90.2,专司3层及以下的低层居住建筑部分。从此,ASHRAE 90系列走向了将低层居住建筑与商用建筑分设标准的道路,至今未变。

167

（3）1989 年，ASHRAE/IES—1993 *Energy Code for Commercial and High-Rise Residential Buildings—Based on ASHRAE/IES* 90.1—1989 该标准似乎没有继续更新，废弃了。

（4）1992 年，美国能源政策法案生效。

1992 年是 ASHRAE 90.1 标准发展历史上的重要时刻，这一年《美国能源政策法案》通过并生效。这项法案全面囊括了与能源相关的规定，特别是其中一项强制性规定：所有州新建商业建筑与高层住宅时执行的节能设计标准至少应不低于 ASHRAE 90.1①。这个规定使 ASHRAE 90.1 标准一跃成为建筑节能设计标准的标尺。此外，该法案还要求各州必须在 ASHRAE 90.1 标准更新后在规定的限期内（一般为两三年之内）更新自己的节能设计标准。

《1975 美国能源政策和节约能源法案》并未设立一个节能设计的基准，因此，各州可以自由选择自己的节能水准。随着《美国能源政策法案 1992》的生效，各州通过立法直接采用或少许修改后采用 ASHRAE 90.1 的越来越多，这也加强了 ASHRAE 90.1 在建筑节能设计标准领域的领导地位。

同时，随着 ASHRAE 90.1 标准成为了强制性标准，行业内对该标准的兴趣显著增加，结果，在 1999 版标准发展的过程中，其利益相关者参与的积极性大大提高。标准编制项目委员会的规模从 20 人增加至约 70 人，这样就为标准的更新维护提供了更广泛的专业实践知识，并吸引其他更多受到该标准影响的各方参与。

（5）1998 年，决定对标准进行定期更新和维护。

1998 年，ASHRAE 董事会投票决定对标准进行持续不断的更新和维护。他们决定每隔三年，在秋天发布一次该标准的完整版，这是为了与国际节能规范的发布周期相吻合，因此也就有了 2001 版本的发布。这标志着一个新纪元的开始，这让用户们准确知道新版本的发布时间。而在此之前，ASHRAE 的标准都维持 5 年的更新周期。

（6）1999 年，用可强制执行的语言重新编写了标准。

---

① 注：如果是 3 层及以下的居住建筑，则需不低于 *CABO Model Energy Code 1992 for low-rise residential buildings*。《美国能源政策法案 1992》。

ASHRAE 90.1—1999 标准也是 ASHRAE 90.1 发展史中一个重要的节点。具体体现在以下方面。

①用可强制执行的语言重新编写了标准。在该版标准之前,标准的用语多是建议性而非可操作的强制性用语,这使得在使用该标准时存在较大的模糊性。

②以经济学角度来辅助修订该标准。1999 年,ASHRAE 90 标准编制委员会决定在下一个标准的修订过程中引入经济学的工具,他们建立一个简化的建筑能耗模型,用于评估在不同的严格程度下新标准的节能潜力,及其与增加的节能成本之间的关系。

实际上,在此之前,已经有第三方就节能设计标准与经济之间的关系做了大量研究,此时 ASHRAE 只是主动将经济评价引入标准的修订过程中。1978—1981 年,美国国家标准管理局(NBS)的建筑技术中心的应用技术办公室应美国能源部的建筑能耗性能标准计划的要求做了大量关于节能设计标准与经济之间关系的研究[1],这些研究对 ASHRAE 90 标准的修订和完善都起了积极推动作用。

③出版用户手册。ASHRAE 标准委员会制定了一本 ASHRAE 90 标准的用户手册,其中包含使用该标准的案例,还有全套的规范符合性检查表格用于验证拟建方案是否符合标准提出的要求。该用户手册对增加该标准的适用性以及鼓励更多的人采纳该标准非常有必要。

④将 ASHRAE 90 标准的应用范围扩展至对既有建筑的改建和扩建领

---

① PETERSEN S R. The Role of Economic Analysis in the Development of Energy Standards for New Buildings, NBSIR 78-1471, National Bureau of Standards, Washington, DC, May 1978.

PETERSEN S R,JIM L. HELDENBRAND J L. A "Reference Building" Approach to Building Energy Performance Standards for Single-Family Residences, NBSIR 80-2161, National Bureau of Standards, Washington, DC, October 1980.

PETERSEN S R. Economics and Energy Conservation in the Design of New Single-Family Housing, NBSIR 81-2380, National Bureau of Standards, Washington, DC, August 1981.

PETERSEN S R. BLCC—The NIST Building Life-Cycle Cost Program, first software release, 1985, is based on BSS 64.

PETERSEN S R. Retrofitting Existing Housing For Energy Conservation: An Economic Analysis, Building Science Series 64, National Bureau of Standards, Washington, DC, December 1974.

域,而原标准仅适用于新建项目。

(7) 自 1999 版开始,ASHRAE 90.1 标准的内容结构就开始保持不变。

ASHRAE 90.1 标准的内容为 12 章,分别为:①标准目的;②应用范围;③术语定义、缩写词、首字母缩写;④管理与执法;⑤建筑外围护结构设计要求;⑥HVAC 系统设计要求;⑦热水系统设计要求;⑧电气系统设计要求;⑨照明系统设计要求;⑩其他设备系统设计要求(包括电梯扶梯自动步道、水泵、电机、消防泵等);⑪建筑能源成本预算平衡计算法;⑫引用标准。其后每一版章节未动,只是对具体条款做较小的调整。说明自此该标准进入成熟期,每三年更新一次。

(二) ASHRAE 90.2

1982 年,在美国住房和城市发展部 HUD 提出要求 11 年后,ASHRAE 于 1993 年终于发布了专为 3 层及以下低层住宅制定的节能设计标准。该标准最初的目的旨在代替住房和城市发展部的最低性能标准。

据美国人口调查局的美国住房统计显示,美国 87％的住宅不超过 3 层,绝大部分是独立住宅或者联排住宅,其中独立住宅所占比例更高,达 62.91％[①]。这种住宅均有完全独立的、自成一体的采暖、空调和生活热水等设施,这种住宅绝大部分为木结构,其建筑几何特征和围护结构的热工特性,以及能耗组成和运行特点与 4 层以上的其他建筑显著不同,以 3 层来划分并分别制定节能设计标准是美国建筑节能设计标准的特点,这也符合美国实际的生活和居住方式。

其后经过 2001 年、2004 年、2007 年三个版本的更新,2010 年按照既定的每 3 年更新版本的计划,其新版本应该随 ASHRAE 90.1—2010 一起发布,但是 ASHRAE 90.2—2010 标准的修编建议案遭到广泛的批评,拟定的新版本没有通过标准审查程序,因此没能如期发布。这是首次未按照计划推出新版标准。

---

① 资料来源:美国人口调查局(United States Census Bureau,www.census.gov)2013 年的统计数据,全美 50 个州共有 1.28766 亿套住宅(不含季节性住宅,以下均同),其中单层 4123 万套,两层 4322 万套,三层 2758.4 万套,即 3 层及以下共占 87％。其中有:独立住宅(detached)8100.5 万套,占总数的 62.91％,联排住宅(attached)735.5 万套,占总数的 5.71％。

来自各州和地方政府对 ASHRAE 90.2—2010 标准的修编建议案的批评意见主要如下。

(1) 增加了标准执行者的工作负担。

由于标准中没有设定综合窗墙比和窗地比的最大指标,标准执行者在执行 ASHRAE 90.2 标准时要进行额外的计算,以检查拟建方案所选用的路径中采用的最大窗墙比和窗地比时是否符合节能标准。与此类似,在 2004 版以前,为了简化标准,使标准的符合性审查工作更具可操作性,IECC 也不要求检查窗墙比和窗地比,但这增加了标准执行者的工作负担。因此该标准 2010 版的修订在最后的听证会上被改正。ASHRAE 90.2—2010 标准的修编建议案步 IECC 的后尘,自然遭受到标准执行者的反对。

(2) 路径过于复杂。

ASHRAE 90.2 为大陆的 8 个气候区的 48 个州(阿拉斯加和夏威夷除外)的低层住宅提供了 28 个规定性路径,加之在 3 个气候区内各有 3 种例外情况,总量有 37 种达标路径。对比这 37 种路径,IECC 为每一个气候区只规定了一种规定性达标路径,可想而知人们担心的原因了。符合一种达标路径就已经够困难了,如果要考虑 37 种,会让设计师的烦恼呈指数级增长。

总之,ASHRAE 90.2—2010 标准的修编建议案被认为是一个不完整的标准,缺乏与 ASHRAE 90.1 标准的协调,给使用者带来了困扰。该标准在某些地方不必要复杂化,在另一些地方又缺乏必要条文的解释,这些原因使得 ASHRAE 90.2 不仅难以理解,也难以使用。因此,该标准在各州的标准执行官员的反对声中没能取得共识,首次错过了更新时限。ASHRAE 90.2 沉寂多年后,2018 年更新发布了 ASHRAE 90.2—2018。

更新受阻的同时,也由于《美国能源政策法案 1992》中只将 ASHRAE 90.1 作为 4 层及以上商用建筑的法定的标准标尺,将 CABO Model Energy Code 作为低层住宅节能设计标准的标尺,这也导致了后来市场对 ASHRAE 90.2 标准没那么大的兴趣。

ASHRAE 在制定建筑节能设计标准的同时,还编制了一系列的相关标准,与 ASHRAE 90 系列密切相关的如下。

①Standard 100—2018,《既有建筑节能设计标准》(*Energy Efficiency*

in Existing Buildings)。

②Standard 211—2018,《商用建筑能耗审计标准》(*Standard for Commercial Building Energy Audits*)。

③Gudieline 34—2019,《历史建筑节能设计指南》(*Energy Guideline for Historic Buildings*)。

④Standard 90.4—2016,《数据中心建筑节能设计标准》(*Energy Standard for Data Centers*)。

⑤Standard 55—2017,《人居环境热环境设计条件》(*Thermal Environmental Conditions for Human Occupancy*)。

⑥Standard 62.1—2016,《室内空气质量通风设计标准》(*Ventilation for Acceptable Indoor Air Quality*)。

⑦Standard 62.2—2016,《居住建筑室内空气质量和通风标准》(*Ventilation and Acceptable Indoor Air Quality in Residential Buildings*)。

⑧Standard 189.1—2017,《除低层建筑外高性能绿色建筑设计标准》(*Standard for the Design of High-Performance Green Buildings Except Low-Rise Residential Buildings*)。

⑨Standard 169—2013,《建筑设计标准用气象数据》(*Climatic Data for Building Design Standards*)。

三、国际建筑节能设计规范

国际规范委员会编制了国际建筑节能设计规范。

在 1998 年之前,适用于全美的建筑节能模式设计标准在 4 层及以上的建筑节能设计标准一直都只有 ASHRAE 90.1,3 层及以下居住建筑则有 ASHRAE 90.2 和美国建筑官员协会示范节能规范两个标准。1992 年的 EP Act 1992 将 ASHRAE 90.1 写入法案,更加突出了其在商用建筑节能设计标准中的领导地位。这一局面终于在 1998 年 3 月随着 IECC 第一个版本的发布而得以改变,也真正开始实现在节能设计标准领域两强竞争的格局。与 ASHRAE 90 标准分设 90.1 和 90.2 两个标准不同的是,IECC 标准一个就涵盖了所有设有采暖、空调设备的建筑类型，即包括了 3 层及以下住宅及除 3 层及以下住宅外的其他建筑。

　　ICC 作为全面发展和协调国家样板规范的非赢利性私营组织成立于 1994 年。ICC 的前身是原美国主要的三个建筑样板规范制订组织：BOCA、ICBO 和 SBCCI。从 20 世纪早期，这三个非赢利性组织制定和发展了在全国范围内广泛使用的三种不同的样板规范，例如美国有超过 97% 的城市采用了 BOCA、ICBO 和 SBCCI 制定的建筑和防火规范。但这三个规范组织都带有强烈的地域性。

　　国际建筑官员和规范管理员联合会（Building Officials and Code Administrators International Inc，BOCA），成立于 1915 年，总部设在伊利诺伊州芝加哥市，其制定的国家模式建筑规范（National Building Code，NBC）广泛应用于美国东海岸及广大的中东部地区。

　　国际建筑官员大会（International Conference of Building Officials，ICBO），总部设于加州洛杉矶的惠蒂尔市，其制定的统一模式建筑规范（Uniform Building Code，UBC）主要应用于美国西海岸和和大部分中西部地区。

　　美国南方建筑规范委员会（Southern Building Code Congress International Inc，SBCCI），成立于 1940 年，总部设于美国南部阿拉巴马州的伯明翰市，其制定的标准建筑规范（Standard Building Code，SBC）主要应用于美国东南部地区。

　　虽然 NBC、UBC 和 SBC 这些地区性样板规范在各自的地域得到有效的发展，但由于其影响的地域局限性，不利于提高效率和跨区域性合作，也带来一系列问题。建筑是不动产，但是建筑从业者及建筑产业却是跨州跨地域流动的。各州强烈地感受到需要一套协调统一的适用于全国的建筑类模式标准和规范。于是在 1994 年，BOCA、ICBO 和 SBCCI 三大组织在得克萨斯州沃思堡召开的联合年会和商务会议上，各成员投票决定将 BOCA、ICBO 和 SBCCI 进行合并，成立了 ICC，其宗旨是建立和发展一套系统、完整、统一的全国性样板设计规范。三大组织合并后的第一个规范于 1997 年颁布，2000 年全套规范完成。需要注意的是，ICC 制定的均称为 Code，而

ASHRAE 制定的均称为 Standard。

ICC 利用这三个组织的实力和资源,为会员和公众提供更可靠、更有品质的技术支持和教育服务,同时,ICC 将继续为 BOCA、SBCCI 和 ICBO 制定的规范以及各州、地区的规范服务,保证向更为可靠和安全的国际建筑规范体系 I-Code 系列平稳过渡。原组织分别制定的 NBC、UBC 和 SBC 就不再更新。迄今为止,ICC 的 I-Code 系列规范已经发展到拥有 15 卷的大型规范体系,基本涵盖了建筑设计专业的所有领域(表 3-2)。

表 3-2　全部 15 个 I—Code 列表

序号	I-Codes	中文规范译名
1	*International Building Code*(IBC)	《国际建筑设计规范》
2	*International Energy Conservation Code*(IECC)	《国际建筑节能设计规范》
3	*International Existing Building Code*(IEBC)	《国际既有建筑设计规范》
4	*International Fire Code*(IFC)	《国际建筑防火设计规范》
5	*International Fuel Gas Code*(IFGC)	《国际建筑燃气设计规范》
6	*International Green Construction Code*(IgCC)	《国际绿色建筑设计规范》
7	*International Mechanical Code*(IMC)	《国际建筑设备设计规范》
8	*ICC Performance Code*(ICCPC)	《ICC 性能化设计规范》
9	*International Plumbing Code*(IPC)	《国家建筑管道工程设计规范》
10	*International Private Sewage Disposal Code*(IPSDC)	《国际非公共污水处理设计规范》
11	*International Property Maintenance Code*(IPMC)	《国际物业维护规范》
12	*International Residential Code*(IRC)	《国际住宅设计规范》

续表

序号	I-Codes	中文规范译名
13	*International Swimming Pool and SPA Code*(ISPSC)	《国际游泳池和矿泉疗养地设计规范》
14	*International Wildland Urban Interface Code*(IWUIC)	《国际城区-自然交接地带建设规范》
15	*International Zoning Code*(IZC)	《国际区划规范》

第一版 IECC(1998)是在 1995 年版的 MEC(CABO Model Energy Code)①基础之上改良后形成的,MEC 是在美国建筑官员协会的主持和美国能源部资助下,由 BOCA、ICBO 和 SBCCI 三大组织以及 NCSBCS 联合完成。初版于 1983 年,其后经历了 1986 版、1989 版、1992 版、1993 版和 1995 版五个版本的更新。IECC 其后又发布了 2000 版、2003 版、2006 版、2009 版、2012 版、2015 版和 2018 版。自 2003 版始,固定为每 3 年进行一次大的更新。IECC 坚持了一部标准就涵盖所有建筑的思想,虽然起步较晚,但是发展较快,得到普遍的欢迎,在自由竞争的背景下,其在各州和地方政府受欢迎的程度越来越高。

与 ASHRAE 90.1 标准一样,IECC 也已经非常成熟,其内容安排都保持基本不变,每 3 年的新版本都只是调整细微的局部。

2009 年 5 月,ICC 组建了可持续建筑技术委员会(Sustainable Building Technology Committee,SBTC),与美国建筑师学会(American Institute of Architects,AIA)、美国试验材料学会(American Society for Testing and Materials,ASTM)以及 ASHRAE、美国绿色建筑协会(US Green Building Council,USGBC)和美国照明工程师协会(Illuminating Engineering Society,IES)合作,共同开发了旨在关注建筑可持续发展的国际绿色建筑标

---

① 注:最初的样板建筑节能设计规范来自 ASHRAE 90—75。1977 年 1 月,NCSBCS 的代表和三个样板建筑规范组织在能源研究开发署的赞助下将 ASHRAE 90—75 按法规语言重新编写,并将之提交给公众审查和听证会审查。1977 年 12 月,美国建筑官员委员会发表文件最终版本,即样板建筑节能设计标准。之后,ASHRAE 和美国建筑官员委员会各自进行该标准的更新,走上差异化的道路。

准(International Green Construction Code,IgCC),用于指导在整个建筑生命周期内减少排放、提高能效,有效提高水、土地及建筑材料等资源利用效率,提高室内空气质量等,从 IECC 仅仅关注能效上升到更广的领域,其中的能效标准方面的要求也比 IECC 更高,现行的是 IgCC—2018 版。

IgCC 与 LEED 类似,也与 ASHRAE 发布的 ANSI/ASHRAE/USGBC/IES Standard 189.1—2011 类似,除低层居住建筑外的高性能绿色建筑设计标准。我国的绿色建筑评价标准也与上述 3 个标准类型相同。

四、标准的实施效果

自 1992 年以来,除了第三方机构所做的各类建筑设计标准节能效果评估以外,最重要的还是来自美国能源部所做的定期评估。

在每一版节能设计标准颁布后,能源部部长均需要评估该版本是否比上版标准更节能,来决定是否采纳,更重要的是还定量地回答了节能多少。这项工作一般是由能源部下属的西北太平洋国家实验室(PNNL)来承担。这项评估也与新版本设计标准的 3 年更新周期同步。

2013 年 10 月,西北太平洋国家实验室发表了研究报告 *Building Energy Codes Program：National Benefits Assessment*，*1992—2040*[①]。报告中对 1992—2012 年的 20 年间,在实施了 EP Act 1992 所要求的商用建筑和低层居住建筑节能设计标准后的成效进行了估算,同时对 2013—2040 年进行了预测,结果见图 3-2。

（1）节能：20 年间累积减少完整的燃料循环(full-fuel-cycle[②],FFC)4.8 夸特(约合 1.67 亿吨标准煤),或者按照一次能源计累积节约 4.6 夸特(约合

---

① 2013 年报告参见 LIVINGSTON O V，COLE P C，ELLIOTT D B，et al. Building Energy Codes Program：National Benefits Assessment，1992—2040，March 2014，PNNL-22610 Rev. 1，https：//www. energycodes. gov/sites/default/files/documents/BenefitsReport_Final_March20142. pdf。2016 年的报告参见 ATHALYE R A. LIU B，SIVARAMAN D，et al. Impacts of Model Building Energy Codes，PNNL-25611 Rev. 1. https：//www. energycodes. gov/sites/default/files/documents/Impacts_Of_Model_Energy_Codes. pdf.

② full fuel cycle(FFC,完整的燃料循环)是指完整的燃料生产链条,包括提取、加工、运输以及到零售分销中心和交付给最终消费者的全过程。

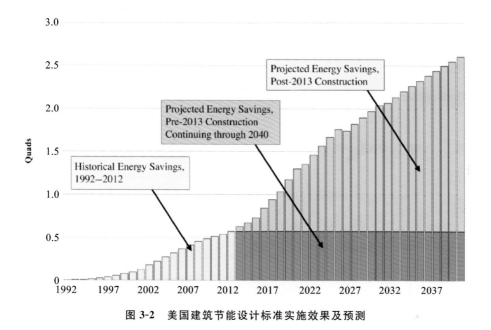

图 3-2　美国建筑节能设计标准实施效果及预测

1.60 亿吨标准煤）的能源消耗。2013—2040 年,如果新设计标准被 100% 采纳和执行,并且按照现在的商用建筑和低层居住建筑的节能贡献率份额各占近 50% 计算,估算共可减少 FFC 消耗 42.6 夸特（约合 14.82 亿吨标准煤）。

（2）省钱:20 年间累积已为能源消费者节省 440 亿美元。至 2040 年,估算共可为消费者减少 3300 亿美元（按照 2012 年价格计算）能源账单。

（3）减少温室气体排放:20 年间累计减少温室气体二氧化碳、一氧化二氮和甲烷气体排放,如按照等效二氧化碳计,超过 3.44 亿吨,至 2012 年末,每年可减少 4100 万吨。至 2040 年末,每年可减少大约 5.18 亿吨二氧化碳排放,2013—2040 年估算累计可减少 72.5 亿吨。

在 1992—2012 的 20 年间,联邦政府共为能源部设立的建筑节能设计标准促进计划项目累积投入只有 1.1 亿美元。也就是说,每在该计划中投入 1美元,就会产出 400 美元的效益。1:400 的投入产出比足以向美国国会说明在该计划上的投入是值得的,这也是美国政府在建筑节能基础研究,以及支持民间机构不断完善节能设计标准上长期持续的投入和支持的最好理由（图 3-3）。

图 3-3   ASHRAE Standard 90—75 至 90. 1—2010 节能率变化情况表

（资料来源：HUNN B D，etc. 35 Years of Standard 90. 1[J]. ASHRAE Journal，2010(3)：36-46. ）

该报告还按年度、商用建筑和低层居住建筑的分类，按州和联邦等不同的分类详细给出了标准实施后的效果评估。这些数据结合能源部的能源信息署 EIA 给出的更加详细的不同类型的建筑能耗消耗调查数据，为政策制定者、科学研究者以及公众展示了全面的建筑节能的现状、成效以及前景（图 3-4）。

需要说明是，PNNL 所做的该项研究并非按照建筑物理想的运行工况来考虑，而是按照比较接近实际的情况来考核的，这点与我国的建筑节能设计标准实施后各级政府甚至研究者所常采用的按照标准设定的节能率目标来计算节能成效有着很大的不同。关于这点，将在第四章详细讨论。

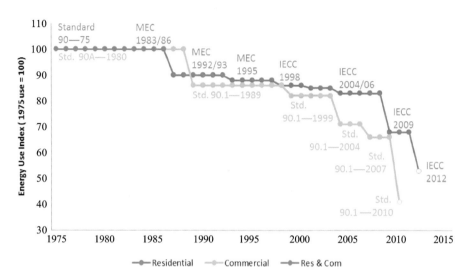

图 3-4　ASHRAE 90. 1 和 IECC(1975—2012 年)节能效果比较示意图

图片来源:https://c1cleantechnicacom-wpengine. netdna-ssl. com/files/2014/04/Code_Improve

ments. png.

注:本图以 ASHRAE 90—75 为 100%基准来比较。

第二节　中国建筑节能设计标准发展简史

　　建筑节能设计标准的编制及施行是政府为了实施国家节能政策的具体行政行为。我国的建筑节能设计标准是伴随着国家能源政策和经济发展的步伐而前进的,有着典型的中国特色。这一特色表现为运用行政命令和计划经济的特点来制定建筑节能设计标准。许多标准在执行过程当中,因种种原因,与预期的目标还有不小的距离。

　　我国采取了先北方后南方,先居住建筑后公共建筑,先城市后农村,用分门别类的模式制定建筑节能设计标准的思路。地方标准均可以看做是基于国家标准和行业标准(部颁标准)的地方实施细则。因此,考察建筑节能设计标准中的国家标准和行业标准的发展历史,便能了解中国建筑节能设计标准发展的总体状况(图 3-5)。

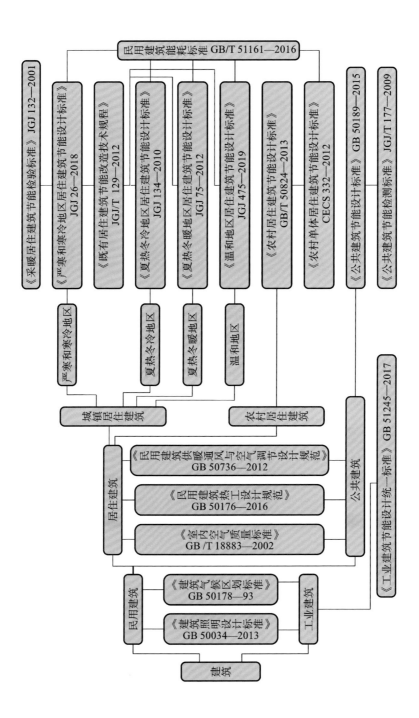

图 3-5 我国建筑分类及现行主要节能设计标准框图

一、《严寒和寒冷地区居住建筑节能设计标准》JGJ 26

JGJ 26 标准专司北方采暖地区的居住建筑节能,发展至今,共有 4 个版本,86 版、95 版、2010 版和 2018 版,节能率目标从 30％、50％、65％到 75％,分别代表 3 个阶段和进阶阶段的节能目标。

从 JGJ 26 标准的名称的变化可以看出当初制定该标准的初衷。JGJ 26—86 版和 JGJ 26—95 版标准的名称一致,均是《民用建筑节能设计标准(采暖居住建筑部分)》,到 2010 版则改为《严寒和寒冷地区居住建筑节能设计标准》。原来的名称如果不加"采暖居住建筑部分"限定词的话就意味着涵盖所有的气候分区和民用建筑类型,只不过现在先制定"采暖居住建筑部分",以后将逐步添加其他气候区和建筑类型来完善和补充该标准。在 JGJ 26—86 版标准的编制说明中也提到这点①,但是后来的发展实际采取了分气候区和分建筑类型分别制定标准的方法。这点与美国的建筑节能设计标准的制定有着重要的区别。这也导致了后来许多问题的产生。

从字面上理解,居住建筑——供居住的建筑。按照这个定义,普通住宅、旅馆、宿舍和公寓及幼儿园都属于居住建筑。但是该标准又不包括旅馆和幼儿园,而将之归入公共建筑的范畴。住宅建筑与居住建筑是两个不同的概念,两者涵盖的范围大小有所区别。

按照计划经济时代我国采暖区的划分标准,累年日平均温度≤5 ℃的天数在 90 天的地区为采暖区。按此标准,我国的东北、华北和西北地区全部都在此范围内,以及部分西南、华中和华东地区,采暖区约占全国国土面积的 70％,约 678 万平方千米。随着社会经济的发展,人民生活水平的提高,对冬季采暖的需求不断扩大,包括大部分夏热冬冷地区。按此计算的话,采暖区将占整个国土面积的 90％左右。但是 JGJ 26 标准只适用于传统集中采暖的地区,即《民用建筑热工设计规范》GB 50176—93 中的寒冷和严寒地区。

---

① 注:《民用建筑节能设计标准(采暖居住建筑部分)》JGJ 26—86 编制说明:本标准是我国首次编制的民用建筑节能设计标准,但目前仅限于采暖居住建筑部分,采暖民用建筑中的其他部分还有待于今后补充。

（一）JGJ 26—86

JGJ 26—86 发布于 1986 年 3 月 3 日,1986 年 8 月 1 日开始试行。这是我国第一个建筑节能设计标准,它的颁布试行是我国建筑节能标准开始的标志。标准属性为行业标准,也被称为部颁标准。

本标准由总则、采暖期度日数及室内计算温度、建筑物耗热量指标及采暖能耗估算、建筑热工设计、采暖设计、经济评价等 6 章和 8 个附录组成。

JGJ 26—86 标准的编制工作始于 1983 年,由中国建筑科学研究院建筑物理研究所和空气调节研究所主编,中国建筑技术发展中心建筑经济研究所、南京大学大气科学系、哈尔滨建筑工程学院供热系、辽宁省建筑材料科学研究所、北京市建筑设计院研究所等七个单位参与,在调研、测试、计算分析和技术经济论证、少量吸取国外经验的基础上,共同编制了该标准。

1. 标准制定的背景

20 世纪 80 年代初,中国刚刚回到正常的社会经济发展轨道,也从此开始走上了中华民族复兴的道路。其后高速稳定的经济发展,超出了所有人的预料。在建筑领域,其建设规模、速度和技术水平的发展变化之快,世界罕见。

1982 年 9 月 1 日,时任中共中央总书记胡耀邦在中国共产党第十二次全国代表大会上做了题为"全面开创社会主义现代化建设的新局面"的报告,在该报告中提出"从一九八一年到本世纪末的二十年,我国经济建设总的奋斗目标是,在不断提高经济效益的前提下,力争使全国工农业的年总产值翻两番,即由一九八〇年的七千一百亿元增加到二〇〇〇年的二万八千亿元左右"的宏伟理想,并指出"要保证国民经济以一定的速度向前发展,必须加强能源开发,大力节约能源消耗"的经济发展指导思想。这是改革开放的总设计师邓小平提出的在二十世纪末实现小康社会[①]思想的具体体现。

---

① 注:"翻两番"的说法最早由邓小平提出。根据 1980 年 1 月 16 日邓小平在中共中央召集的干部会议上的讲话,这番话并不是邓小平主动向客人介绍情况时讲的。邓小平说:前不久一位外宾同我会谈,他问,你们那个四个现代化究竟意味着什么? 我跟他讲,到本世纪末,争取国民生产总值每人平均达到一千美元,算个小康水平。(注:《邓小平文选》第 2 卷,人民出版社,1994 年:第 259 页。)

1982 年 10 月 24 日,时任国务院总理赵紫阳在全国科学技术奖励大会上发表题为"经济振兴的一个战略问题"的讲话,在讲话中指出"一九八○年,我国的工农业总产值是七千一百亿元。到二○○○年,要在不断提高经济效益的前提下力争翻两番,达到二万八千亿元左右⋯⋯一九八○年,我们生产的各种能源,折合成标准煤,相当于六亿三千万吨⋯⋯到本世纪末,能源供应量大体上可以翻一番。能源翻一番,能不能保证总产值翻两番⋯⋯我们应当力争达到能用十二亿吨标准煤来实现二万八千亿元总产值的水平。"该讲话中正式提出了在能源消耗量翻番的前提下,GDP 翻两番的构想[①],各行各业均需通过科学技术挖掘潜力和大力节约能源消耗。

20 世纪 80 年代的中国,并没有受到 1973 年和 1979 年的两次世界石油危机的直接冲击,此时的中国经济仍然游离于世界主流经济和贸易社会之外,此时中国几乎不进口能源,不仅如此,尽管国家能源供应紧张,但是仍然还拿出能源生产中的相当一部分用于出口以换取宝贵的外汇。

据《中国统计年鉴》显示,1985 年中国人均国内生产总值只有 858 元(当年价格),人均城镇居民住房建筑面积只有 10 平方米,城镇人均生活用能折合标准煤 307 千克,社会总的能源消费量折合 76682 万吨标准煤。此时中国能源的主要矛盾是发展经济需要大量能源,而国内能源生产不能满足需求,又没有外汇购买能源。这就要求我们必须一方面加强能源开发,另一方面大力节约能源消耗。

以上是全国的情况。关于北方采暖区的情况,胡璘等(1986)的研究指出,我国现有采暖住宅建筑面积约有 5.5 亿平方米,今后五年内将续建 3.2 亿平方米。估计到本世纪末包括可能要扩大采暖地区的范围和某些地区要延长采暖期的因素在内,采暖居住建筑面积累计可能达到 20 亿平方米左右,采暖居住建筑的年耗煤量 6000 万吨标准煤(按现有采暖居住建筑的全国平均能耗水平 30 $kg/(m^2 \cdot y)$ 推算)。显然,这种能耗发展趋势必然会给整个国民经济建设计划带来严重影响。针对这种状况,制定一个《民用建筑节能设计标准》已成为当务之急,特别是采暖居住建筑,因其量大面广,耗能多,

---

①　注:后来的历史表明,我国 1995 年就提前完成了这个第一次提出的 GDP"翻两番",社会总能耗也基本实现了只"翻一番"的构想。据《中国统计年鉴 2000》,中国统计出版社,2001.

故应放在优先地位予以考虑①。

由于北方采暖地区(严寒和寒冷地区)房屋建筑的建筑面积约占全国房屋建筑的一半,每年有 3～6 个月的供暖期,量大面广,供暖能耗是当时建筑能耗的主体。这揭示了先制定北方采暖区居住建筑节能设计标准的缘由。当时在中国其他气候区的居住建筑,如夏热冬冷地区和夏热冬暖地区,虽然气候恶劣,但为了改善室内热舒适而消耗的能源几乎可以忽略不计,没有空调,没有暖气,只有少数家庭有电风扇。

1986 年 1 月 12 日,国务院颁布《节约能源管理暂行条例》,同年 4 月 1 日开始实行。该条例也是我国首个关于节约能源的国务院条例。其中第六章"城乡生活用能管理"中要求在建筑物设计中需采取有效措施降低采暖、照明和制冷能耗。这个条例可能是中央政府首次直接提出建筑节能的要求。

为了实现节约能源政策,建筑的生产和使用作为能源消耗大户,必须做出重要贡献。为此,国务院建设行政主管部门提出了在 2000 年前节能目标分两阶段实现的设想②:第一阶段(1986—1990 年),要求新设计的居住建筑的采暖能耗在 1980—1981 年通用设计的基础上降低 30%左右;第二阶段(1991—2000 年),要求新设计的居住建筑采暖能耗,在第一阶段的基础上(即降低 30%)再降低 30%,共计降低 50%左右。建设部还制定了"到 2000 年采暖住宅面积翻两番的同时,采暖能耗只能翻一番"③的目标。

JGJ 26—86 标准即是贯彻执行党的报告和中央领导人讲话精神,以及执行《节约能源管理暂行条例》在建筑领域的具体体现。1982 年原国家能源委员会委托原国家建委、建工总局下达了有关建筑节能方面的科研任务,由中国建筑科学研究院建筑物理研究所和空气调节研究所负责承担了"民用

① 胡璘,杨善勤.我国《民用建筑节能设计标准(采暖居住建筑部分)》(试行)简介[J].建筑学报,1986(5).

② 胡璘,杨善勤.我国《民用建筑节能设计标准(采暖居住建筑部分)》(试行)简介[J].建筑学报,1986(5).

林海燕,郎四维.建筑节能设计标准中几个问题的说明[J].建设科技,2007(6).

③ 陈蒂蒂,周景德,杜文英.采暖住宅建筑能耗调查与实测[J].《建筑技术通讯(暖通空调)》,1987(2).

建筑节能设计标准(采暖居住建筑部分)""采暖住宅建筑能耗现状的调查、实测与计算分析"①"我国民用建筑金属外窗的能耗现状及其节能措施的研究"和"墙体保温性能的改进研究"四项研究课题。这4个国家课题的下达是我国正式开展建筑节能工作的标志性事件。

JGJ 26—86 的基本目标是:在保证使用功能的前提下,通过在建筑物围护结构和供暖供热系统设计中采用适当的技术措施,将供暖能耗从 1980 年、1981 年当地住宅通用设计的基础上降低 30%,同时节能投资不能超过工程造价的 5%。

2. 标准的实施及效果

1987 年 9 月 25 日,城乡建设环境保护部、国家计划委员会、国家经贸委和国家建材局联合下发《关于实施〈民用建筑节能设计标准(采暖居住建筑部分)〉的通知》,要求寒冷地区各省(区)抓紧编制实施细则,于 1990 年前在新建住宅得到普遍执行。

实际上,由于 JGJ 26—86 标准是试行标准,非强制性,刚开始主要是通过试点示范工程积累经验、开发节能材料和相关技术作为主要目的,并没有在北方采暖区全面推广实施,至 JGJ 26—95 标准发布前的 9 年时间里进展缓慢,该时间段采暖区按照该标准设计并实施的与实际住宅建设总量相比几乎可以忽略不计。

JGJ 26—86 标准的主要编制人之一杨善勤 1997 年在《〈民用建筑节能设计标准(采暖居住建筑部分)〉修订的主要内容及实施建议》②一文中揭示了该标准实施后的应用效果:我国第一阶段节能 30% 的《民用建筑节能设计标准(采暖居住建筑部分)》JGJ 26—86(以下简称原标准),自 1987 年 8 月 1 日起实施到 1995 年底,在我国严寒和寒冷地区(主要包括"三北"地区)已有北京、天津、哈尔滨、辽宁、吉林、内蒙、甘肃、陕西、山西等省、市、自治区根据原标准编制了当地的实施细则,并已建成节能建筑 4000 多万平方米,其中北

① 陈蒂蒂.采暖住宅建筑能耗现状调查实测及计算方法的研究(采暖系统部分)[J].建筑科学,1986(2).

② 杨善勤.《民用建筑节能设计标准(采暖居住建筑部分)》修订的主要内容及实施建议[J].房材与应用,1997(1).

京市约 2700 万平方米,天津市近 1000 万平方米。

在 JGJ 26—95 标准总则的条文解释中又给出了另一种数据:由于种种原因,在我国"三北"地区并未全面实施,迄今只有北京、天津、哈尔滨、西安、兰州、沈阳等几个先行城市实施约 3000 万平方米。

无论是 4000 万平方米还是 3000 万平方米,与同期总的住宅建设量相比,这一数字非常小。换句话说,"原标准的实施面积远远未能达到预定要求"①。

根据统计数据显示,1985 年,北方城镇集中采暖住宅建筑面积约 5.5 亿平方米,至 1995 年底,这一面积增至约 21 亿平方米②,也就是说,10 年间竣工的约 15.5 亿平方米住宅只有约 2.6% 是按照 JGJ 26—86 标准的要求实施了节能设计。北京、天津因其天然的资金和人才及产业优势,取得一定的成绩不足为奇,而采暖区的其他省市的实施数量在建设量巨大的背景下几乎可以忽略不计。至于到底节约了多少采暖煤耗,没有相关的数据报告,如果有,则全部都是估算而不是统计数据。

1995 年 5 月 11 日发表的《建设部建筑节能"九五"计划和 2010 年规划》中对产生这种结果的原因做出了解释:建筑节能工作在北京、天津等地进展情况较好,但在采暖区很多城镇进展相当缓慢,其原因主要是:建筑节能意识差,还没有在社会和建筑界形成强大的舆论,特别是有些负责干部对此认识不足;立法不健全,尽管节能技术标准属于强制标准,却缺乏行政法规和机构实施监督和强制执行;包费制的采暖收费制度与用户直接利益无关,不能促使住户关心节约热能,建筑节能缺乏经济政策驱动机制,建设单位往往过多计较一次性基建投资,而对几年后可以回收则十分忽视;节能科技投入过少,从研究到推广各环节的工作还不配套,建筑节能产业体系远未建立。

杨善勤在《〈民用建筑节能设计标准(采暖居住建筑部分)〉修订的主要内容及实施建议》一文中对这种结果也给出了解释:由于管理体制不顺,房

---

① 杨善勤.《民用建筑节能设计标准(采暖居住建筑部分)》修订的主要内容及实施建议[J].房材与应用,1997(1).

② "5.5 亿"数据来自文献:胡璘,杨善勤.我国《民用建筑节能设计标准(采暖居住建筑部分)》(试行)简介[J].建筑学报,1987(6)。"21 亿"数据来自《中国统计年鉴 1997》,经解析得出。

屋开发部门及居民与建筑节能无切身利害关系,缺乏节能积极性;有的主管部门对墙体材料革新与建筑节能的关系处理不当,牵制了节能建筑的发展;对节能技术和产品研究开发投入不足,成熟、配套、可供实际应用的节能技术和产品缺乏;有些主管部门抓建筑节能的决心不大、力度不够等原因,使得原标准的实施面积远远未能达到预定要求。

实际上,以上均不是 JGJ 26—86 标准未能取得预期效果的根本原因,问题的根本在于当时并不是实施建筑节能政策和标准的恰当时机。原因在于,当时居住问题的根本矛盾在于解决数量问题(是否够住),而不是质量(舒适和节能)问题。也就是说,首先是有没有的问题,而不是好不好或者节能不节能的问题。关于这一时期城镇的居住情况,吕俊华等在《中国现代城市住宅:1840—2000》一书中有详细的描述。经过近 30 年的建设,在先生产后生活的指导思想下,城镇人均住房面积从 20 世纪 50 年代初的 4.5 平方米不升反降至 1978 年 3.6 平方米,根据建设部对全国 182 个城市的调查,这些城市缺房户共有 689 万户,占城市总户数的 35.8%[①]。到 1985 年,城镇人均住宅建筑面积才升至约 10 平方米[②]。在"住得下,分得开"的基本居住面积需求还远未解决的背景下来实施建筑节能的政策是难以取得理想结果的,注定要失败。

许多省市为了配合中央政府和建设部的政策,就 JGJ 26—86 标准在当地的实施制定了实施细则及行政执行文件等,至 1991 年,按照建设部文件的要求实施 JGJ 26—86 标准和编制出地方标准或者实施细则的有北京、天津、河北、黑龙江、吉林、内蒙古、陕西、甘肃、新疆等省市。但大多数停留在纸面上而没有真正得到执行,其根本原因就是首先要解决主要矛盾,这个主要矛盾就是数量问题而不是节能问题。

欧洲、日本等国家和地区在第二次世界大战后的住宅建设历史表明,总

---

①　吕俊华,彼得·罗,张杰.中国现代城市住宅:1840—2000[M].北京:清华大学出版社,2003,第 196 页.

②　中华人民共和国国家统计局.中国统计年鉴 2007[M].北京:中国统计出版社,2008.

注:人均居住面积和人均住宅建筑面积是两个不同概念,通常人均居住面积=0.7×人均住宅建筑面积。这两个概念在不同的历史时期具有不同的意义。

体表现为先解决数量问题然后才能转到质量提升①。虽然这并不表明我们要重复发达国家已经走过的道路,但是遗憾的是,事实上我国的确在很多方面仍然没能逃脱这个规律,例如住房建设先数量后质量,发展经济先污染后治理等,哪怕治理的投入巨大无比。

所以说,JGJ 26—86 是在错误的时间做了一件正确的事,标准或政策推出的时机不当。但也从另一个角度说明我国中央政府和建设行政主管部门未雨绸缪,居安思危,提前进行建筑节能布局,第一阶段虽未取得理想成绩,但初步锻炼了队伍,培养了人才,传播了观念。

3. 主要贡献及存在的问题

JGJ 26—86 标准的主要贡献如下。

(1) JGJ 26—86 是我国第一部建筑节能设计标准,真正开创了我国建筑节能的历史,具有里程碑意义。

(2) 初步建立了我国建筑节能设计标准的编制思路和架构,影响了其后所有的节能设计标准的编制和修订。这点将在第五章中详细论述。

(3) 中国的建筑节能设计标准的编制从一开始就具有中国特色。例如分建筑类型、分建筑气候区分别制定标准,设定节能率目标,引入了体形系数的概念等。

(4) 促进了建筑技术的进步。我国大规模开展建筑节能技术的研究工作基本上是从本标准的颁布实施开始的。

(5) 促进了建筑节能相关法律和行政规章的建立和完善。

JGJ 26—86 标准存在的不足如下。

(1) 使用非强制性的可实施的规范语言编写,大量条款是建议性的,而非强制性的。这使执行该标准时存在着模糊性,这与同时期的美国 ASHRAE 90A—80 标准类似。

(2) 该标准颁布直至新的 1995 版标准施行,9 年中未对标准做任何更新、修订和补遗等工作。

---

① 日本于 1973 年实现了一户一宅的目标,欧洲也于同时期解决了第二次世界大战后房屋短缺问题,基本实现了居者有其屋的理想。其后才将工作重点转移到住宅的多样性、适应性以及房屋性能上来。

（3）标准的实施和推广缺乏有效的来自政府和标准编制单位的各项支持。这个问题不仅当年存在，现在情况依然存在。

（二）JGJ 26—95

1995 年，中国已经提前完成了 1982 年提出的国内生产总值翻两番的目标，人均 GDP 也从 1980 年的 463 元提高到 5046 元[①]。国家的经济正高速稳定向前发展，但能源供应紧张的局面仍然是中国经济发展的主要障碍，建筑节能被认为可以为此做重要的贡献。节约能源的压力越来越大，面临的形势也越来越紧迫。官方数据[②]表明，1995 年寒冷地区采暖能耗已达 1.27 亿吨标准煤，占全国总能耗的 10.7%，占采暖地区全社会能耗的21.4%，在一些严寒地区城镇建筑能耗则高达当地社会总能耗的一半。在采暖季节，采暖燃煤已经成为城镇采暖期空气污染大大超过标准的主要原因。如果北方地区建筑采暖耗煤量不大幅度降低，采暖区城镇冬季大气环境质量就不可能达到标准要求。预计到 2000 年寒冷地区采暖能耗将增至 1.79 亿吨标准煤，占全国能源消费总量的比例将上升至 13.6%，占采暖地区全社会能耗的 27.2%。随着现代化建设的发展，建筑能耗比例将日益接近国际水平（30%～40%），能源供应将更加紧张，从而影响经济的持续发展。

按照最初的计划，第二阶段节能标准本应于 1991—2000 年执行，也就是说，第二阶段节能标准本应于 1991 年前出台。由于第一阶段的节能标准执行的效果非常不理想，并且节能设计方面人才的培训和建筑节能材料的生产也未如计划的那样顺利等因素，第二阶段节能标准只能推迟执行。

1992 年 11 月 9 日，国务院批准了国家建材局、建设部、农业部、国家土地局拟定的《关于加快墙体材料革新和推广节能建筑的意见》（以下简称《意见》），该《意见》是为了贯彻《中华人民共和国国民经济和社会发展十年规划和第八个五年计划纲要》中关于加快墙体材料的革新及开发和推广节能、节地、节材住宅体系的精神而制定的具体措施。要求在"八五"期间建筑节能的奋斗目标之一是到 1993 年末，严寒及寒冷地区城镇新建住宅全部达到节

---

① 注：按照 1978 年不变价格计算，1995 年的人均 GDP 应是 1980 年的 3.53 倍，即 1634 元。数据来源：《中国统计年鉴 2000》。

② 《建设部建筑节能"九五"计划和 2010 年规划》建办科[1995]80 号文.

能设计标准,其采暖能耗在 1980 至 1981 年通用设计水平的基础上降低 30%,其中部分降低 50%,1995 年起,全部按采暖能耗降低 50%设计建造。这份文件反映出两个重要的内容:一是全面执行节能 30%的 JGJ 26—86 标准的宽限期至 1993 年;二是第二阶段 50%的节能标准从 1995 年开始执行。

1995 年 5 月 11 日,建设部以建办科[1995]80 号文印发了《建设部建筑节能"九五"计划和 2010 年规划》,该文件要求:新建采暖居住建筑 1996 年以前在 1980—1981 年当地通用设计能耗水平基础上普遍降低 30%,为第一阶段;1996 年起在达到第一阶段要求的基础上节能 30%,为第二阶段;2005 年起在达到第二阶段要求的基础上再节能 30%,为第三阶段。50%的节能标准的执行日期再次推迟至 1996 年。该文件可能是首份官方权威的公开文件,明确了建筑节能分"三个阶段"的构想。

JGJ 26—95 是对 JGJ 26—86 的第一次更新,1995 年 12 月 7 日发布,1996 年 7 月 1 日正式执行。该标准从试行标准升级为强制标准,名称未变。这是预定的第二步节能目标,节能率提高到 50%。JGJ 26—95 仍然延续了 JGJ 26—86 的思路,仅仅对建筑围护结构和集中采暖供热系统的设计限值进行规定,提高了标准。也就是说仍然聚焦于冬季采暖的节能,但去除了经济评价的内容。

在整个"九五"期间,国务院有关部门和建设部又出台了多个重要的关于建筑节能的政策文件。建设部第一次编制了我国《建筑节能"九五"计划和 2010 年规划》,明确了在我国开展建筑节能工作的总体目标、工作任务和实施策略;建设部、国家计委、国家经贸委、国家税务总局联合发布了《关于实施〈民用建筑节能设计标准(采暖居住建筑部分)〉的通知》,对各地实施节能 50%的标准提出了具体要求;国家计划委员会、国家经贸委、建设部联合制定了《关于固定资产投资工程项目可行性研究报告"节能篇(章)"》编制及评估的规定,要求固定资产投资工程可行性研究报告必须包括"节能篇(章)",并进行节能专题论证;国家计委、电力部、建设部联合发布了《关于发

展热电联产的若干规定》；颁布了《民用建筑节能管理规定》的部长令①（第
143号），对建设项目有关建筑节能的审批、设计、施工、工程质量监督以及运
营管理各个环节做出了规定。许多地方政府建设行政主管部门也编制了当
地节能设计标准实施细则并出台了建筑节能管理规定。

　　这一系列的政策文件的有力贯彻执行，大大促进了该标准的实施效果。
建设部和各地还安排了几百个专项科研开发项目，编制出版了一批节能应
用图集和资料汇编，发展了多种保温建材，在北京、哈尔滨、天津等一些城市
进行了工程试点，建设了北京安苑北里小区、周庄子小区、哈尔滨嵩山小区
等新建节能示范小区以及许多试点建筑。

　　与JGJ 26—86标准实施的效果相比，JGJ 26—95标准可以说取得了巨
大的进步。在"九五"（1996—2000）期间，全国每年建成的节能建筑，从"九
五"初期刚超过1000万平方米发展到"九五"末期的5000万平方米。据不完
全统计，至2000年累计建成节能建筑面积1.8亿平方米②，这其中相当高的
比例是采暖区的住宅。

　　（三）JGJ 26—2010

　　从1995年至2010年的15年间，中国的经济持续以超过两位数的速度
增长，城镇人均居住水平同样也得到很大的提高。GDP从1995年的
60793.7亿元增长到2010年的401512.8亿元，人均GDP从1995年的5046
元增长到2010年的30015元，如果按照不变价格计算，增长了2.69倍；城镇
居民人均住宅建筑面积从1995年的16.3平方米增加到2010年的31.6平
方米③，也就是说三口之家平均可以拥有一套90多平方米建筑面积的住宅。
从数量来看，2010年我国城镇居民已经初步解决了面积需求的问题。改革
开放以来，终于在居住面积问题上基本还上了历史的欠账，不过此时的城市
居住问题的主要矛盾又转移到贫富不均和房价等问题上来。

　　从本版标准开始，JGJ 26标准更名为《严寒和寒冷地区居住建筑节能设

---

　　① 《民用建筑节能管理规定》第十一条　新建民用建筑应当严格执行建筑节能标准要求，民用
建筑工程扩建和改建时，应当对原建筑进行节能改造。

　　② 《建设部建筑节能"十五"计划纲要》。

　　③ 中华人民共和国国家统计局.中国统计年鉴2012[M].北京:中国统计出版社,2013.

计标准》。这也明确了我国的建筑节能设计标准将走分气候区、分建筑类型的道路。JGJ 26—2010 版发布于 2010 年 3 月 18 日,于 2010 年 8 月 1 日开始施行。本标准的节能目标在 JGJ 26—95 的 50% 的基础之上再提高 30%,达到 65%。

相对于 1995 版标准,时隔 15 年的更新。如果按照 1995 年制定的《建设部建筑节能"九五"计划和 2010 年规划》中的设想,第三阶段 65% 的节能设计标准本应于 2005 年开始执行。按照这个文件的要求,2010 版标准又晚了 5 年。

1997 年 11 月发表的《1996—2010 中国建筑技术政策》[①]中"建筑节能技术政策篇"提出的基本目标:"从 1996 年起到 2000 年,新设计的采暖居住建筑应完成 1980—1981 年当地通用设计能耗水平基础上节能 65%,从 2005 年起新建采暖居住建筑应在此基础上再节能 30%(即达到 75% 的标准)",按照这个文件的要求,2010 版标准更加晚了。

早在 2003 年,JGJ 26 标准的主要编制人之一郎四维就撰文描述了采暖区居住建筑的第三阶段 65% 的修订思路[②],但是这个第三阶段标准并未按期推出。

本标准仍然由中国建筑科学研究院主编,此次另有 8 所大学和科研及建筑设计单位以及 7 家建筑材料生产企业加入标准的修编工作中。除了主编单位以外,有两家单位延续,但编制人员都是新加入的,主编单位也只有 1 人延续,其余均是新加入的。JGJ 26—2010 增加了审查环节,7 个单位的 8 人参加审查。

本次修订的主要技术内容如下。

(1)"严寒和寒冷地区气候子区及室内热环境计算参数"按采暖度日数细分了我国北方地区的气候子区,规定了冬季采暖计算温度和计算换气次数。

(2)"建筑与围护结构热工设计"规定了体形系数和窗墙面积比限值,并

---

① 中华人民共和国建设部.1996—2010 中国建筑技术政策[M].北京:中国城市出版社,1998.

② 郎四维.标准瞄住 65%——修订北方居住建筑节能设计标准的思考[J].建设科技,2003 (8):14-15.

按新分的气候子区规定了围护结构热工参数限值;规定了围护结构热工性能的权衡判断的方法和要求;采用稳态计算方法,给出该地区居住建筑的采暖耗热量指标。

(3)"采暖、通风和空气调节节能设计"提出了对热源、热力站及热力网、采暖系统、通风与空气调节系统设计的基本规定,并与当前我国北方城市的供热改革相结合,提供相应的指导原则和技术措施。

其中与 JGJ 26—95 相比最重要的变化不在于对外围护结构设计要求的提高,也不是对采暖系统能效标准的提高,而是增加了通风和空调的设计要求,不再仅仅局限于采暖节能。这也是逐步迈向一个全面的节能设计标准的重要一步。

(四) JGJ 26—2018

JGJ 26—2018 标准是完成既定的北方采暖区住宅节能设计标准 3 个阶段后的进阶阶段,仍然是大踏步地将节能率再次提高 30%,因此本版标准的名义节能率达到了 75%。从 JGJ 26—86 到 JGJ 26—2018,4 个标准,3 次修编。从初始的 1986 版节能 30%,每一次的修编都比上一版标准再节能 30%。这比起美国的相关标准,每次更新迈的步子要大得多。在此之前,北京、天津等城市已经率先施行了 75% 标准。

本标准仍然由改制后的中国建筑科学研究院有限公司担任主编单位,会同 2 所大学、9 家北方的建筑设计院、12 家建筑材料和设备生产企业和 1 家软件公司共同完成。标准起草人有 31 人,审查人员 9 人。

除了 JGJ 26—2010 增加的关于通风和空调的设计要求外,又增加了燃气部分、给水排水(热水)、电气的节能设计要求。

从图 3-6 可以看出,北方城镇由于建筑面积大幅度增加,20 年间采暖能耗总量提高了 1.65 倍,但是采暖能耗强度指标却从 1996 年的 24.3 kgce/(m² · a)降到 2016 年的 14 kgce/(m² · a),整体下降了 42.4%,成绩是非常显著的。这无疑与建筑节能设计标准切实地得到了贯彻执行有着密不可分的关系。

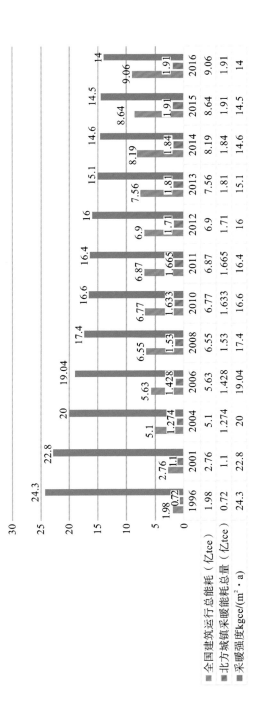

图 3-6　1996—2016 年北方采暖能耗变化情况

数据来源：《中国建筑节能年度发展研究报告》历年报告。

注：上表中的采暖能耗总量与强度包含了公共建筑，中间缺的年份，该报告没有直接提供，也没有单独提供住宅的采暖能耗量与强度值。

二、《夏热冬冷地区居住建筑节能设计标准》JGJ 134

《夏热冬冷地区居住建筑节能设计标准》是我国第二部建筑节能设计标准。该标准单独设立了一个标准号,说明了我国的建筑节能设计标准实际上走以分气候区分设标准的道路。

第一版于 2001 年 7 月 5 日发布,2001 年 10 月 1 日开始施行。2010 版是第二版,2010 年 3 月 18 日发布,并于 8 月 1 日施行,但是节能目标并未提高,仍然是 50%。

JGJ 134—2001 包括总则,术语,室内热环境和建筑节能设计指标,建筑和建筑热工节能设计,建筑物的节能综合指标,采暖、空调和通风节能设计六章,以及附录和用词说明。2010 版的章节结构基本未变。

JGJ 134 标准适用于夏热冬冷地区新建、改建和扩建居住建筑的建筑节能设计。该标准的节能目标是在设计阶段控制围护结构热工性能及提高采暖空调设备能效比,使采暖空调能耗比以前传统居住建筑(没有保温隔热措施)在保持同样室内热环境条件时节能 50%。

JGJ 134—2001 没有再采取 JGJ 26 标准的试行模式积累经验后再转变为强制标准的做法,而是一经发布就确定为强制标准,并且一步就把节能目标设为 50%。

夏热冬冷地区即传统意义上的长江中下游地区及部分周边地区,涉及 17 个省、自治区和直辖市(四川、重庆、贵州东部、广西局部、广东北部、湖北、湖南、安徽、江西、福建北部、浙江、江苏、上海、河南南部、陕西、甘肃南部、云南局部),西至四川成都平原西缘,北至甘肃陇南、陕西山阳、河南平顶山、安徽宿州和江苏盐城连线,南至贵州凯里、广西桂林、广东韶关、江西赣州和福建宁德连线,人口约 7 亿,占全国总人口 50%,国土面积约 180 万平方千米,占全国国土面积的 18.8%。该地区 2000 年时的 GDP 产值约占全国 GDP 的 48%,是一个人口密集、经济发达的地区。

关于夏热冬冷地区的气候特征,文献《适应夏热冬冷地区气候的建筑表

皮之可变化设计策略研究》①给出了详细的与世界其他同纬度地区的比较。总体而言,表现为:

(1)夏季极端气温高,时间长,气温日较差小;

(2)冬季寒冷,1 月份气温比世界上同纬度其他地区一般要低 8~10 ℃,是世界同纬度地区冬季最寒冷的地区;

(3)夏季静风率高。夏季,利用自然通风降温的方法在夏热冬冷地区效果并不理想,白天关窗比开窗通风更适应这里的气候,更能保持室内的温度,即便是子夜,室外气温也往往高于 26 ℃;

(4)冬、夏季节湿度均高。夏天闷热、冬天湿冷是最突出的共同感受;

(5)冬季日照偏少,给被动式利用太阳能带来不利因素;

(6)春末夏初为长江中下游地区的梅雨期,多阴雨天气,时间长达一个月。

冬夏两个极端气候集于一个人口和经济活动密集、面积广大地区,这在世界上是绝无仅有的,也可以说在同纬度地区从热舒适角度而言,条件是最差的。因此,在这样的气候条件下,进行建筑节能设计将变得更加困难,也意味着即便是采取相同等级的节能措施,要达到与世界其他同纬度的地区相类似的室内热舒适度的话,必然需要消耗更多的能量,需要同时处理夏冬两极的问题。

(一)标准制定的背景

至 2001 年,北方采暖区居住建筑节能设计标准已经发布并施行了 14 年,并取得了一定的效果。按照既定的计划,下一步将解决长江中下游地区居住建筑的节能问题。

伴随着中国经济的持续增长,国民的生活水平也持续得到提高,夏热冬冷地区的城镇居民为保证基本的生活质量,自行采取各种冬季采暖和夏季降温方式,而该地区的居住建筑的围护结构的性能与日益增长的为保证基本的室内环境热舒适度而消耗的能源的矛盾日益突出。

---

① 李保峰.适应夏热冬冷地区气候的建筑表皮之可变化设计策略研究[D].北京:清华大学,2004.

（1）低水平的围护结构性能。

①该地区的建筑外墙普遍采用 240 实心黏土砖，无论是砖混结构还是框架结构的填充墙，保温性能只能达到约 2.0 W/(m²·K)，部分经济欠发达地区还采用 190 mm 厚的混凝土空心砌块替代 240 砖，保温隔热性能更低。

②外窗普遍采用木框单层玻璃或者实腹钢窗单层玻璃，保温性能只能达到 6.0～6.6 W/(m²·K)，经年后其密封性能也变得很差。

③屋面大多只是简单地进行保温隔热处理，保温性能约 1.6 W/(m²·K)。这样的外围护结构各部分的热工性能很差，导致冬夏两季室内的热环境质量极差。

（2）空调制冷和采暖耗电量增长迅速，普遍超出了电网供电能力。

为提高生活质量，经济逐渐富裕的城镇居民开始购置各种电加热采暖器在冬季采暖（夏热冬冷地区城市居民很少用煤采暖），夏季则将电风扇升级为空调器。《中国统计年鉴 2002》显示，全国城镇居民每百户居民拥有的空调数量在 2001 年时已经达到 35.79 台，其中，上海 100.4 台、江苏 52.73 台、浙江 71.0 台、安徽 36.44 台、福建 55.24 台、湖北 43.96 台[①]。20 世纪 90 年代至 2010 年前后，因电力供应不足，该地区的绝大部分城市居民均体会到夏天经常被拉闸限电的滋味。

由于住宅建筑围护结构的热工性能普遍很差，电暖器采暖和空调的能耗高，无论是从改善居民室内热环境条件出发，还是从减少城市用电高峰功率、降低耗电量出发，更进一步从保护环境、减少化石燃料消耗、减少 CO_2 排放量的角度出发，制定该地区的建筑节能标准已是刻不容缓。

1995 年 5 月发布的《建设部建筑节能"九五"计划和 2010 年规划》中提出了"夏热冬冷地区新建民用建筑 2000 年开始执行建筑热环境和节能标准"的要求，这份文件给出了标准推出的时间表；2002 年 6 月 6 日发布的《建设部建筑节能"十五"计划纲要》中要求：夏热冬冷地区大中城市 2001 年 10 月 1 日起执行《夏热冬冷地区居住建筑节能设计标准》，2003 年小城市普遍执行，2005 年各县城均予推行。这份文件又给出了标准施行的具体时间

---

① 中华人民共和国国家统计局.中国统计年鉴 2002[M].北京：中国统计出版社，2002.

安排。

JGJ 134—2001 版标准编制工作始于 1999 年 12 月 12 日,由中国建筑科学研究院和重庆大学主编,14 家大学、科研、设计和企业单位联合完成。能源基金会(美国)中国可持续能源计划项目资助了该标准的编制工作,美国劳伦斯伯克利国家实验室(Lawrence Berkeley National Laboratory,LBNL)和美国自然资源保护委员会对编制标准给予了技术支持,包括动态能耗模拟软件 DOE-2 和非稳态传热条件下能耗模拟所必备的逐时气象参数的研发。LBNL 也是美国能源部下属的重要的建筑节能基础研究机构之一。

JGJ 134—2010 版的编制单位除中国建筑科学研究院外,从 JGJ 134—2001 的 14 家增至 2010 版的 16 家,除主编单位外延续的有 5 家;编制人员从 JGJ 134—2001 的 17 人增至 JGJ 134—2010 的 18 人,其中只有 7 人延续。编制 JGJ 134—2010 时增加了审查环节,9 个单位的 9 人参加审查。

(二) 标准的实施及成效

2000 年 2 月 18 日,建设部令第 76 号《民用建筑节能管理规定》中规定:建筑节能必须按强制性标准执行,违反的要予以严格的处罚,轻则罚款,重则责令停业整顿、降低资质等级或者吊销资质证书。2000 年 8 月 21 日建设部颁布第 81 号令《实施工程建设强制性标准监督规定》,该规定第六条要求:建设项目规划审查机构应当对工程建设规划阶段执行强制性标准的情况实施监督。施工图设计文件审查单位应当对工程建设勘察、设计阶段执行强制性标准的情况实施监督。从该部令开始,我国逐渐开始实行施工图审查制度,但初期,节能专项审查并没有普遍开展。2004 年 11 月 12 日,建设部印发了建科〔2004〕174 号《关于加强民用建筑工程项目建筑节能设计审查工作的通知》,从这份文件开始,我国才开始普遍实行民用建筑节能设计审查备案登记制度。2005 年 4 月 15 日,建设部又印发了建科〔2005〕55 号《关于新建居住建筑严格执行节能设计标准的通知》,进一步重申了严格执行标准的要求。

为同样的诉求反复下达行政令是我国政府执政的普遍现象,也从一个侧面说明中央政府的决策在地方并未得到有效执行,这其中有许多深层次的因素。

JGJ 134—2001 颁布施行后，夏热冬冷地区各省市在其后的几年内纷纷制定了该标准在各自行政区的地方实施细则。最早的是浙江省，于 2003 年推出。有些省会城市还制定了比 JGJ 134—2001 节能目标高一级的实施细则。上海市因其强大的科研和经济实力，更是早于 JGJ 134—2001 推出了《上海市住宅建筑节能设计标准》DG/TJ 08-205—2000。夏热冬冷地区的中心湖北省则是 2005 年才推出自己的实施细则，也是从这一年才真正开始在辖区内强制实行该标准，比《建设部建筑节能"十五"计划纲要》中的要求晚了 4 年。

由于有经济持续稳定的发展作支撑，加之经过十余年的建筑节能政策的推行，在人才教育、产业、法律和经济激励政策等共同作用下，建筑节能政策此时才真正开始普遍得到贯彻，按照建筑节能设计标准设计和施工成为新建建筑设计和施工的规定性动作。

2012 年 5 月 9 日发布的《"十二五"建筑节能专项规划》中要求：到 2015 年，北方严寒及寒冷地区、夏热冬冷地区全面执行新颁布的节能设计标准。这份规划文件又揭示了 JGJ 134—2010 标准推行的时间表。实际上，许多省市在 2010 版标准颁布后不久，也纷纷出台自己的实施细则，比上述规划要求提前开始强制执行了，这也是近些年来建筑节能取得的一项成绩。

关于 JGJ 134 实施后取得的节能成效，节能率 50% 的标准在实际中到底能节约多少，目前为止还没有权威的调查统计数据。《中国建筑节能年度发展研究报告》在其固定的第一章"中国建筑能耗基本现状"中都会对建筑能耗的基本数据进行概要阐述，在 2011 年之后便不再描述夏热冬冷地区的能耗状况的测算结果（图 3-7）。

图 3-7 仅反映了采暖能耗，包含了公共建筑，该报告没有提供空调电耗数据。相比于北方采暖区，2008 年夏热冬冷地区采暖能耗仅是其同年的十分之一，但可以看出采暖能耗增加的趋势和速度非常明显。一方面反映采暖刚性需求的迫切，另一方面反映出人民生活水平的提高。

三、《夏热冬暖地区居住建筑节能设计标准》JGJ 75

夏热冬暖地区大体在北纬 27°以南、东经 97°以东的地区，包括我国南方

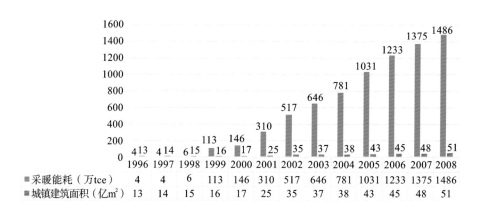

	1996	1997	1998	1999	2000	2001	2002	2003	2004	2005	2006	2007	2008
■ 采暖能耗（万tce）	4	4	6	113	146	310	517	646	781	1031	1233	1375	1486
■ 城镇建筑面积（亿㎡）	13	14	15	16	17	25	35	37	38	43	45	48	51

■ 采暖能耗（万tce）　■ 城镇建筑面积（亿m²）

图 3-7　1996—2008 年夏热冬冷地区采暖能耗测算结果

数据来源:《中国建筑节能年度发展研究报告》2011

沿海的广西大部、广东大部、海南全境、台湾、福建南部、云南小部分地区以及香港和澳门特别行政区。该地区经济快速发展,人民生活水平迅速提高,此地区经济的发展,以沿海一些中心城市及其周边地区最为迅速,其中珠江三角洲地区最为发达。

该地区为亚热带季风性湿润气候,其特征表现如下。

（1）夏季漫长,几乎没有冬季。夏热时间长达半年,一般为 4—10 月份,最热月平均气温在 28 ℃左右。冬季寒冷时间很短,甚至几乎没有冬季,基本不需采暖。

（2）雨量充沛,常年湿度大。

（3）气温的年较差和日较差都较小,夏季昼夜温差普遍较小,一般只有 4～5 ℃。

（4）太阳辐射强烈。该地区的日照即便是在冬季一般也能达到 35%以上。

（5）受海洋性气候影响,白天普遍风较大,从海洋吹向陆地,但夜间则静风率高,难以带走白天太阳辐射的热量。

总之该地区既没有严寒和寒冷地区那样的寒冬,也没有夏热冬冷地区那样的高温酷暑。其建筑气候条件优于夏热冬冷地区。该地区居住建筑节能设计的主要目标是保证夏季室内热环境质量,同时降低空调制冷的能耗。重点措施是隔热与遮阳。

建设部于 2002 年 6 月 6 日发布《建设部建筑节能"十五"计划纲要》中明确要求:加快夏热冬冷和夏热冬暖地区居住建筑节能工作步伐,并规定夏热冬暖地区各省和自治区 2002 年制定当地的建筑节能规划和政策,组织建筑节能试点工程,2003 年大中城市开始执行夏热冬暖地区居住建筑节能设计标准,2005 年小城市普遍执行,2007 年各县城均予推行。

建设部于 2001 年 6 月 8 日批准《夏热冬暖地区居住建筑节能设计标准》编制立项,这是既定的从北到南的顺序编制的计划,由中国建筑科学研究院、广东省建筑科学研究院为主编单位,会同其他 11 家科研院所和大专院校合力编制。与 JGJ 134 一样,该标准的编制也得到能源基金会(美国)中国可持续能源计划项目和美国劳伦斯伯克利国家实验室的支持。

2003 年 7 月 11 日发布 JGJ 75—2003,2003 年 10 月 1 日开始施行,该标准的节能率目标为 50%。

2007 年,建设部标准定额司发函(建标〔2007〕125 号文)"2007 年工程建设标准规范、修订计划(第一批)",《夏热冬暖地区居住建筑节能设计标准》列入了修订计划。5 年后,新版的 JGJ 75—2012 标准于 2012 年 11 月 2 日发布,并于 2013 年 4 月 1 日开始施行。新版标准虽然仍然按照 50% 的节能目标制定,但是标准制定者在标准修订过程中,经充分讨论,不再提及"建筑节能 50%"及其相关概念。这是一个新的动向。

在 JGJ 75—2003 版标准颁布后,该地区各省纷纷推出根据该标准制定的实施细则。2004 年 12 月 10 日福建省开始施行《福建省居住建筑节能设计标准实施细则》DBJ 13-62—2004;2005 年广西壮族自治区推出《广西壮族自治区居住建筑节能设计标准》DB 45/221—2005,2007 年 11 月 28 日施行修编后的实施细则 DB 45/221—2007;2005 年 7 月 1 日,海南省开始施行实施细则《海南省居住建筑节能设计标准》JDJ 01—2005;2006 年 3 月 15 日广东省开始施行《〈夏热冬暖地区居住建筑节能设计标准〉广东省实施细则》DBJ 15-50—2006。

标准执行四年后,2007 年 4 月 26 日,建设部标准定额司在深圳市召开

了《夏热冬暖地区居住建筑节能设计标准》JGJ 75—2003 实施情况调研会议。广东、福建、广西、海南各地的建设主管部门、科研、设计、监督等部门代表参加了会议。

会议认为实施标准面临的主要困难如下：缺乏熟悉标准的工程技术人员；与标准相应的技术解决方案不多；市场上合格的建筑材料与产品匮乏；标准部分内容与发展形势的不相适应。主要问题表现在：自保温墙体体系的确立；通风与遮阳技术的实现；技术路线的采用；对比评定法的正确应用。

四、《公共建筑节能设计标准》GB 50189

至 2003 年，除了气候温和地区以外，已经制定了 3 个建筑气候区的居住建筑的节能设计标准，按照既定的规划，下一步应该就是制定公共建筑的节能设计标准了。

《公共建筑节能设计标准》GB 50189—2005 的前身是 1993 年 9 月 27 日国家技术监督局与建设部联合发布的《旅游旅馆建筑热工与空气调节节能设计标准》GB 50189—93，1994 年 7 月 1 日起施行。这是我国第一部关于公共建筑的节能设计国家标准[①]，具有强制性。本标准是 GB 50189—93 的更新版本，但是其适用范围、内容均发生了重大变化，事实上是一部新的标准，但是仍沿用原标准号，因此将 GB 50189—2005 视为 GB 50189—93 的延续。

建设部于 1995 年 5 月 11 日发布的《建设部建筑节能"九五"计划和 2010 年规划》中要求：新建采暖公共建筑 2000 年前做到节能 50％，为第一阶段，2010 年在第一阶段基础上再节能 30％，为第二阶段。2002 年 6 月 6 日建设部发布的《建设部建筑节能"十五"计划纲要》又要求：2002 年起组织新建公共建筑的节能进一步的调查研究及工程试点，编制公共建筑节能设计标准，2004 年起开始执行。按此文件的要求，建设部于 2002 年发函建标[2002]85 号文，将《公共建筑节能设计标准》列入了国家标准编制计划。2005 版没有能按照上述两个规划适时推出和实施，分别晚了 5 年和 1 年。

---

① 注：同济大学主编的上海市工程建设规范《公共建筑节能设计标准》DGJ 08—107—2004 于 2004 年 1 月 1 日起实施，早于 GB 50189—2005，但这是地方标准。

GB 50189—2005 于 2005 年 4 月 4 日颁布,7 月 1 日开始施行。该标准由中国建筑科学研究院和中国建筑业协会建筑节能专业委员会共同主编,并会同全国各气候区主要建筑设计院、建筑研究院和有关院校及有关企业共 21 家单位、24 人共同编制。

2015 年 10 月 1 日,GB 50189—2015 开始施行 65% 的节能率目标,这个实现第二阶段的节能目标的新标准也比"2010 年规划"晚了 5 年。该标准从 2012 年开始根据住房和城乡建设部《关于印发〈2012 年工程建设标准规范制订、修订计划〉的通知》的要求进行修订,2015 年 2 月 2 日公布。

GB 50189—2015 版修订的主要内容如下:

(1) 建立了代表我国公共建筑特点和分布特征的典型公共建筑模型数据库,在此基础上确定了本标准的节能目标;

(2) 更新了围护结构热工性能限值和冷源能效限值,并按照建筑分类和建筑热工分区分别作出规定;

(3) 增加了围护结构权衡判断的前提条件,补充细化了权衡判断过程的输入、输出内容和对权衡判断软件的要求;

(4) 新增了给排水系统、电气系统和可再生能源应用的有关规定。

除了照明方面的要求外,已经基本具备一个比较完整的建筑节能设计标准,涵盖了建筑内各主要系统节能设计要求。

关于公共建筑面积和能耗的基本数据如下(图 3-8)。

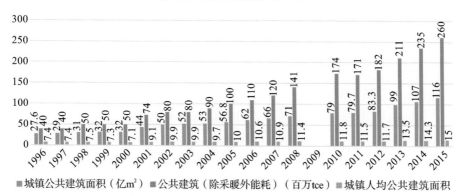

图 3-8　1996—2015 年公共建筑面积和能耗的变化情况(缺 2009 年数据)

（1）公共建筑面积增长迅速。2000年全国城镇公共建筑面积32亿平方米，到2015年增长到116亿平方米。人均从2000年的7.1平方米，增长到2015年的15平方米，增长了一倍多，已经接近日本、新加坡等亚洲国家平均水平。

（2）公共建筑总面积占当地房屋建筑面积的比例为30%～40%。例如《公共建筑节能设计标准》GB 50189—2005推出的2005年，全国房屋建筑面积164.5亿平方米，其中公共建筑56.8亿平方米，占34.5%，住宅107.7亿平方米，占65.5%。这一比例因城镇产业形态分布、经济发达程度不同而不同。

（3）公共建筑能耗强度方面一般都要大于居住建筑，尤其是大型高级的公共建筑。自开展建筑节能工作以来，北方采暖区建筑采暖强度在显著下降，而公共建筑除采暖外能耗呈快速上升趋势，从2001年的74百万tce上升到2010年的174百万tce，2015年的260百万tce。

五、《农村居住建筑节能设计标准》GB／T 50824

1949年后，我国一直实行了城乡二元体制，用制度和政策将城镇和乡村隔离开。70年来，城乡差距不仅没有缩小，反而在不断拉大，这也导致乡村房屋建设水平与城市有着巨大的落差。长期以来建筑节能工作的开展对象是城镇，更主要的是城市。

据统计，2012年，农村人口总数近8亿，占60%左右。农村房屋总建筑面积约278亿平方米，90%以上是农民住房，占全国房屋建筑面积的65%[①]。

农村住房普遍采取自建或委托农村建筑队建设模式，基本没有设计，施工建造水平也普遍较低。

北方农村目前仍然普遍保持着以院落为中心的布局模式，各个生活空间多面向院落，通过室外空间联系，室内外交流频繁，这与其生活方式和农事活动内容密切相关。其房屋围护结构绝大部分没有保温构造，建筑外门窗热工性能和气密性也普遍较差，加上供暖设备简陋、热效率较低，因此室

---

① 详见《农村居住建筑节能设计标准》GB/T 50824—2013条文说明。

内热环境恶劣,造成能源浪费。据调查统计,在北方冬季供暖能耗可占整个生活能耗的 80％左右。

南方农村,因人口增加、土地紧张以及宅基地面积的限制,多数已被迫放弃了院落布局的模式,转而采用两至三层小楼的集中模式。同样,受限于普遍的经济水平和传统生活习惯,建筑很少有保温隔热措施,冬夏室内热环境舒适性非常差。

二十余年来,乡村从原来普遍使用生物质作为生活能源转向商品能源,据清华大学建筑节能研究中心的调查统计,2012 年全国农村消耗的商品能源已达到 1.71 亿吨标准煤,平均每户 1.034 吨。这在提高了农民生活质量的同时,也给能源供应带来很大的压力。

在节能的压力和提高农民住房热环境质量的共同诉求下,住房和城乡建设部于 2012 年 12 月 25 日公布了《农村居住建筑节能设计标准》GB/T 50824—2013,2013 年 5 月 1 日开始施行。农村住房特征、生活习惯以及经济技术条件不同于城市,在编制该标准时采取了针对性、差异化和实用化的指导思想,结合农村居住建筑的特点及技术经济条件,合理确定节能率,引导农民采用新型舒适的节能围护结构和高效供暖、通风、照明节能设施,并合理利用可再生能源。标准直接提供了不同建筑气候区关键部位的保温隔热构造,这是本标准的一大亮点,使其更具有实用性。

我国农村问题是一个非常复杂的问题,在城镇化、工业化大背景下,在发展现代农业的大背景下,乡村未来发展尚处于一个动态变化的过程中。在农民住房建设领域,一方面农村人口必将会持续减少,据国家统计数据显示,2000 年,中国有 360 万个自然村,到 2010 年,自然村减少到 270 万个,十年里有 90 万个村子消失了,平均每天消失约 250 个。在人均不到两亩耕地的背景下,农村拥有的资源无法做到让每一个农民丰衣足食、安居乐业,过上体面有尊严的生活。改革开放以来,城市化率以每年约 1％的速度增加,这就意味着每年约有 1400 万人离开农村。但与此同时,农村住房建设量又在不断攀升。据清华大学建筑节能研究中心的测算,1996 年全国农村住房建筑总面积约 185 亿平方米,200 年 200 亿平方米,2005 年 221 亿平方米,2010 年 231 亿平方米,2015 年 238 亿平方米,农村人均住房面积约高于城市

10平方米。这其中相当一部分住房一年的使用时间不到一个月,形成事实上的空心村,由此造成了巨大的浪费。

农民建房是个人的自主行为,大部分农民建房时将经济适用和面积放在第一位,节约建筑使用能耗远远没有纳入他们的考虑范围,对热环境舒适性要求也不高。加之标准是一项推荐标准,缺乏相应的推广措施和力量,乡镇政府难以将节能的问题作为审批建房的先决条件之一,即便如此,实施过程也难以保障。在农民经济能力、生活水平和品质尚未达到一定水准前,也许会像当初 JGJ 26—86 标准推出时一样,农村建筑节能问题只会停留在理想层面,政府能做的工作主要是宣传和引导。

因此,GB/T 50824—2013 标准虽然填补了节能的一个大的空白覆盖区域,但会产生怎样的实效还有待时间观察,也许会在北方经济发达的部分农村先行推广或示范。

六、《温和地区居住建筑节能设计标准》JGJ 475

按照《民用建筑热工设计规范》GB 50176—2016 的定义,温和地区是指最冷月平均温度满足 0～13 ℃,最热月平均温度满足 18～25 ℃,日平均温度≤5 ℃的天数为 0～90 天的地区。按照这一标准,我国的滇、藏、贵和川的部分地区满足这一标准,具体包括除西双版纳、德宏等的云南省其他地区,四川省西昌攀枝花地区,贵州省除黔东南、铜仁和遵义市以外地区,藏东南部分地区。温和地区是我国从气候角度来讲最宜居的地区,建筑气候特征比较接近美国西海岸地区。

温和地区被划分为温和 A 和 B 两个二级分区。该地区都属亚热带季风性湿润气候,立体气候特点显著,垂直分布明显。总体而言呈现出以下主要特征。

(1)夏天凉爽,日平均温度不高,同日早晚凉爽,中午较热。一般不需考虑建筑防热。据统计资料显示,贵阳市 2017 年平均百户家庭空调器拥有量只有 18.3 台,云南省平均只有 2.7 台,远远低于其他气候区。

(2)冬季寒冷时间较短,且气温不极端,最冷月平均气温比同纬度高。其采暖度日数 HDD18 与夏热冬冷地区相当,有较高的冬季采暖需求,尤其是温和 A 区。

（3）大部地区全年室外太阳辐射强，具有很好的冬季被动式节能设计条件。贵州日照时间比云南要少。

（4）干湿季节分明，湿季（雨季）为 5—10 月；干季（旱季）为 11 月至次年 4 月。

《温和地区居住建筑节能设计标准》JGJ 475—2019 于 2019 年 2 月 1 日公布，计划于 10 月 1 日开始施行。该标准的重点是对建筑围护结构的热工性能指标作了规定，侧重围护结构性能的控制以及被动式节能的倡导，降低温和 A 区的冬季供暖能耗，避免温和 B 区产生冬季供暖能耗；温和地区不宜产生夏季空调能耗。围护结构性能的提高，使居民自主使用设备时也能降低能耗。

虽然温和地区居住建筑集中供热、供冷的要求不多，考虑到人民生活水平的不断提高，有这样的发展趋势，该标准依然对其设计进行了控制，空调和供暖系统的能效等级也像夏热冬冷地区一样作了规定。

JGJ 475—2019 是我国最后制定的一个建筑节能设计标准。至此，覆盖全国全部建筑气候区、全部建筑类型、城镇和乡村的民用建筑节能设计标准体系全部建立完成，此时至第一部建筑节能设计标准 JGJ 26—86 颁布已经过去了 33 年。

七、《居住建筑节能设计标准》（征求意见稿）①

《居住建筑节能设计标准》（征求意见稿）是一个没有正式颁布的但又不得不提的标准，它应该是我国居住建筑节能设计标准发展史中一个标志性的节点。

至 2005 年，适用于城镇民用建筑的建筑节能设计标准第一轮均已发布施行，JGJ 26 标准还进行了一次更新。如前所述，我们事实上已经走了分建筑类型、分建筑气候区分别制定标准的道路。虽然这种做法对某一个地区而言，实施起来并无大的障碍，但是标准之间不协调显而易见，包括术语定

---

① 《关于征求〈居住建筑节能设计标准（征求意见稿）〉意见的函》。

义、采用的计算条件和方法等等。这种局面如同 1994 年美国 ICC 成立之前的 BOCA、ICBO 和 SBCCI 三大组织各自编制标准的情况相似,尽管我国这些标准的主编单位是一个,仍然出现了这种现象。

为了解决这个问题,在 GB 50189—2005 标准颁布施行后不久,建设部发布了《居住建筑节能设计标准》(征求意见稿),该标准首次拟将各建筑气候区的居住建筑的节能设计标准整合统一起来,并且将以前没有涉及的温和气候区也包括进来。因适用于全国,拟升级为国家标准,但仍然将公共建筑节能设计标准单列。

这是一次很好的机会,一次整合的机会。但是,公开征求意见后,该标准并未正式发布和施行。部分原因文献①给出了部分说明。随着 JGJ 26—2010 和 JGJ 134—2010 的正式颁布施行,也事实上明确了我国将继续走分气候区、分建筑类型分别编制建筑节能设计标准的道路。

该标准从形式和内容上看,很大程度上参照了美国的 ASHRAE 90.1 和 IECC 的模式,不再设定一致的节能率标准,涵盖所有的建筑气候区,简化了规定性指标,一个气候区只需一个表格就完成,对于围护结构各部分的限值指标项目的设置几乎与美国同类标准相同。

该标准虽然没有颁布施行,但是仍然对其后的标准,包括地方标准都产生了巨大的影响。例如,在 JGJ 26—2010 和 JGJ 134—2010 正式颁布前的许多地方标准均可看到该标准征求意见稿的影子,最明显的是普遍将体形系数细分,围护结构热工参数也相对应地进行细分,以及不再强调节能率等。

八、《民用建筑能耗标准》GB / T 51161—2016

前述的各项建筑节能设计标准解决了实施建筑节能过程中如何设计的技术问题,与此配套的相关建筑设备、建筑材料等的产品标准,以及验收和检测标准、运行维护标准等,共同解决如何做的问题,都属于工程层次和产

---

① 中国建筑科学研究院. 中国建筑节能标准回顾与展望[M]. 北京:中国建筑工业出版社, 2017.

品层次的标准,这些标准随着三十年来建筑节能标准体系的不断建立,已经逐步完善。但是还缺乏目标层次的标准,即达到怎样的能耗强度才真正实现了节能。《民用建筑能耗标准》GB/T 51161—2016 正是为此目的而编制。2018 年还专为该标准出版了《国家标准〈民用建筑能耗标准〉实施指南》一书。

该标准历经 4 年的编制,于 2016 年 4 月 15 日正式发布,2016 年 12 月 1 日开始施行。由住房和城乡建设部标准定额研究所和深圳市建筑科学研究院股份有限公司担任主编,会同 3 所大学、5 个科研院所和 2 家建筑设计机构共同完成,主要起草人员 40 人,审查人员 12 人。

在该标准的条文说明中详细描述了起草该标准的初衷和目的。

实际建筑的运行能耗与建筑和机电系统的设计有关,与施工质量和机电设备质量有关,更与建筑的运行管理水平及使用者使用方式有关。要实现降低建筑能耗的目标,必须从以上三个方面全面入手。本标准给出的是最终的建筑节能目标,给出什么是真正实现了建筑节能,怎样考核我们的建筑节能工作。本标准并不涉及如何实现建筑节能,不涉及建筑节能的相关技术与措施。我国已经建立起系统性的标准,如《严寒和寒冷地区居住建筑节能设计标准》JGJ 26、《夏热冬冷地区居住建筑节能设计标准》JGJ 134、《夏热冬暖地区居住建筑节能设计标准》JGJ 75 以及《公共建筑节能设计标准》GB 50189,这些标准作为技术规范性标准,给出了建筑和机电系统设计中实现建筑节能目标的主要措施。即将完成的建筑施工验收标准和建筑节能运行管理标准将在规范建筑施工验收和建筑运行管理这两个环节中实现建筑节能的技术条件和主要措施。全面实施上述技术性标准是实现本标准目标的基本保证和前提。

建筑节能设计标准、施工验收标准和运行管理标准是提出"怎么做",而本标准则给出了最终的效果。该标准的制定,是在健全我国建筑节能标准体系的同时,实现对建筑用能终端的节能监管,体现结果导向控制的原则与要求,真正实现建筑节能定量化管理的要求。建筑节能标准体系是一个有机的整体,建筑能耗标准中节能目标的制定必需以现行的节能设计、施工、运行等环节的节能标准为基础,建筑能耗标准中所确定节能目标也需要各个环节节能标准作为有力的保障。同时,各个环节节能标准实施的最终效果也应通过建筑能耗标准来体现。

因此,建筑能耗标准与建筑节能设计标准以及其他相关环节的节能标准是相辅相成、统一协调的,二者之间并不矛盾。深入开展建筑节能工作,既需要继续开展"过程控制",同时又需要加强"结果控制",实现"过程"与"结果"的有机统一。

《民用建筑能耗标准》是以实际的建筑能耗数据为基础,制定符合我国当前国情的建筑能耗指标,强化对建筑终端用能强度的控制与引导。在我国建筑节能工作的"过程节能"的基础上,通过确定建筑能耗指标,规范建筑实际运行与管理行为,以达到降低建筑物的实际运行能耗(即"结果节能")的最终目的。从而达到进一步完善我国建筑节能标准体系,最终实现建筑节能目标的目的。

该标准的核心内容是制定了如下参考数值:居住建筑非供暖能耗指标约束值,不同建筑气候区、不同建筑类型公共建筑非供暖能耗的指标约束值和引导值,严寒和寒冷地区各省和直辖市的建筑供暖能耗强度指标的约束值和引导值。

能耗指标约束值为实现建筑使用功能所允许消耗的建筑能耗指标上限值,是强制性指标值,为当前民用建筑能耗标准的基准线,是综合考虑各地区当前建筑节能技术水平和经济社会发展需求,而确定的相对合理的建筑能耗指标值。该值根据居住建筑和公共建筑的划分有所不同,采暖能耗和非采暖能耗也有所区分。

对于居住建筑而言,规定了综合电耗指标和燃气消耗指标约束值,这个约束值按照户来定义,是一个绝对值,与住房大小、城市经济发展水平、居民生活水平无关。综合电耗指标约束值是充分参考了我国已施行的居民阶梯电价制度中全国五个建筑气候分区各个省市阶梯电量第一档的上限值(注:第一档电量是指覆盖本区域内80%以上的居民用户的月均用电量,未指明年份),并考虑住宅公共部分电耗所占的比例(一般取值10%),综合分析得到,主要取值接近能耗较高的大城市。燃气消耗指标约束值主要依据严寒地区、寒冷地区、夏热冬冷地区、夏热冬暖地区以及温和地区的典型城市的居民燃气数据统计,其约束值的确定是以满足 90% 以上居民用户用气量的需要而定。换句话说,两个约束值是根据不同气候区住宅当前实际能耗统计数据平均计算而来,满足覆盖绝大部分家庭的基本日常能源需求。并非是建筑物按照建筑节能设计标准中设定的节能率计算后得到的建筑消耗的假定年耗能量,约束值要大于这个假定年耗能量(表 3-3)。

表 3-3　居住建筑非供暖能耗指标约束值

建筑气候分区	综合电耗指标约束值 [kW·h/(a·H)]	燃气消耗指标约束值 [m³/(a·H)]	总电耗量[kW·h/(a·H)] (按照 1 m³ 天然气＝10 kW·h 换算)①
严寒地区	2200	150	3700
寒冷地区	2700	140	4100
夏热冬冷地区	3100	240	5500
夏热冬暖地区	2800	160	4400
温和地区	2200	150	3700

注:①表中非严寒和寒冷地区居住建筑非供暖能耗指标包括冬季供暖的能耗在内;②约束值包括住宅公共部分的分摊;③每户人口按照 3 人计算,超过则需修正。

不知道在这样分别控制的情况下,如果使用电热水器而不是燃气热水器,可不可以将两者打包来约束。也不知道如果家中安装充电桩,为电动自行车或者汽车充电的耗电量又如何约束或计算。我国的建筑能耗,尤其是住宅能耗还处于较低的水平,随着人民生活水平的提升,必然还有较大的增长,这是经济发展后人民应享受的成果。那么这个按照绝对量来定义约束指标是否应随着居民生活水平的提高、户均住房面积的扩大而调整?届时标准是否也应同步更新?

对于公共建筑非供暖能耗而言,规定了除采暖能耗以外其他用能设备,包含建筑空调、通风、照明、生活热水、电梯、办公设备以及建筑内供暖系统的热水循环泵电耗、供暖用的风机电耗等建筑所使用的所有能耗每平米年

---

　① 仅仅从热值转换的角度换算。如果从气与电转化的角度计算,则是:1 m³ 天然气＝5 kW·h。在家中,天然气直接转换成热能使用,故采用热值转换。

均强度指标①。在标准中分别对不同建筑气候区、主要的建筑类型以及是否自然通风来分类分别定义约束值。这个约束指标是以近年来我国开展的建筑能耗统计、能源审计等工作所收集的数十万栋建筑能耗数据为编制基础，在对公共建筑合理分类的前提下，采用统计分析方法分析得到的。这与公共建筑节能设计标准中基准建筑能耗强度并无直接关系。

对于采暖区所有民用建筑的采暖能耗而言，该标准按照采暖区的直辖市和省份，而不是按照气候分区来分别制定采暖能耗强度的约束值，不分住宅与公共建筑，一个省（直辖市）统一一个标准，一个省跨不同建筑气候区，约束值一样。

公共建筑非供暖能耗和严寒和寒冷地区建筑供暖能耗还引入了能耗指标引导值这个概念。该值是在实现建筑使用功能的前提下，综合高效利用各种建筑节能技术和管理措施，实现更高的建筑节能效果的建筑能耗指标目标值，是非强制性指标值，反映了建筑节能技术的最大潜力，代表了今后建筑节能的发展方向。该指标值是综合高效利用各种建筑节能技术，充分实现了建筑节能效果后能达到的具有先进节能水平的建筑能耗指标值。

在使用该标准时，对于新建建筑而言，本标准是建筑节能的目标，用于规范和约束设计、建造和运行管理的全过程。标准给出的引导值，应作为新建建筑规划时的用能上限值。规划、设计的各个环节都应该对用能状况进行评估，要保证实际用能量不超过这一上限值。即将出台的验收标准将给出如何在验收过程中通过试运行的方式预测实际可能的运行能耗，也应要求不超过本标准给出的引导值。在建筑竣工后投入正式运行时，本标准给出的引导值则就可以作为该建筑运行的用能额定值，从而实施用能总量管理。

对于既有建筑而言，本标准给出评价其用能水平的方法。当实际用能量高于本标准给出的用能约束值时，说明该建筑用能偏高，需要进行节能改造；当实际用能量位于约束值和目标值之间时，说明该建筑用能状况处于正常水平；当实际用能量低于引导值时，说明该建筑真正属于节能建筑。

---

① 公共建筑内集中设置的高能耗密度的信息机房、厨房炊事等特定功能的用能不应计入公共建筑非供暖能耗。

该标准是建筑节能从强度控制转变到强度控制和总量双控思想的具体体现,是从文件节能、数字节能或者名义节能到实现运行节能、实际节能、目标节能的转变,也是从能效控制转向能耗控制的标志。该标准将会是配合能源审计的法定依据。

建筑一旦设计和建成,各系统调试合格且运转正常,在正常维护的情况下,建筑的本体和设备系统的节能性能就基本固定下来。如果要满足该标准的约束值和引导值,影响最大的因素就是使用,使用时长、观念和使用模式等都会对能耗结果产生巨大影响,使用时间长必然能耗高。对此,该标准并没有给出回应。

制定该标准的目的是实现我国建筑能耗总量控制,强调各类建筑都需进行能耗目标控制,这是一个比较理想的结果。

第三节　本 章 小 结

从本章对中美两国建筑节能设计标准发展历史的简要梳理中,可以看出,两国在节约能源或提高能源效率的共同诉求下,依据本国所面临的能源问题、经济发展水平、建筑发展阶段等状态的不同,逐渐编制了系统完备的建筑节能设计标准以及与之相关的配套标准。两国在开始建筑节能历程的初始条件和初衷的不同,以及政治、经济、社会、技术的巨大不同都反映在建筑节能设计标准的发展历史当中。其主要的差异表现如下。

(1)美国是在受到第一次全球石油危机直接而巨大冲击的背景下,被迫开始建筑节能。美国建筑节能设计标准从编制之初就被要求用一个标准就覆盖全部的国土和全部气候区,并且覆盖所有的居住和商用建筑类型。政府在标准编制之初提供了大量的经济和技术支持,之后民间机构成为编制和维护标准的主体,发展出两个独立的民间标准编制机构,相互竞争,促进了建筑节能设计标准的发展进步,并形成了固定周期的更新机制。政府的角色转向开展节能基础研究,为推行节能标准提供技术和培训等支持服务,并且定期开展节能标准效果实证研究,定期开展建筑节能调查统计,并提供公开数据库和研究报告。美国现在已经形成从立法、基础研究、标准编制与更新、标准推广与实施、效果检验、调查与统计等各方面的完备的建筑节能体系框架与机制。

（2）中国则是在城镇人均居住建筑面积和实际建筑能耗还非常低的情况下，出于节约建筑能耗、支援工业、生产发展经济的初衷下开始的建筑节能历程。建筑节能设计标准的编制呈现出典型的在行政政策主导下自上而下的特点，从一开始就采取了分气候区、分建筑类型的编制思路，从居住建筑到公共建筑，从北方到南方，从城市到农村一步步推进，历时 30 余年才编制完成覆盖全部国土、全部民用建筑的建筑节能设计标准体系。标准分散，相互间的协调不够，尚没有形成固定的标准更新周期。政府在标准实施效果的检验、相关建筑节能数据的调查统计等方面的工作还有待提升，在提供编制标准所需的基础研究和推广实施时的技术和培训方面的服务还比较少。《民用建筑能耗标准》是我国建筑节能标准从能效控制转向能耗控制，从强度控制到总量控制转变的标志，这是美国目前所没有的。

第四章　中美建筑节能设计标准
编制与实施机制比较

由于中美两国在社会、政治、经济和法律等制度设计及运行机制上存在着巨大不同,因此两国在各种标准规范的编制与实施机制等方面也存在着巨大的差异,这对全面理解和比较两国在建筑节能设计标准的异同有着重要的意义。

第一节　标准化制度

一、中国标准化制度

（一）标准的分级和标准性质

标准分级就是根据标准适用范围的不同,将其划分为若干不同的层次。2018 版的《中华人民共和国标准化法》(以下简称《标准化法》)修改前,按其规定,我国标准分为四级:国家标准、行业标准、地方标准和企业标准。2018年之后,增加了团体标准这一分级,这一改变是 2018 版所做的最重要的修改之一。

2015 年 3 月 11 日,国务院印发了关于《深化标准化工作改革方案》的通知,明确提出培育发展团体标准。2016 年 11 月 15 日,住房和城乡建设部印发了关于培育和发展工程建设团体标准的意见。2018 版的《标准化法》正式对团体标准的法律地位予以确认,并鼓励学会、协会、商会、联合会、产业技术联盟等社会团体参与国家标准化活动,鼓励制定团体标准,鼓励创新。在建筑工程领域,团体标准或者协会标准早已存在,是为了补充现行国家标准和行业标准中的缺失,成为科技成果应用和转化的有效途径,目前已发布数

百项团体标准。在建筑节能领域也有不少,例如《农村单体居住建筑节能设计标准》CECS 332—2012,《农村住宅用能测试标准》CECS 308—2012,《农村住宅用能核算标准》CECS 309—2012 等。

标准性质是对标准执行效力和约束性的定性。国家标准分为强制性标准和推荐性标准,强制性标准必须执行。行业标准、地方标准是推荐性标准,国家鼓励采用推荐性标准。团体标准是自愿标准,由本团体成员约定采用或者按照本团体的规定供社会自愿采用。

强制性国家标准是指对保障人身健康和生命财产安全、国家安全、生态环境安全以及满足经济社会管理基本需要的技术要求有重大意义,必须在全国范围内统一施行的标准,是不可逾越的底线。强制性国家标准由政府制定,国务院批准发布或者授权批准发布。

推荐性国家标准是对满足基础通用、与强制性国家标准配套、对各有关行业起引领作用等技术要求而制定的在全国推荐施行的标准。推荐性国家标准由国务院标准化行政主管部门制定。

国家标准是五级标准体系中的主体,其他各级别标准不得与国家标准相抵触。目前,强制性国家标准使用 GB 代号,推荐性国家标准使用 GB/T 代号。GB(GB/T)5××××是由国家建设行政主管部门统一颁布的工程建设方面的国家标准。截至 2019 年 8 月,工程建设现行国家标准共计 1298 项,其中强制性国家标准 877 项,推荐性国家标准 421 项。

行业标准是指各行业范围内没有推荐性国家标准,而需要在全国范围内统一技术要求而制定的标准。因其通常由国家相关行业行政主管部门负责制定,因此也往往被称为部颁标准。行业标准由国务院有关行政主管部门制定,报国务院标准化行政主管部门备案。建筑工程技术领域的行业标准使用代号 JGJ,目前也分为强制标准(使用 JGJ 代号)和推荐标准(使用 JGJ/T 代号)。在新法颁布后,这一标准定性将会改变。目前工程建设行业标准 JGJ 和 JGJ/T 大约有 673 项。

地方标准是指在某个省、自治区、直辖市范围内,为满足地方自然条件、风俗习惯等特殊技术要求需要统一的标准。地方标准由省、自治区、直辖市人民政府标准化行政主管部门制定并报国务院标准化行政主管部门备案。

区级政府因特殊需要经批准也可制定本辖区的地方标准。关于地方标准的制定相关规定在 2018 新版的《标准化法》前后有很大的不同。

在建筑节能工程技术领域,各地有着大量的地方标准,这些标准大多根据已颁布国家标准和行业标准,结合本行政区特殊的气候、经济和建筑发展水平少量修订而成。这些地方标准的技术水平或者严格程度大多和国家标准相同,或者更高。有一些经济发达的城市在国家标准或者行业标准还没有时先行制定了相关的地方标准。地方标准一般使用 DB 代号。

企业标准是指企业所制定的产品标准和在企业内为需要协调、统一的技术要求和管理工作要求所制定的标准。企业标准由企业制定。在市场经济条件下,企业为了获取竞争优势,其标准技术要求往往高于国家标准或行业标准。在建筑节能领域,目前尚没有有影响力的企业标准。

2018 版的《标准化法》是对 1988 年的《标准化法》的重大修订,很大的目的是与国际上通行的标准分类方法接轨。按照此法,整个建筑工程标准规范体系将要发生重大的变化。2016 年 8 月 9 日,住房和城乡建设部为落实《国务院关于印发深化标准化工作改革方案的通知》精神,印发了《关于深化工程建设标准化工作改革的意见》,总体改革思想如下。

(1)按照政府制定强制性标准和推荐性标准、社会团体制定自愿采用性标准的长远目标,到 2020 年,重要的强制性标准发布实施,政府推荐性标准得到有效精简,团体标准具有一定规模。

(2)加快制定全文强制性标准,逐步用全文强制性标准取代现行标准中分散的强制性条文。

(3)改变标准由政府单一供给模式,鼓励协会、学会等社会组织主动承接政府转移的标准,制定新技术和市场缺失的标准,供市场自愿选用。

(4)缩小中国标准与国外先进标准的技术差距。标准的内容结构、要素指标和相关术语等要适应国际通行做法,提高与国际标准或发达国家标准的一致性。

2018 年 12 月 20 日,住房和城乡建设部发布《住房和城乡建设部标准定额司关于印发国际化工程建设规范标准体系的函》,揭示出未来我国建筑工程标准规范体系的具体改革内容。

该函将工程建设规范标准体系分为工程建设规范、术语标准、方法类和引领性标准 3 大类。

工程建设规范部分为全文强制的强制性国家标准。函中列出了 179 项，极个别是在现有标准基础之上修订的，其余全部都处于研编状态。

术语标准部分全部为推荐性国家标准，函中列举了 47 项，也都处于待编状态。

方法类和引领性标准部分为自愿采用的团体标准。函中列举了 3795 项现行的国家标准和行业标准和 188 项在编标准，现行的 827 项强制性国家标准（GB）、375 项推荐性国家标准（GB/T）、83 项强制性行业标准（JGJ）、176 项推荐性行业标准（JGJ/T）全部被归为这一类[①]，也就是说函中列举的 2018 版的《标准化法》施行前原来具有强制性的国家标准、行业标准，因为不是全文强制性，而全部（暂时）变成了自愿性的团体标准性质。这与新《标准化法》将行业标准、地方标准是推荐性标准的定性不同，可能只是在过渡期间的临时归类，也可能只是该函的笔误。

这样的改变是巨大的，这意味着按照新的标准化法的标准五个分级和两种性质，除了少量的已经全文强制的标准，如《住宅建筑规范》GB 50368—2005 等极少数现行标准外，绝大部分都须按照新标准化法进行修改，或者修改标准本身，或者改变标准性质。在该函中说明，现行国家标准和行业标准的推荐性内容可转化为团体标准，或根据产业发展需要将现行国家标准转为行业标准。

这个变化虽然不会对现行标准的施行产生大的影响，但会在未来很长时间内影响标准的编制工作。数量庞大的标准使这个过渡将会花费很长时间。

（二）标准化管理机构

中国国家标准化管理委员会（Standardization Administration of the People's Republic of China，SAC），也称为国家标准化管理局，是国务院授权的履行行政管理职能、统一管理全国标准化工作的主管事业单位，隶属于

---

① 在该函中，并未列出全部现行的建筑工程领域的标准和规范。

国家质量监督检验检疫总局。这是一个行政管理机构,其本身并不编制标准,主要职责是管理和协调,例如负责制定国家标准化事业发展规划,负责组织、协调和编制国家标准的制定、修订计划;负责组织国家标准的制定、修订工作,负责国家标准的统一审查、批准、编号和发布;协调和指导行业、地方标准化工作;负责行业标准和地方标准的备案工作;代表国家参加国际标准化组织(ISO)、国际电工委员会(IEC)和其他国际或区域性标准化组织,负责组织 ISO 和 IEC 中国国家委员会的工作等。

现行的建筑行业的国家标准均由国务院建设行政主管部门和国家质量技术监督检验检疫总局联合发布,行业标准则由建设行政主管部门自行批准发布,少量涉及其他行业的标准则由建设行政主管部门和其他部委联合发布,两者均需向标准化行政主管部门备案。

二、美国标准化制度

(一) 多元化标准体系

美国是联邦共和制和共和立宪制国家,联邦政府只负责外交、军事、征税、举债及铸币等少量事务,各州及地方政府拥有高度的自治权。各州均拥有自己的州宪法,他们保留制定除联邦宪法、联邦法律和联邦参议院批准的国际条约规定之外的任何法律全权。在经济体制上,美国经济体系兼有资本主义和混合经济的特征。在这个体系内,企业和私营机构做主要的微观经济决策,政府在国内经济生活中的角色较为次要,政府对经济活动的管制也低于其他发达国家。这种体制特别强调竞争的重要性,政府的重要职责是建立有序的竞争环境,反对垄断。在他们看来,竞争在经济和社会生活的多方面起着非常重要的、不可替代的作用。这些作用可以归结为取得成就、实现民主和达到协调。

基于以上的原因,在各类标准的制定方面,美国推行的是民间标准优先、政府起次要角色的标准制定政策,也因此形成了多元化的标准体系。在同一领域,在自由竞争的体制下,往往共存着多种标准参与竞争,优胜劣汰,由市场选择。

民间标准优先的编制体制有利于调动社会各方面的积极性,形成了相

互竞争的格局,这有利于标准的发展和完善,以及与标准相关的各项基础研究,并提高标准的制定水准。但与此同时也会带来一些不利的后果,例如,标准之间常常不协调,使得一个产业之内往往要兼顾不同的标准,不利于贸易和技术的交流。在建筑节能设计标准领域,这种局面在21世纪后才有很大改善。

(二)标准的管理

美国联邦政府的标准管理机构主要是美国标准技术研究院(National Institute of Standards and Technology,NIST)。NIST 是隶属于美国商务部的非监管机构,接受联邦政府财政拨款,基本等同于我国的国家标准化管理委员会(SAC)。除建立国家计量基准与标准外,其主要的职责并不是制定标准,而是从事与标准化工作相关的技术研究,为政府和民间标准化组织标准的制定提供基础性的研究成果,这是与中国 SAC 职能最大的不同。其研究成果的重要表现形式之一就是向社会提供开放免费的数据库,其丰富的评价数值数据集为社会提供可靠的、经过评价的数值数据。社会各界的工程师和科学家根据 NIST 的标准参考数据库对许多关键技术及方向进行决策。NIST 目前雇佣了大约 2900 名科学家、工程师、科技工作者,以及后勤和管理人员,还有来自美国及世界各地的大约 1800 名辅助工作人员,另外还有 1400 名专家分布在国内约 350 个附属研究中心里专门从事旨在促进美国的创新和产业竞争力,推进度量衡学、标准、技术以提高经济安全并改善我们的生活质量的研究工作。NIST 专设有建筑及防火研究部门从事建筑节能、防灾等方面的研究。在 20 世纪 70 年代中期,NIST 的前身是美国国家标准局,它对建筑材料和热工方面的基础研究成果为美国建筑节能设计标准 NBSIR 74—452 和 ASHRAE 90—75 的建立发挥了关键性作用。承担持续长期的建筑和环境的基础性研究工作是美国 NIST 与中国 SAC 最大的区别之一。

联邦政府主要是通过制定行政规章引导和监督各个机构制定标准,并主要通过授权 NIST 对标准的制定机构进行资格认证,合格以后才能制定标准。至于标准是否被市场接受,则取决于标准本身的水准和受欢迎程度。

美国国家标准学会(American National Standards Institute,ANSI)则是

代表美国参加国际标准化组织(ISO)、国际电工委员会(IEC)和其他国际或区域性标准化组织活动的非盈利组织。现有 250 多个专业学会、协会、消费者组织以及 1000 多个企业参加,联邦政府机构的代表以个人名义参加其活动。该组织不接受政府的资助。ANSI 的前身是美国工程标准委员会(American Engineering Standards Committee,AESC)。1918 年,为了解决当时美国的许多企业和专业技术学会团体制定的标准之间缺乏协调,甚至存在不少矛盾,为解这一问题,美国材料试验协会、美国机械工程师协会、美国矿业与冶金工程师协会、美国土木工程师协会、美国电气工程师协会等组织,共同成立了美国工程标准委员会,美国政府的商务部、陆军部和海军部也参与了该委员会的筹备工作。发展到现在,ANSI 实际上已成为国家标准化中心,许多标准化活动都围绕着它进行。通过 ANSI,政府和民间标准制定组织相互配合,它在联邦政府和民间标准化系统之间起到了桥梁作用。

美国国家标准学会本身也很少制定标准,而是通过授权标准起草机构按照一系列章程和程序编写标准草案,由此产生的候选文献通过 ANSI 审核批准后成为美国国家标准。冠以 ANSI 编号的标准的编制,主要采取以下三种方式。

①由有关单位负责草拟,邀请专家或专业团体投票,将结果报给 ANSI 设立的标准评审会审议批准。此方法称为投票调查法,这种方式采用得很少。

②由 ANSI 的技术委员会和其他机构组织的委员会的代表拟订标准草案,全体委员投票表决,最后由标准评审会审核批准。此方法称为委员会法,这种方式也很少采用。

③从各专业学会、协会和团体制定的标准中,将其中较成熟的,而且对全国普遍具有重要意义的标准,经 ANSI 各技术委员会审核后,冠以 ANSI 标准代号及分类号,但同时保留原专业标准代号。冠以 ANSI 的标准绝大多数来自这种方式。

美国的标准分为四级,即国家标准、政府标准、协会标准、企业标准。这些标准由政府机构和非政政府组织两个系统制定。

美国的国家标准也分为强制性和自愿性两种。在建筑工程领域的强制

性国家标准目前只有美国住房和城市发展部制定的活动房屋（Manufactured Home）①标准，因活动房屋的流动性，因此该标准具有全国通用的强制性，此外，适用于联邦政府的建筑设计标准也具有强制性。而其余的标准均属于自愿标准，由各州及地方政府自行决定是否采用。

政府部门制定的标准主要涉及公共健康、安全及公共利益等领域，在公布以前一般需要先提交给 NIST，由该院向有关政府部门征求意见，并负责协调。政府部门制定的标准主要供政府部门内部使用，为政府采购提供技术支持和标准。这些标准并非全是强制执行的，也有一些是推荐执行的。是否强制执行主要看该标准是否通过了立法程序，是否作为法规的部分内容。

非政府的民间组织，如各类专业学会、协会制定的标准，包括商业和贸易标准，科学研究和工业生产标准，安全、卫生及防火方面的标准等，这类标准是美国标准中的主体。建筑工程建设行业的各类标准绝大部分是各类专业学会、协会制定的。标准制定的程序由各个组织的章程决定的，总体上是参加标准投票总人数的 2/3 赞成且反对人数不超过 1/4，这项标准就获得通过；如果得不到通过，则作为非正式标准出版，供赞成者使用。各个组织制定的标准，围绕政府的法规作出较为详细的技术规定，是不强加于任何人、自愿采用的标准。各组织之间制定的标准的内容可能是重复的，甚至是矛盾的，但他们之间通过竞争，以争取得到大家的使用，扩大影响范围，特别是争取政府部门的引用。

美国现有近 400 个专业机构、学会和协会团体制定和发布各自专业领域的标准，而参加标准化活动的则有 580 多个组织。企业自身制定的各类标准则更多。

（三）性能化标准

自 20 世纪 70 年代以来，性能化标准或规范逐渐成为美国标准编制的总体趋势。

20 世纪 80 年代以前，美国的建筑工程设计标准或规范主要是"指令型"

---

①　Manufactured Home 以前也被称为 Mobile Home.

（或规定型），即标准明确了需满足的详细的指令性设计要求，采取了这些设计措施就满足了标准的要求。但是这些指令性设计要求并不能穷尽实际工程中所有的可能性，也未能预见将来可能发生的种种变化。指令型标准规范是建立在事故经验和局部小比例模拟实验基础之上的。人们掌握的科学技术水平尚无法透彻、系统地认识所处的客观社会，因此人类的技术行为难免呈现出多样性和不确定性，而为了保证工程达到最基本的安全、卫生和使用标准，有关的民间组织便通过一些成功的经验和理论描述，制定出了一些标准的文字条文规范相应人员的技术行为，这就是指令性规范。依照指令性规范进行计算的设计方法的特点是：（1）没有确定的整体目标；（2）使用的方法和措施是确定有效的；（3）不需要再对设计的结果进行评估确认。但与此同时，这样做也限制了新的可能性，难以快速吸纳新的技术和使用要求上的变化。

自 20 世纪 80 年代以来，随着建筑工程规模越来越大，其结构、防火、抗震、建筑设备等领域设计越来越复杂。而与此同时，建筑技术从理论到实验研究均取得了巨大的进展，无论是新的材料还是新的施工技术等，大量的研究成果不断出现。但是新的研究成果应用于设计实践还需要在设计标准和规范的指导下，由于规范本身的滞后性，推广应用新的研究成果必须将其纳入标准或规范中，而修改标准或规范需要投入大量的人力物力，复杂的过程导致需要耗费漫长的时间。两者的矛盾逐渐令标准规范编制人员产生了一个新的认识，标准或规范不应成为阻碍设计的可能性和新技术的应用，只要保证项目的安全、卫生标准和应该达到的性能基准就可，至于工程师、建筑师采取何种途径和措施应留给他们自己解决。这样新的技术研究成果也容易且快速在实际工程所应用。在这种思路指导下，以明确建设项目需要达到的性能为目标的标准规范编制思想逐渐被接受。在二十世纪 80—90 年代，美国、加拿大和澳大利亚及新西兰等国家逐渐开始将标准规范的编制从传统的"指令型"转向"基于性能"方向，或者指令型和性能型相结合。性能化的设计要求与适当的评价手段相结合，可保证项目达到标准要求，同时，充分给了设计师创作的自由。计算机技术的进步为模拟评估提供了可能，现在，基本上所有的建筑工程类设计标准规范都是指令型和性能型的结合。

ICC 在 1994 年合并后推出的 15 套 I-Codes 均是这种思路的产物，ASHRAE 90.1 标准也同样是这种思路，其表现形式，即满足标准的途径就反映出指令型和性能型的特征。

性能规范是保证不同类型的建筑物内的人员和财产不受到较大的伤害，以及建筑的使用性能应达到的最低限度的水准，它仅规定设计应达到的目标水准和基本原则要求，对具体项目采用设计方法、建筑材料、构造措施等不作规定，设计人员可以选择不同的方法来保证目标的实现，对具体的设计采用一些公认的较成熟的数学模型进行模拟验证。性能规范的优点正好弥补了指令性规范的不足，但是性能规范的实施一般需要标准编制者提供相应的设计指南或手册，这些指南或者手册的内容较指令性规范更为具体和详细。

第二节　基　础　研　究

一、美国建筑节能的基础研究

美国是人均能源消费最高的发达国家，同时也是化石和可再生能源资源最丰富的国家。出于对长远的考虑，自 20 世纪 70 年代以来，美国政府对节能研究的工作都非常重视，加上强大的科技实力和经济实力，这也使得美国成为世界上在节能研究领域取得的成绩最多、水平最高、领域最为全面的国家。

美国的建筑节能研究主要是能源部主导，加上众多的民间机构和大学，开展了广泛的研究工作。

（一）国家实验室

美国关于节能的研究主要是通过其下属的国家实验室开展的。其下属的 30 余个实验室中，有许多都进行节能方面的研究，其中与建筑节能最密切相关的有西北太平洋国家实验室、劳伦斯伯克利国家实验室和国家可再生能源实验室。

1. 西北太平洋国家实验室(PNNL)

该实验室位于美国西北部的华盛顿州,1965 年成立。联合政府和企业开展建筑节能基础方面的研究已有 30 余年,是美国最重要的建筑节能领域的研究力量之一,其能源与环境研究分部下设的建筑能源系统与技术小组开展广泛的建筑节能项目研究,如照明系统、通风空调系统、能源高效利用和回收系统、可再生能源系统、水资源高效利用系统、建筑与设备能耗分析、绿色建筑的性能测试项目、碳排放管理、建筑模拟与能耗模型、建筑运行控制、与美国采暖通风空调协会 ASHRAE 联合编制低能耗建筑设计指南等。这些研究成果为建筑节能事业的开展提供了坚实的技术基础,也为民间的标准编制机构编制和更新相关的标准规范提供了技术支持和数据。

PNNL 与建筑节能密切相关的职责如下。

①评估每一次 ASHRAE 和 ICC 更新的建筑节能设计标准,为能源部长是否采纳新标准提供参考。

②接受能源部和各州政府的委托,评估建筑节能标准实施后的实际成效,提交相应的研究报告。这一工作一般每三年进行一次。

③领导和实施能源部的建筑节能设计标准促进项目(Building Energy Code Project,BECP),为此提供各项技术支持和服务。

④支持联邦政府的建筑节能计划,为联邦政府制定和实施应用于联邦政府建筑的建筑节能设计标准,并提供有关建筑操作和维护、设施评价、水管理等方面的专门技术知识,确保联邦政府用好纳税人的每一分钱,降低资源消耗,为整个国家树立表率。

该实验室做了大量关于建筑节能设计标准的比较以及在美国各地实施的绩效报告,这些报告为能源部长决定是否采用新标准做出了重要的决策意见(按照能源政策法案的要求)。例如该实验室的 David Conover、Rosemaire Bartlett、Mark Halverson 以及 Eric Makela、Jennifer Williamson

和 Erin Makela 所做的关于 ASHRAE 90.1 标准和 IECC 的持续比较研究[①]等。该实验室在 2008 年与中国合作,开发一套可以在中国中小城市推行的建筑节能法规和标准的实施行动方案。2012 年 6 月,还与中国建筑科学研究院签署《中美农村建筑节能合作协议》。

2. 劳伦斯伯克利国家实验室

该实验室位于美国加州伯克利,是能源部下属的大型多学科国家实验室。在能源技术研究领域与建筑节能密切相关的两个部门是建筑技术与城市系统分部和能源分析与环境影响分部。

建筑技术与城市系统分部下设建筑与产业应用部、建筑技术部、建筑系统部 3 个部门。

能源分析与环境影响分部下设国际能源分析部和可持续发展与环境系统部 2 个部门。国际能源分析部下设中国能源、国际能源和建筑节能设计标准 3 个研究组。可持续发展与环境系统部下设室内环境研究组、可持续能源系统研究组、电力市场和政策研究组。

通过这样的机构和研究小组,设置开展与建筑节能相关的研究工作。目前的重点研究方向如下。

①关于评价和提高建筑能效的建筑及设备系统诊断研究。

②关于优化和自动化提升建筑能效的先进控制系统和传感器研究。

③关于减少能耗的窗户、采光和照明系统的策略和材料研究。

④关于节省能源和减轻夏季城市热岛的凉爽屋顶和人行道研究。

⑤关于提升数据中心、实验室、洁净室的节能型高科技建筑研究。

⑥关于评估节能新方法的仿真模型和基准工具研究。

⑦关于示范和部署先进技术研究。

⑧关于商业和住宅建筑系统节能研究。

---

① CONOVER D, BARTLETT R, HALVERSON M. Comparison of Standard 90.1—2007 and the 2009 IECC with Respect to Commercial Buildings, Pacific Northwest National Laboratory, PNNL-19054. http://www.energycodes.gov/comparison-standard-901-07-and-2009-iecc-respect-commercial-buildings.

MAKELA E, WILLIAMSON J. Comparison of Standard 90.1—2010 and the 2012 IECC with Respect to Commercial, Pacific Northwest National Laboratory Buildings. http://www.energycodes.gov/sites/default/files/documents/2012IECC_ASHRAE%2090%201-10ComparisonTable.pdf.

著名的应用广泛的建筑能耗模拟程序计算引擎 DOE-2 就是由该实验室研发和提供技术支持的,为我国《夏热冬冷地区居住建筑节能设计标准》JGJ 134 和《夏热冬暖地区居住建筑节能设计标准》JGJ 75 及《公共建筑节能设计标准》GB 50189 的制定提供了重要的计算工具和技术援助,此外,西北太平洋国家实验室还帮助我国开发了建筑气象参数数据库,没有 DOE-2 提供的用于非稳定传热动态模拟工具及全年 8760 小时的气象参数,上述三个标准就无法编制。近年来,该实验室对中国的关注程度持续上升,成立了专门的中国研究小组,与中国相关领域的合作也在加强。

2011 年,该实验室环境能源技术部编制的《低碳发展方案编制指南》[①]以及《为中国开发的低碳指标体系》[②],提出未来以二氧化碳排放为指标的节能战略思想。

3. 国家可再生能源实验室

国家可再生能源实验室成立于 1974 年,与能源部重组时一起设立,位于科罗拉多州的金州市,它是美国首个专业从事可再生能源研究的国家实验室。从专注于太阳能研究开始,后拓展到风能、地热能、水能,以及生物燃料等可再生能源研究的各个领域,覆盖了基础研究、工程应用研究、技术测试、商业推广和示范等领域,该实验室长时间专注于相关领域,颇有建树,积累丰厚。

在建筑节能相关领域,该实验室的重点工作是可再生能源与建筑一体化解决方案、建筑技术创新,以及能源分析工具几个方面。

国家可再生能源实验室提供的能源评价和模拟工具主要如下。

①BEopt。建筑节能优化工具(Building Energy Optimization,BEopt),用于新建、改建独立住宅和多家庭住宅的能效分析,评估建筑和设备系统的设计参数以及基于成本的优化方案,确定最经济高效的全屋解决方案,最终目的是实现零能耗。

---

① https://eta.lbl.gov/sites/default/files/publications/lbl_5370e_low_carbon_guidebook_cn. oct_.2011.pdf.

② https://eta.lbl.gov/sites/default/files/publications/low.carbon.indicator.system.cn_. pdf.

②EnergyPlus。它是能源部建筑技术办公室推广的最先进的开源的建筑能源建模仿真引擎,在全球建筑节能界有非常广泛的应用。它提供了建筑设计者和研究人员所需的详细和经过验证的基于物理的算法,以准确地建模和模拟整个建筑系统的能源性能,可嵌入关键工作流当中,为建筑集成设计、产品研发、标准编制、政策制定以及投资决策等各方面提供依据。

③Foresee。该工具使用机器学习算法、先进的数据分析和基于物理的建模和仿真来导出家庭内部数据驱动的设备模型和能源使用模式,并在协调连接设备的操作的同时预测未来的能源消耗。这个安全的家庭自动化系统考虑用户的个人习惯和优先事项,并自动创造节能方案,业主可以舒适地实施。

④ResStock Analysis Tool。该分析工具可帮助确定家庭住房改造,能为城市、州、市、公用事业和制造商节省能源和资金。该工具使用住房存量特性的统计模型以及大型公共和私人数据源处理超级计算机模拟的数据。

⑤Technology Performance Exchange。该工具为消费者、制造商、供应商、建模者、研究人员和公共事业机构提供标准化的产品数据,以改进与建筑相关产品的评估和比较。这是一个集中的、基于网页的门户网站,用于查找和共享费效比、能效比技术方面的信息。

⑥OpenStudio。该平台是一组开源软件工具集,集合了基于物理的边界元法(Boundary Element Method,BEM)、大规模计算能力和数据科学工具,以支持广泛的建筑能源分析的应用程序。该平台还包括一个用于编程访问 BEM 引擎(包括 EnergyPlus)的软件开发工具包,支持脚本编写和工作流自动化,通过开放服务器对本地、集群和云资源进行大规模模拟分析。

国家可再生能源实验室单独或与其他两大实验室共同合作开发了高性能建筑数据库和住宅建筑能耗信息库。所有这些都为节能工作的实证研究和数据驱动提供了坚实的基础,也为建筑节能设计标准的更新、新技术的采用与推广提供研究和技术基础。

(二)国家标准技术研究院

美国国家标准技术研究院的前身国家标准局自 20 世纪 70 年代制定第一个节能设计标准 NBSIR 74—452 后就不再直接参与建筑节能设计标准的

编制，但仍然持续开展为标准服务的相关基础技术研究。在建筑节能相关领域，近年来建立了净零能源住宅的验证和示范平台（图4-1），综合了新兴能源管理技术，包括新的建筑方法、综合性的建筑设计、可再生能源应用，以及用于采暖、空调、湿度控制和许多其他功能的高效率系统，从持续的测试中以及建筑实践中吸取的经验用来研发下一代家用电器及采暖和空调系统，提供急需的数据来评估哪些技术可在现实世界中应用，并促进它们被市场接受和降低消费者成本。

NIST还同时开展或协助了绿色建筑评价标准的编制，以及可持续评价指标和工具的研发，发布和出版了大量的相关研究和测试报告。

图 4-1 净零能源住宅

图片来源：https://www.nist.gov

除了上述与建筑节能紧密相关的政府主导的研究机构和研究项目外，美国能源部还部署了其他众多研究计划或项目，例如由能源部下属的能源创新研究中心（Energy Department's Energy Innovation Hubs）提供资金和项目，联合大学和国家实验室共同开展的各项能源方面的研究。能源部能源信息署所做的建筑能耗信息统计调查也是开展建筑节能的基础研究。

（三）协会与大学

在建筑节能领域开展深入研究并卓有成效的代表性行业协会如下。

①美国采暖制冷空调工程师协会。该协会不仅仅编制大量建筑工程类标准，还独立或联合开展大量有关节能方面的研究。

②美国能源效率经济委员会。

③国际建筑性能模拟学会。2016年，中国分会成立。

④美国绿色建筑委员会。最著名就是该委员会编制的绿色建筑评价标准。

相较于能源部开展的节能研究，大学则偏向于局部专项和前沿理论方面。其研究资助多来自能源部或政府其他部门，以及私营企业，研究规模普遍较小，因此也比较专注某一小的领域或者方向。各个大学也各有侧重，其持续性受制于申请的经费是否连续。美国有数十所大学开展建筑节能方面的研究，著名的有麻省理工学院、斯坦福大学、加州大学伯克利分校、德克萨斯大学奥斯汀分校、威斯康辛州立大学麦迪逊分校、卡内基梅隆大学和普渡大学等。

综合以上对美国建筑节能方面开展的基础研究的简要介绍，大体上可以看出有以下特点。

①政府主导，各方参与。能源部是绝对的节能研究主力军，国家实验室是主要的研究力量。

②规模大，领域广。开展整个能源领域的大规模的系统性研究，建筑节能只是其中很小的部分。

③持续和专注。

④有前瞻性，也关注当下。

研究类型有前沿研究、理论研究、系统研究、新材料研究、建筑用能设备研究、建筑运行与调控研究、能效研究、经济研究、市场研究、专项技术研究、技术集成研究、实证研究、评价研究、实验研究、数据库的建立、研究平台的建立等众多类型。提供的研究成果类型有研究报告、专项或集成技术解决方案、数据库产品、预测与分析、不同目的和层面的分析以及模拟工具等丰富的成果形式。这样不仅解决了当下建筑节能实际需要的各项技术和数据,更为未来发展需要做了充分的技术储备。

上述的研究进展和计划以及各项研究成果,如果研究资金来自联邦政府,且不涉及机密,都在其官网上或以书刊形式予以公布,供相关人员自由查阅。这给研究者和公众及其他利益相关者带来了极大的便利。

二、中国建筑节能的基础研究

我国没有一个类似于美国能源部那样主导整个能源及节能研究管理的部门,节能工作被分解到不同的部门管辖。建筑节能由法规授权住房和城乡建设部统筹领导,而国家能源局并不参与建筑节能的具体工作。美国的住房及城市发展部,其职责与我国的住房和城乡建设部有巨大的不同。

相较于美国开展的建筑节能方面的基础研究,我国是比较弱的。

1. 国家力量

中国建筑科学研究院有限公司是全国建筑行业最大的综合性研究和开发机构,基本上代表了我国建筑研究的国家力量。中国建筑科学研究院有限公司成立于1953年,原隶属于建设部,2000年由科研事业单位转制为科技型企业。60余年来,该院已编制完成了数百项工程建设技术标准和规范,其中现行的建筑节能设计标准除温和地区以外全部由该院担任主编单位,此外还编制了节能建筑检验标准,既有建筑节能改造规范、建筑节能工程施工验收规范、能效标识标准以及节能材料和产品的相关标准等。标准的制(修)订与管理已成为该院具有传统优势地位的领域之一。

该院是一个综合性的院所,业务领域几乎涵盖建筑工程大部分领域,科研及业务工作涵盖建筑结构、地基基础、工程抗震、建筑环境与节能、建筑软件、建筑机械化、建筑防火、施工技术、建筑材料等专业中的79个研究领域,有国内最大的建筑抗震实验室、风洞实验室、防火实验室、建筑幕墙实验室、建筑材料实验室、建筑环境与节能实验室等(图4-2)。

该院的特点是大而全,由于几十年来国家在建筑科研领域投入的人力、物力和财力严重不足,分配给建筑节能及相关的基础研究经费和物力自然就比较匮乏。该院主编的《中国建筑节能标准回顾与展望》一书详细列举了为每一项建筑节能相关标准编制所做的专题研究报告的名称,从其描述中

图 4-2 中国建筑科学研究院有限公司业务和研究领域示意图

(图片来源:中国建筑科学研究院有限公司官网 http://www.cabr.com.cn)

可以看出,许多都停留在为了编制标准而做的针对性研究。例如某个指标、某个参数、计算方法和评价方法等层面,缺乏为编制标准而做的系统性基础研究,无论是理论、方法和材料上,还是设备、工具和系统等各方面,由于多种原因,这些报告并不对外公开,每次标准的更新会有少量的期刊论文公开发表,介绍标准的编制思路和所做的变更情况说明。

我国科研单位似乎并没有将其研究成果公开在官网供相关人员查阅的习惯,在中国建筑科学院的官网几乎查阅不到与建筑节能相关的研究成果报告。

2. 地方力量

在 2000 年前后,各地的建筑科学研究院纷纷改制,大多数已经不再从事建筑科学研究。改制后企业要生存，来自政府的研究资金或拨款减少是客观事实。目前仍然在从事建筑节能领域研究的只有少数几家，例如上海市建筑科学研究院（集团）有限公司、深圳市建筑科学研究院股份有限公司、广东省建筑科学研究院集团股份有限公司，等等，但其主要精力都放在了向社会提供技术服务方面。与中国建筑科学院一样，在其官网上很难检索到与建筑节能基础研究相关的研究成果。

　　在国家标准和行业标准的建筑节能标准的编制、参与方面，各省市的建筑科学院对本行政区所属气候区的标准参与程度不同，有的完全不参与，有的则积极参加。更多的则是放在本行政区的地方标准编制上面。

　　3. 大学与专业协会

　　在建筑节能基础研究领域成果最丰硕、持续时间最长的大学可能以清华大学建筑节能研究中心和西安建筑科技大学为代表。清华大学建筑节能研究中心的团队以江亿院士为首，长期编写中国建筑节能发展研究，从 2007 年持续至今，近十年来分北方地区城镇供暖节能、公共建筑节能、城镇居住建筑节能和农村建筑节能 4 个专题循环撰写年度发展报告。从宏观层面的中国建筑能耗基本现状分析，中观层面的分建筑气候区、分建筑类型的节能问题，直到微观的具体节能适宜技术、综合解决方案和最佳实践案例分析，是当前建筑节能领域最具价值的研究之一。清华大学还参与编制了多项建筑节能的相关标准。西安建筑科技大学以刘加平院士为首的团队持续开展对我国西北地区建筑节能问题的研究，也参与编制了多项建筑节能的相关标准。

　　中国建筑节能协会是经国务院同意、民政部批准成立的国家一级协会，业务主管部门为住房和城乡建设部。协会由建筑节能与绿色建筑相关企事业单位、社会组织及个人自愿结成的全国性、行业性、非营利性社团组织组成，主要从事建筑节能与绿色建筑领域的社团标准、认证标识、技术推广、国际合作、会展培训等服务。该协会连续多年发布《中国建筑能耗研究报告》。

　　从上述的中国建筑节能研究和基础研究的简要概述中，可以看出我国与美国开展的相关研究相比还有很大的距离，这与我国面临的能源形势、建筑节能的压力与责任等远远不匹配。根本原因是政府在这一方面的重视和

投入不够,缺乏专门的机构长期持续、领域广泛和深入的研究,研究类型少,研究手段有限,研究成果不足,对未来的节能策略、技术储备不足。

当前整体的建筑节能研究的局面呈以下特点:大学研究多,政府研究少;小规模局部研究多,大规模系统研究少;预测研究多,实证研究少;现状研究多,系统研究少;短期研究项目多,持续性研究项目少;模拟研究多,实验研究少;畅想研究多,技术研究少;单项技术研究多,集成技术研究少,经济和市场研究以及评价模拟工具研究更少。因此整个中国建筑节能领域研究仍然处于粗放型的状态。

中国标准化研究院前院长王忠敏曾说过:一是国家标准化管理委员会缺管理;二是标准化业界缺理论;三是标准化研究院缺研究①。这部分反映出我国标准化管理与研究的现状,也反映出我国在这方面与美国的差距。

基础研究的不足直接反映在各项相关标准上,这似乎也是我国建筑与经济发展水平的正常反映。

第三节 建筑节能设计标准的编制

一、中国建筑节能设计标准的编制

由于 2018 版的《标准化法》刚颁布不久,目前尚未有新的标准化法实施条例出台,虽然住房和城乡建设部在新《标准化法》之前就已经印发了《关于深化工程建设标准化工作改革的意见》,但影响的是其后的标准制定与修编,作用在较长时间后才能体现出来。下面简述新法之前的我国建筑节能设计标准的实际编制机制。

(一)国家标准和行业标准的编制

根据 1989 年 4 月 1 日起施行的《标准化法》和 1990 年 4 月 6 日起施行的《标准化法实施条例》,国家相关部委针对建筑工程领域的国家标准和行

---

① 王忠敏.突破标准起草人署名的误区[J].中国标准化,2013(10).

业标准的编制发布了多个文件,规范其管理、编制程序、编制细则和发布等具体操作细则。

1990年10月25日,国家计委、建设部颁布《关于工程项目建设标准编制工作暂行办法》(建标字第519号)。该办法可看作《标准化法》和《标准化法实施条例》在建筑工程领域的具体实施细则。

1992年12月30日,建设部颁布《工程建设行业标准管理办法》(部令第25号),原《关于工程项目建设标准编制工作暂行办法》废止。

2007年6月8日,建设部、国家发展和改革委员会发布《关于印发〈工程项目建设标准编制程序规定〉和〈工程项目建设标准编写规定〉的通知》,自2007年8月1日起执行。该规定进一步详细明确了建设标准的编制及管理的各项细节。总结起来就是:国务院建设行政主管部门负责国家标准和行业标准的编制;地方建设行政主管部门负责实施国家标准和行业标准,并有权制定地方标准。

迄今为止,我国已经颁布施行了关于建筑节能的基础标准,如《建筑气候区划标准》GB 50178—93、《民用建筑热工设计规范》GB 50176—2016等,设计标准,如《严寒和寒冷地区居住建筑节能设计标准》JGJ 26—2018、《夏热冬冷地区居住建筑节能设计标准》JGJ 134—2010、《夏热冬暖地区居住建筑节能设计标准》JGJ 75—2003、《公共建筑节能设计标准》GB 50189—2015、《农村居住建筑节能设计标准》GB/T 50824—2013、《温和地区居住建筑节能设计标准》JGJ 475等,以及检验检测标准、材料及产品标准、施工及验收标准和能效标识标准等几十项,形成了完整的建筑节能标准体系,其中建筑节能专项施工、验收和检测标准是我国独有的。这些标准绝大部分由中国建筑科学研究院主持编制。

纵观我国建筑节能设计标准的编制和更新机制,有如下特点。

(1)没有固定的专业机构和人员专司建筑节能设计标准的编制和更新。

虽然已经颁布施行的建筑节能设计标准均由中国建筑科学研究院担任主编单位或主编单位之一,但是并没有固定的团队和机构专门从事标准的编制和维护。现行的标准编制模式基本上是经过制定编制计划、立项、获得编制经费、组成临时编制组、待标准审查通过的流程后即行解散。编制组成

员由主编单位和合编单位临时抽调,编制或修编时间为2~5年,期间也并非全职从事标准的编制工作。待下一版标准修编时,又重复上述过程。同一标准每一版的编制单位和人员鲜有连续,不同气候区的或者居住和公共建筑标准的编制单位和人员更鲜有重复和连续。这与美国专业从事标准的编制和更新的固定机构有着很大的差别,这一差别也表现在标准的更新周期、技术水准、技术支持服务以及完整性和权威性的差异上。

建筑节能设计标准的制定要求以大量的基础性研究工作,包括理论和实验测试研究,以及广泛的调查和建筑产业信息的收集整理等作为基础,同时还要求及时收集标准实施后的反馈意见,这些工作均要求有连续性,均需要有相对固定的人员和机构从事这方面的工作。

因事立项、立项拨款的制度使得标准编制机构没有经费保障,更何况改制后的编制机构没有日常运行经费和财政资金来保障日常运行,这样就不可能成立固定的机构或部门聘用专业人员专门从事标准的编制和更新及维护,更谈不上为此开展的基础研究。

(2)缺乏固定的标准更新机制,版本更新周期过长。

从前文叙述中可以看到,各个版本的推出计划是按照原建设部的节能规划及其他政府文件设定的,但是基本上每一个版本或者新标准的推出时间都要比计划时间晚,版本的更新也没有相对固定的间隔时间。

上述关于标准编制的政府文件中均未对标准的更新周期作出具体规定。原建设部令第25号《工程建设行业标准管理办法》第十一条要求:行业标准实施后,该标准的批准部门应当根据科学技术的发展和工程建设的实际需要适时进行复审,确认其继续有效或予以修订、废止。一般五年复审一次,复审结果报国务院工程建设行政主管部门备案。该条规定只要求定期复审,没有规定标准的更新周期。

我国每次标准编制程序均需走完立项、前期准备、起草、审查、批准发布和解释的基本程序,已有标准的每次更新都需要重新走完相同的程序,加之标准编制的封闭性和垄断性,这就是我国的建筑设计标准缺乏固定更新周期的根本原因(表4-1)。

表 4-1　工程项目建设标准编制程序摘要

程　　序	主　要　内　容
立项	标准立项申请主体应是政府部门。 原建设部向国家计委提出标准编制资金申请,经批准后,原建设部向主编单位下达计划。 主编单位由原建设部确定
前期准备	组建编制组,确定参编单位和编制组成员。 制定编制方案,确定标准编制进度和分工
起草	收集资料、调查研究和专题研究。 编写征求意见稿、条文说明及其有关专题报告。 向有关部门、单位和专家征求意见
审查	确认送审材料。 审查建设标准内容。 提出批准建议
批准发布和解释	建设主管部门和投资主管部门批准发布。 建设标准的制定解释与建设标准具有同等效力

（根据《工程项目建设标准编制程序规定》整理）

在建筑工程技术领域,许多标准规范已经颁布施行了 20 余年未得到更新,其内容和采用的标准早已不适应时代的变化和技术的发展进步。陈旧的标准制约了建筑设计创作,同时也难以及时吸纳建筑技术研究的新成果。

表 4-2 选取了建筑专业常使用的 55 项设计标准、规范和规程。从该表中可以看出,标准的修订更新间隔时间普遍过长,最长的 32 年才更新修订。单项建筑设计标准规范(尤其是公共建筑类)更新周期普遍要更长,超过 15 年的占多数,这与近 30 年来公共建筑极大的建设量完全不匹配。

如此长的更新修订间隔,在世界发达国家中很少见到,这与我国的基本建设总量持续占世界总量的 50% 以上的地位和现状不相符。

表 4-2 55 项现行建筑专业设计标准及颁布和更新时间表（截至 2019 年 8 月）

颁布和更新时间 / 编号	GB 50178	GB 50176	JGJ 26	JGJ 134	JGJ 75	GB 50189	GB/T 50001	GB 50016	GB 50033	GB 50034	GB 50067	GB 50096	GB 50099
2019													
2018			■					■					
2017						■						5	5
2016		■		6					6			8	8
2015				9	6	■							
2014			8			5		■		■			
2013						5		■	■				
2012				12	■								
2011				■		■		8				■	■
2010			■	■		10							
2009				9					10				
2008					9			12				8	
2007	26							■	12				
2006				9				■					
2005		17		■						17		8	
2004										■			
2003			15	■								■	
2002			15										
2001				■				■					
2000													
1999				12								■	24
1998								18		14			
1997										■			
1996			■										
1995			■										
1994													
1993	■	■					■				13		
1992													
1991			9								13		
1990		7									■		
1989		7											
1988								■					
1987													
1986		■	■										■
1985													24
1984											■		

续表

颁布和更新时间	GB/T 50104	GB/T 50121	GB 50226	GB/T 50352	GB/T 50353	GB/T 50362	GB 50368	GB/T 50378	JGJ 25	JGJ/T 30
2019				■				■		
2018										
2017										
2016			7		7					
2015	9								10	■
2014										
2013					■			13		
2012		14	■	14		14	14			
2011										
2010	■								■	
2009					8					12
2008										
2007			■							
2006								■		
2005	9	■		■	■	■	■		10	
2004										
2003										■
2002										
2001	■		12							
2000									■	
1999										
1998										
1997										
1996	17	18								
1995			■							
1994										
1993										
1992										
1991										
1990										
1989										
1988		■								
1987				■						
1986										
1985										
1984										

续表

编号	1987	1988	1989	1990	1991	1993	1994	1996	1998	1999	2000	2001	2002	2003	2005	2006	2007	2008	2010	2011	2012	2013	2014	2015	2016	2017	2019
JGJ 31														■						16							
JGJ 35	■					12		18		■				22											■		
JGJ 36	■									■							16		11						■		
JGJ 38	■																							■			
JGJ 39		■											28												■		
JGJ/T 40	■												32														■
JGJ 41	■	■										27											■			5	
JGJ 48		■										26											■			5	
JGJ 49		■										26											■			5	
JGJ 57		■					12				■							16							■		
JGJ 58			■						20							13		■									
JGJ 60			■				10			■											■	11			7		
JGJ 62				■									24										■			5	
JGJ 64			■											27												■	
JGJ 66					■									24										■			

续表

颁布和更新时间

编号	1984	1985	1986	1987	1988	1989	1990	1991	1992	1993	1994	1995	1996	1997	1998	1999	2000	2001	2002	2003	2004	2005	2006	2007	2008	2009	2010	2011	2012	2013	2014	2015	2016	2017	2018	2019
JGJ 67						■								17									■							13						
JGJ 76																				■								16								
JGJ 86									■										20										■				7			
JGJ 100															■								17									■				
JGJ 102													■							■								16								
JGJ 117															■											21										
JGJ 124							■					9				■										20										
JGJ 127									■				8				■									19										
JGJ/T 129									■				8				■						12						■				7			
JGJ/T 132																		■				8				■						10				
JGJ/T 41				■													27														■			5		
JGJ 144																					■								15							
JGJ 156																									■						11					

续表

颁布和更新时间 编号	1984	1985	1986	1987	1988	1989	1990	1991	1992	1993	1994	1995	1996	1997	1998	1999	2000	2001	2002	2003	2004	2005	2006	2007	2008	2009	2010	2011	2012	2013	2014	2015	2016	2017	2018	2019
JGJ 176																										■					10					
JGJ/T 177																										■					10					
JGJ 218																											■					9				
JGJ/T 229																											■					9				

注：①标准代号代表的标准名称详见附录C；②■表示标准颁布和更新的年份；③本表并没有完全列举建筑设计类及相关的现行标准。

（3）分建筑气候区、分建筑类型编制。

关于这点，第二章已经讨论过。这是当前我国建筑节能设计标准编制工作的重要特点。实际上，建筑工程领域其他的标准制定也有相似的特点。如果考察我国其他建筑标准的情况，就会发现，分建筑气候区、分建筑类型编制的编制构想是有历史基础的，这是一种惯性的自然延续。例如，在现行的标准中针对建筑类型的建筑设计标准、规范、通则等就有 30 余项，几乎所有民用建筑类型都有一本规范来规范其建筑设计。关于住宅建筑设计的标准、规范、经济技术评价标准等就有 10 余项。这种思路使得我国建筑工程领域的标准、规范和规程的数量远远多于美国。令人欣慰的是，公共建筑节能设计标准没有再采取建筑设计标准那样分类型分别编制的方式。

中国建筑科学院汪训昌研究员在《中国建筑节能标准回顾与展望》（2017）一书中，回答了这个问题。

问：为什么居住建筑节能设计标准有三本（注：该书出版时，《温和地区居住建筑节能设计标准》尚未颁布），而公共建筑的形式更发散，反而只有一本节能设计标准呢？

答：这个问题和原来的标准体系的制订有关系。居住建筑节能设计标准是三本。一是历史原因，因为中国的气候区划比较复杂，有其天然属性，影响因素也很多，当时节能设计标准编制根据气候区划最早从北方开始，并没有解决南方问题，形成了先北方、再中部、再南方的趋势，这是自然形成的。二是人们的认识是逐渐完善的。虽然居住建筑技术比较单一、系统形式比较简单、体系也不复杂，20 世纪 80 年代我们对北方居住建筑节能，是有认识的，而当时对于南方的认识还是比较肤浅的，所以就有了按气候区划、有先有后的结果。

公共建筑节能设计标准实际上是两个问题：一是没有按照气候区划制定不同标准；二是没有按照建筑类型制定不同标准。理论上来讲，按气候、按类型划分越细越好，因为划分越细，执行越准确，但是公共建筑有其特殊性。首先是类型太多。比如写字楼要分公共写字楼和商业写字楼；医院要分三甲医院和二甲医院；酒店要分一星至五星，超五星、经济型；商场更复

杂,有单一商场、超市和综合体超市。所以从建筑类型上来讲,划分那么细并不现实。另外,按照类型划分也有问题,如果这个公共建筑不属于划分的任何一类,就没有办法处理。《绿色建筑评价标准》GB/T 50378 是简单地采用节能设计标准,它并不是本身设置了节能评价的内容,而是用节能设计标准来评价项目。实际上《绿色建筑评价标准》GB/T 50378—2019 是一本还是多本也是有争议的,英国的绿色建筑发展下来也是这样,先综合后分散再综合。第二,不同气候区对居住建筑的影响更大,公共建筑相对来讲影响较小,其在不同气候区的共性还是很多的,至少能源系统、照明系统的共性部分是非常明显的。对于不同气候区公共建筑性能的差异,《公共建筑节能设计标准》GB 50189—2015 已经考虑了,如与冷机相关的条文设置等。

不同气候区、不同建筑类型的能耗组成和能耗强度等有很大的不同,分门别类编制会让标准变得相对简短,每本规范涉及的内容相对单一,编制和使用均简单明了,编制涉及的专业和人员少,时间短。但与此同时,标准的更新周期难以统一而造成不协调,也易使标准缺乏独立性和完整性。这一现象在 20 世纪的美国也不同程度地存在,21 世纪后,在建筑节能设计标准领域,随着 ICC 的成立而得到很大的改善。关于这点已在第三章和第五章有详细阐述。

将住宅和公共建筑的节能设计标准分别编制,这是世界发达国家的普遍做法,因为两者的建筑设备系统、使用状态、规律、能耗强度等存在着很大的差异,这样做使得标准更具有针对性,美国的 ASHRAE 90 和 IECC 标准也是这么做的。但是否有必要将住宅建筑分气候区编制值得商榷,我国的实际做法可能是世界上仅有的。

(4)开放性和透明性不足。

国家标准的编制倡导公开透明、多方参与的原则,实行常年公开征集制度①。任何单位、个人均可向行业主管部门、标准化技术委员会、省级质监局或直接向国家标准委提出项目提案。项目提案全部实行网上申报,网上申

---

① 国家标准制修订工作管理信息系统. http://www.sac-csic.cn/bzhxxgz/201106/t20110624_94525.htm.

报系统全年开放,随时接受申报。国家标准委随时审批标准项目建议,分批次在网上向社会公开征求意见,分批次下达国家标准制修订计划。

但是建设工程领域标准立项申请主体必须是政府部门[①],标准的编制过程的立项、前期准备和审查各阶段均不对外开放。在起草的最后阶段,"主编单位应将建设标准征求意见稿的正文及条文说明印发有关单位和专家征求意见","编制组应将征求意见反馈意见汇总成表进行分析,提出修改处理意见,形成送审稿正文及条文说明、送审报告及专题报告等材料"[②]。"征求意见稿"环节是除编制组成员以外的其他有关单位和专家唯一了解和对标准的内容发表意见的机会。至于印发给哪些"相关单位和专家",其数量和范围等则存在很大的不确定性和模糊性。在 2006 年前后,"征求意见稿"在住房和城乡建设部的网站上公开征询意见,但时间一般都较短。在审查阶段,怎样处理对标准条文的不同意见,建立怎样的投票机制以及怎样的机构代表或专业人员拥有投票权的条件等均不对外公开。这与美国的 ASHRAE 标准和 ICC 标准的编制过程全程公开透明形成了鲜明的对比。

(5)编制组成员人数少,专业相对单一,代表性不足。

《中华人民共和国标准化法实施条例》第十九条规定:制定标准应当发挥行业协会、科学技术研究机构和学术团体的作用。制定国家标准、行业标准和地方标准的部门应当组织由用户、生产单位、行业协会、科学技术研究机构、学术团体及有关部门的专家组成标准化技术委员会,负责标准草拟和参加标准草案的技术审查工作。未组成标准化技术委员会的,可以由标准化技术归口单位负责标准草拟和参加标准草案的技术审查工作。仅从已颁布标准编制组成员的来源来看,建筑节能设计标准的编制在这方面做得还不够。

从已经颁布施行的标准的编制组成人员来看,最多的是 GB 50189—2015,有 43 人;其次是 JGJ 475—2019,有 42 人;最少的是 JGJ 26—95,只有 9 人。一般情况下,主编单位参与的人数最多,合编单位一般只参与一至两人。最新的 JGJ 75—2012 标准,主编单位成员只有 1 人。

从专业组成人员来看，建筑节能研究领域方向的最多，占到一大半，其次是采暖、通风、制冷、空调工程（HVAC）专业方向，第三位是建筑材料方向。建筑设计专业方向的编制人员非常少。从已发表的出自标准编制者撰写的关于建筑节能设计标准的介绍和研究文献来看，作者绝大部分来自主编单位中国建筑科学研究院建筑物理研究所和空气调节研究所。来自其他编制单位（编制者）的相关研究文献几乎没有。其他的部门和领域，如建筑经济、政府监管部门、施工企业、气象科学等参与标准编制的人员很少。因此总体上，我国的建筑节能设计标准是在建筑技术主导下完成的、尚缺乏充分的专业和领域合作的结果。建筑节能设计标准最重要的执行者——建筑师——参与不充分或缺席是当前存在的一个重要问题。值得注意的是，目前还没有观察到中国建筑学会在我国的建筑节能设计标准的编制和更新过程中发挥作用（表 4-3）。

表 4-3　我国建筑节能设计标准编制者组成情况表

| 标准编号 | 版本/年份 | 主编单位数量 | 合编单位总数 | 编制单位（个），其中： | | | | | 总编制人数 | 主编单位人数 | 合编单位人数 | 审查人数 |
				科研高校	设计机构	行业协会	政府机构	产业企业				
JGJ 26	1986	1	5	5	1	0	0	0	15	8	7	NR
	1995	1	4	4	1	0	0	0	9	5	4	NR
	2010	1	15	3	5	1	0	7	19	5	14	8
	2018	1	22	2	9	0	0	13	31	—	—	9
JGJ 134	2001	2	14	7	2	1	3	3	17	5	12	NR
	2010	1	15	5	2	1	1	7	18	4	14	9
JGJ 75	2003	2	11	8	4	1	0	0	18	2	16	NR
	2012	2	11	8	0	0	0	0	17	1	16	9
GB 50189	2005	2	22	8	9	4	0	9	24	3	21	NR
	2015	1	32	4	13	0	0	15	43	—	—	11
GB 50176	1993	1	14	11	4	0	0	0	25	8	17	NR
	2016	1	19	11	3	0	0	5	24	—	—	9

续表

| 标准编号 | 版本/年份 | 主编单位数量 | 合编单位总数 | 编制单位(个)，其中： | | | | | 总编制人数 | 主编单位人数 | 合编单位人数 | 审查人数 |
				科研高校	设计机构	行业协会	政府机构	产业企业				
GB/T 50824	2013	2	17	9	1	0	2	5	29	—	—	11
JGJ 475	2019	2	14	4	5	2	0	3	42	—	—	9

注：NR=没有要求或者标准中没有注明。从2007年《工程项目建设标准编制程序规定》文件颁布后,明确要求标准的编制和审查需分开,因此,其后的标准均设置了审查环节。

从表4-3也可以看出一个现象,近些年来参与编制的建筑材料和建筑设备的生产企业越来越多,由于缺乏相关文献,尚不清楚其在标准的编制过程中所发挥的作用。

文献①对标准参与者署名等相关问题提出了自己的看法,部分观点认为:标准起草人署名的功利性会带来"权力寻租"的行政弊端;署名不能真实反映起草人在标准起草中的贡献,单一的姓名列表无法判断起草人是从事编辑工作、提案工作还是翻译工作;标准中署名起草单位对于企业而言具有一定程度的品牌推广作用,诸多企业采用资金赞助的形式来谋求标准起草单位、起草人的署名地位,以达到市场宣传、市场竞争的目的。

还有的文献指出,有些署名的企业公司甚至科研单位,实际上是交钱赞助署名,并不参编,由此也诞生了一些没人用也无法用的标准。

以上这些观点并非反映建筑节能及相关标准的编制情况,但也部分反映出我国标准编制过程中的一种乱象。

(6)我国标准均是技术标准,没有关于如何实施与监督的条文。

这点是与美国同类标准比较后得出的结论。我国现行的建筑节能标准

---

① 王忠敏.突破标准起草人署名的误区[J].中国标准化,2013(10).

陈云鹏.关于我国标准起草人署名的历史探轶及现状研究[J].中国标准导报,2012(8).

均为"设计标准",也就是技术标准,均是要求在设计时需达到的最低技术或性能要求,关于实施与监督方面则由各级政府建设行政主管部门的行政命令另行规定。这也是我国所有标准、规范的共同特征。

在我国关于建筑节能的立法中没有明确新标准发布后实施的时限要求,对此均由国务院建设行政主管部门自行制定,一般均在标准中直接列明。关于如何具体实施与监督方面,同样也由当地政府自行制定细则。由于没有固定的机制,因此各地在执行新标准时存在着较大的差异,每次新标准发布后总会伴随着一系列的政令文件来布置执行与监督工作。

(二)地方标准

在建筑节能领域,通常的做法是当新的国家标准和行业标准颁布后,大多数地方政府,主要是省、直辖市或计划单列城市都会根据这些标准制定相应的地方标准。有的经济发达省市,或者因采暖而污染严重的省市会在国标和行标颁布之前先行制定自己的建筑节能设计地方标准。

这一做法实际上与原来的《标准化法》(1988)和《标准化法实施条例》(1990)相违背。

《标准化法》(1988)第二章第六条规定:对没有国家标准和行业标准而又需要在省、自治区、直辖市范围内统一的工业产品的安全、卫生要求,可以制定地方标准。地方标准由省、自治区、直辖市标准化行政主管部门制定,并报国务院标准化行政主管部门和国务院有关行政主管部门备案,在公布国家标准或者行业标准之后,该项地方标准即行废止。

《标准化法实施条例》(1990)第十六条规定:地方标准由省、自治区、直辖市人民政府标准化行政主管部门编制计划,组织草拟,统一审批、编号、发布,并报国务院标准化行政主管部门和国务院有关行政主管部门备案……地方标准在相应的国家标准或行业标准实施后,自行废止。

根据以上的法律和政令,可以得知三点:①建筑节能不属于工业产品的安全、卫生领域;②在公布国家标准或者行业标准之后,该项地方标准即行废止;③只有省、自治区、直辖市人民政府才能制定地方标准,而实际上许多非直辖市也制定了自己的建筑节能地方标准。

由此可见,这种做法是有违上述规定的。国家标准和行业标准的颁布施行绝大部分都在地方标准之前,按照《标准化法》的精神,各地没有必要在此之后再制定地方标准。

但是,建设部于 2004 年 2 月 10 日印发建标〔2004〕20 号文《工程建设地方标准化工作管理规定》,授权省、自治区、直辖市建设行政主管部门组织制定本行政区域的工程建设地方标准,没有规定一旦在相应的国家标准或行业标准实施后,自行废止。

2005 年 11 月 10 日颁布的建设部令第 143 号《民用建筑节能管理规定》(自 2006 年 1 月 1 日起施行)第六条再次重申:国务院建设行政主管部门根据建筑节能发展状况和技术先进、经济合理的原则,组织制定建筑节能相关标准,建立和完善建筑节能标准体系;省、自治区、直辖市人民政府建设行政主管部门应当严格执行国家民用建筑节能有关规定,可以制定严于国家民用建筑节能标准的地方标准或者实施细则。

由此可以看出,在 2017 年新版《标准化法》颁布之前关于制定地方标准的法律依据和行政依据之间存在着矛盾。

2017 年,新《标准化法》删除了"在公布国家标准之后,该项行业标准即行废止"和"在公布国家标准或者行业标准之后,该项地方标准即行废止"的规定。这意味着行业标准和地方标准与国家标准可同时合法存在,也意味着法律上正式认可了以前一直存在的自相矛盾做法。

现实中,各省、自治区、直辖市人民政府建设行政主管部门在实际操作时,通常采取两种做法:一是直接采用国家标准和行业标准;另一种是根据国家标准和行业标准再制定自己的实施细则,也就是编制地方标准。大部分省市采取的办法是在自己的地方标准推出之前,通过转发通知的方式下达行政命令采用国家标准和行业标准,一旦自己的地方标准推出后,另行下文,就以地方标准代替国家标准和行业标准作为本辖区的强制标准。上海市更是以其强大的科研实力和经济发展水平,在居住建筑节能设计标准和公共建筑节能设计标准的制定方面均走在了国家标准和行业标准的前面。

经查阅了几十项各省市不同时期的地方标准后发现,建筑节能的各地方标准与国家标准和行业标准在技术上和编制思路上差异极小,不同之处如下。

（1）节能目标符合自身的经济社会发展水平。经济较发达的地区往往先行一步提高建筑节能目标。例如，在 JGJ 26—2010 标准出台前，北方采暖区中就先后有北京、天津、山东、西安、河北、辽宁、吉林、黑龙江等早于该行业标准 2～6 年提前开始制定并施行了第三步的 65％节能标准。夏热冬冷地区的情况相类似，例如在 JGJ 134—2010 标准颁布实施前，就已有重庆、浙江、南京、武汉、上海等省市提前实施 65％的地方标准。

（2）设计指标上更加适合自身的建筑气候特点和建筑发展水平。从各地的地方标准的情况来看，即便节能率目标一致，在体形系数的划分、围护结构热工参数等条款的设定等方面都与国家标准和行业标准有着细微的区别。

（3）复杂化倾向。许多地方标准在建筑体形系数和不同朝向的窗墙比的分级要比国家标准和行业标准更加细致，与此对应的围护结构各部位的热工设计限值也相应更细化、更复杂。

（4）增加了国家标准和行业标准中没有的内容，如太阳能光热转换或光电转换等可再生能源利用、建筑给水排水的节能设计、电气节能设计等方面的条文。这使地方标准更加全面。

实际上，地方标准的主编单位大多数是地方的建科院，加上节能办和几家大的建筑设计院，编制的地方标准只要按照《标准化法》不低于国家标准和行业标准就可以了。

二、美国建筑节能设计标准的编制

（一）两大建筑节能设计标准编制机构

发展至今，美国事实上已形成了两大民间机构编制适用于全美的建筑节能设计标准：一是美国采暖、制冷与空调工程师学会（ASHRAE）；二是国际规范协会（ICC）。

ASHRAE 编制的常用标准（standard）一词，而 ICC 编制的则使用规范（code）一词。在美国，标准和规范是有区别的两个概念。标准常指单纯的技术标准，规范则除技术标准以外，往往含有较多的关于如何实施和行政管理等方面的内容。但无论是标准还是规范，在实施的领域或地区未通过立法程序前均还是自愿标准。在下文中，凡涉及 ASHRAE 的，使用"标准"一词；指 ICC 的，则用"规范"一词；如泛指的，则使用"标准和规范"或"标准"一词。

在建筑工程领域，美国除了移动住房以及联邦政府进行房屋建设时有国家统一的强制标准《联邦建筑节能设计标准》（*Federal building Energy of Ficiency Standards*）外，其余的均为自愿选择的标准。但事实上有 97% 以上的州和地方政府采用 ICC 编制的 I-Codes 作为本地的建筑设计规范。在建筑节能设计标准方面，则是两家相互竞争，由州或地方政府自行决定采用。

国际规范协会是美国最主要的制定建筑设计规范和提供相关服务的民间非营利专业技术协会，目前共出版了 15 部国际规范（见第三章表 3-2）。

其中，《国际统一建筑设计规范》是适用于所有商用建筑以及 4 层及以上的住宅建筑的设计规范。我国采取的方式是将公共建筑分门别类制定设计标准或规范，这样的标准大约有十余项。《国际住宅设计规范》则专司 3 层及以下的住宅设计，类似于我国的《住宅建筑规范》GB 50368，但我国的规范包含所有的住宅建筑。《国际建筑节能设计规范》则涵盖了所有住宅和商用建筑、所有气候区的建筑节能设计，该标准被当做 EP Act 2005 法案中居住建筑节能设计标准的标尺；《国际绿色建筑设计规范》涉及的范围比《国际建筑节能设计规范》更广，其中的节能设计要求也比《国际建筑节能设计规范》标准更高，因此也被称为高性能设计规范，类似我国的《民用绿色建筑设计规范》JGJ/T 229。《国际建筑防火设计规范》适用于所有建筑的防火和消防设计，类似于我国的《建筑设计防火规范》GB 50016。

国际规范协会制定的所有规范均保持固定 3 年一次版本更新。该协会制定的规范均以"International"冠名，期望得到除美国外的其他国家的认同和采用。事实上其制定的规范确实被国际上广泛地引用或参照。国际规范协会制定的规范均是内容庞大的大型规范。2009 版的 *International Building Code* 有 70 项，*International Residential Code* 有 892 页，*International Fire Code* 有 492 页。各个规范之间相互协调，同步更新。频繁的更新需要设计人员和规范官员及其他相关的机构和人员保持对规范的持续关注、学习和熟悉。

ASHRAE 主要专注于采暖、制冷、通风专业工程领域的研究及标准的编制,而其编制的 ASHRAE Standard 90.1 和 90.2 专注于建筑节能,是最低可接受的建筑能效标准,其中 ASHRAE 90.1 被写进 EP Act 1992 和 2005 法案,作为商用建筑节能的标尺。ASHRAE Standard 189.1 *Standard for the Design of High-Performance Green Buildings Except for Low-Rise Residential Buildings* 则与国际规范协会制定的《国际绿色建筑设计规范》相似,用于更高设计要求的项目。除此之外,该协会并不制定其他关于建筑设计的标准。

(二) ASHRAE 90.1 和 IECC 的编制

ASHRAE 90.1 和 IECC 是已经形成的两个事实上适用于全国的节能规范,供各州和联邦政府自由采用,这是标准制定自由竞争的直接结果。

ASHRAE 90.1 和 IECC 均是在共识民主的理念下制定的。共识民主是西方民主国家在立法行政过程当中广泛应用的一种决策方法,其核心思想是制衡与平衡。它以在决策的过程中应尽可能考虑广泛的意见为特征。而与此相对的是,在简单的票选制当中,少数服从多数,那么少数人的意见或利益就有可能被忽略掉或受到损害。这也与美国的国体和政体相一致。共识民主原则在不同的国家则有不同的做法,在不同的行政或者立法系统中也有不同的做法。

ASHRAE 和 ICC 应用共识民主的具体操作模式也有区别。ASHRAE 遵循美国国家标准协会的达成共识的程序,而 ICC 则使用政府中采用的达成共识的程序。两者均是共识民主,是在民主社会立法的过程中共识决策的具体应用。其共同的特征表现为:自愿参加、开放透明、(法定)标准程序、相互妥协和合作。这些原则对于标准是否能吸纳广泛的意见,以及是否被广泛接受至关重要。

1. ASHRAE 标准制定程序

ASHRAE 标准的编制与更新是由一个专注于标准撰写的常设标准项目委员会[①]负责。该委员会下设 5 个分委会,分别是围护结构分委会、建筑

---

① http://sspc901.ashraepcs.org/membership.html.

设备分委会、照明分委会、能源成本核算分委会以及标准格式及符合性检查分委会组成。目前有 60 余人，分别来自建筑产业界（企业）、用户、设计师、公用事业部门、普通大众、政府管理部门等。此外还有 20 余专业顾问和联络员。该委员会的主席和副主席必须是 ASHRAE 的会员，而其他的项目组成员则并非必须是，但是所有委员均须是各个领域的经过认证的专业人士。ASHRAE 有时也与其他的合作单位共同编制标准，例如国际照明工程协会，ASHRAE 90 系列标准中的关于照明的条文就由国际照明工程协会负责编写。

ASHRAE 90.1 标准的制定和修编过程采用的 ANSI 达成共识的原则，可确保通向标准制定或修订过程的大门，包括上诉机制，向任何直接或实质上受正在制定或修订的标准影响的各方开放。个人、学术界、企业、政府机构和其他的组织，例如劳动者、产业界和消费者团体，自愿向标准的编制和修订贡献他们的知识、智慧和时间。

为了获得 ANSI 的认证和标准冠名，标准的编制机构必须满足 ANSI 的开放、平衡、达成共识和履行正当程序的要求。其中履行正当程序是关键，可确保 ANSI 的标准在一个公正的、易理解的和对各方负责的环境中制定。开放和公平的过程可以保证所有的利益各方都可以有机会参与标准的编制，这样就可更好地服务和保护公众利益。ASHRAE 通过该协会本国和国际会员的参与、相关社会机构的参与及公开审查来达成广泛的共识（图4-3）。

ANSI 标准编制达成共识的程序要点如下：

①对一个由受标准影响的各方代表组成的团体提出的拟议标准或修改意见达成共识；

②对草案进行广泛的公众审查和评审；

③认真考虑并回应有投票权的委员们和公众评审提出的意见；

④将通过的修改意见整合到标准草案中；

⑤在标准的编制过程中认为正当（法定）程序原则没有得到充分尊重的任何参与者均有申述的权利。

受建筑节能设计标准影响的各方及对此感兴趣的各方如下。

①设计界，包括各个专业的设计师，如建筑师、设备和电气工程师、室内

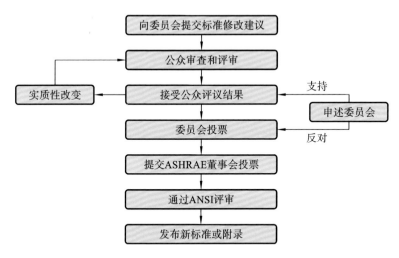

图 4-3　ASHRAE 90.1 标准制定及修编程序

资料来源：www.ashrae.org

设计师等。

②标准的实施和监管部门,如联邦政府的标准官员、标准管理机构的代表、各州或地方政府的标准委员会管理机构等。

③建筑承包商。

④建筑业主和经营者。

⑤建筑产业界及建筑产品生产商。

⑥公共市政公司,如供水排水、供电、集中供暖、天然气等。

⑦倡导节能的民间团体。

⑧学术界,如 AIA 等。

⑨联邦政府机构,包括美国能源部的建筑节能设计标准计划项目等。

以上各方均可在标准审议期间向编委会提出书面意见,或者参与分委会的讨论,或者以在公众评议期内发表看法等形式参与。在标准委员会提出对标准的建议或对已有标准的修改意见之后,这些意见须由标准项目的联络小组委员会同意,才能公之于众,供公众评议。评论者需提交书面评议材料,标准委员会必须认真考虑这些建议,不管是以某种方式接受还是拒绝,如拒绝,须回复为什么他们的建议不可行。达成共识的程序要求所有支持观点和反对意见都应被考虑,并应采取实际行动解决分歧。

负责 ASHRAE 90.1 的每一次维护和修订的委员会都会尝试与提出建议的公共评论者达成解决方案的共识。在有些情况下,这些要求在以后版本中以附录的形式出现,有时也会出现僵持情况。如果拟议的修改建议被认为是非实质性的,那么额外的公众评审就没有意义,标准的修订版仍然会朝着出版的方向迈进。如果拟议的修改具有实质意义,则会进入公众评审阶段。有时,委员们认为建议可能会被批准,要么是因为没有显著的悬而未决的评论意见,要么是因为即便有一些,他们可以解决或不能解决,标准的修订还是会提交给 ASHRAE 标准委员会和技术委员会,最后提交给董事会以供批准。

提交了修改建议但未被采纳的人可以提出请求董事会直接批准。一个 ASHRAE 申述委员会专门处理和解决这类申述意见。如果这些申述意见被专家组支持,该校订版会被发回到 ASHRAE 90.1 委员会,并做进一步的工作。如果没有被专家组采纳,而董事会却支持,则该意见还是会被 ANSI 批准,如果在 ANSI 环节没有被其他的人和团体申述的话就会正式出版发布。在 ASHRAE 的申述程序中悬而未决的意见处理后,可以申请成为 ASNI 的附录内容,每一版的 ASHRAE 标准都会将此类意见以附录的形式附在后面。

标准最终由 ASHRAE 的董事会批准,项目委员会的最终投票成员来自利益受标准影响的、经综合平衡后的各方代表,而不仅限于政府部门的代表。此时投票只需简单多数而非一致同意就可表示通过。

经批准的两个正式版本中间的修订结果会在 ASHRAE 的官方网站上以补充的形式刊出,每一次周期是 18 个月,并在下一个版本中正式加进去。每 3 年则会有一轮补充了修改意见的完整版本发行。然而,任何人任何时候均可以以书面形式或者在 ASHRAE 官方的公开平台上提出对标准的修改意见。

需要指出的是,标准的修订并非将建筑科学和技术的进步作为唯一的考核要素。新标准被市场接受的可能性,由此引起的建筑产业的公平和公正,以及新标准导致的节能增量成本与收益等各个方面均会被综合考虑,同

时还需要协调其他的设计标准规范,如防火、安全等,因此最后的结果往往是综合了以上各个因素后相互平衡和妥协的结果。

2. ICC 规范制定程序

IECC 的编制则采用政府部门达成共识的程序来进行编制,因此,ICC 编制的规范没有 ANSI 编号。与 ASHRAE 90.1 相同,每一次修订过程中所有对此感兴趣的各方都可参与其中,但是对规范内容的最终投票权则限于为联邦、州或地方政府工作的同时也是 ICC 会员的个人,这点有别于ASHRAE。

IECC 也是每 3 年做一次完整的修订。如图 4-4 所示,任何人均可向 ICC 提交对 IECC 标准条文的书面修订意见,并附详细理由。事实上,拟议的修改意见通常是由一些代表提出。ICC 会公布这些意见并将之传播至大众以供评议,这个过程通常会在公开的听证会前六周完成。

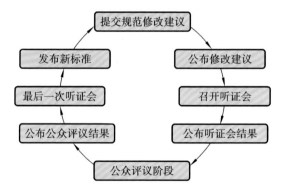

图 4-4   ICC 标准编制和更新程序图

在公开的听证会上,反对或支持每一个拟议的修订条文的论证材料会呈献给负责标准修编的委员会,每一个分委会一般有 7～11 位由 ICC 任命的委员组成,包括政府官员、标准官员、房屋开发商代表、建筑产业集团代表和其他对此感兴趣和受标准影响的各方成员。

委员会收到各种支撑材料后,投票决定拟议条款的处理意见:同意,否决,同意部分修改,或者上听证会讨论。如果有三分之二的 ICC 委员投赞成票,委员会的决定也可以被推翻。ICC 会公开第一次听证会的结果,那些怀疑第一次听证结果的人还可以提交公众评议并提出修改意见。这些意见就会放在第二次听证会上讨论。所有公众的评论都会公开，这样各方有兴趣的人可以再次在第二次听证会上提出对每一个拟修订条文的补充意见。最终的处理意见就会由政府部门的代表（同时也是 ICC 的会员）投票决定。这些在第二次听证会上通过的修改意见就会在新的版本中反映出来（图4-4）。

　　一般在新版出版前的 18 个月是接受修改意见的截止期限。在意见上交后的 6 个月，就会召开听证会。听证会的结果会在 3 个月后公布。任何个人或团体都可在结果公布后的 6 个月之内提出公开的评议。最后一次听证会会在接受公众评议之后的 4 个月后召开。印刷版本的新标准一般是在最后一次听证会召开的第二年出版。

　　每一个新标准的编制或旧标准的更新周期均遵循相同的 8 个步骤。最新的建筑业界的技术、经验和教训融入新规范当中，使最新的科技促进减少能耗、节约运行成本和减少 CO_2 的排放。ICC 的所有规范的更新周期均固定为 3 年（表 4-4）。

表 4-4　标准编制步骤简表

步　骤	内　容	时 间 节 点
步骤 1	提交对规范的修改意见	新版出版前的 18 个月
步骤 2	公布对规范的修改意见	在听证会前 30 天
步骤 3	召开规范修改的公开听证会	意见上交后的 6 个月
步骤 4	公布听证会结果	听证会的结果会在其后的 3 个月后公布
步骤 5	公众评议阶段	6 个月内
步骤 6	公布公众评议结果	最后的听证会前 60 天
步骤 7	最后的听证会	最后一次的听证会会在接受公众评议之后的 4 个月后
步骤 8	发布新版本	最后一次听证会召开的第二年出版

　　步骤 1：提交对规范的修改意见。

任何有兴趣的个人、组织、团体、专业协会、政府代表等均可提交对规范的修改议案。在每一轮版本更新前,ICC 均会在网站和其他媒体上提前发布公告。

步骤 2:公布对规范的修改意见。

所有修改意见会在公开听证会前 30 天予以公布。

步骤 3:召开规范修改的公开听证会。

规范修改的公开听证会对所有人开放,任何人均可免费参加、作证和参与讨论,也可借由网络直播的形式参与。在听证会期间,各方均可就成本、收益和拟议修改意见的影响等发表自己的观点。听证会包括下列步骤。

①自由讨论阶段。

②规范委员会的讨论阶段。提出对于拟议的修改意见的处置意见。

③ICC 委员的讨论阶段。参加听证会的 ICC 委员可以质疑规范委员会的意见。

步骤 4:公布听证会结果。

在最后的听证会前 60 天,须公开听证会讨论的结果。

步骤 5:公众评议阶段。

任何对听证会讨论结果感兴趣的个人、组织、团体等均可提交自己的看法。公众评议提供机会让大众对某一项听证结果表达自己支持或反对的态度。

步骤 6:公布公众评议结果。

接受公众质疑的拟议的调整和已获得整合的拟议的调整条款均应在最终的投票前至少 30 天予以公布。拟议的改变在最后的听证会上都有可能以简单多数被阻止投票。

步骤 7:最后的听证会。

符合资格的投票者,包含拥有 ICC 会员资格的政府官员和资深荣誉会员,对所有的拟在新版规范中呈现的修改进行投票。每人对每一个拟议的修改意见有一票投票权。最终的听证会也对公众开放,并进行视频直播。

步骤 8:发布新版本。

所有在最后听证会上通过的修改意见均反映在新版的 ICC 规范中。

需要说明的是,ASHRAE 标准和 ICC 规范的编制和更新都执行各自相同的程序和要求,并非仅仅针对 ASHRAE 90.1 标准和 IECC 规范。

由表 4-5 可以看出,中美两国在标准编制的程序和思路上存在着巨大的不同,这也是导致两国标准或规范差异的深层原因。美国两套诉求几乎完全相同的标准规范交叉重复,看似浪费了资金、人力和各种其他资源,但是两者之间的竞争关系使得建筑节能技术得到更好的发展,其效果也得到各界的认同。这正是美国的自由竞争体制在建筑节能设计标准领域的直接反映,反映出美国特色。

表 4-5　ASHRAE 标准和 ICC 规范编制机制的比较

标准名称 内容	ASHRAE 90	IECC
编制机构	ASHRAE 和 IES	ICC
参与者	任何机构和个人	任何机构和个人
达成共识的程序	ANSI 达成共识	政府部门达成共识
开放透明	是	是
投票权	受标准影响的、经综合平衡后的各方代表	只有政府部门的代表,同时也是 ICC 的会员才有投票权

各方的协作和参与保持了设计标准与当前的技术、经济和政策同步,并为每一个利益相关者提供参与标准更新的机会。保持建筑产业界对这个自愿标准的关注,对一个平衡的和公平的编制过程至关重要,例如表达市场可行性、公平的产业竞争环境以及由此带来的对建造成本等问题的关注。如果没有像 ICC、ASHRAE 这样的机构,那么联邦政府或者每一个州或者地方政府的相关机构就必须自行编制类似的标准。除了要求不计其数的各种资源以外,标准的一致性也可能会被牺牲掉,而这对于立法部门和相关产业界至关重要,否则就会乱套。

第四节　建筑节能设计标准的实施与监督

建筑节能是一项系统工程,制定建筑节能设计标准只是其中的一个技

术环节,也是最重要的环节,但是要真正实现节能的目标,需要一套行之有效的措施保证其得到贯彻,需要一整套的相互匹配的子系统,主要包括以下层面。

①立法层面。这是最顶层的制度设计,也是建筑节能的根本保证。

②行政层面。政府依据法律制定建筑节能的实施政策。除了强制执行的政令外,还应出台包括各种鼓励、协助和经济激励政策等。

③建筑技术层面。建筑节能是建筑技术集成的结果,其中最基础就是制定适宜的建筑节能设计标准,辅以设计技术以及达标验证技术。

④产业层面。需要整个建筑产业链条完善通畅:工程设计、建筑材料、建筑制成品生产、建筑设备的生产、施工与验收、运行管理、建筑维护、熟练的操作者等。

最终,所有或大部分参与其中的人均应是该项政策的获益者,尤其是业主或建筑经营者,这样一项政策才会受到欢迎,才能得到积极主动的响应而不是被迫或被动地执行。仅仅依靠强制的行政命令或只有受该标准影响的少部分团体或个人受益,该政策终不会取得长久而持续的效果。此外,即便是好的政策,选择合适的推出时机也非常重要。

一、中国建筑节能设计标准的实施与监督

(一) 立法

制定相关法律法规是一个国家强制实施节能规划与政策的基础依据与根本保障。因此,发达国家都十分注重制定专门的法律法规,从节能主体义务、节能目标、制度、政策与措施等各方面作出法律规定,而且根据每个时期的节能目标对原有的法律法规进行修订。我国也颁布了一系列的法律和规章来保证建筑节能国策的执行。

《中华人民共和国标准化法》1988 版和 2017 年修订版都明确规定标准应有的法律属性:强制性标准必须执行。

1998 年 1 月 1 日开始施行《中华人民共和国节约能源法》,2008 年 4 月 1 日开始执行修订后的本法,该法明确了建筑节能政策、激励机制和各方的法律责任。

1998 年 3 月 1 日开始施行《中华人民共和国建筑法》,2011 年 7 月 1 日开始施行本法的修订法,该法明确了建筑生产过程当中的质量管理及法律责任,包括建筑节能。

《中华人民共和国节约能源法》(1998 版、2008 版、2016 版)第三十四条规定:国务院建设主管部门负责全国建筑节能的监督管理工作。县级以上地方各级人民政府建设主管部门负责本行政区域内建筑节能的监督管理工作。县级以上地方各级人民政府建设主管部门会同同级管理节能工作的部门编制本行政区域内的建筑节能规划。建筑节能规划应当包括既有建筑节能改造计划。第三十五条规定:建筑工程的建设、设计、施工和监理单位应当遵守建筑节能标准。不符合建筑节能标准的建筑工程,建设主管部门不得批准开工建设;已经开工建设的,应当责令停止施工、限期改正;已经建成的,不得销售或者使用。建设主管部门应当加强对在建建筑工程执行建筑节能标准情况的监督检查。

我国的节能工作分散到国民经济的各个部门,主管能源工作的国家能源局并没有受法律授权统筹。这是我国节能工作的一个重要特征。

(二)行政

1986 年 1 月 12 日国务院发布政令《节约能源管理暂行条例》。2008 年 8 月 1 日发布第 530 号政令《民用建筑节能条例》,该政令对新建建筑节能、既有建筑节能、建筑用能系统运行节能做出了原则性的规定,并明确了违反该政令应当承担的责任。

建设部也颁布了一系列关于建筑节能的部令和文件。2000 年 2 月 18 日,建设部令第 76 号发布《民用建筑节能管理规定》,2000 年 10 月 1 日开始施行,其中规定,建筑节能必须按强制性标准执行,违反的要予以严格的处罚,轻则罚款,重则责令停业整顿、降低资质等级或者吊销资质证书。该规定第九条第一次明确了"在进行施工图设计审查时,应当审查节能设计的内容,并签署意见"。2000 年 8 月 25 日开始施行的第 81 号令,《实施工程建设强制性标准监督规定》,规定建筑工程项目开始实行强制性条文审查制度。建设部令第 143 号《民用建筑节能管理规定》,2006 年 1 月 1 日开始实施,原建设部令第 76 号文件同时废止。2004 年 10 月 12 日,建设部印发了建科

〔2004〕174号《关于加强民用建筑工程项目建筑节能设计审查工作的通知》，通知要求"民用建筑工程项目建筑节能审查是提高新建建筑节能标准执行率的重要保障。各级建设行政主管部门要将建筑节能审查切实作为建筑工程施工图设计文件审查的重要内容，保证节能标准的强制性条文真正落到实处"，从此开始实行民用建筑节能设计审查备案登记制度；2005年4月15日，建设部印发了建科〔2005〕55号《关于新建居住建筑严格执行节能设计标准的通知》，进一步重申了严格执行标准的要求，并且要求凡属财政补贴或拨款的建筑应全部率先执行建筑节能设计标准，房地产开发企业要将所售商品住房的结构形式及其节能措施、围护结构保温隔热性能指标等基本信息载入"住宅使用说明书"。文件还详细规定了在执行建筑节能设计标准过程中违反通知规定的行政和经济处罚措施。

标准和规范为建筑节能提供技术上的保障，而法律和政令及政府文件为建筑节能提供法律保障和具体执行的依据。

各个省市依据以上的法律和政令来制定各自的具体执行细则，包括制定节能设计标准的地方实施细则（地方标准）及地方政策。在我国现行的立法及行政体制下，政策的贯彻执行呈现出非常明显的自上而下的特点。

（三）执行与监督

目前，我国建筑节能目标是通过规划设计和施工两个主要阶段来实现的，这两个阶段又分别由执行和监督两个环节完成。

工程设计单位要遵循建筑节能法规和节能设计标准，严格按照节能设计标准和节能要求进行节能设计，设计文件必须完备，保证设计质量。施工图设计文件审查机构要严格按照建筑节能设计标准进行审查，在审查报告中单列被审查项目是否符合节能标准的章节；审查人员应签字并加盖审查机构印章。不符合建筑节能强制性标准的，施工图设计文件审查结论应为不合格，不能取得建设工程规划许可证与建筑工程施工许可证。

施工阶段，施工单位要按照审查合格的设计文件和节能施工技术标准和规程的要求进行施工，确保工程施工符合节能标准和设计质量要求。监理单位要依照法律、法规以及节能技术标准、节能设计文件、建设工程承包合同及监理合同，对节能工程建设实施监理。监理单位应对施工质量承担监理责任。

各地建设行政主管部门要采取有效措施加强建筑节能工作中设计、施工、监理和竣工验收、房屋销售核准等监督管理,并且每年要把建筑节能作为建筑工程质量检查的专项内容进行检查①(表4-6)。

表4-6 我国建筑节能设计标准实施主体的主要职责

执行机构	规划设计阶段		项目实施阶段		政府部门
	设计单位	图审机构	施工单位	监理单位	
主要职责	按照现行的节能设计标准设计	对设计文件进行节能强制性条文符合性检查	按批准的设计文件和节能施工技术标准施工	监督施工单位按设计文件施工	制定节能政策; 制定标准; 监督检查; 编制民用建筑节能规划; 安排民用建筑节能资金; 制定税收优惠政策

我国现行的制度并不强制要求检查项目竣工后实际运行过程中的节能状态,也并未要求项目竣工后使用前进行检测其试运行过程中的状态与设计目标是否相符。2009年12月10日住房和城乡建设部发布了《居住建筑节能检测标准》JGJ/T 132—2009和《公共建筑节能检测标准》JGJ/T 177—2009,2010年7月1日开始施行。目前这两项标准均为推荐性标准,不具有强制性,事实上也就基本上不执行,现实中在大部分地区也缺乏执行的条件。

据《2011年全国住房城乡建设领域节能减排专项监督检查建筑节能检

---

① 建科〔2005〕55号文《关于新建居住建筑严格执行节能设计标准的通知》第十四条规定:各地建设行政主管部门要加强经常性的建筑节能设计标准实施情况的监督检查,发现问题,及时纠正和处理。各省(自治区、直辖市)建设行政主管部门每年要把建筑节能作为建筑工程质量检查的专项内容进行检查……建设部每年在各地监督检查的基础上,对各地建筑节能标准执行情况进行抽查,对建筑节能工作开展不力的地方和单位进行重点检查。

查情况通报》的结果:新建建筑执行节能强制性标准的情况如下。根据各地上报的数据汇总,2011 年全国城镇新建建筑设计阶段执行节能 50％强制性标准基本达到 100％,施工阶段的执行比例为 95.5％。从这个统计数据来看,建筑节能设计标准实施的情况已经非常理想,但是事实上,在调查中也发现,在一线城市和部分二线城市,标准执行情况较好,而三线、四线城市则普遍没有执行。

由于现行的建筑节能设计标准本身只是一个技术标准,并没有对其实施和监督以及竣工后的节能实效的检测作出强制性规定。因此,具体实施过程中,仍然存在以下情况:①设计环节达到了节能标准,施工环节未执行;②设计和施工环节均"合格",但竣工使用后发现不节能的现象;③设计文件节能,实际施工过程并未达到标准。

二、美国建筑节能设计标准的实施与监督

(一) 国会立法

自 1973 年石油危机后,美国制定了多项有关节能的法案,这些法案对建筑节能设计标准的编制和实施推广及更新起到了至关重要的作用。1976 年,签署《节能和产品法案 1976》和《资源节约与恢复法案 1976》。1978 年,签署《国家节能政策法案 1978》。1988 年,签署《联邦能源管理改进法案 1988》。1992 年底,《能源政策法案 1992》生效。2005 年,修订补充后的《能源政策法案 2005》生效。2007 年,制定了《能源自立及安全法案 2007》(又称为《清洁能源法案》)。2009 年,颁布实施《美国复苏与再投资法案 2009》。

这些法案均与建筑节能有着密切的关系,但对建筑节能设计标准的制定和实施影响最大的是《能源政策法案 1992》。

1992 年 10 月 24 日,《能源政策法案 1992》经布什总统签署后正式生效。这是一项全面的节能法案,在建筑节能领域具有里程碑式的意义。具体体现在以下方面。

(1) 首次明确了商用建筑和居住建筑节能须达到的最低设计要求。商用建筑以 ASHRAE 90.1 标准为标尺,3 层及以下的居住建筑则以 CABO 制定的 Model Energy Code 为标尺。这也是建筑节能设计标准作为强制要

求首次被写进法案。

（2）明确了各州采用节能设计标准的时限，并将之固定下来。法案对以上两个模式节能标准发布或更新后各州应采取的行动做出了具体规定。

①在不超过两年的时间内，每一个州须向能源部部长保证已经评估和更新了各自的建筑节能设计标准，这个保证须提交证明材料以证明本州采用的商用建筑和居住建筑的节能设计标准达到或超过了新的 ASHRAE Standard 90.1 或 CABO Model Energy Code。

②无论何时，ASHRAE Standard 90.1 或 CABO Model Energy Code 一旦更新或者发布新版本，能源部部长需在 12 个月内决定该新版标准是否提高了原有标准的能效，并以政府公报的形式向社会公布。如果能源部部长的公报回答为"是"的话，则要求各州保证在 2 年内完成修订和更新各州原有的标准程序，并提交证明材料佐证。如果能源部部长的公报回答是"否"的话，则现有标准不必做修改。

这样，就明确了每当新标准发布后，各州采用新标准或等效新标准的时限最长不超过 3 年，其中 1 年留给能源部部长评估，2 年留给各州评估和修订。能源部部长的报告通常由西北太平洋国家实验室提供，而各州的评估则由自己完成，有时西北太平洋国家实验室也应有些州政府的请求撰写这类报告。

（3）明确了能源部作为建筑节能的监管单位，为各州采用和实施标准提供技术和财政支持，并为自愿节能设计标准[①]的研发提供支持。

①提供与自愿建筑节能标准编制有关、联邦政府和州政府及行业组织可以提供的各类信息。

②为促进标准和规范的进步提供技术协助。

③为评估设计标准所采用的节能措施的性价比及技术可行性提供协助。

④为确定适宜地减少室内空气污染的措施方面提供协助。

法案还要求能源部部长在开展节能研究的基础之上，定期评估自愿节

---

① 注：ASHRAE Standard 90.1 和 CABO Model Energy Code 在未通过立法程序前均为自愿采用的建筑节能设计标准。

能设计标准,寻求采用在技术和经济可行的、被证明有效的提高建筑能效的措施,有时还可以直接参与这类标准的修订。

(4)明确建筑产品的能效标识制度,例如建筑窗系统等。在后来的ASHRAE 90.1 和 IECC 标准中,在门窗上标示永久性性能标识成为强制性的条款。

(5)明确联邦政府的新建项目必须满足联邦政府建筑能效标准。法案要求联邦政府各机构行政首脑须采取一切措施保证新建项目满足或超过联邦政府建筑能效标准,只有达到这点,才可以动用联邦资金。具体技术支持由能源部提供。

2005 年 8 月 8 日,《能源政策法案 1992》法案的修正案《能源政策法案2005》开始生效,该修正案延续了《能源政策法案 1992》中商用建筑将满足ASHRAE 90.1 作为最低要求的规定,3 层及以下的居住建筑从满足 CABO Model Energy Code 改为 ICC 的 IECC 标准。

(二)标准的采用

如前所述,由于美国的联邦政府、州政府和各级地方政府并非垂直领导的关系,也由于其法律制度的原因,在建筑节能设计标准的施行方面,除了移动住房方面有强制性的标准,以及联邦政府有自己的强制标准《联邦建筑节能设计标准》外,其余均为各级政府自愿选择的标准。各州或地方政府有权自行选择采纳自己的标准。因此,每个州或地方政府采用模式节能标准的程序依据各州的法律或立法程序有所不同。在大多数州,标准更新后的采用和实施并非是自动的,有的州需通过立法程序将模式标准或规范列为本地或本州的法定标准和规范,有的则是通过州议会授权的机构依靠行政管理措施来监管新标准在本州或本地的修编和采用。

一般而言,在州或地方政府层级,有两种途径使能源部部长认可的新的建筑节能设计标准成为本辖区的强制性标准:一种是通过立法程序;另一种是通过本级立法机构授予相关行政部门颁布建筑节能标准的权力,直接走行政程序认可。

1. 立法途径

当新的标准发布后,一般由通过立法或有权颁布能源法规的管理机构提出采纳新标准或对本地的旧标准进行修订的立法提案,典型的发起者可能包括州能源办公室、州指定的能源法规委员会、地方建筑官员、市长或市议会,有兴趣或受影响的各方亦可提出建议。各方建议都有可能进入最后供公众评议的立法草案中。经过召开听证会、公众评议和对标准的部分修订等环节,这一过程最后都会以投票的方式通过,最后由州长、市长签字形成本辖区的强制性标准,成为法律的一部分。

2. 行政途径

采用这种途径时,各州和地方政府往往任命一个由受标准影响的行业代表组成的咨询小组,小组成员来自设计、施工和建筑执法等各界。该小组通常审查新标准的各项条款,并认真考虑所带来的影响。该小组提出的最后修订建议向公众公开,履行公开审查程序。在履行完这些程序成为法律之前还需返回到立法机构环节予以最后确认。这种相对简易的程序一般会受到节能设计标准影响的利益相关者的欢迎,因为专业人员的充分参与使得最后修订后的结果往往会更好地考虑到当地的特点和喜好。

在上述的新标准采用过程中,能源部还会对各州提供相应的支持,例如能源部会通过建筑节能设计标准促进计划来提供经济技术分析、培训。

各州在将能源部部长认可的新建筑节能设计标准转变为本州法定标准的过程都需要经过政府部门的达成共识的程序,其过程须向本州居民公开。通过了采用程序后,一般都有一个宽限期,一般为1~6个月,允许受新标准影响的利益相关者熟悉新要求(图4-5)。

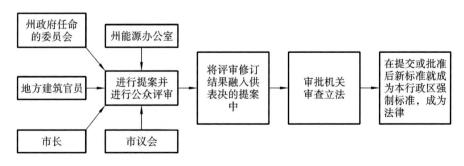

图 4-5　州和地方采用新节能设计标准的一般程序示意图

在多数情况下,各州和地方会根据本地的偏好和地方建筑实践的特点

267

对标准规范做出一些调整。有的则自行编制,如加利福尼亚州,因该州的气候最丰富多样,也因其自身强大的经济和技术实力,另行编制了适用于本州的标准 *Building Energy Efficiency Standards for Residential and Nonresidential Buildings*,该标准高于 EP Act 1992 设定的标准。加利福尼亚是全美对环境和能效要求最高的一个州。

两种节能标准和规范在美国各州的实际采用情况随着时代的变迁也发生着显著的变化。在 20 世纪,美国只有 ASHRAE 90.1 是适用于全国的商用建筑的节能标准,ICC 的前身 BOCA、ICBO 和 SBCCI 制定的标准则带有强烈的地域性,因此 ASHRAE 90.1 在 EP Act 1992 法案的帮助下得到广泛的认同并采用。但是随着 1998 年第一版 IECC 推出后,情况逐渐发生了改变。

IECC 相对于 ASHRAE 90.1 的优势如下。

①IECC 与 ICC 编制的其他 14 类标准 I-Codes 完美兼容和匹配。

②IECC 采用强制性和可执行的规范语言编制,易于被各地方政府采用和实施。该规范甚至做到了只要将地方政府的名字加进去就立即变为议案供表决。

③IECC 不同于 ASHRAE 90.1 的另一个方面就是在标准中对如何管理和实施也做出了较为详细的规定,如申请许可证、费用、违反规定后的停工令及申述等环节,非常有利于建筑规范官员具体实施。

④超过 97% 的州和地方政府采用了 ICC 前身制定的各类建筑设计标准,ICC 将之继承下来,这种优势是 ASHRAE 所无法比拟的。

IECC 标准的一个重要特征就是为各州和地方采纳程序提供了便利,如果各州或地方对新标准没有什么修改,可以直接将本州或地方的名字填写进标准中作为提交给立法机构的议案。因此,当 IECC 推出后,在与 ASHRAE 90.1 的竞争中逐渐占据了优势,被越来越多的州和地方政府采用。有的州所采用的标准比起新标准要滞后许多年,有的则没有全州统一的标准,各市或郡县标准不一,而这是美国法律所允许的。从历史上来看,西部所采用标准总是要比 IECC 或 ASHRAE 所制定的节能率更高。

需要说明的是,IECC 标准认同 ASHRAE 90.1 标准:IECC 认为,如果某商用建筑满足了 ASHRAE 90.1 标准, IECC 也认为满足了本标准的要求,两者等效。有观点认为 IECC 标准实际上就是 ASHRAE 90.1 标准的简化版。相反, ASHRAE 90.1 没有相似的条文。也就是说,当某个项目满足了 IECC 标准,但 ASHRAE 90.1 并没有认为它也符合自己的标准。

当前,在商用建筑领域(包含 4 层及以上居住建筑)采用 ASHRAE 90.1 的比 IECC 多。8 个州没有统一的商用建筑节能设计标准。同时,没有一个州采纳 ASHRAE 90.2 作为低层居住建筑的能效标准,说明 ASHRAE 90.2 因自身的原因,其影响力大大低于 IECC。8 个州没有统一的居住建筑节能设计标准。

(三) 技术援助

建筑节能是一项技术性很强的系统工程,新标准所涉及的新技术、新观念、新条文、新材料、新设备、新工法等,需要有大量翔实和及时的信息资源和技术援助,才能帮助各界理解和实施标准。

ASHRAE 和 ICC 均在其官方网站上以各种形式提供标准规范的各项服务。除了传统的标准销售外,还主要提供以下技术类支持和教育资源:①关于标准的交流平台,及时解答关于标准的各种问题;②教育与认证服务;③评估和认证增值服务,这是标准编制机构重要的收入来源;④报告版本更新的程序进展状态的实时信息;⑤会员增值服务。

这使得标准的使用者和执行者随时都可以了解标准的编制动态,咨询在使用标准中遇到的各种问题。

除了这两个标准编制机构的开放公共平台提供标准的各种信息外,其他的机构和团体也提供了大量有价值和实用的资源,其中最重要的是美国能源部。

EP Act 1992 法案赋予了能源部法定责任,要求能源部参与自愿节能设计标准的编制和修订,以及帮助各州和地方政府采纳、实施和遵守新的节能设计标准。能源部在 1992 年建立建筑节能设计标准促进计划,提供各类技术援助,这是来自政府的最重要的实际支持。

为各州和地方立法机构采用、升级、执行自己的居住和商用建筑节能设计标准提供技术援助,能源部开发了许多服务产品和软件,为全面实施新的建筑节能设计标准提供了富有实效的支持服务。这些援助以以下形式展开：

①提供采用标准规范后的节能和节约成本的分析报告；

②提供未来可能的标准修改的比较分析报告；

③提供模式规范用语的可能修改研究；

④提供定制化的规范培训资料和教材；

⑤提供基于网络或个性化的培训课程；

⑥提供满足标准的各种免费资源和节能设计标准的符合性检查工具。如适用于商用建筑的符合性检查工具 COMcheck、适用于居住建筑的符合性检查工具 REScheck 以及能耗模拟软件 DOE-2 和 EnergyPlus 等。

来自能源部的免费技术支持的资金是有限的，所以对来自各州的技术支持的请求，能源部还会对以下方面做相应的评估：

①对提供的援助产生潜在的影响；

②基于当前建筑实践及项目启动的影响力范围；

③与能源部采用的标准规范及目标的一致性。

一般而言，由州政府提出的技术协助的请求要优先于郡和市一级地方政府。除服务于州和地方政府外，能源部还向有需要的其他机构和公众提供许多有价值的信息，如《建筑能耗数据手册》[①]、建筑能耗数据库等，为标准的修订和研究及为业主提供不同建筑类型翔实的能耗信息。能源部下属的能源信息管理局提供详细的能源消耗情况，也提供商用建筑和住宅建筑的详细能耗调查情况统计数据[②]。能源部下属的国家实验室也会提供节能技术，如数据库、软件和评价工具、技术解决方案等。与此同时，能源部还为各州专门建立了除建筑节能外的节能计划，为州和哥伦比亚地区提供资金和技术援助，以增强能源安全，推进国家主导的能源计划，并最大限度地减少能源浪费。

此外，能源部还责无旁贷为联邦政府的建筑项目提供节能技术支持，这是 EP Act 1992 及其他法案赋予能源部的法定职责。

---

① http://buildingsdatabook.eren.doe.gov/.

② http://www.eia.gov/.

美国政府的其他部门也提供了与建筑节能相关的公共资源,如环境保护署(EPA)的能源之星[①]项目,住房发展部的多种形式的住宅节能计划[②]等,如能源部专为 HUD 住宅节能设立的 Building America Solution Center。以上这些开放的公共资源为整个建筑节能标准的研究以及实现建筑节能的大目标提供了及时的信息和可靠的技术支持。

非政府的民间团体和学术研究机构也提供了大量的信息和研究支持。如美国建筑师协会、美国绿色建筑协会等。

相比而言,我国的建筑标准的编制单位至今为止还没有建立开放的公共平台,建设行政主管部门以及能源行政主管部门所提供的信息资源和技术援助也相当匮乏。

在最重要的建筑工程技术标准和规范的研究、编制和管理单位,中国建筑科学研究院有限公司的官网没有建立相应的平台发布关于标准的信息,更无法通过便捷的渠道获得在标准应用过程中遇到的各种问题的解答,没有案例,没有工具,没有交流,没有研究报告,没有教育培训,什么都没有。如前所述,没有稳定的标准编制、维护与推广预算,没有专职的工作人员,要求提供这方面的服务是一种苛求。

与此同时,在住房和城乡建设部的官网和国家工程建设标准化信息网上除了能见到新版标准的发布公告和拟议标准的征求意见稿以外,也不提供任何关于标准的推广、培训、应用、数据和技术支持等方面的服务。

在建筑节能设计标准领域,受此标准影响的各方、规划设计机构、标准执行监督机构、建筑产业界,乃至终端用户等获取信息和技术援助的官方渠道几乎没有,由此可见中美两国在这方面存在的差距。笔者在与设计图审机构的工作人员交流时发现,即便是在一个办公室工作的审查人员,对于标准的某些条款的理解也存在着差异,因此执行标准的尺度不同。在设计机构中这种现象也普遍存在,甚至在每年的注册建筑师再教育时,主讲人对某些条文也存在着不同的解释。建筑师在产生疑惑或分歧时,往往以保守的设计以求减少麻烦。所有的从业人员没有渠道就疑惑寻求官方或权威的

---

① http://www.energystar.gov.
② http://www.hud.gov.

解答。

　　建筑节能不是制定几个法律和条例，发布若干个节能计划，编制几本设计标准，然后印发执行的政令，开展一年一次或几次的节能检查就能理想实现的。在标准的执行层面，参与者需要获得实实在在的便捷的支持，才有利于节能降耗目标的达成。

（四）建筑规范官员制度

　　建筑规范官员制度是美国各级政府执行建筑标准规范的一个特色，是行政执法体制的一个组成部分，也是西方国家，包括欧洲和北美洲普遍采用的一种政府执政形式。

　　各州、县、市等各级政府中负责各类标准规范实施的人员称为"规范官员"，他们经过考试认证并取得从业资格以后，才能担任此项工作。为有效促进规范的实施，各个地方政府通过建筑许可证制度，对工程实施方案和工程实物进行检查，以保证工程符合建筑规范。一个拟建项目的业主须向政府规范官员办公室申请建筑许可证后才能进行施工。

　　申请建筑许可证需要提交完整的施工文件，这些文件应充分、清晰地表明项目的位置、属性和工程内容，并提供详细的属于政府监管的建筑各个子系统及设备的相关资料。关于满足建筑节能设计标准方面，提交的文件中至少应包括：保温材料的类别、热阻值（R-values）；透明部分的传热系数（U-factors）和太阳得热系数（SHGCs）；按照面积加权平均的传热系数和太阳得热系数；采暖空调通风系统的设计标准；设备类型、容量和能效比；设备控制系统的设计；排风风扇的功率及控制设计；管道系统的密封和保温设计；照明及控制设计一览表；围护结构气密性设计；等等。对于复杂的工程或者采取非常规技术措施的项目，如果建筑官员认为有必要，申请人还需提交更多的证明支撑材料，甚至包括实验检测的数据。能源部和地方政府规范官员办公室均提供格式化的清单表格和符合性检查工具。

　　建筑官员应对上述提交的文件和支撑材料进行审核，以确定它们是否符合本地的相关法规或条例。一旦审查通过，建筑官员将会在施工文件上签字并加盖审核通过的印章，这如同我国的施工图审查专用章一样。审查完毕后，建筑官员会保留一套完整的施工文件，其余的则会退还给申请者，用于施工。

建筑官员还被授权仅就建筑中的节能系统的设计在整个施工设计完成之前提前签发许可证。如果在施工过程中修改了原设计导致不满足节能设计标准，则需要申请人重新提交相关的文件复审。

在施工过程中，建筑官员会应业主或施工方的要求进行中间检查或者进行预先不通知的检查。任何不符合已经批准的施工文件的或不符合设计标准的均被责令要求改正，并且在建筑官员同意之前不得覆盖进行下一道程序的施工。在所有的检查和测试程序完成后，由建筑官员签发合格通知书。如果申请人或施工方提交了不真实的信息，建筑官员还被授权延缓或撤销已签署的合格通知书。在这种情况下，申请人和承包商将面临经济罚款甚至诉讼。

施工检查也可由符合资格的第三方机构完成。这点与我国的社会监理机构类似。

工程完工后正式投入使用前，建筑官员还将进行一次最后的检查，如果建筑官员认为必要，还需进行再检查甚至测试，以全面审核完成的项目是否符合规范要求。

如果在工程进行中原有的标准规范发生了改变，并不影响已经批准的项目的进行。

在工程进行的任何时候，如果发现任何有违反建筑规范及相关条例的行为，建筑官员有权签发停工令，如果出现紧急情况，建筑官员甚至可以口头下令工程停工。

如果建筑许可证的申请人、代理人或承包商认为建筑官员做出的决定不符合事实，是错误的，也可向申述委员会提出申诉。申述委员会的组成成员必须是非立法机关的成员，并且是符合资格的专业人士。

这样一套规范标准的执行机制大体上与我国相同。不同的是，建筑官员执行和监督标准规范的应用是从申请许可证开始到工程结束的一条龙服务，并且给予建筑官员充分的授权，甚至被授权免除某个特定项目的建筑节能专项审查，而我国则是分阶段由不同的组织或机构完成，相比而言缺乏连续性。美国的建筑执法机制还给了业主和承包商申诉的权利，这也是与我

国的重要区别。

在 IECC 规范条文中,将这些执行和监督机制均写进去,使得各州和地方政府在通过立法程序采用该标准时大大简化,也给其执行和监督的标准化提供了依据。从这个角度来看,我国的标准规范均只是技术性的标准,没有相应的执行机制。关于这点,我国采取的办法是另行制定相关的行政规章,这样易造成文件繁多、交叉重复、难以及时更新的弊端。

与 IECC 相比,ASHRAE 90 系列关于标准的执行监督方面的条款要少许多。这也可能是为什么 IECC 称为规范,而 ASHRAE 编制的大多称为标准的原因。

在美国大多数州,建筑官员的从业资格大多需要通过自愿认证考试才能获得。虽然这是一项自愿参加的考试,但是地方政府将其作为规范官员就职的必要条件,这是由其职业的专业性决定的,也是该项工作的执法性质所决定的。如果通过认证考试,并获得证书,说明申请人掌握了建筑规范的知识,并具有对建筑规范实施监督的能力。规范官员认证考试在美国已经获得广泛的认可。申请认证考试并没有一定要求有实践经验等先决条件,但事实上,没有受过专门教育并获得一定实践经验,考试是难以通过的。考试内容包括三部分:①规范测试,包括规范实施、违反规范采取的法律程序、规范管理和规范实施监督;②管理测试,包括部门财政管理、人员管理、档案管理、人员培训管理和信息管理;③技术测试,包括建筑方案审查、结构审查、水电系统审查和现场工程监督。这种考试与我国的各类注册工程师、注册监理工程师等从业资格考试类似。

美国建筑官员理事会和模式规范编制机构组织 ICC 和 ASHRAE 均开展自愿认证考试的教育培训等服务。

第五节　本章小结

从本章对中美两国建筑节能设计标准的编制与实施机制的比较研究中,我们可以得出以下结论(表 4-7)。

表 4-7 中美建筑节能设计标准编制与实施机制比较汇总表

(中国为 2017 年新《标准化法》之前)

	中 国	美 国
标准制度	政府统筹	民间机构优先,政府起辅助作用
立法	完善 《标准化法》1988(2017) 《节约能源法》2008 《可再生资源法》 《建筑法》2011	完善,主要有 *Energy Policy Act of* 1992、*Energy Policy Act of* 2005
建筑节能行政主管部门	国务院建设行政主管部门	能源部 住房和城市发展部
政府的作用	全部承担 基础研究方面不足	在标准的制定方面起辅助角色,但是在建筑节能基础研究方面发挥关键主导作用
标准编制	标准立项申请主体应是政府部门	民间机构
标准竞争	无	有
标准分级	国家标准、行业标准、地方标准和企业标准	国家标准、政府标准、协会标准、企业标准
建准节能基础研究	分散 政府投入不够	重点集中在能源部及下属的国家实验室、国家标准技术研究所
建筑能耗统计信息	暂无全国的、全面的权威数据	能源部下属的能源信息署提供详细的统计资料,以及 DBP 数据库
标准编制程序	立项、前期准备、起草、审查、批准发布	ASHRAE:ANSI 达成共识 IECC:政府部门达成共识
编制过程开放与透明	开放程度很小	是

续表

	中　　国	美　　国
利益相关者参与程度	不明显	充分
建筑节能设计标准	强制标准/推荐标准（农村）	自愿标准 Voluntary Building Energy Code
标准的采用	一旦发布自动具有强制性	由各州自行决定
从发布到采用时限	没有明确规定	最长不超过3年
标准更新	没有固定周期，普遍间隔很长	3年一次大的更新 1.5年一次小的更新
技术援助	几乎没有	丰富，主要由能源部 BECP 项目和国家实验室提供
标准实施与监督	除设计阶段外，执行与监督分为两个阶段	除设计阶段外，执行与监督均由建筑规范官员完成
能耗审计制度	2007年开始国家机关办公建筑和大型公共建筑能耗审计	从2005年开始联邦建筑能耗审计

（1）中国的建筑节能设计标准采用了国家标准、行业标准和地方标准3种形式，3种标准一旦颁布，均具有强制性。美国的同类标准则只是国家自愿标准，只有各州和地方政府通过立法或行政程序后才具有强制性，联邦政府的新建和改建建筑项目则必须遵守最新的节能设计标准。

（2）美国采取多元化的标准体系，标准编制实行的是以民间机构为主、以政府机构为辅的制度。在标准的编制过程当中，任何与标准相关的利益团体和个人均可参与，标准的编制和更新均具有自愿参加、开放透明、标准化的编制程序、妥协和合作的特点。自由竞争带来了标准的技术进步，固定常设的机构保证了标准编制的质量，固定的更新周期也保证了新技术的应用,开放透明的编制机制保证了受标准影响的各方的利益和观点均会得到考虑,这是美国同类节能设计标准能被广泛接受的重要基础。每一次标准更新均是在搜集前一版标准实施后业界的反馈意见,引入新的建筑技术研究成果,在综合分析标准的性价比的基础之上,并广泛听取和平衡各方意见后推出的。我国采取的是政府统筹的标准编制机制。目前并没有固定的专业机构和人员专职从事建筑节能设计标准的编制和更新,采取的是因事立项的做法,由建设行政主管部门指定机构编制,编制成员缺乏连续性,专业相对单一,代表性也不足,同时编制过程的开放性和透明性不足。因此也难以形成固定周期的更新机制,过长的更新周期也限制了新建筑技术成果应用。

（3）我国采取了分气候区、分建筑类型编制节能设计标准的思路,这与我国其他的建筑设计标准的编制思想是一脉相承的。分门别类编制会让标准变得相对简短,每个标准涉及的内容相对单一,编制和使用均简单明了,编制涉及的专业和人员少,时间短。但与此同时也易造成标准之间的不协调和缺乏统一,也易使标准缺乏独立性和完整性。美国从一开始即要求一部标准就覆盖全部国土和全部建筑类型,虽然 ASHRAE 90 后来分为 90.1 和 90.2 两个独立的标准,但基本上都能保持同步更新。IECC 则将两个独立的标准集中于一部。

（4）关于节能设计标准的实施和监督方面,我国采取的是设计审查和施工监督分离的体制。而美国普遍采取的是建筑规范官员制度,建筑规范官员监督执行节能设计标准从设计到施工和竣工后验收的全过程。

（5）在实施建筑节能设计标准的技术支持方面,我国还很匮乏,来自建筑节能主管部门和标准编制机构的实质性的宣传、教育、培训、认证和技术支持等方面还非常少。美国能源部的 BECP 项目则提供了较为完善的相关支持服务,这对于设计标准的有效实施起到了极大的促进作用。

（6）关于建筑节能的基础研究方面我国还有非常大的差距。以政府为主导开展的基础研究非常少,标准编制机构开展的基础研究也明显不足。总体表现出重视程度不够、投入不够、规模偏小、连续性不足的特点。

第五章　中美建筑节能设计标准编制思路比较

　　影响建筑运行能耗的各种因素有的可以通过设计加以控制,有的则很难控制或无法控制。建筑节能设计标准的作用在于控制那些可以控制的,通过制定各个子系统的合理最低设计性能和技术要求,并合理平衡各个子系统在整个系统中的作用,使其达到经济技术可行,适合当地经济社会发展水准及建筑实践传统,并与整个建筑产业相匹配。

　　图 5-1 所示为建筑总能耗构成示意图。其中,建筑运行能耗是建筑内各种能耗的总合,按照能源在建筑物的终端使用性质一般由两部分组成:基本能耗和生产能耗(图 5-1)。

　　(1)基本能耗。这是保障实现建筑基本功能所需的能耗。再进一步细分,可分为以下内容。

　　①保障性能耗。为保障建筑的日常服务所需的能耗,如照明、炊事、生活热水、各种电器设备等。居住类建筑此项比例比公共建筑高。

　　②服务性能耗。为保障建筑运行的辅助设备消耗的能耗,如电梯、水泵等。

　　③安全性能耗。为保障建筑安全运行所需要的能耗,如事故照明、强制性通风、消防及安监系统等。

　　④舒适性能耗。为保证室内环境达到一定的热舒适性所需的能耗,如采暖、空调和通风等。我国的大部分气候区,冬夏两季如没有空调或采暖,生产、生活和工作学习等活动就很难进行,因此该项也属于建筑的基本能耗。

　　(2)生产能耗。用于生产性的工作的能耗,主要发生在非居住类建筑中,如办公建筑的各种办公和生产设备的运行和待机能耗,商业建筑的气氛照明和商品照明等。居住建筑中用于教育和在家工作的设备消耗的能耗也

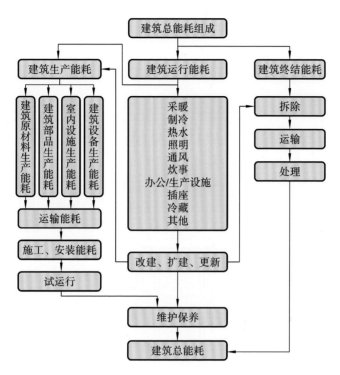

图 5-1　建筑总能耗构成示意图

属于生产能耗。

不同的建筑类型,能耗组成及其所占的比例有很大的不同。并不是每种能耗均是建筑节能设计标准所能控制的。

影响建筑运行能耗的因素有很多,按照性质可分为建筑物因素、环境因素和人为因素三大类(图 5-2)。

(1) 建筑物因素。包含建筑围护结构和建筑设备两部分。

①建筑围护结构。

a.围护结构几何特征,如建筑物体形系数、窗墙比、窗地比等。

b.围护结构物理特征,如围护结构平均传热系数、综合遮阳系数、围护结构气密性。

c.围护状况。

②建筑设备。

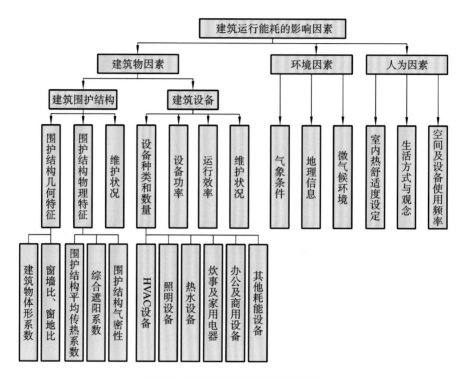

图 5-2　建筑运行能耗的影响因素

a. 设备种类和数量,如 HVAC 设备、照明设备、热水设备、办公设备等。

b. 设备功率,包括铭牌功率和实际效率。

c. 运行效率。

d. 维护状况。

(2) 环境因素。

a. 气象条件,如气温、湿度、风速、太阳辐射强度和有效日照时间等。

b. 地理信息,如位置、朝向、海拔高度等。

c. 微气候环境,如建筑周边的建筑物和植被及建筑物遮挡情况,地面反射、热岛效应等。

(3) 人为因素。

a. 室内热舒适度设定,如室内温度、湿度、新风/换气率等。

b. 生活方式与观念。

c.空间及设备使用频率、使用时长和时间。

　　图 5-3 所示为建筑运行能耗与建筑主要系统关系示意图。对于在建筑节能设计标准中如何体现以上建筑运行能耗的组成以及影响能耗水平的各项因素,通过控制和限制等手段来达到减少建筑运行能耗的目的,中美两国有着不同的思路。这些差别也正是两国建筑节能设计标准编制差异化的原因。

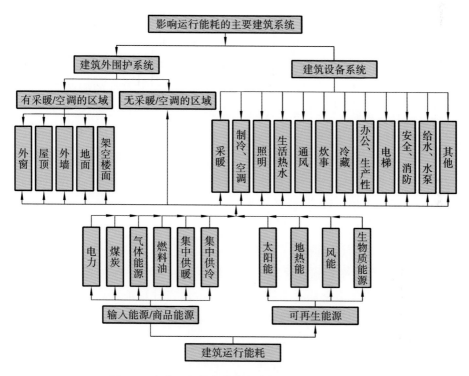

图 5-3　建筑运行能耗与建筑主要系统关系示意图

第一节　中国建筑节能设计标准编制思路

　　在影响建筑运行能耗的因素中,建筑物因素是可以通过设计加以控制的。而环境因素基本上是客观因素,除了建筑周边微气候环境可以通过人工干预而少许改变外,其他则非人力所能及。人为因素对建筑物运行能耗

影响极大,这与设计关系不大,因此无法将其列入设计标准中。设计标准设定再高的建筑,如果不能做到人走灯灭机停,也可能比那些设计标准低但使用者具有良好节能习惯的建筑能耗水平高。

目前我国现行的居住建筑节能设计标准仅仅考核为维持室内热环境既定的标准所付出的能耗水平,以单位面积的能源消耗强度或单位面积年总消耗量为考核标准,相对简单,照明均不在节能设计标准中反映,另有其他标准负责。公共建筑节能设计标准虽然也考虑照明能耗,但是该标准给出的考核指标同居住建筑一样,仍然只关注空调和采暖能耗。美国的同类标准则对建筑中大部分与能耗关系明显的客观环节(不仅仅是采暖和空调),做出最低可接受程度的设计要求限制,但是并不规定其具体的能耗水平,而在进行综合评价时,考核拟建方案的总能源消耗成本,而不是以能源单位计量,显得更加实际。

我国GDP总量虽已经跃居世界前列,但从人均国民收入和社会发展指数等指标衡量,仍然处于较低的水平。建筑总体发展水准基本与我国的实际经济发展水平相一致,其能耗水平总体仍然很低,但增长幅度很大,速度很快。

我国现行的建筑节能设计标准的总体思路可以概括为以下几点。

(1)设定节能率目标。这与我国节能政策的要求相关,也是计划经济遗留的痕迹。大多数国家标准和行业标准的节能设计标准中,无论是在正式条文中,还是在条文说明中,均明确了节能率目标,大部分地方标准也遵循相同的思路,这已成为我国建筑节能标准的基本思想。

(2)设定基准建筑和基准能耗。这与第(1)点是相匹配的。

(3)分担节能比例,然后分别制定冷热的生产端和消费端的设计要求。这在适用于采暖区的设计标准中更加明显。

(4)将建筑物大小按层数/体形系数分级。这是节能率目标的直接反映。在早期的设计标准中,要求建筑物无论大小均须达到规定的唯一节能指标。在新标准中,对不同大小的建筑物采取了差异化的节能指标。

(5)复杂细致的规定性指标。这是反映节能率目标和体形系数两个概念的直接结果。

不同标准的具体思路有所侧重和不同,下面分别按照不同的标准加以阐述和比较。

一、JGJ 26 标准的编制思路

(一) JGJ 26—86

几乎在《民用建筑节能设计标准(采暖居住建筑部分)》JGJ 26—86 发布的同时,还发布了《民用建筑热工设计规程(试行)》JGJ 24—86,试行日期为 1986 年 7 月 1 日,比 JGJ 26—86 早一个月。JGJ 26-86 是我国首次编制的有关民用建筑热工设计标准性文件,主要应用于一般居住建筑、公共建筑和工业企业辅助建筑(包括附设的地下室和半地下室)的热工设计,适用于所有的建筑气候区。该规程由总则、室外计算参数、建筑热工设计要求、围护结构保温设计、围护结构隔热设计、采暖建筑围护结构防潮设计等 6 章和 7 个附录组成,主要是对设计参数、围护结构各部分的性能限值及计算方法作了规定。

从内容来看,JGJ 26—86 标准可以说就是 JGJ 24—86 规程专用于北方采暖区居住建筑的应用版本,规定了具体的设计参数和要求,其中对围护结构的保温要求稍有提高。在 JGJ 26—86 标准中还添加了关于集中供热设备端的设计要求,并设定了标准。

JGJ 26—86 标准的制定为以后其他节能设计标准的编制奠定了基础,总的来看,基本没有改变。该标准最重要的编制思路可以分为以下几个方面。

1. 设定节能率目标,明确考核指标

为每一个建筑节能设计标准设定一个节能率目标[①],并明确考核指标是我国节能设计标准区别于美国同类标准的重要特征,这一思路一直延续到今天。

按照 20 世纪建筑节能"两个阶段"的设想,第一阶段的节能率目标是 30%。更形象地说,在未采取节能措施前,一个采暖季每平方米建筑面积需

---

① 虽然有的标准有意淡化了节能率,但实际上仍然是按照这一思路编制的。

消耗 100 kg 标准煤,采取节能措施后只需 70 kg 标准煤就可以达到相同的室内热舒适标准,30 kg 标准煤就是节约下来的。

20 世纪 80 年代,采暖区居住建筑能耗主要是冬季采暖能耗,采暖是生活必需品,夏季虽热,但几乎没有空调,夏季降温主要以电风扇为主,以控制采暖能耗为节能设计标准的主要诉求适应此时的城镇居民生活水平。随着国民生活水平的提高,自 20 世纪 90 年代以来,空调也逐渐变成了生活必需品[①],住宅舒适性能耗组成发生了较大的变化,但是在该标准之后的 1995 版和 2010 版标准中,仍然只将采暖能耗作为唯一的考核指标。

JGJ 26—86 标准只对不同地区规定了一个建筑物耗热量指标,未对采暖耗煤量指标作出规定,也就是说只对热量的消费端——建筑物做出了指标规定,而对热量的生产端——锅炉的耗煤量没有做出指标限定。

标准对"建筑物耗热量指标"给出了定义:"在采暖期室内外平均计算温差条件下建筑物单位面积在单位时间内需由采暖设备供给的热量。"单位是 W/m^2。需要指出的是,这项指标并非字面上的"量"的概念,实际上应为"强度"或者"功率"的含义,将其乘以采暖的时长,才能得到单位建筑面积需要供热系统提供的热"量",如千瓦和千瓦时之间的不同。为准确地描述这一概念,避免引起歧义,应使用"建筑物耗热量强度"或者"采暖耗热量强度"这样的术语。因此本书以下涉及"建筑物耗热量指标"这一概念时,均用"采暖耗热量强度"这个术语代替。

JGJ 26—86 标准的建筑物耗热量指标的计算与采暖期时长和采暖度日数相关,从这个意义上看,是真正的量。但该标准的计算公式实际是按照每小时的单位时间计量的,还是回归到强度或功率的本质。1996 版及 2010 版标准的计算式则体现出强度或功率的定义,但是术语名称却未变。

2. 分解节能及分担比例

北方城镇大部分采暖方式是集中供热,由小区或者单位大院的集中供热锅炉供热,因此,集中锅炉是能量的生产端,各个建筑是消费端,通过城市

---

① 注:据 1996 年、2001 年、2006 年和 2011 年的《中国统计年鉴》显示,北京市每百户城镇居民空调拥有量分别是 11.8 台、69.60 台、146.47 台和 169.19 台,辽宁省百户城镇居民相应的数字是 0.09 台、4.35 台、14.29 台和 30.72 台。均显示出空调使用逐年快速增加的趋势。

管网和庭院管网连接。在 JGJ 26—86 标准中对生产和消费两个部分,也就是采暖系统和建筑物的节能贡献率作了分配。在该标准中并不能看到这点,但该标准的主要编制人胡璘、杨善勤在介绍该标准的文章中给出了明确的答案①:30%的节能量是通过提高围护结构的保温性能和锅炉及室外管网效率两方面获得的,其中围护结构承担约 20%,通过改善和加强建筑保温和提高气密性来实现;采暖系统承担约 10%,通过改进供热系统的设计,提高锅炉运行效率和管道输送效率等来实现。

在采取节能措施前建设的锅炉运行效率和管道输送效率分别取值 0.55 和 0.85,在 JGJ 26—86 标准中则要求采取节能措施后,两项须分别达到 0.6 和 0.9。这样,在能量的生产端和输送两方面分别提高效率 9.09% 和 5.88%,节能率可提高 13.43%。主要措施是选用高效锅炉、加强输送管道的保温效果和减少漏水等。考虑到锅炉和管道系统的实际运行情况,该标准实际取值 10%。

在 JGJ 26—95 和 JGJ 26—2010 标准中继续沿用了这样的思路(图 5-4)。

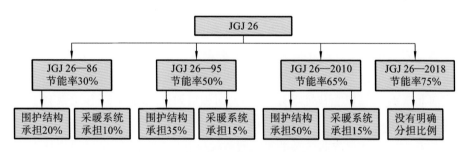

图 5-4　JGJ 26 标准节能率及分担变化情况

3. 建立基准建筑和基准能耗的概念

需要说明的是,在 JGJ 26—86 标准文本中也未提及基准建筑和基准能

---

① 胡璘,杨善勤.我国《民用建筑节能设计标准(采暖居住建筑部分)》(试行)简介[J].建筑学报,1986(5).

耗这两个概念。但是,该标准的编制事实上正是基于这两个概念之上①。这两个概念的建立也将会影响其后所有的建筑节能标准的编制和更新。

基准建筑又称为典型建筑,在居住建筑节能设计标准中又称为典型住宅。

JGJ 26—86 标准中规定的 30% 的节能目标是与北方城镇各地 1980—1981 年居住建筑通用设计相比较,新建住宅在采取节能措施后,每平方米在一个采暖季的节能量。居住建筑通用设计是 1949 年至 20 世纪 80 年代中后期中国城市住宅采取的主要设计和建造模式。从第一个五年计划开始,全国大中小城市乃至工矿企业住宅小区,新建的住宅一律采用标准化的多层集居住宅设计,采用苏联的模式,遵照国家的建设和设计标准、规范,按照标准图设计和施工,采用初步工业化的思路,大批量建造住宅。这是在"先生产后生活"的指导思想和计划经济体制下,通过控制面积标准和建造标准来控制非生产性支出投资和建设总量最有效和直接的方式。当时住房是福利分配体系的一部分,按照行政级别或资历分配是主要形式。通用设计不仅应用于住宅,还广泛应用于其他的建筑类型,如工业厂房、中小学校等。标准设计图集及工程建设标准定额等也是这一思想的产物,延续至今。

采暖区的基准建筑选取的北方各地 80-81 标准设计,是当时最主要的住宅建筑施工用图纸。以北京为例,北京市建筑设计院推出的 80-81 住宅标准设计被北京市建委批准为当时北京市的通用住宅设计,承担了 20 世纪 80 年代前北京市 70% 以上住宅设计任务,大面积得到推广。80-81 住宅系列不仅包括多层建筑,也包括高层建筑,以砖混结构为主,辅以大模结构体系。被 JGJ 26—86 标准视为北京基准建筑的就是以其中"80 住-2"多层通用住宅为蓝本。标准肖像为:6 层,4 个单元,体形系数为 0.28~0.3,户均建筑面积约 60 平方米。

因为建设数量大、比例高、品种和形式单一,因此 80-81 通用住宅设计在很大程度上就代表了北京 20 世纪 80 年代初住宅建设的实际情况,选用其作为基准建筑是有道理的。其他省市均有其标准设计,也因此选择这些标准

---

① 胡璘,杨善勤.我国《民用建筑节能设计标准(采暖居住建筑部分)》(试行)简介[J].建筑学报,1986(5).

设计作为基准建筑。

　　基准能耗即基准建筑在未采取节能措施的情况下,在采暖期内保证室内平均温度达到 16～18 ℃,锅炉热效率取平均值,管道输送效率也取平均值的状况下,每平方米建筑面积在整个采暖季的耗煤量,以此作为 100% 的基准能耗。20 世纪 80 年代初,中国建筑科学研究院受建设部委托首先开始对于北京地区按"80 住-2"设计建成的建筑进行整个采暖期采暖能耗实测,并在东北、华北和西北地区的其他 7 个城市进行局部实测,通过计算机编程计算,得出北方地区各主要城市基准能耗值。例如北京为 25 kgce/(m^2 · a),按照锅炉的平均热效率 0.55、管道输送效率 0.85 取值,折算成建筑物采暖耗热量强度为 31.68 W/m^2。因为上述的基准建筑占据很大比例,因此这一数据也被标准制定者定为北京居住建筑的基准建筑的基准能耗。

　　没有详细的公开文献说明以上的数据通过怎样的调查方式和采样数量获得,但是 2008 年版《中国建筑节能年度发展研究报告》[①]中的数据支撑了以上说法:北京对 100 多个各类供热小区统计出的各类建筑物采暖维持室温于 18 ℃时所需要热量的范围,这是在 2006 年实际运行数据的基础上加上外温修正得到(2006 年属暖冬,外温高于北京设计气象参数,因此乘了大于 1 的修正系数),并且截掉只占统计样本数量 10% 的最高值和只占统计样本数量 10% 的最低值(表 5-1)。

表 5-1　北京市各类建筑采暖需热量(室温 18 ℃)

建筑类型	采暖需热量范围/[kW · h/(m^2 · a)]
普通住宅楼	50～100
普通办公楼	30～90
旅馆酒店	40～90
商场	10～120
学校	30～100

　　① 清华大学建筑节能研究中心. 中国建筑节能年度发展研究报告 2008[M]. 北京:中国建筑工业出版社,2008.

按照 2004 年煤电的换算值：0.354 kgce＝1 kW·h，普通住宅楼 50×0.354 kgce＝17.7 kgce，100×0.354 kgce≈35.4 kgce。上述的基准能耗为每年 24.99 kgce≈70.6 kW·h，大约是其中间值。

这已是 JGJ 26—86 节能设计标准施行后节能工作开展得最好的北京的统计数据。

4．引入体形系数的概念

体形系数这个概念目前为止只有中国的节能设计标准才使用，在美国的同类标准中是没有的，这是中美建筑节能设计标准最重要的区别之一。在欧盟、加拿大及日本的同类标准中也没有。关于这点将在第六章详细讨论。

5．规定平均传热系数限值

JGJ 26—86 标准使用围护结构的平均传热系数来规定围护结构应达到的保温水平，这与其后的其他标准只给出围护结构各部分的热工指标限值做法不同。标准给出了平均传热系数的计算公式，要求设计者计算。这个公式采用的是外围护结构参与传热各部分的面积及传热系数的加权平均算法。限于当时的计算机能力和对复杂围护结构传热机理研究的不足，这一公式没有考虑热桥的影响，使用的是一维传热假定。

标准在正文中以图表的方式给出了按照不同采暖度日数的居住建筑的围护结构平均传热系数限值。使用者根据该表得出的限值，再利用标准中"附录三　查询围护结构各部分的传热系数"的建议值，两个表中只列出了 8 个城市，对于不在其中的城市，使用者只能根据采暖度日数 HDD18 数值选取接近城市的数值使用。

需要说明的是，平均传热系数限值是基于体形系数为 0.28～0.30 的基准建筑（典型住宅）制定的，如果超出，则需相应提高该限值。

在 JGJ 26—86 标准中并没有沿用《民用建筑热工计算规程（试行）》JGJ 24—86 中使用的最小总热阻的计算方法，虽然两者几乎同时发布。

6．路径

按照该标准的要求，设计者需要计算两项指标：围护结构平均传热系数和采暖耗热量强度。围护结构平均传热系数是计算采暖耗热量强度的前提。只有两项均符合标准中规定的限值,拟建设计才被认为达到了标准规定的节能率目标。从逻辑上判断,只要到达了围护结构平均传热系数限值的要求,那么拟建设计的采暖耗热量强度就一定可以达到标准,因为这两者在既定的计算条件下是一一对应的。这样的达标要求增加了建筑师的工作负担。在基本以手工计算(计算器)为主的年代,稍复杂一些项目的计算是非常繁复的,这对于不谙此道的建筑师来讲是一项不小的挑战。但不考虑热桥影响的简单面积加权的假定为围护结构平均传热系数的计算工作稍微减轻了一些负担。

7. 经济评价

JGJ 26—86 标准节能率目标 30% 设定的基础之一是:对北京等地多种住宅建筑节能设计方案进行反复计算分析表明,当节能率达到 30% 时,用于改善建筑保温,包括提高围护结构热阻、加强窗户密闭性等措施的节能投资,一般不会超过土建工程造价的 5%。用于改善采暖供热系统(如采用节能锅炉和其他设备、配置监测仪表、加强管道保温等)而节约吨标准煤的投资,一般也不会超过吨标准煤的开发投资。[①]

该标准也要求设计者进行建筑节能增量成本投资回收期的计算,并规定了投资回收期。

总之,JGJ 26—86 标准是我国第一个建筑节能设计标准,简单粗略,对于建筑师而言,围护结构平均传热系数和采暖耗热量强度加上节能投资回收期,3 种指标的计算大大增加了其设计工作量,虽然这是必须付出的代价,但可操作性较差。JGJ 26—86 标准编制的思路深深影响了其后其他节能设计标准的制定。

(二) JGJ 26—95、JGJ 26—2010 和 JGJ 26—2018 版标准的主要变化

JGJ 26 版本的更新,除了节能率每次均在前版基础上再提高 30% 以外,其编制思路也发生了相应的变化。

---

① 胡麟,杨善勤. 新编《民用建筑节能设计标准》内容介绍[J]. 建筑技术通讯(暖通空调),1987
(5).

1. JGJ 26—95 标准的改变

JGJ 26—95 标准是对 JGJ 26—86 标准的重大更新,表现在用强制性的规范语言重新编写了标准,许多重要条文从原标准的"宜"改为本标准的"应"。这是强制性推行该标准最重要的技术基础。相对于 JGJ 26—86 标准而言,其思路的变化主要表现在以下方面。

1)将采暖耗煤量列入考核指标

JGJ 26—86 标准只需计算建筑物采暖耗热量强度指标,而 JGJ 26—95 标准还将采暖耗煤量也列入考核指标。采暖耗煤量指标是每平方米建筑面积在整个采暖季的耗煤量。这是一个绝对数量的概念,与"采暖耗热量"实质上是耗热强度或功率的内涵是有区别的。JGJ 26—86 给出了计算方法,但未规定具体指标。JGJ 26—95 标准则给出了不同地区采暖住宅建筑的耗煤量指标限值。做出这一规定是因为在 JGJ 26—86 标准实施后,有些主管领导和设计人员担心节能建筑暖气片减少、采暖用煤减少后,冬季室温不能达标引起居民不满,因而坚持节能建筑暖气片不减或少减。实际运行的结果是这些节能建筑冬季室温普遍过高,居民不得不开窗通风降温,形成节能建筑实际上不节能的怪现象[①]。

采暖耗热量强度是针对建筑围护结构的设计,采暖耗煤量指标则针对热量的生产端——锅炉和管道输送系统,设计者需要进行复杂的计算才能得到这两项指标,建设项目必须同时达到这两项指标,才能符合 JGJ 26—95 标准的要求。对于利用已有热源的建设项目,采暖耗煤量指标是非本项目设计所能计算和控制的,这样的项目设计者则很难提供这个采暖耗煤量指标计算数据。

该规定在 JGJ 26—2010 版中被取消。

2)取消了经济评价

JGJ 26—95 标准取消了节能增量成本的经济性评价。这无疑减轻了设计者的负担。但是该标准在制定时仍然详细考虑了经济因素:从 30% 提高到 50%,节能投资不超过土建工程造价的 10%,节能投资回收不超过 10 年,

---

① 杨善勤.《民用建筑节能设计标准(采暖居住建筑部分)》修订的主要内容及实施建议[J]. 房材与应用,1997(1).

节约吨标准煤的投资不超过开发吨标准煤的投资。

根据国内外的实践经验,经济评价一般只在标准制定阶段论证其技术经济合理性和可行性时才做,在标准实施阶段,对各个具体的设计对象一般不作经济评价。

3）增加了条文说明

这点非常重要。这对于执行者和监督者相对理解本标准起到了很大的作用。我国到目前为止,无论是政府部门还是标准的编制机构均未提供设计标准的技术支持、更新、交流、反馈和收集意见等功能的公共平台和渠道。在这种背景下,标准的执行者和监督者在很大程度上需依赖条文说明来理解标准。

条文说明是我国标准中特有的现象。相比而言,美国同类标准从术语定义、缩略语、符号,到内容条款的设定与安排均要细致得多。加之标准制定机构的宣传和技术支持的渠道也比我们丰富得多,因此,美国标准中均没有条文说明这样的内容。例如,在 ASHRAE 90.1 和 IECC 中使用的每一个术语、单位在"定义"章节中都有详细的描述,从而大大降低歧义产生的可能性。

关于路径方面,JGJ 26—95 标准的主要编制人杨善勤在关于该标准的介绍文献①中这样描述:(JGJ 26—95)表 4.2.1 各部分围护结构传热系数限值,是分别针对体形系数为 0.30 和 0.35 的住宅建筑,其耗热量指标均能满足新标准规定要求,并按新标准规定的方法计算确定的。表中屋顶和外墙分别列出两列数据:一列适用于体形系数小于等于 0.30 的建筑物;另一列适用于体形系数大于 0.30 的建筑物。实际上按本表执行,当体形系数小于等于 0.30 时,耗热量指标将小于或等于本标准规定数值;当体形系数大于 0.3 且小于等于 0.35 时,耗热量指标也将小于或等于新标准规定的数值;当体形系数大于 0.35 时,耗热量指标将大于新标准规定的数值。由于在体形系数小于等于 0.35 的建筑中,有相当多一部分建筑,其耗热量指标小于新标准规

---

① 杨善勤.《民用建筑节能设计标准(采暖居住建筑部分)》修订的主要内容及实施建议[J].房材与应用,1997(1).

定的数值,因此,虽然有一小部分体形系数大于 0.35 的建筑,其耗热量指标大于新标准规定的数值,但就总体而言,耗热量指标是不会超过新标准规定的数值的。文中明确了当体形系数小于等于 0.30 时,满足了表中的指标,也就满足了耗热量强度限值,应该无需设计者再行计算。只有当体形系数大于 0.35 时,耗热量强度才会超标,应该用计算的方法核实。可是该标准并没有这样规定,即便是满足了体形系数和围护结构传热系数限值,仍然被要求计算两项指标。

2. JGJ 26—2010 标准的改变

《严寒和寒冷地区居住建筑节能设计标准》JGJ 26—2010 最重要的改变在于以下几个方面。

(1)明确了两种路径。

自 JGJ 134—2001 标准将规定性指标法和性能化达标法明确为两种达标方法后,其后的标准均延续了这一思路。

(2)细分体形系数,改变了唯一的耗热量强度限值。

"原标准(指 JGJ 26—86)的耗热量指标是以体形系数为 0.30 左右的多层住宅建筑为基准而制定的,某一地区,只有一个耗热量指标,对于新设计的节能住宅,不论其体形系数大小,均应达到这一指标"①,JGJ 26—95 标准已经认识到"在围护结构保温水平(主要指围护结构传热系数和窗墙面积比等)不变条件下,建筑物耗热量指标随体形系数的增长而增长,这就是说,不同体形系数的建筑,其耗热量指标是不同的"②,但是该标准并未对此予以回应,而是"本标准(指 JGJ 26—95)的耗热量指标仍以体形系数为 0.3 左右的多层住宅建筑为基准来制定。为了从总体上实现节能 50% 这一目标,不仅要求体形系数 0.3 的多层和中高层住宅建筑的耗热量指标达到规定要求,而且要求体形系数大于 0.3,小于等于 0.35 的多层住宅建筑的耗热量指标也达到规定要求。保证这些住宅建筑的耗热量指标达到规定要求,就能从总体上实现节能 50% 这一目标"③。

---

①②③　杨善勤.《民用建筑节能设计标准(采暖居住建筑部分)》修订的主要内容及实施建议[J].房材与应用,1997(1).

到了 JGJ 26—2010 标准修编时,这种做法已经不能适应住宅品种的变化和发展趋势,因此在 JGJ 26—2010 标准中使用体形系数的梯级划分来划分不同大小建筑的耗热量强度限值。JGJ 26—2010"条文说明"第 4.2.2 条:考虑到各地节能建筑的节能潜力和我国的围护结构保温技术的成熟程度,为避免各地采用统一的节能比例的做法,而采取同一气候子区,采用相同的围护结构限值的做法。这样原来基准建筑基准能耗的概念就被淡化了。

实际上,在设定围护结构传热系数限值时将 9～13 层和 14 层及以上合并,未单独给出。加之窗墙比分为 4 级,这使得 JGJ 26—2010 成为历次 JGJ 26 标准中最复杂的一个。不同的体形系数对应不同的窗墙比的传热系数,市场应有丰富的性能参数的产品满足这样的要求。

3. JGJ 26—2018 标准的改变

JGJ 26—2018 标准将目标节能率提升至 75%,但这次不再明确这 75% 如何具体分解。

主要变化如下。

①减少体形系数和窗墙比分级。将原来按照层数 4 个体形系数缩减至 2 个,也就是小于等于 3 层的低层建筑和 4 层及以上的多层和高层两类,满足规定性指标的窗墙比也从 4 级减少至 2 级。这是一个重要的变化。这样会大大减少围护结构规定性指标的组合可能性。如果不满足,则采用权衡判断法,这给了建筑师更大的创作自由。这个变化与美国的 ASHRAE 90.1 和 IECC 的做法很相似。

②增加了给水排水(主要是生活热水)和电气方面的节能设计要求。虽然这类条款多属原则性,规定性指标不多,大多数是非强制性条款,这符合当前毛坯房仍然是住房市场供应主体的现实,但随着精装房供应越来越多,这样做使 JGJ 26 标准逐渐走向一个比较全面的节能设计标准,而不再仅仅聚焦于采暖能耗的控制。

表 5-2 以北京(寒冷 2A 区)为例说明 JGJ 26 各版标准体形系数分级和主要外围护结构设计限值的变化。

表 5-2　JGJ 26 各版标准体形系数分级和主要外围护结构设计限值的变化[以北京（寒冷 2A 区）为例]

	JGJ 26—86		JGJ 26—95		JGJ 26—2010				JGJ 26—2018	
层数					≤3 层	4~8 层	9~13 层	≥14 层	≤3 层	≥4 层
体形系数	≤0.30	>0.3	≤0.30	>0.3	≤0.52	≤0.33	≤0.30	≤0.26	≤0.57	≤0.33
围护结构部位热系数限值 $K/[W/(m^2 \cdot K)]$										
屋面	0.91	0.78	0.8	0.6	0.35	0.45	0.45	0.45	0.25	0.25
外墙（上/下）	1.61 / 1.38	1.28 / 1.10	0.90 / 1.16	0.55 / 0.82	0.45	0.60	0.70	0.70	0.35	0.45
架空或外挑楼板	—	—	0.60	0.60	0.45	0.60	0.60	0.60	0.35	0.45
外窗 窗墙比≤0.2	6.4	6.4	4.7	4.7	2.8	3.1	3.1	3.1	1.8	2.2
外窗 0.2<窗墙比≤0.3	北 3.26	北 3.26			2.5	2.8	2.8	2.8	1.5	2.0
外窗 0.3<窗墙比≤0.4					2.0	2.5	2.5	2.5		
外窗 0.4<窗墙比≤0.5					1.8	2.0	2.3	2.3		
屋顶天窗	—	—	—	—	—	—	—	—	1.8	1.8

注：JGJ 26—86 标准中外墙平均传热系数上行对应传热系数，下行对应传热系数。上行代表单层窗，下行代表双层窗。JGJ 26—95 标准外墙有两行参数，上行对应传热系数为 4.70 的单层塑料窗，下行对应传热系数为 4.0 的单框双玻金属窗。

二、JGJ 134 标准的编制思路

《夏热冬冷地区居住建筑节能设计标准》JGJ 134 标准的总体编制思路与 JGJ 26 标准相似,由提高围护结构保温隔热性能和气密性指标以及改善供暖空调(设备)系统能效比来实现节能目标,由于气候特征的差异,采取的具体措施也体现出这种差异。

1. 确定基准建筑和基准能耗

基准能耗:20 世纪 80 年代初建设的普通砖混结构住宅,外墙为 240 mm 砖墙(包括黏土实心砖和多孔空心砖),传热系数 $K=2.0$ W/(m²·K),外窗采用单层窗,$K=6.4$ W/(m²·K),屋面为钢筋混凝土屋面板加简单保温隔热措施,$K=1.5$ W/(m²·K),换气次数考虑 1.5 次/h,在保证主要居室冬天18 ℃、夏天 26 ℃的条件下,冬季用能效比为 1.0 的电暖器供暖,夏季用额定制冷工况时能效比为 2.2 的空调器降温,计算出一个全年供暖空调能耗,将这个供暖空调能耗作为基础住宅能耗值。注意,这是在假定全时间、全空间、全采暖或空调的情况下计算得出的,这个基准能耗是一个虚拟的值。

虽然没有文献,包括该标准的条文说明,对该标准所采用的基准建筑的几何特征做出描述,但是从标准的条文对于体形系数限值的规定"条式建筑物的体形系数不应超过 0.35,点式建筑物的体形系数不应超过 0.40"中可以看出,其采暖空调耗电量指标的确定正是基于以上限值范围内的基准建筑制定的,如果不是这样,那么就不可能得出具有普遍意义上的"建筑物节能综合指标限值"。

2. 分解节能比例

节能 50%的目标由围护结构和采暖空调系统两大块各承担 25%[①]。

① 郎四维,林海燕,付祥钊,等.《夏热冬冷地区居住建筑节能设计标准》简介[J].暖通空调,2001(4).

供暖设备从能效比为 1 的电暖器供暖提升为综合能效比取 1.9,主要是考虑冬季供暖设备部分使用家用冷暖型(风冷热泵)空调器,部分仍使用直接电热型供暖器;夏季空调设备额定能效比从 2.2 提升到 2.3,分别提高了 90％和 4.54％。室内计算条件也从确定基准能耗时的状态调整为:室内主要居住空间冬季 16～18 ℃,夏季 26～28 ℃,换气次数从 1.5 次/h 降为 1.0 次/h。注意,这里室内计算温度是一个范围,也就是说,计算时的取值可以浮动,这无疑给理解标准带来了模糊性,即便只差 2 ℃,能耗也会发生非常大的变化。JGJ 134—2010 就改正过来了,明确为冬季 18 ℃,夏季 26 ℃。

围护结构承担的 25％节能率通过提高外墙、屋面和外门窗的保温隔热性能及气密性来实现。例如,外墙平均传热系数由基准建筑的平均值 2.0 W/(m² · K)减小至 JGJ 134—2001 标准的 1.5 W/(m² · K),屋面则从 1.5 W/(m² · K)减小至 1.0 W/(m² · K),外窗从 6.4 W/(m² · K)减小至 4.7 W/(m² · K)。

3. 确定两种路径

使用规定性指标和性能化指标(节能综合指标)两种方法。这是我国建筑节能设计标准中首次对这两种方法予以明确,这是一个重要的标志。关于这点将在第七章中阐述。

JGJ 134—2010 的节能目标仍然保持着与 2001 版相同的水平,即 50％。其主要变化在于以下方面(表 5-3)。

(1) 细分体形系数,取消了一个地区只有一种全年采暖和空调耗电量考核指标限值的做法。这与 JGJ 26—2010 是同步的,这是住宅市场品种变化的必然结果,一种限值已经不能适应住宅建设的发展状况。此时,原来唯一的基准能耗的概念开始淡化,变成多级,体形系数不符合上一版本设定的基准建筑情况时,其能耗考核指标不再是唯一的。

表 5-3 《夏热冬冷地区居住建筑节能设计标准》JGJ 134—2001 和 2010 版标准的比较

	JGJ 134—2001	JGJ 134—2010
体形系数	4.0.3　条式建筑物的体形系数不应超过 0.35,点式建筑物的体形系数不应超过 0.40。	4.0.3　夏热冬冷地区居住建筑的体形系数不应大于表 4.0.3 规定的限值。当体形系数大于表 4.0.3 规定的限值时,必须按照本标准第 5 章的要求进行建筑围护结构热工性能的综合判断。 表 4.0.3　夏热冬冷地区居住建筑的体形系数限值 建筑层数 / ≤3层 / (4~11)层 / ≥12层 建筑物体形系数 / 0.55 / 0.40 / 0.35

续表

JGJ 134—2001

4.0.4 外窗（包括阳台门的透明部分）的面积不应过大。不同朝向、不同窗墙面积比的外窗，其传热系数应符合表4.0.4的规定。

表4.0.4 不同朝向、不同窗墙面积比的外窗传热系数

朝向	窗外环境条件	外窗的传热系数 $K/[W/(m^2 \cdot K)]$				
		窗墙比≤0.25	窗墙比>0.2且≤0.30	窗墙比>0.3且≤0.35	窗墙比>0.3且≤0.45	窗墙比>0.45且≤0.50
北（偏东60°到偏西60°范围）	冬季最冷月室外平均气温>5℃	4.7	4.7	3.2	2.5	—
	冬季最冷月室外平均气温≤5℃	4.7	3.2	3.2	2.5	—
东、西（或偏东偏南30°到偏南60°范围）	无外遮阳措施	4.7	3.2	3.2	2.5	2.5
	有外遮阳措施（其太阳辐射透过率≤20%）	4.7	3.2	3.2	2.5	2.5
南（偏东偏西30°到30°范围）		4.7	4.7	3.2	2.5	2.5

JGJ 134—2010

4.0.5 不同朝向外窗（包括阳台门的透明部分）的窗墙面积比不应大于表4.0.5-1规定的限值。不同朝向、不同窗墙面积比的外窗传热系数不应大于表4.0.5-2规定的限值；综合遮阳系数应符合表4.0.5-2的规定。当外窗为凸窗时，凸窗的传热系数应比本表规定提高一档；计算窗墙面积比时，凸窗的面积应按洞口面积计算。当设计建筑的窗墙面积或传热系数、遮阳系数不符合表4.0.5-1和表4.0.5-2的规定时，必须按照本标准第5章的规定进行建筑围护结构热工性能的综合判断。

表4.0.5-1 不同朝向外窗的窗墙面积比限值

朝向	窗墙比
北	0.4
东、西	0.35
南	0.45
每套房间允许一个房间（不分朝向）	0.60

续表

JGJ 134—2001

4.0.8 围护结构各部分的传热系数和热惰性指标应符合表4.0.8的规定。其中外墙的传热系数应考虑结构性冷桥的影响,取平均传热系数,其计算方法应符合本标准附录A的规定。

表4.0.8 围护结构各部分的传热系数K[W/(m²·K)]和热惰性指标(D)

屋顶	外墙	外窗(含阳台门透明部分)	分户墙和楼板	底部自然通风的架空楼板	户门
K≤1.0 D≥3.0	K≤1.5 D>3.0	按表4.0.4的规定	K≤2.0	K≤1.5	K≤3.0
K≤0.8 D≥2.5	K≤1.0 D≥2.5				

JGJ 134—2010

表4.0.4 围护结构各部分传热系数(K)和热惰性指标(D)限值

围护结构各部分		传热系数K[W/(m²·K)] 热惰性指标 D≤2.5	传热系数K[W/(m²·K)] 热惰性指标 D>2.5
体形系数 ≤0.4	屋面	0.8	1.0
	外墙	1.0	1.5
	底面接触室外空气的架空或悬挑楼板	1.5	
	分户墙、楼板、楼梯间隔墙、外走廊隔墙	2.0	
	户门	3.0(通往封闭空间) 2.0(通往非封闭空间或户外)	
	外窗(含阳台门透明部分)	应符合本标准表4.0.5-1和表4.0.5-2的规定	
体形系数 >0.4	屋面	0.5	0.6
	外墙	0.8	1.0
	底面接触室外空气的架空或悬挑楼板	1.0	
	分户墙、楼板、楼梯间隔墙、外走廊隔墙	2.0	
	户门	3.0(通往封闭空间) 2.0(通往非封闭空间或户外)	
	外窗(含阳台门透明部分)	应符合本标准表4.0.5-1和表4.0.5-2的规定	

围护结构各部分传热系数

续表

项目	JGJ 134—2001	JGJ 134—2010
遮阳系数	条文中没有明确给出遮阳系数限值	表4.0.5-2 不同朝向、不同窗墙面积比的外窗传热系数和综合遮阳系数限值

表4.0.5-2 不同朝向、不同窗墙面积比的外窗传热系数和综合遮阳系数限值

建筑		窗墙面积比	传热系数 K [W/(m²·K)]	外窗综合遮阳系数 SC_w [东向/南向、西向/南向]
体形系数≤0.4		窗墙面积比≤0.20	4.7	—/—
		0.2<窗墙面积比≤0.30	4.0	—/—
		0.3<窗墙面积比≤0.40	3.2	夏季≤0.40/0.45
		0.4<窗墙面积比≤0.45	2.8	夏季≤0.35/0.40
		0.5<窗墙面积比≤0.60	2.5	东、西、南向设置外遮阳，夏季≤0.25、冬季≥0.60
体形系数>0.4		窗墙面积比≤0.2	4.0	—/—
		0.2<窗墙面积比≤0.30	3.2	—/—
		0.3<窗墙面积比≤0.40	2.8	夏季≤0.40/0.45
		0.4<窗墙面积比≤0.45	2.5	夏季≤0.35/0.40
		0.5<窗墙面积比≤0.60	2.3	东、西、南向设置外遮阳，夏季≤0.25、冬季≥0.6

遮阳系数与体形系数无关

续表

气密性	JGJ 134—2001	JGJ 134—2010
	4.0.7　建筑物 1～6 层的外窗及阳台门的气密性等级，不应低于现行国家标准《建筑外窗空气渗透性能分级及其检测方法》GB 7107 规定的Ⅲ级；7 层及 7 层以上的外窗及阳台门的气密性等级，不应低于该标准规定的Ⅲ级	4.0.9　建筑物 1～6 层的外窗及敞开式阳台门的气密性等级，不应低于国家标准《建筑外门窗气密、水密、抗风压性能分级及检测方法》GB/T 7106—2008 中规定的 4 级；7 层及 7 层以上的外窗及敞开式阳台门的气密性等级，不应低于该标准规定的 6 级

（2）规定性指标细分。因为体形系数的梯级划分，加之窗墙比及遮阳系数的关系，其组合的变化比 JGJ 134—2001 要复杂得多。以体形系数≤0.4 的情况为例，屋面和外墙按照热惰性指标分两种情况，加上门窗按照窗墙比分 5 种情况，理论上就有 20 种参数组合可以满足节能要求。体形系数＞0.4 的情况也是一样，两者相加就有 40 种组合。

这样组合的结果就表示，在同一档体形系数内，按照标准给出的 20 种组合均满足标准所拟定的 50% 的节能率。在本书第三章中提到 ASHRAE 90.2 标准的 2010 版拟定修改版中，就因为太多的规定性途径给标准的执行者带来困扰，而不得不取消该版本的更新计划。笔者在与节能图审机构交流时也经常听到审查工程师的抱怨，过多可能的组合让他们审查起来感到头疼不已。

与 JGJ 134—2010 同期发布的 JGJ 26—2010 标准没有热惰性指标的差别，组合的可能性减少了一半，将体形系数细分为 4 个梯级（而在围护结构各部分的热工性能参数的设定上是按照 3 个梯级划分的），每个梯级中只按照窗墙比有 4 个分级，理论上就只有 4 种指标组合，这使得标准的使用和执行相较于 JGJ 134—2010 而言大大简化。一个气候子区总的围护结构的指标组合加起来有 12 种。如果考虑到窗墙比根据朝向实际取值的情况，指标组合的可能性还会少一些。

造成以上复杂的围护结构部分途径的根本原因在于我国标准中均设定了百分比节能率这一要求。

JGJ 134—2010 与 JGJ 26—2010 同时修编，思路一致，其对窗墙比的分级和体形系数的细分，因此产生的不透明部分围护结构的设计限值组合非常多。不同体形系数、不同朝向、不同窗墙面积比下的外窗传热系数和综合遮阳系数限值组合同样非常多。这种完全由软件计算出的结果与市场产品供应是脱节的，这种编制思路同样也对夏热冬冷地区各地的地方标准产生一定影响。

三、JGJ 75 标准的编制思路

编制《夏热冬暖地区居住建筑节能设计标准》JGJ 75 时，确定基准建筑和基准能耗仍然是制定节能率 50％目标的比较基础。

基准建筑：由于在夏热冬暖地区，建筑的几何特征对于建筑采暖或者空调能耗的影响大大降低，其基准建筑的设定没有对体形系数做出规定，但是给出了其围护结构的详细参数："外墙 $K = 2.47$ W/(m² · K)，屋顶 $K = 1.8$ W/(m² · K)，外窗 $K = 6.4$ W/(m² · K)和遮阳系数 SC＝0.9"[1]（注：没有窗墙比的数据）。

基准能耗：上述基准建筑在假定的室内计算参数"冬天室温 16 ℃、夏天室温 26 ℃，换气次数按 1.5 次/h 考虑"，使用"冬季采用能效比为 1.0 的电暖器采暖（直接电热式），夏季采用额定制冷工况时的能效比为 2.2 的空调器降温（根据国标《房间空气调节器》GB/T 7725—1996，分体空调器规定能效比的下限值）"[2]的情况下，使用动态能耗模拟软件 DOE-2 计算出全年的空调和采暖能耗，将此数值定义为"基准住宅空调采暖能耗"。同 JGJ 134 标准一样，这也是在全时间、全空间室内恒温的工况下得出的虚拟值。

50％的节能率目标仍然由围护结构保温隔热性能的提高和采暖空调设备能效比的提高来实现。没有文献表明本标准像其他标准一样再细分两者各自承担的贡献率。

延续 JGJ 26—2001 标准开始明确的规定性指标和性能化指标两种达标方法，但是该标准并没有像 JGJ 26—2001 标准一样给出采用性能化方法（对比评定法）时计算的采暖或空调年耗电量指标的限值，也就是说并没有按照地区不同给出限值，而是与参照建筑相比。这是我国标准第一次引入参照建筑这一概念，这是一个重要的转变。

在夏热冬暖气候区，通过围护结构的透明部分获得的热量是室内热环

---

① 《夏热冬暖地区居住建筑节能设计标准》JGJ 75—2003 条文说明第 3.0.4 条。
② 与《夏热冬冷地区居住建筑节能设计标准》JGJ 134—2001 的假定基本一致。

境恶化的主要因素,控制了这一部分的得热,将大大降低空调设备的负荷,因此,该标准将外窗综合遮阳系数作为重要参数加以严格控制。

JGJ 75—2003 标准经过 9 年的实施后,JGJ 75—2012 标准虽然在节能率方面维持在 50%[1],但在围护结构的热工设计方面发生了以下重要的变化:①将窗墙面积比也作为确定节能指标的控制参数;②将建筑外遮阳作为强制性条文,在夏热冬暖地区强制推行建筑外遮阳;③建筑通风要求更具体,更符合人体热舒适及健康的要求(表 5-4)。

表 5-4 《夏热冬暖地区居住建筑节能设计标准》JGJ 75 标准(南区)
围护结构主要设计参数的变化

	外墙 K [W/(m²·K)]	屋顶 K [W/(m²·K)]	外窗 K [W/(m²·K)]	窗墙比	外窗综合遮阳系数 SC_w
基准建筑	2.47	1.8	6.4	N/A	0.9
JGJ 75 —2003	2.0	≤1.0	N/A	北≤0.45,东西≤0.30,南≤0.5	0.4
JGJ 75 —2012	2.0~2.5	0.4<K≤0.9	N/A	南北≤0.4,东西≤0.3	0.3

注:按照热惰性指标 $D=3.0$,平均窗墙比≤0.35 的情况选取。

四、GB 50189 标准的编制思路

公共建筑的能耗特点与居住建筑有着巨大的区别。表现在三方面:一是能耗的组成及比例,二是能耗强度与绝对量,三是公共建筑的种类与大小差异极大。

本标准没有像其他的公共建筑设计标准和规范一样再分门别类制定不

---

① JGJ 75—2012 标准不再明确 50% 的节能率,但实际上仍然是按照节能 50% 的目标编制的。

同类型的节能设计标准,如中小学校建筑节能设计标准、办公建筑节能设计标准等,也没有像居住建筑一样按照气候区不同来制定节能设计标准。

GB 50189—2005 的节能率不再像住宅建筑那样控制的是采暖能耗(采暖区)或是采暖和空调能耗(其他地区),而是通过改善建筑围护结构保温、隔热性能,提高采暖、通风和空气调节设备、系统的能效比,以及采取提高照明设备效率等措施,在保证相同的室内热环境舒适参数条件下,与 20 世纪 80 年代初设计建成的公共建筑相比,全年采暖、通风、空气调节和照明的总能耗应减少 50%。涵盖了通风和照明两项,但不包括热水。实际上照明部分的节能另有标准控制,该标准只是引用。

延续了与居住建筑节能设计标准相同的编制思路,本标准仍然要确定基准建筑和基准能耗,这被认为是确定节能目标的基础。

基准建筑:20 世纪 80 年代改革开放初期建造的公共建筑。公共建筑类型及大小差异极大,无法再像住宅建筑那样选用一个相对固定大小的建筑物作为基准建筑。

该标准条文说明第 1.0.3 条:"基准建筑"围护结构的构成、传热系数、遮阳系数,按照以往 20 世纪 80 年代传统做法,即外墙 K 值取 1.28 W/(m² · K)(哈尔滨);1.70 W/(m² · K)(北京);2.00 W/(m² · K)(上海);2.35 W/(m² · K)(广州)。屋顶 K 值取 0.77 W/(m² · K)(哈尔滨);1.26 W/(m² · K)(北京);1.50 W/(m² · K)(上海);1.55 W/(m² · K)(广州)。外窗 K 值取 3.26 W/(m² · K)(哈尔滨);6.40 W/(m² · K)(北京);6.40 W/(m² · K)(上海);6.40 W/(m² · K)(广州),遮阳系数 SC 均取 0.80。采暖热源设定燃煤锅炉,其效率为 0.55;空调冷源设定为水冷机组,离心机能效比 4.2,螺杆机能效比 3.8;照明参数取 25 W/m²。

基准能耗:根据 20 世纪 80 年代初的典型公共建筑建立计算模型,将它的围护结构的各部件热工性能参数、照明的功率密度和暖通空调设备的能效值都按 20 世纪 80 年代初传统做法和产品平均水平选取。应用哈尔滨(严寒地区)、北京(寒冷地区)、上海(夏热冬冷地区)和广州(夏热冬暖地区)逐时气象资料,并在保持建筑内约定的舒适、健康的室内环境参数的条件下,计算"基准建筑"全年的暖通空调和照明能耗，将它看作 100%。这也是一个全时间、全空间采暖和空调的假定工况下的能耗虚拟值。

如 JGJ 26 和 JGJ 134 标准中先分解节能率的分担比例，然后再确定围护结构的设计参数限值及设备系统的设计要求一样，在 GB 50189—2005 标准中，从北方至南方，围护结构分担节能率 13%～25%，空调采暖系统分担节能率 16%～20%，照明设备分担节能率 7%～18%[1]。

虽然本标准将照明系统的能耗也列入总能耗，但是本标准的考核指标并不包括此项，对于此，由《建筑照明设计标准》GB 50034 负责。我国所有的建筑节能设计标准中均不涉及照明或者不将此列为规定性条文，全部参照 GB 50034 标准。这也是我国建筑节能设计标准编制的一个特点，关于建筑节能设计的各项设计要求和指标分散在不同的标准当中，而美国同类标准则集成于一个标准当中。

围护结构热工性能参数的设定思路基本与居住建筑节能设计标准一致。编制本标准时，建筑围护结构的传热系数限值系按如下方法确定：采用 DOE-2 程序，将"基准建筑"模型置于我国不同地区进行能耗分析，以现有的建筑能耗基数上再节约 50% 作为节能标准的目标，不断降低建筑围护结构的传热系数（同时也考虑采暖空调系统的效率提高和照明系统的节能），直至能耗指标的降低达到上述目标为止，这时的传热系数就是建筑围护结构传热系数的限值。确定建筑围护结构传热系数的限值时也从工程实践的角度考虑了可行性、合理性。外墙的传热系数采用平均传热系数，即按面积加权法求得的传热系数[2]。

在一个标准中如何覆盖全部气候区，标准采取的方法是为每一个气候区分别制定不同的围护结构规定性设计限值要求表。在使用围护结构规定性途径时，该标准中一个气候分区除了严寒和寒冷地区根据体形系数划分为两档外，每档指标中围护结构不透明部分限值都只有一种组合，窗的传热

---

[1] 《公共建筑节能设计标准》GB 50189—2005 条文说明第 1.0.3 条。

[2] GB 50189—2005 条文说明第 4.2.2 条。

系数则根据窗墙比划分为 5 档,大部分还是比较简明的。

值得注意的是,在该标准中使用性能化达标法(权衡判断)时,参照建筑的运行设定不再是全时间全空间的恒温采暖或空调模式,而是按照比较符合实际情况的设备和人员日运行时间表来计算,这是与居住建筑在采用该方法时的重要不同之处。

GB 50189—2015 标准除了将节能率提升至 65% 以外,提高了各个系统的设计要求,还对标准做了较大的更新。

实现了专业全覆盖。相较于 GB 50189—2005,又增加了给水排水、电气和可再生能源的相关规定,使之真正成为一个比较全面的节能标准。这也是我国公共建筑实际能耗变化、技术水平和舒适度水平大大提高后的必然要求。但是仍然没有将照明部分的全部节能设计要求集成到新标准中来,仍然是参照《建筑照明设计标准》GB 50034。

以对围护结构的设计要求为例,具体表现如下。①将公共建筑按照面积大小分为甲和乙两类,单栋建筑面积≤300 平方米的为乙类,其余的为甲类。简化了乙类的建筑节能设计程序,降低了设计要求,实现抓大放小的目的,给小建筑更多的创作自由。②对建筑高度超过 150 米或单栋建筑地上建筑面积大于 20 万平方米的大型公共建筑,增加专家论证的要求。

GB 50189—2015 与 GB 50189—2005 一样,对建筑围护结构的设计要求方面,整个寒冷、夏热冬冷、夏热冬暖和温和地区,无论二级 A 和 B 分区,甲类建筑都各共享一个表格,相同的设计限值,即使事实上 A 和 B 区的气候条件差别较大。如此设置,那么进行气候分区①的意义又何在? 这可能说明 GB 50189—2015 标准不再坚持之前的住宅建筑节能设计标准一直秉持的努力精确控制各气候区各个大小建筑均需达到既定节能率的思路。

不同标准和不同版本节能设计标准的比较见表5-5。

---

① 《公共建筑节能设计标准》GB 50189—2005 中列明了 5 个建筑气候分区,GB 50189—2015 标准中给出了 11 个分区。

表5-5 不同标准和不同版本节能设计标准的比较

	JGJ 26	JGJ 134	JGJ 75	GB 50189
基准建筑	北方城镇体形系数约为0.30的基于1980—1981年的住宅通用设计。2010版中淡化了固定的基准建筑	普通砖混结构住宅，外墙为240 mm砖墙，传热系数$K=1.96$ W/（m²·K）；外窗采用单层窗，$K=6.6$ W/（m²·K）；屋面为钢筋混凝土屋面板加简单保温隔热措施，$K=1.66$ W/（m²·K）；换气次数考虑1.5次/h	外墙、屋顶及外窗的传热系数分别为：外墙$K=2.47$ W/（m²·K）；屋顶$K=1.8$ W/（m²·K）；外窗$K=6.4$ W/（m²·K）和遮阳系数$SC_w=0.9$；换气次数考虑1.5次/h	20世纪80年代初建造的公共建筑，围护结构、暖通空调设备及系统、照明设备的参数都按当时选取，没有固定的基准建筑

续表

	JGJ 26	JGJ 134	JGJ 75	GB 50189
基准能耗	基准建筑在全部空间连续采暖的运行工况下,室内平均温度达到16(18)℃时消耗的能量	基准建筑在保证主要居室冬天18℃、夏天26℃的条件下,冬季采用额定的电暖器采暖,夏季采用额定制冷工况时的能效比为2.2的空调器降温,在全空间、全时间,全空间运行工况下,由动态模拟计算软件计算出一个全年采暖、空调能耗,将其作为基础能耗	冬季采用能效比为1.0的电暖器采暖(直接电热式),夏季采用额定制冷工况时的能效比为2.2的空调器降温,在全空间、全时间,由动态模拟计算软件计算出全年空调采暖能耗,将它定义为"基准住宅空调采暖能耗" 基准能耗即未采取节能措施的参照建筑的能耗	基准建筑在本标准约定室内环境参数的条件下,计算全年时间、全空间运行工况下建筑物全年的暖通空调和照明能耗,将它作为100%基准

续表

	JGJ 26			JGJ 134		JGJ 75	GB 50189
	1986版	1995版	2010版	2001版	2010版		
室内环境计算参数	居住空间(包括卧室、起居室)设计温度18℃,全部房间平均按16℃采用	冬季全部房间室内平均温度16℃,换气次数取0.5次/h	冬季采暖室内计算温度应取18℃,换气次数取0.5次/h	冬季:卧室、起居室取16~18℃,换气次数1次/h。夏季:卧室、起居室取26~28℃,换气次数1次/h	冬季:主要居住空间18℃,换气次数1次/h。夏季:主要居住空间26℃,换气次数1次/h	夏季:居住空间室内26℃,换气次数按1次/h计算。冬季北区:居住空间室内16℃,换气次数按1次/h计算	因建筑类型不同而不同
节能考核对象	采暖能耗			采暖能耗和空调能耗	采暖能耗和空调能耗	采暖能耗和空调能耗	采暖能耗和空调能耗

续表

	JGJ 26			JGJ 134		JGJ 75	GB 50189
节能手段	①控制建筑物外围护结构各部分的热工参数和气密性指标;②采暖输送管道输送效率;③采暖锅炉的热效率			①控制建筑物外围护结构各部分的热工参数和气密指标;②提高采暖和空调设备的能效比		①控制建筑物外围护结构各部分的热工参数和气密指标;②提高采暖和空调设备的能效比	①控制建筑物外围护结构各部分的热工参数和气密性指标;②提高采暖和空调设备的效率;③提高照明设备效率
主要的围护结构部分规定性指标	1986版	1995版	2010版	2001版	2010版	非强制性:北区住宅的体形系数。强制性:窗墙比;天窗面积比;屋顶外墙的传热系数和热惰性指标;外门窗综合遮阳系数;气密性	强制性:北方公建的体形系数;围护结构各部分的热工系数;外窗综合遮阳系数;窗墙面积比、天窗面积比
	无强制性:体形系数;屋顶、外墙最小总热阻;窗墙比;门窗的传热系数;气密性等级	无强制性:体形系数。	强制性:体形系数、围护结构各部分的(平均)传热系数;综合遮阳系数;气密性等级	强制性:体形系数、窗墙比、围护结构各部分的(平均)传热系数;综合遮阳系数;气密性等级	强制性:体形系数、围护结构各部分的(平均)传热系数;热惰性指标;窗墙比;综合遮阳系数;气密性等级		

续表

	JGJ 26			JGJ 134		JGJ 75	GB 50189
	1986版	1995版	2010版①	2001版	2010版		
围护结构热工性能的综合评价方法和工具	围护结构平均传热系数	建筑物耗热量指标采用稳态的传热态方法来计算	权衡判断法。建筑物耗热量指标采用稳态传热态的方法来计算	节能综合指标计算。动态逐时模拟计算工具 DOE-2	综合判断。动态逐时模拟计算工具 DOE-2	对比评定法②。动态逐时模拟计算工具 DOE-2	权衡判断。动态逐时模拟计算工具 DOE-2

① 即便采用"权衡判断法"也需要满足一些前提条件。参照 JGJ 26—2010 第 4.1.4 条。

② 即便采用"对比评定法"也需要满足一些前提条件。参照 JGJ 75—2003 第 5.0.3 条。

续表

	JGJ 26			JGJ 134		JGJ 75	GB 50189
	1986 版	1995 版	2010 版	2001 版	2010 版		
综合评价指标	建筑物耗热强度指标	建筑物耗热强度指标；采暖耗煤量指标	建筑物耗热强度指标	采暖、空调耗电量年耗电量之和	采暖和空调耗电量之和	空调采暖年耗电量指标或单位建筑面积空调采暖年耗电量之和指标；南区内可忽略采暖年耗电量	全年采暖和空气调节能耗
围护结构节能措施重点	冬季采暖节能：围护结构的保温			冬夏两季围护结构的保温和隔热；提高采暖和空调设备的能效比		提高外窗的遮阳性能	综合

313

第二节 节能率目标的误读

为每一个建筑节能设计标准设定节能率目标是我国节能设计标准编制的基本出发点。即便有的标准刻意淡化或不提节能率目标,但实际上仍然是在这一思想下编制的。制定节能设计标准的目的就是节能,量化考核是必要的,但是需要认真考察节能率的真正内涵,否则容易走入误区。节能率目标这一概念曾被政府部门的报告广泛引用作为节能成绩,甚至被专业工作者误读。我国已颁布的主要建筑节能设计标准的节能率及分解表见表5-6。

基于典型公共建筑模型数据库进行计算和分析,GB 50189—2015 与 GB 50189—2005 相比,由于围护结构热工性能的改善和供暖空调设备和照明设备能效的提高,不同地区不同类型公共建筑全年供暖、通风、空调和照明的总能耗减少 5.3%~35.7%。从北方至南方,不同气候区全年供暖、通风、空调和照明的总能耗减少 20%~23%,其中围护结构分担节能率 4%~6%,供暖空调系统分担节能率 7%~10%,照明设备分担节能率 7%~9%。通过典型公共建筑模型数据库中的分布数据加权计算确定本次标准修订后由于围护结构、供暖空调设备和照明设备能效的提升,全国公共建筑能耗整体降低21.6%,考虑到标准中对可再生能源应用、给水排水系统、电气系统以及全新风供冷、冷却塔免费供冷等节能措施的要求,本次标准修订后全国公共建筑总能耗降低约 30%,相对于 20 世纪 80 年代建筑,节能提高了 65%以上。

一、基准能耗

不同的标准对基准能耗有不同的定义。JGJ 26 标准的基准能耗基于能耗情况普查数据得出,与基准住宅建筑的实际能耗比较接近,但只包含冬季的采暖能耗;JGJ 134、JGJ 75 的基准能耗均是在假定的计算条件下,即全时间、全空间、室内恒温状态下的计算结果,都包含全年采暖和空调总能耗,但这些均是一个虚拟值,因建筑的实际运行工况与假定的运行工况存在着巨大的不同,与建筑的实际能耗相比相差甚远。同时这两个标准的基准能耗均

表5-6　我国已颁布的主要建筑节能设计标准的节能率及分解表

	JGJ 26				JGJ 134		JGJ 75		GB 50189	
年份	1986	1995	2010	2018	2001	2010	2003	2012	2005	2015
节能率目标	30%	50%	65%	75%	50%	50%	50%	50%	50%	65%
出处	条文说明第1.0.1条	条文说明第1.0.1条	条文说明第1.0.3条	条文说明第1.0.1条	条文说明第3.0.3条	条文说明第5.0.1条	条文说明第3.0.4条	—	条文说明第1.0.3条	条文说明第1.0.3条和其他文献
节能率分解占比	围护结构部分 10% 采暖系统 20%	围护结构部分 15% 采暖系统 35%	围护结构部分 / 采暖系统 50%	没有分解	围护结构部分 25% 采暖空调设备 25%	围护结构部分 25% 采暖空调设备 25%	围护结构部分 N/A 采暖空调设备 N/A	围护结构部分 N/A 采暖空调设备 N/A	采暖空调系统 16%~20% 围护结构部分 13%~25% 照明系统 7%~18%	采暖空调系统 7%~10% 围护结构部分 4%~6% 照明系统 7%~9% 可再生能源利用等 约9%

注：GB 50189—2015版的数据为节能增量30%的分解而不是65%的分解①.

① 徐伟,邹瑜,陈曦,等. GB 50189《公共建筑节能设计标准》修订原则及方法研究[J].暖通空调,2015(45).

是基于 20 世纪 80 年代初的基准建筑,照明、生活热水等能耗均未计算在内,而这部分能耗所占比例正逐步提高。GB 50189 标准的基准能耗则是将"基准建筑"全年采暖空调和照明的能耗作为 100%,多了照明能耗。

二、实际能耗

JGJ 134—2001 标准,按节能 50% 的目标,该地区主要城市夏季空调能耗指标限值为 20~35 kW·h/m²;JGJ 75—2003 标准,按节能 50% 的目标,计算得到该地区主要城市夏季空调能耗指标限值为 35~45 kW·h/m²。

那么居住建筑的实际能耗,尤其是夏热冬冷和夏热冬暖地区的夏季空调能耗情况到底怎样呢?如第二章所述,我国目前尚缺乏权威的、范围广泛的、长时间持续的、制度化的建筑能耗实际情况调查数据,真正了解居住建筑的真实能耗情况可能还需要一段时间,但是从一些局部的调查分析数据也可粗略了解当前居住建筑的能耗概况。这些数据因调查的方式和取样的不同也有明显的差异,但是大致能说明按照基准能耗节能 50% 的采暖和空调耗电量限值与实际值之间相去甚远。

根据《上海统计年鉴 2012》数据,2011 年,上海市户均人口 2.9 人,城镇居民人均住房建筑面积 33.3 平方米,折合成户均建筑面积约 96.57 平方米。每户空调器拥有量 2.07 台。平均每人生活用电消费量 817.7 kW·h,合每户 2371.33 kW·h,这一数值是一个家庭全部用电器具年电消费总量,折合成 24.56 kW·h/(a·m²)。如果按照冬季采暖和夏季空调占全年电费的 50% 计算,只有约 12.3 kW·h/(a·m²)。这一数值远远低于按照 JGJ 134—2001 标准中上海市典型住宅年采暖和空调年耗电量 54.5 kW·h/(a·m²)(采暖 29.0 kW·h/(a·m²)和空调 23.5 kW·h/(a·m²))。

根据《武汉统计年鉴 2012》[①] 数据,2011 年,武汉市城镇户均人口 2.88 人,城镇居民人均住房建筑面积 32.25 平方米,合每户 92.88 平方米,每户空调器拥有量 1.88 台,人均生活用电 729.36 kW·h,合每户 2100.56 kW·h,折合成 22.62 kW·h/(a·m²)。

---

① 武汉市统计局.武汉统计年鉴 2012[M].北京:中国统计出版社,2012.

据《广州信息统计手册 2012》数据①,2011 年,广州市户均人口 3.12 人(抽样统计数据),城镇居民人均住房建筑面积 39.8 平方米,折合成户均建筑面积约 124 平方米。户均拥有空调器 2.61 台,户年均用电总量 2141 kW·h,折合成 17.27 kW·h/(a·m²)。

根据《北京统计年鉴·2012》数据②,2011 年,北京市常住人口家庭规模为 2.5 人,城镇居民人均住房建筑面积 29.4 平方米,合每户 73.5 平方米,每户空调器拥有量 1.71 台,人均生活用电 727.2 kW·h,合每户 1818 kW·h,折合 24.73 kW·h/(a·m²)。因为北京市居民耗电量不包括冬季采暖,因此其总体人均耗电量要高于上海市。如果将 24.73 kW·h/(a·m²)的 25% 计算为夏季空调用电量,折合 6.18 kW·h/(a·m²)(表 5-7)。

表 5-7　北京、上海、武汉、广州四城市住宅实际能耗统计资料

指标	上海	武汉	广州	北京
户均人口规模/人	2.9	2.88	3.12	2.5
人均住房建筑面积/m²	33.3	32.25	39.8	29.4
户均住房建筑面积/m²	96.57	92.88	124	73.5
户年均用电量/(kW·h)	2371.33	2100.56	2141	1818
户均空调拥有量/台	2.07	1.88	2.61	1.71
每平方米建筑面积年实际用电量/[(kW·h)/m²]	24.56	22.62	17.27	24.73
空调度日数 CDD26(℃·d)	203	227	328	94
典型住宅夏季每平方米空调耗电量限值/(kW·h/m²)(50% 标准)	29.6	31.21	36.67	(21)③

---

① 广州市统计局. 广州信息统计手册 2012. http://www.gzstats.gov.cn/tjsj/2012tjsc/201301/P020130117352456371931.pdf.

② 北京市统计年鉴. http://www.bjstats.gov.cn/nj/main/2012-tjnj/index.htm.

③ 北方采暖区并没有设定夏季空调用电量限值,该值是参照 JGJ 134 和 JGJ 75 标准基准建筑的基准能耗,采用能耗模拟软件计算得出的。

从以上统计资料的分析得知,除北京外,上海、武汉和广州的城市住宅每平方米建筑面积的年耗电量都小于适用于这些地区建筑节能设计标准设定的基准建筑(典型住宅)的夏季空调耗电量限值,如果加上冬季采暖限值,更是远远达不到。需要注意的是,实际耗电量是包含所有家用电器的耗电量,折算到空调和采暖的部分要小很多,并且这四个城市是我国经济水平和消费水平比较发达的城市。

这里需要说明的是,以上的统计数据反映的是所有的存量建筑,其中有一定比例是没有按照节能设计标准设计建造的。

李兆坚和江亿的研究指出 2005 年全国城镇住宅夏季空调平均耗电指标约为 $2.65\ kW \cdot h/m^2$[①]。大量调查结果表明:分体空调住宅的夏季空调能耗水平很低。我国城镇住宅绝大多数采用分体空调方式,其夏季平均能耗指标很低,为 $2 \sim 8\ kW \cdot h/m^2$,远低于节能 50% 的居住建筑节能设计规范的夏季空调能耗指标限值。李兆坚和江亿的另一项研究指出:根据典型条件下住宅空调能耗的模拟计算结果得出,目前北京市城镇住宅一个空调季的空调平均耗电指标约为 $5.3\ kW \cdot h/m^2$[②],这与上述的北京市统计结果基本相吻合。无论是统计结果还是模拟计算的结果,北京市住宅夏季空调实际耗电量均远远低于按照全时间、全空间、室内恒温的假定运行工况得出的 21 $kW \cdot h/m^2$。

陈婕对夏热冬冷的陕西汉中市按照 JGJ 134—2001 标准建造的住宅采用文件和查电表的方式调查,结果显示全年单位建筑面积总的耗电量平均为 26 $kW \cdot h/(a \cdot m^2)$,远低于该地区的指标限值 56.5 $kW \cdot h/m^2$,其中空调采暖的耗电量只占夏冬耗电量的 35% ~ 40%,也就是 $\leqslant 10\ kW \cdot h/m^2$[③]。

赵天蓉通过对成都市 1295 栋居住建筑的能耗调查信息统计得出:年电耗

---

① 李兆坚,江亿.我国城镇住宅夏季空调能耗状况分析[J].暖通空调,2009(5).
② 李兆坚,江亿.北京市住宅空调负荷和能耗特性研究[J].暖通空调,2006(8).
③ 陈婕.汉中市居住建筑能耗调查分析[J].四川建筑科学研究,2013(2).

在 9.6 kW·h/m² 以下的占 25%;年电耗在 9.6～14.6 kW·h/m² 的占 25%;年电耗在 14.6～22.0 kW·h/m² 的占 25%;年电耗在 22.0～62.2 kW·h/m² 的占 25%。总年均耗电量 17.1 kW·h/m²,这也是住宅中所有耗电设备总的年均耗电量[①]。

阮方的研究[②]表明,在杭州,按照行业规范规定的节能 50%(注:即 JGJ 134—2010 标准)下围护结构热工参数取值的建筑,在分室间歇用能推荐工况下的节能率仅为 17.12%,远远小于 50%的理论节能率。而按照家庭居住单元设计方法下的建筑使用了比节能 50%建筑更少的保温材料,但是单元设计的建筑节能率为 30.14%,比节能 50%建筑节能率(17.12%)更高。

由此可见:①我国居住建筑的总体能耗还处于一个较低的水平;②全时间、全空间采暖或空调的假定工况与实际相距甚远。

上述的数据分析和比较表明,实际能耗与虚拟的基准能耗中的空调和采暖能耗相差巨大,按照设计标准节能率目标去估算实际节能量都会产生巨大的差异。将这两种差异很大的住宅空调能耗数据应用于住宅空调方案优选、南方地区住宅建筑节能设计标准的制定、住宅空调器能效标准的确定等居住建筑重大节能问题的研究工作,就会得出完全不同的结果,这就是有关专家对我国住宅空调节能技术路线和发展方向产生重大分歧的重要原因之一,而如果技术路线和方向出现失误将会产生重大损失,因此有必要对这一重要基础性问题进行分析研究[③]。

造成这种巨大差距的原因是基准能耗的设定过于理想,全时间、全空间恒温采暖和空调,除了医院等少量建筑类型比较接近这种假定外,其余建筑基本上是部分时间、部分空间间歇式采暖或使用空调,北方冬季采暖时也不是全天保持同一温度。即便随着居民收入的增加,居民对室内热环境质量

①　赵天蓉.成都市居住建筑能耗调查及节能分析[D].成都:西华大学,2010.

②　阮方.分室间歇用能方式下居住建筑围护结构保温节能理论研究[D].南京:浙江大学,2017.

③　李兆坚,江亿.我国城镇住宅夏季空调能耗状况分析[J].暖通空调,2009(5).

要求提高,部分时间、部分空间间歇式采暖或空调也应该是被鼓励的节能生活方式。现在我国居民用电的价格已经与美国基本持平,天然气和汽油的价格甚至比美国还高,而平均国民收入则远低于美国,在这种背景下,几乎没有人会以标准中假定的全时间、全空间恒温的方式使用采暖和空调设备。过于理想的假定脱离实际太远,这种假定也就失去了现实意义,以此为标尺来衡量节能前后的设计标准的贡献则不现实。

JGJ 134—2001 标准的主要制定者在该标准的介绍文献①中估算该标准实施后的节能效果,用来表明实施该标准的意义。在考虑到使用者的行为方式后,将节能率 50% 折半成 25% 来估算,这也与实际情况相去甚远。

在我国建筑节能设计标准制定初期,为了简化计算,建立一个可衡量比较的基准,简单明了,这是可以理解的,但是随着时代的变化,建筑能耗组成也发生了巨大的变化,这种理想的假定终因脱离实际太远而被其他的方式取代。

董孟能等在其研究②中估算"重庆市'十一五'建筑节能贡献率",以住宅能耗统计数据的 60% 作为当地空调与采暖的总电耗,为 $19.9 \mathrm{~kW} \cdot \mathrm{h/m^2}$,在此基础上,认为符合 50% 节能标准的建筑即可实现节电约 $10.0 \mathrm{~kW} \cdot \mathrm{h/m^2}$。这种计算方法,相当于将当地所有建筑的年平均空调采暖电耗视为 100%,并认为符合 50% 标准的建筑即可实现空调采暖节能 50%。该文献错将 2005 年当地的居住建筑的平均空调采暖能耗视为 100%,而不是 JGJ 134—2001 中20 世纪 80 年代初的建筑。在此基础上按实际用能量节能计算出来的节能量 $10.0 \mathrm{~kW} \cdot \mathrm{h/m^2}$,甚至超过了该市所在地域的空调采暖平均的用电量。这也是对节能率目标的另外一种形式的误读。

在有些地方政府的总结报告中也错误地直接引用了建筑节能设计标准

① 郎四维,林海燕,付祥钊,等.《夏热冬冷地区居住建筑节能设计标准》简介[J].暖通空调,2001(4).
② 董孟能,丁小猷,姜涵,等.重庆市"十一五"建筑节能贡献率分析[J].重庆建筑大学学报,2008(3).

使用的节能率概念,将此节能率当做真实的节能率,造成了不必要的错误。杨秀等人(2011)的研究[①]总结了这种现象。

三、节能率目标的分解

如前所述,我国标准的节能率分别由围护结构和采暖与空调设备分别承担,两者不能互相补偿,也就是说两者需分别达到各自的设计标准才符合标准,即一方性能的提高并不意味着另一方设计要求可以降低。其各自承担的节能率在每一部建筑节能设计标准制定时均已经划定,这是制定建筑围护结构和采暖空调设备各自部分设计要求和限值的基础和前提。

随着采暖和空调设备技术的发展与更新,其能效已经不同程度上比标准制定时的技术参数高许多,但这并不意味着可以降低对围护结构的设计要求。也就是说,随着设备技术的进步,按照标准设定的设备假定运行状态,总的节能率目标可能已经大大被超越。

例如,在北方集中采暖区,燃煤锅炉是主要的供热热源,但是从2008年北京奥运会以后,随着西气东送工程供气量的稳步增加,在部分省市出现了用燃气锅炉取代燃煤锅炉的趋势。天然气在运输和使用过程中产生的污染物大大小于煤炭,并且燃气锅炉的热效率也大大高于燃煤锅炉。因此从供热系统这一端就已经大大减少了能耗,加之围护结构部分,其总的计算节能率就已经超过了标准设定的目标。因燃气锅炉的热效率与其功率没有必然关系,这也促使了分户壁挂式燃气炉的推广使用,其燃烧和输送的效率更高,还实现了用户自行控制的理想。从总的能源消耗的角度来看,比起集中采暖更有优势,如果天然气的供应有保障,这种方式将会越来越受欢迎。

从表5-8可以看出,随着供热系统能效的提高,其承担的节能贡献率越来越高,但是在标准中并未体现出来。

---

①　杨秀,张声远,齐晔,等.建筑节能设计标准与节能量估算[J].城市发展研究,2011(10).

表 5-8   JGJ 26 标准供热系统和围护结构的节能率分担情况

		总体节能率目标/(%)	锅炉运行效率最低限值	管网输送效率最低限值	供热系统效率的提高/(%)	标煤消耗量/(%)	供热系统实际承担的贡献率/(%)	供热系统承担的贡献率实际取值/(%)	围护结构承担的贡献率/(%)	最终标煤消耗量/(%)
JGJ 26 标准	基准建筑	0	0.55	0.85	0	100	0	0	0	100
	1986	30	0.60	0.90	15.51	86.57	13.43	10	20	69.26
	1995	50	0.68	0.90	30.91	76.39	23.61	15	35	49.65
	2010	65	0.70	0.92	37.75	72.59	27.41	15	50	36.30
北京地方标准 2012		75	0.75	0.93	43.37	67.03	32.97	15	60	26.81
户式燃气锅炉		75	0.93	0.99	96.94	50.77	49.23	15	60	20.31

JGJ 134 标准是按照围护结构和采暖空调设备的贡献率各占一半,分别承担大约 25% 来制定的[1]。从表 5-9 可以看出,如果均采用其标准中额定制冷量(CC)≤4500 W 且能效等级为 3 级的分体式空调器产品(最低要求)用于夏季制冷和冬季采暖,使用按照《房间空气调节器能效限定值及能源效率等级》GB 12021.3—2004 标准生产的空调器,在 JGJ 134 标准假定的全时间全空间运行模式下,夏季节能率就已经超过了 26.67%,冬季更高达66.7%。若使用按照《房间空气调节器能效限定值及能效等级》GB 12021.3—2010标准生产的空调器,其节能率还会更高一些。制冷和采暖两者相加就会大大

---

① 郎四维,林海燕,付祥钊,等.《夏热冬冷地区居住建筑节能设计标准》简介[J].暖通空调,2001(4).

表 5-9　JGJ 134 标准的采暖和空调设备节能率分担情况

空调器标准	基准能耗	JGJ 134—2001			JGJ 134—2010	
		JGJ 134—2001 标准中的设定	采暖空调设备能效设定	相对基准建筑节能	采暖空调设备能效设定	相对基准建筑节能
基准建筑			GB 12021.3—2004		GB 12021.3—2010	
夏季降温 能效比 EER 为 2.2 的空调器	100%	EER=2.3	EER=3.0	26.67%	EER=3.2	31.25%
冬季采暖 能效比 COP 为 1.0 的电暖器	100%	COP=1.9	COP=3.0	66.7%	COP=3.2	68.75%

注：

①EER(energy efficiency ratio)是制冷能效比；COP(coefficient of performance)是制热能效比。

②除 JGJ 134—2001 标准中的设定是按照该标准条文说明第 5.0.4 条取值外，其余均按照分体式、能效等级 3 级产品，空调器的能效比取值。分体式空调是最常用的空调形式。

③《房间空气调节器能效限定值及能源效率等级》GB 12021.3—2004，《房间空气调节器能效限定值及能效等级》GB 12021.3—2010。

超过 JGJ 134 标准预定的 25％的节能承担率,但这些节能效率的实质性提高并未在 JGJ 134—2010 标准中反映出来,在该标准中围护结构部分仍然按照其承担的 25％的节能率来制定各项设计限值。由此可见,用节能率目标来标示某一个标准已经不能反映真实的状态了。尽管夏热冬冷地区目前还有很大一部分家庭在继续使用电热转换效率低的器具采暖,但随着国民生活水平的提高,这一部分的比例将逐渐降低。

夏热冬暖地区的情况与夏热冬冷地区的空调形式基本类似,只是相应减少了冬季采暖的功能。

四、下一轮标准还应按照节能率目标编制吗?

我国采暖区的居住建筑节能设计标准已经走过了 4 个阶段,节能率从 30％(1986 版)、50％(1995 版),到 65％(2010 版),再到 75％(2018 版)。每一次更新,节能率目标就在上一次基础上再提高 30％,那么下一次更新将会提高到 83％吗?

JGJ 134 和 JGJ 75 标准也都更新过一次,但节能率目标仍然停留在 50％。GB 50189 的节能率从 2005 版提高到 2015 版的 65％。

从上文的论述可以看出,北方采暖区的建筑节能设计标准因基准建筑的能耗相对比较接近实际,更新后的标准从理论上讲确实可以降低其采暖能耗,在第三章中数据也的确表明北方城镇 1996－2016 年建筑采暖强度实际下降了约 42.4％。但是因其只考核采暖能耗,其他的建筑能耗均未计入,其节能率仍然不能反映建筑全年真实能耗的变化情况。夏热冬冷地区和夏热冬暖地区的实际调查和统计结果表明,居住建筑的实际能耗与节能率目标相去甚远。

由于我国城镇居民的居住方式绝大部分仍以集居为主,这就决定了集居住宅采用的采暖和空调设备的大体模式。在北方采暖区,城镇住宅冬季以集中采暖为主,近些年分户式燃气锅炉采暖在新建项目中所占的比例逐渐增高;夏季则大部分使用分体式空调,户式中央空调主要用在高级住宅中,所占比例很低。在夏热冬冷地区和夏热冬暖地区的空调和采暖主要采用分体式空调器,户式中央空调在普通住宅中所占比例也很低。再由于我国住宅产品的交付方式仍以毛坯房为主,照明和生活热水这两项家庭能耗的主要组成部分是由业主自行决定,这方面的节能以现有模式暂无法交由节能设计标准来控制。其他的能耗如各种家用电器以及炊事能耗更无法由建筑节能设计标准去控制。这也是我国的标准暂时只对采暖和空调能耗进行控制的主要原因。

采暖和空调制冷设备能效的提高不能降低围护结构的设计要求,围护结构部分的节能潜力又如何呢? 相比采暖和空调设备,围护结构的情况更加复杂,其使用年限更长、投入更大,这方面的责任更多地落在建筑师身上。

热工学原理指出,围护结构性能的提高对节能的贡献与室内外温差呈正相关。严寒和寒冷地区围护结构性能提高的节能效果要大于夏热冬冷地区,再大于夏热冬暖地区。

根据 JGJ 26—2010 标准第 4.2.2 条条文说明,确定建筑围护结构传热系数的限值时不仅应考虑节能率,而且也从工程实际的角度考虑了可行性、合理性。严寒和寒冷地区围护结构传热系数限值,是通过对气候子区的能耗分析和考虑现阶段技术成熟程度而确定的。根据各个气候区节能的难易程度,确定了不同的传热系数限值。我国严寒和寒冷地区,在第二步节能时围护结构保温层厚度为(6~10)cm,再单纯依靠增加保温层厚度获得的节能收益已经很小。

根据 JGJ 134—2001 标准第 4.0.8 条和 2010 版的第 4.0.4 条条文说明,无锡、重庆、成都等地节能居住建筑几个试点工程的测试数据和 DOE-2 程序能耗分析的结果都表明,在这一地区(指整个夏热冬冷地区)当改变围护结构传热系数时,随着 K 值的减小,能耗指标的降低并非按线性规律变化,当屋面 K 值降为 1.0 W/(m^2 · K),外墙平均 K 值降为 1.5 W/(m^2 · K)时,再减少 K 值对降低建筑能耗的作用已不明显。因此,本标准考虑到以上因素和降低围护结构的 K 值所增加的建筑造价,认为屋面 K 值定为 1.0(或 0.8)W/(m^2 · K),外墙 K 值为 1.5(或 1.0)W/(m^2 · K),在目前情况下对整个地区都是比较适合的。

依据 GB 50189—2005 标准第 4.2.2 条条文说明,北方严寒、寒冷地区主要考虑建筑的冬季防寒保温,建筑围护结构传热系数对建筑的采暖能耗

影响很大。因此,在严寒、寒冷地区对围护结构传热系数的限值要求较高。夏热冬冷地区既要满足冬季保温又要考虑夏季隔热的需求,不同于北方采暖建筑主要考虑单向的传热过程。上海、南京、武汉、重庆、成都等地节能居住建筑试点工程的实际测试数据和 DOE-2 程序能耗分析的结果都表明,在这一地区当改变围护结构传热系数时,随着 K 值的减少,能耗指标的降低并非按线性规律变化,对于公共建筑(办公楼、商场、宾馆等),当屋面 K 值降为 0.8 W/(m² · K),外墙平均 K 值降为 1.1 W/(m² · K)时,再减小 K 值对降低建筑能耗已不明显。因此,本标准考虑到以上因素,认为屋面 K 值定为 0.7 W/(m² · K),外墙 K 值为 1.0 W/(m² · K),在目前情况下对整个地区都是比较适合的。夏热冬暖地区主要考虑建筑的夏季隔热,太阳辐射对建筑能耗的影响很大。太阳辐射通过窗进入室内的热量是造成夏季室内过热的主要原因,同时还要考虑在自然通风条件下建筑热湿过程的双向传递,不能简单地采用降低墙体、屋面、窗户的传热系数,增加保温隔热材料厚度来达到节约能耗的目的,因此,在围护结构传热系数的限值要求上也就有所不同。

以上说明再挖掘围护结构部分的节能潜力,将需要克服技术、材料和经济可行性等障碍。北京和天津 75% 的居住建筑节能设计的地方标准,其围护结构的保温水平已经比较接近发达国家。现在通行的典型的外墙保温技术,在材料和施工技术以及构造做法上的问题,尤其是耐久性问题,在没有经过大规模本地化验证的情况下,在政府行政主导下大量推广,已经造成了广泛的、数量庞大的安全隐患。据笔者长时间的观察,外墙保温层裂缝渗水,导致保温层失效甚至脱落是近些年建成的住宅项目出现的普遍现象,并且这将是未来长时间将要面临的难题。每年在全部的建筑气候区因住宅保温层脱落引发的人身和财产伤害的事故屡见报端,未来可能存在更多此类现象。

建筑节能的目的不仅仅停留在节能方面,更重要的还在于提高建筑长期稳定的性能。如果节能建筑在 10 年左右,甚至更短时间,因保温系统的失效而带来大量的维护更新工作,那么此前投入的节能成本都将付之东流。加之现在住宅私有化后的维修基金的使用及更新成本问题没有得到妥善解决,更增加了这种担忧。

因为存在消防和安全隐患,近年有些城市已经开始逐渐意识到问题的严重性,开始发文限制曾经被当地政府大力推广的外墙保温技术的适用范围。所以,外墙保温技术必须另辟蹊径,加强这方面的技术攻关,引进建筑和材料技术的消化、验证及本地化工作。

美国4层以上的建筑几乎不用外墙外保温技术,而是广泛采用夹心保温或内保温。最重要的是,物业的耐久性和持久性价值得到了根本的保障,建筑围护结构设计的灵活性不因外保温的限制而受到制约。

因此,当前需大力加强新的建筑保温材料、新的构造措施及新的施工技术的研究,在节能的前提下,保证建筑在全寿命周期内的耐久性,提高其免维护性,这些问题需要得到切实解决。

那么下一轮的标准更新还应继续采用提高节能率目标的思路吗?

综上所述,可得出以下结论。

①节能率目标不能真实反映建筑物的真实能耗水平,许多应纳入并控制的能耗类型在标准中没有考虑。

②节能率目标在夏热冬冷和夏热冬暖地区与实际节能量差距巨大。

③节能率的提法会引起不同层面的误读。

④继续以提高节能率为标准编制与更新的目标越来越不切实际,节能的投入与产出在许多情况下并不成正比。节能的实际投入与其持续性的收益回报之间的研究是我国节能工作的一个短板。虽然节能已不仅仅只从费效比这样简单的经济角度来思考,还应以能源安全、资源保障、环境民生等更高、更广的角度来定位和思考,但经济问题仍然是现代社会运行的基本规律。

⑤需加强建筑节能基础技术研究,例如新观念、新思路、新材料、新构造和新的施工技术等。同时也应思考建筑节能设计标准编制未来的新思路,是否可以转向以更切合实际的用能规律和强度来作为编制或更新标准的出发点,在开源与节流上同时下功夫等。

2017年2月发布的《建筑节能与绿色建筑发展"十三五"规划》中提出了加快提高建筑节能标准的目标,实际上也为新一轮的节能设计标准更新提出了新要求。

该规划确立了"十三五"期间的主要任务之一:加快提高建筑节能标准,修订城镇新建建筑相关节能标准。推动严寒及寒冷地区城镇新建居住建筑加快实施高水平节能强制性标准,提高建筑门窗等关键部位节能性能要求,引导京津冀、长三角、珠三角等重点区域城市率先实施高于国家标准要求的地方标准,在不同气候区树立引领标杆。积极开展超低能耗建筑、近零能耗建筑建设示范,提高规划、设计、施工、运行维护等环节共性关键技术,引领节能标准提升进程,在具备条件的园区、街区推动超低能耗建筑集中连片建设。鼓励开展零能耗建筑建设试点。具体目标是:到 2020 年,"十三五"期间,城镇新建建筑能效水平比 2015 年提升 20%。这是一项约束性指标。

约束性指标就是政府在公共服务和涉及公共利益领域对有关部门提出的工作要求,政府要通过合理配置公共资源和有效运用行政力量,确保有关指标的实现。约束性指标体现政府职责,带有政府向人民承诺的性质。这表明中央政府在节能方面的决心。

2015 年全国各地的实际建筑能效水平是多少目前还没有明确的答案。只能将节能设计标准的节能率作为参照物,继续提高标准。按照以上的部署,JGJ 26—2018 已经将节能率提升至 75%,其他建筑气候区的许多城市也已经率先执行比现行国家标准和行业标准更高的标准。此外还填补了温和地区居住建筑节能设计标准的空白。这都是为了实现上述目标所采取的实际行动,此外,对既有建筑的节能改造也以前所未有的力度推行,超低能耗、近零能耗的示范项目也全面展开。

第三节　美国建筑节能设计标准编制思路

ASNRAE 90.1 标准从其前身 NBSIR 74-452 开始,历经 9 次完整更新和多次小的更新,作为最低可接受的新建筑的节能设计标准的基准,可以说已经基本趋于成熟。从 1999 版开始,其标准的内容安排和目录结构就未变,每次所做的更新大体上是根据标准实施后各界的反馈所做的细节调整,其结果是更易用,吸收建筑节能基础研究的新成果,更符合新的建筑设备技术、材料技术、计算技术的发展状况，以及市场接受程度。2015 年，ASNRAE 为既有建筑的节能更新编制了独立的标准 Standard 100，*Energy Efficiency in Existing Buildings*。

IECC 规范从 1998 年第一版开始，历经 7 次版本更新，同 ASNRAE 90 一样，也已非常成熟，两者虽然在内容编排等方面不同，但其基本的编制思路大体上是一致的，对建筑各子系统所采取的限制措施也非常接近。2015 年，IECC 则在标准中增加了适用于既有建筑节能更新的章节，坚持一部标准全覆盖的思路。

本书关于中国建筑节能设计标准编制思路特点的论述，就是基于与美国同类标准比较基础之上得出的。有关美国建筑节能设计标准的编制思路，包括 ASHRAE 90 系列和 IECC，除了以下总结外，不再详细展开。

（1）将不同气候区域内的建筑类型合编在同一个标准内。

美国的建筑节能设计标准从 1974 年的 NBSIR 74-452 开始就被要求作为一项覆盖全部国土，适用于全部设有采暖空调设施的民用建筑类型的标准。将不同气候区合编在一起是自然不过的事情，这符合美国的国情。

在早期的 ASHRAE 90 标准中，3 层及以下住宅及 3 层以上的商用建筑均合编在一项标准中，分别制定不同的设计要求。如第二章所述，美国的住宅 3 层及以下的占到 92.75%，各自均有独立采暖、空调和热水系统。而 4 层及以上的多属于多层和高层公寓类，其采暖、空调和热水系统集中化程度比较高，这与其他商用建筑的模式非常相似。两者有很大的区别，因此以 3 层为界分别制定设计要求是非常科学的。虽然 ASHRAE 90 系列后来被分为适合 3 层及以下的住宅建筑的 90.2 标准，以及适合除 3 层及以下住宅外的其他建筑的 90.1 标准两项独立的标准，但是两者保持相同的更新周期，相互协调。

IECC 标准自 1998 年第一版开始就坚持在一本标准中集中反映全部建筑气候区的全部建筑类型，在标准中虽然分别制定各自的设计要求，但共享其他部分。直到 2012 版，将两者的内容完全分开，变成一个标准集成了两项事实上独立的标准。IECC 标准从 2015 版开始还覆盖了既有建筑的改扩建升级领域。

（2）几乎涵盖了建筑的全部运行能耗。

标准内容不仅包括采暖和空调能耗，还包括通风、照明、生活热水、动力等能耗。这也是从第一部标准后就坚持的原则，无论住宅建筑还是商用建筑。

ASHRAE 90 和 IECC 标准的内容编排各有差异，无论是商用建筑还是住宅建筑，虽有侧重，但对建筑系统的划分基本是一致的，分别制定相应设计要求的思路基本也是一致的。

下面以适用于商用建筑的 ASHRAE 90.1 标准为例，该标准将建筑系统划分为 6 个子系统：建筑围护结构系统、HVAC 系统、热水系统、电气系统、照明系统、其他系统（包括电梯扶梯自动步道、水泵、电机、消防泵等）。

其中与建筑气候最密切相关的建筑设备系统是采暖和空调，通风次之，三者通过建筑物围护结构与外界发生热交换，对建筑能耗影响最大，控制了这三项，就能在很大程度上控制建筑能耗。热水再次之，其余设备系统则与建筑气候弱相关。

（3）不设明确的节能率目标。

虽然大多数情况下，新版标准要比上一版标准设计要求更加严格，也比上一版标准更加节能，但两个标准编制机构从不在其标准中或者在其编制过程中，将标准的节能率，无论是假定的节能率还是实际节能率，作为宣传的要点，或当做重要的追求。

事实上，两个标准每次新版都或多或少地提高了节能效果。建筑围护结构设计要求的提高，建筑设备系统能耗的提高或者运行更合理，都会更节能或者提高能效。美国能源部作为节能设计标准的主要推动者和重要参与者，有时会主动要求编制机构提高新标准的节能效率，例如要求 ASHRAE 90.1—2010 比 2007 版节能 30%。一般都是由能源部下属的 PNNL 来评估新标准可能提高的节能情况。这是能源部的法定职责，能源部部长会根据 PNNL 的评估报告来决定是否将新标准作为能源部向各州和地方政府推荐的自愿标准，也据此决定是否将新标准当做联邦政府建筑的强制性标准。

最新的 PNNL 评估报告①表明,IECC 2015 新标准在各类商用建筑中的能耗密度上有所降低,在单位面积能源支出上也降低了。

从表 5-10 看,全国范围内如果施行 IECC 2015 标准,其能耗密度相较于 IECC 2012,除了仓储建筑外,都有不同程度降低,全国加权平均可节约 11.1%,最高可节约 25.7%(医院),效果非常可观。

表 5-10　实施 IECC 2012 和 IECC 2015 标准商用建筑的能耗密度及费用变化对比分析表

建筑类型	建筑类型细分	面积百分比/(%)	建筑能耗密度/[kBtu/(ft²·yr)]		建筑能耗密度节约率/(%)	单位面积能耗费用/(美元/ft²·yr)		单位面积能耗节约率/(%)
			2012 IECC	2015 IECC		2012 IECC	2015 IECC	
办公建筑	小型办公建筑	5.6	31.1	29.6	4.8	0.93	0.88	4.8
	中型办公建筑	6.0	35.5	34.6	2.5	0.99	0.97	1.9
	大型办公建筑	3.3	76.2	71.7	6.0	2.15	2.04	5.2
商业零售	独立式零售商店	15.3	54.1	47.3	12.6	1.44	1.21	16.0
	集中式商场	5.7	58.3	54.0	7.4	1.54	1.39	9.7
教育	小学	5.0	62.3	55.5	10.9	1.52	1.34	11.4
	中学	10.4	51.8	42.8	17.4	1.35	1.12	16.8

---

① National Cost-effectiveness of ANSI/ASHRAE/IES Standard 90. 1—2013. January 2015. https://www. energycodes. gov/sites/default/files/documents/Cost-effectiveness _ of _ ASHRAE _ Standard_90-1—2013-Report. pdf.

Energy and Energy Cost Savings Analysis of the 2015 IECC for Commercial Buildings. August 2015.

https://www. energycodes. gov/sites/default/files/documents/2015 _ IECC _ Commercial _ Analysis. pdf.

National Cost-Effectiveness of the Residential Provisions of the 2015 IECC. June 2015.

https://www. energycodes. gov/sites/default/files/documents/2015IECC_CE_Residential. pdf.

续表

建筑类型	建筑类型细分	面积百分比/(%)	建筑能耗密度/[kBtu/(ft²·yr)]		建筑能耗密度节约率/(%)	单位面积能耗费用/(美元/ft²·yr)		单位面积能耗节约率/(%)
			2012 IECC	2015 IECC		2012 IECC	2015 IECC	
医疗	非住院医疗	4.4	137.2	117.6	14.3	3.53	3.07	13.0
	医院	3.4	172.2	128.0	25.7	3.72	2.98	20.0
住宿	小型旅馆	1.7	66.4	60.4	9.2	1.49	1.3	12.6
	大型旅馆	5.0	109.5	87.9	19.8	2.37	1.81	23.9
仓库	仓库	16.7	15.0	15.5	−3.1	0.34	0.36	−5.2
饮食服务	快餐店	0.6	602.5	582	3.4	9.66	8.83	8.6
	普通餐厅	0.7	405.6	373.8	7.8	7.22	6.44	10.8
公寓	多层公寓	7.3	45.0	44.2	1.7	1.23	1.22	1.0
	高层公寓	9.0	49.1	47.6	3.0	1.14	1.11	3.1
全国加权平均		100	61.4	54.5	11.1	1.49	1.31	11.5

数据来源:PNNL. Energy and Energy Cost Savings Analysis of the 2015 IECC for Commercial Buildings. August 2015.

表中:建筑能耗密度 EUI＝energy use intensity。site EUI 是建筑实际发生的能耗密度,不含能量转换损失,单位 kBtu/(ft²·yr),1 kBtu/(ft²·yr)相当于我国的 0.388 kgce/(m²·a)。建筑能耗指数 ECI＝energy cost index。

表 5-11 分析了如果实施 ASHRAE 90.1—2013,5 个代表气候区代表性建筑的节能成本与收益。结果表明大多数类型的建筑节能增量投资回收期都少于 10 年,这样的分析数据应该会给社会和市场施行新标准带来更大的信心。

表 5-11　如果施行 ASHRAE 90.1—2013,5 个代表气候区
代表性建筑的节能成本与收益

建筑类型		建筑气候区和代表城市				
		休斯顿 (2A)	孟菲斯 (3A)	埃尔帕索 (3B)	巴尔的摩 (4A)	芝加哥 (5A)
生命周期净节约/美元						
小型办公建筑	总节约	21600	15200	10800	2900	5000
	单位面积节约	3.93	2.76	1.96	0.53	0.91
大型办公建筑	总节约	740000	1650000	2540000	300000	1340000
	单位面积节约	1.48	3.31	5.09	0.60	2.69
独立式零售商店	总节约	84000	81400	53800	67000	79000
	单位面积节约	3.40	3.30	2.18	2.71	3.20
小学	总节约	246000	116000	398000	70000	54000
	单位面积节约	3.33	1.57	5.38	0.95	0.73
小型旅馆	总节约	596410	76000	578000	62600	57000
	单位面积节约	2.23	1.76	1.81	1.45	1.32

续表

建筑类型		建筑气候区和代表城市				
		休斯顿(2A)	孟菲斯(3A)	埃尔帕索(3B)	巴尔的摩(4A)	芝加哥(5A)
		生命周期净节约/美元				
多层公寓	总节约	59600	22600	23800	29200	28500
	单位面积节约	1.77	0.67	0.71	0.87	0.84
		节能成本投资回收期/年①				
小型办公建筑		立见成效②	立见成效	立见成效	22.0	17.0
大型办公建筑		6.8	立见成效	立见成效	5.1	立见成效
独立式零售商店		立见成效	立见成效	立见成效	立见成效	立见成效
小学		5.5	9.5	0.6	14.3	15.6
小型旅馆		3.9	4.1	4.0	7.2	8.7
多层公寓		1.9	11.7	11.4	7.2	9.7

———————

① 简单回报(Simple Payback)是一种基本的和常见的用于评价节能投资合理性的度量标尺,可简单理解成节能增量投资回报所需要的年数,这里仅需考虑节能初始增量成本、年能源节约量及增加的日常维护成本三项因素。其他如投资的时间成本、可能发生的围护结构和设备的更新等费用都不在考虑之列。节能投资回收之后节约的费用也不计入。例如,增量成本为100元,年节能12元,维护成本2元,那么回报周期就是10年。

② 原文是Immediate,意为能快速见到节能成效。原文没有给出具体年数。

续表

建筑类型		建筑气候区和代表城市				
		休斯顿 (2A)	孟菲斯 (3A)	埃尔帕索 (3B)	巴尔的摩 (4A)	芝加哥 (5A)
综合节能投资回报周期,极限值为21.85①						
小型办公建筑		(4.9)	(2.8)	(6.3)	20.0	15.1
大型办公建筑		5.6	(44.7)	(53.7)	3.0	(86.8)
独立式零售商店		(1.9)	(1.6)	(2.0)	42	3.8
小学		5.1	11.1	(1~2)	15.3	16.7
小型旅馆		3.8	4.5	4.4	7.5	8.9
多层公寓		2.2	11.3	11.1	7.0	9.5

数据来源:PNNL. National Cost-effectiveness of ANSI/ASHRAE/IES Standard 90.1—2013. January 2015.

值得注意的是,PNNL在做这些分析时,并不是按我国常采用的理想工况来测算,而是在PNNL所研发的16种类型,480个建筑的能耗模型上,采

① 原文是Scalar Ratio,它是ASHRAE 90.1标准项目常设委员会(SSPC90.1)开发出的用于评估ASHRAE 90.1标准拟议变化的节能增量成本和节能收益的一种计量方法,PNNL在具体运用时拓展了该方法,允许不同构件/设备设定不同使用寿命的多维度的评估。这是一种对某项节能措施全生命期成本评价的替代方法。它综合考虑了节能初始成本、每年的能源节约量、日常维护成本、税费、通货膨胀、能源价格上涨情况以及资金成本等综合因素。因此可以看做综合节能投资回报周期,也可理解成贴现回报阈值。在PNNL所做的分析中,按照使用寿命最长的围护结构设定的生命周期极限是40年。本表中,SSPC 90.1和PNNL的研究认为,综合节能投资回报周期极限值为21.85,小于该值,则说明为某气候区的某建筑类型所设定的设计参数具有合理的性价比,否则不具有性价比。从表中可以看出大型办公建筑的节能综合回报期远远高于21.85。

335

用 EnergyPlus Version 8.0 能耗模拟软件,按照接近真实使用状况计算得出。这些建筑原型计算模型代表了美国 80％的既有存量建筑,因此可以说,以上报告的代表性和真实性应该是可以信赖的。

PNNL 还会应各州的请求,评估新标准如在该州实施后会有怎样的节能效果,从 PNNL 公布的评估报告来看,绝大部分州都得到了评估。这会为新标准通过该州的立法采用程序及施行提供有力的支撑材料。

从历史上来看,有的新版标准在节能增效方面迈的步子很小,这一方面与标准的更新周期很短有关,另一方面也与建筑节能参与者的适应程度相关。尤其是建筑设备生产商、建筑材料生产商,以及施工设计等方面,新的技术需要被市场接受,成本和效益需相适应,各方参与者自下而上的积极性、主动性需要有经济回报。一味地大踏步地提高新版的节能率会适得其反,尤其是在美国以市场驱动的传统背景下。

(4)不明确节能分担比例。

在一个复杂的包含众多子系统能耗组成的标准中,明确划分各自所承担的节能比例,并以此来制定标准的各子系统各项要求被认为是不现实的,也是没有必要的。这也与美国同类标准的性能化趋势相吻合。没有必要明确各自的比例,只要总体上建筑各个系统协调匹配,共同达到节能的目的就完成了节能的总体目标。每一个建筑子系统的节能潜力是与该系统的技术发展水平密切相关的,其经济和技术可行性及性价比的研究都是美国同类标准制定时所考虑的重要问题。

例如,在建筑外围护结构系统方面,美国有自己独特的建造习惯,而这个习惯的改变不是短时间轻易能转变的事情,而这正与围护结构性能,例如平均传热系数、热阻等指标的改变密切相关。举例说明,美国(北美)绝大部分的住宅和低层小型商业建筑都采用 2×4 轻型木结构体系,成本可控,原材料的供应链完整发达,施工简便,对施工机械要求不高。这样的 2×4 体系就在很大程度上限制了围护结构保温层的厚度,如要继续提高,就意味着建造传统及与之相匹配的成本、施工工艺、机具等一系列的改变,成本就可能会大大增加。因此近十余年来住宅的外围护结构保温隔热性能的提高就远没有设备系统能效提高得快。新标准的改变就很可能意味着相关产业发生连锁反应,而这一反应需要被市场接受,新的产业链需慢慢形成,与之配套,这正是美国相关标准更新背后的经济学。

(5)不以体形系数将建筑物大小分级而分别制定不同的设计要求。

这是中美建筑节能设计标准最重要的不同点之一。关于这点将在第六章加以论述。

(6)一部标准就集成了几乎所有与节能相关的各个建筑子系统的设计要求和参数。而不是主要通过引用不同的标准规范的组合来完成。这给标准的使用者带来了很大的便利。IECC 引用了近 20 项其他标准,但都会明确指出引用哪一条哪一款。主要的内容都集成在一个标准中,这种做法值得我国的标准制定机构参考。

从 IECC 和 ASHRAE 90 的发展历史来看,呈现出逐渐发展成建筑节能百科全书的工具书式标准的趋势。例如,两个标准的"术语定义"一章,列出了绝大部分术语的详细定义。再比如 ASHRAE 90.1 标准刊载了内容丰富、非常有价值的附录,这些附录一部分是标准性附录,是标准的一部分,其余的则是信息性附录,提供更多的参考信息。

在我国的建筑节能设计标准中,照明部分设计要求需要参照《建筑照明设计标准》GB 50034,建筑气候区划需要参照《民用建筑热工设计规范》GB 50176 和《建筑气候区划标准》GB 50178,计算规程需要参照《民用建筑热工设计规范》GB 50176,暖通空调设计要求需要参照《民用建筑供暖通风与空气调节设计规范》GB 50736 以及《设备及管道绝热设计导则》GB/T 8175,给水排水设计要求需要参照《建筑给水排水设计规范》GB 50015、《民用建筑节水设计标准》GB 50555,建筑设备如采暖和空调设备又需要参照另外的标准。这与我国标准分散的传统做法相符。引用而不在本标准中直接列明,可能是为了避免当被引用的标准更新后,而本标准尚未更新所面临的困境。

我国标准所用的术语定义一般都只有十几或二十几个,大多都非常简略,还出现了不同标准相同术语的定义不相同的现象。分散的标准,不定期的更新,使得标准之间的不协调现象并不少见,也很难避免。

(7)相对简单明了的规定性指标和灵活的路径。

这点将在第七章中详细阐述。

第四节　本 章 小 结

从本章对中美节能设计标准编制思路的研究中可以得出以下结论。

（1）根据我国当前经济发展水平和建筑能耗的组成特征，控制目前能控制的因素。针对单体建筑物，按照层数高低进行体形系数分级，并为每一级制定一套与之匹配的围护结构设计参数，以及相应的采暖和空调设备的最低能效要求，使建筑物无论大小高低，均达到既定的节能率目标，这就是我国所有建筑节能设计标准制定的总体思路。

（2）美国同类标准是根据美国的建筑技术发展水平及各类建筑设备的能效水平，在经济技术可行、性价比被广泛接受的前提下，逐步提高建筑物及各用能设备系统的严格程度，达到总体提高建筑能效的目的。在美国同类标准中，并不以体形系数将建筑物大小分级，也不明确节能率目标，但是对建筑中主要的、通过设计标准可以控制的、客观的建筑物和设备要素均提出强制性、规定性或性能化的设计要求。这就是美国同类标准编制的总体思路。

（3）美国采取小步慢跑的方式逐渐提高标准的严格程度，标准的实施效果主要由能源部下属的国家实验室负责测算，EIA 负责全国范围的居住建筑和商用建筑整体能耗的调查统计，辅佐验证标准的实效。我国则主要采取大踏步前进的方式提高标准的名义节能率，目前还缺乏全面的标准实施成效的实证数据，在技术和经济、节能投入与产出的费效比研究等方面也还存在不足（表 5-12）。

表 5-12　中美建筑节能设计标准编制思路比较总表

	中 国 标 准	美 国 标 准
术语定义	居住建筑和公共建筑都很简略	详细
标准实施与监督	没有规定	IECC 有详细规定 ASHRAE 有简略规定

续表

	中 国 标 准	美 国 标 准
通过标准控制的建筑能耗	①居住建筑。 北方:采暖能耗;夏热冬冷和夏热冬暖地区:采暖和空调能耗 ②公共建筑。 采暖、空调和照明	①不分商用建筑与居住建筑。 ②采暖、空调、通风、照明、热水、动力
基准建筑	20世纪80年代初建设的居住建筑(标准设计)和公共建筑	无
基准能耗	有	无
参照建筑	有	有
节能率目标	有	无
节能率分解	按照围护结构和采暖空调设备分解节能率	无
体形系数	①除夏热冬暖地区以外,居住建筑体形系数按层数分级。 ②公共建筑只针对采暖区设限值	无
围护结构	指标设定相对复杂	指标设定相对简单
采暖系统	公共建筑和居住建筑都要求比较细致	住宅建筑和商用建筑均要求复杂细致
空调系统		
通风系统		
热水系统	公共建筑要求比较简略 居住建筑基本不设要求	住宅建筑和商用建筑均要求复杂细致
照明系统		
电气系统		
其他设备	无	商用建筑有
设备系统使用前调试	没有规定	详细规定

续表

	中 国 标 准	美 国 标 准
途径	规定性指标法和围护结构权衡判断法	规定性指标法和多系统性能化设计达标方法
可再生能源利用	原则性条文	较细致的条文
条文说明	有	无
附录	比较丰富	丰富

第六章 体形系数的逻辑与应用

体形系数这个概念是中美两国建筑节能设计标准的实质性内容中最大的不同。

我国第一部建筑节能设计标准《民用建筑节能设计标准（采暖居住建筑部分）》JGJ 26—86 中就引入了体形系数这个概念,从此以后该概念就一直是我国建筑节能设计标准中的重要指标。体形系数是制定我国建筑节能设计标准的基础之一,也是中美制定建筑节能设计标准思路中最大的不同之一,我国非常重视,美国却不用。它不仅出现在节能设计标准中,还出现在其他的标准或规范中,如《住宅设计规范》《住宅建筑规范》《宿舍建筑设计规范》《住宅性能评定技术标准》和《绿色建筑评价标准》《民用建筑设计通则》等。不仅如此,在与节能相关的各类标准设计图集中也广泛使用体形系数来区分不同的设计要求,如《铝合金节能门窗》。体形系数已成为中国整个建筑节能技术的设计与部分建材领域的重要基石。

体形系数这一概念被广泛应用于物理化学和生物学领域,英语中使用 surface area to volume ratio 或者 surface to volume ratio,简写为 sa/vol 或者 SA：V,表示物体的外表面积与其包围的体积之比。分子为面积,分母为体积,单位是有量纲的 1/m,或者 1/mm 等。

在化学和物理学科领域中,体形系数是用来表征一种固体物质的化学或物理反应能力的重要参数。其值越大,表明有更多的表面积可以参与化学或物理反应。例如,催化剂,如果同样重量或者同样体积,有更多的外表面积,理论上其催化效率就越高。再比如,同样重量的冰糖和同样重量的砂糖,其溶解于咖啡的速度大不一样,重要的原因就是其体形系数的差异,冰糖的体形系数要远远小于砂糖或粉糖。

在生物学中,体形系数是用来表征细胞和生物体特征的重要参数,反映其与周围环境交换物质与能量的能力。一般而言,其值越大,表明个体越小;其值越小,表明个体越大。对于恒温动物,为了保持体温,越小的动物就必须摄取越多的能量,越大的动物就可摄取相对其体重而言越少的当量能量。如蜂鸟,每天需摄取自己两倍重量的食物,老鼠每天需进食自己体重十分之一至五分之一的食物才能维持正常的新陈代谢,而大象则每天只需摄取自身体重二百五十分之一的食物即可。如果换算成同样的热量卡路里,则比例更小。除去不同动物运动量的因素外,体形系数的差异是导致其摄食量不同的重要原因。对于人类而言,为保持婴儿的体温,就要求比成人穿更多的衣服,摄取相对其体重而言更多的食物。

较小的单细胞生物有着很高的体形系数数值,体形系数增大意味着增加了生物体暴露在环境中的概率,这样可以快速从环境中吸收更多的氧气和营养,同时更快地排除废物。体形系数越高,这个过程就越高效。大型动物则需要有特别的器官完成这个过程,如肺、肾脏、小肠等,这些器官常按照外表面积和其体积之比的要求来塑造,其中有许多褶皱和细小的分支,这样就可有效地提高与外部进行物质和能量交换的效率。

较高的体形系数对生物体而言,在不利的环境中也会带来控制身体温度的问题。对小型生物而言,细胞或器官通过其表面与环境接触越多,则其失去水分和热量的可能性就越大,体形系数变大有助于恒温动物保持体温。动物学研究中有一个重要的伯格曼定律(Bergmann's Rule),指同一种类恒温动物的体形会随着生活地区纬度的增高而变大。比如生活在北极及靠近北极地区的许多物种比起生活在南方低纬度地区的相同物种其体形都要大,例如北极熊、驼鹿、麋鹿、灰狼等。该定律是以 19 世纪德国生物学家克里斯蒂安·伯格曼(Christian Bergmann)的名字命名的。根据该定律的解释,这是由于随着体形的增大,动物的相对体表面积(即体表面积与动物体积之比)变小,从而导致体表热发散比率变小,因而能更好地保存热量以适应高纬度地区的寒冷环境。这个定律也能较好地解释为什么生活在北方的人大多数比南方的人个子高、体形大的原因。

然而,建筑不是生物体,其能耗考核体系和标准均有不同,因此其规律也不相同。考核生物体通常是将整个生物体作为一个整体,而考核建筑物的能耗水平时,虽然也是将整个建筑作为一个整体来看待,但是,人是在建筑物中的若干水平"层"活动而不是在其中"飘动"，我们已经习惯了的能耗水平考核指标也是以单位建筑面积来计量而不是以总体积来计量，这符合人类建造建筑物的根本使用目的。

第一节 概念的定义

在已颁布的建筑节能设计标准中，对于建筑物的体形系数的定义如表6-1所示。

表 6-1 不同节能设计标准中对体形系数的定义

标准名称	版本	定义	出处	英译
《民用建筑节能设计标准(采暖居住建筑部分)》JGJ 26	1986	建筑物外表面积 F_0 与其所包围的体积 V_0 的比值(本标准中称建筑物体型系数)	附录六名词解释	无
	1995	建筑物与室外大气接触的外表面积与其所包围的体积的比值。外表面积中,不包括地面和不采暖楼梯间隔墙和户门的面积	条文说明第2.0.9条	shape coefficient of building
《严寒和寒冷地区居住建筑节能设计标准》JGJ 26	2010	建筑物与室外大气接触的外表面积与其所包围的体积的比值。外表面积中,不包括地面和不采暖楼梯间内墙及户门的面积	条文说明第2.1.5条	shape factor
	2018	建筑物与室外大气接触的外表面积与其所包围的体积的比值。外表面积中,不包括地面和不供暖楼梯间等公共空间内墙及户门的面积	条文说明第2.1.1条	shape factor

续表

标准名称	版本	定义	出处	英译
《夏热冬冷地区居住建筑节能设计标准》JGJ 134	2001	无	无	—
	2010	无	无	—
《夏热冬暖地区居住建筑节能设计标准》JGJ 75	2003	建筑物的外表面积和外表面积所包围的体积之比	无	无
	2012	无	无	—
《公共建筑节能设计标准》GB 50189	2005	无	无	—
	2015	建筑物与室外空气直接接触的外表面积与其所包围的体积的比值,外表面积不包括地面和不供暖楼梯间内墙的面积	条文说明第2.0.2条	shape factor
《温和地区居住建筑节能设计标准》JGJ 475	2019	无	无	—
《建筑节能基本术语标准》GB/T 51140	2015	建筑物与室外大气接触的外表面积与其所包围的体积之比,外表面积不包括地面和不供暖楼梯间内墙的面积	条文说明第3.1.9条	shape factor

从表6-1可以看出,不同标准或同一标准的不同版本对于体形系数的定义存在不同,有的出自标准的条文说明,有的标准完全不给出定义。因此这些标准在某种程度上缺乏独立性和完整性。这可能是因为这些标准的颁布在建筑节能设计标准系列中年代较晚,而该定义被标准制定者认为早应该

成为业内的共识。

在我国的建筑节能设计标准中对术语的定义十分稀少，也很简略。这不利于标准的使用者准确理解其含义。有些术语在同一标准中有的版本有收录，有的版本却没有，这损害了标准的独立性和完整性。如果需了解某个定义的准确内涵，需要追溯上一版标准或者其他标准。而按照标准法的规定，新版本的颁布施行，意味着旧标准废止，不能再向上追溯。JGJ 134—2010 引用了《公共建筑节能设计标准》GB 50189—2005，可是 GB 50189—2005 本身都没有体形系数的定义，直至 GB 50189—2015 版才有。标准的编制者不应认为使用者对标准中使用的每一个或大多数术语的定义的理解是当然的和一致的。2015 年，专门编制了《建筑节能基本术语标准》GB/T 51140—2015，遴选了最为基础的 87 个词条，从使用者的角度还是直接集成于各标准中更为方便。

从《中国建筑节能标准回顾与展望》一书标准编制者对标准的回顾中，可以看出，简明扼要是大多数标准的编制思想。这是我国大部分标准和规范的共同特点，也是我国的法律条文的特点，与美国动则上千页的法案，数百页的标准规范形成鲜明的对照。举例说明，美国的 ASHRAE 90 和 IECC 标准也都有专门的术语定义章节，对标准中使用的几乎所有术语的定义、缩略语和首字母简写等做详尽的表述。新版本的推出继续完整延续上一版本的定义，或者补充、修订和完善，使每一个版本都独立完整。如 ASHRAE 90.1—2013 就有 360 余条，十分详尽。这种做法很值得我国的标准编制者参考学习。

从表 6-1 看出，我国建筑节能设计标准中对体形系数的定义存在差异始于标准 JGJ 26—95，建筑物外表面积中列明不包括地面和不采暖楼梯间隔墙和户门的面积。北方严寒和寒冷地区的居住建筑的楼梯间在不同的地方有的设置采暖，有的不设置，即便设置，由于楼梯间的温度也要大大低于户内空间，因此户内会向楼梯间散热，但其内的热环境又大大不同于室外。在这种复杂情况下，JGJ 26—95 和 JGJ 26—2010 标准均只规定：①楼梯间要求封闭；②不采暖楼梯间的隔墙和户门的平均传热系数的限值；③采暖楼梯间的外墙和外窗应采取保温措施。而在计算体形系数时并不把不采暖楼梯间

的隔墙和外窗当做外墙和普通外窗看待,这样的做法就简化了体形系数的计算。JGJ 26—2010 标准规定:遇到楼梯间时,计算楼梯间的外墙传热,不再计算房间与楼梯间的隔墙传热。在 JGJ 26—95 标准中计算外墙面积时需要减去不采暖楼梯间对应的外墙面积和屋顶面积,2010 版标准取消了这条规定。

由于我国居住建筑类型相对单一,标准中并没有如美国 ASHRAE 90.1 标准中那样对室内空间按有无采暖和空调细分为采暖和空调空间、通风阁楼和夹层、半采暖贮藏间及非采暖和空调空间四大类。随着我国居住类型的逐渐丰富,在计算外表面积时仍然存在着一些模糊领域,对此在业内存在不同的理解[①]。对于实际设计项目,体形系数的计算仍是一个复杂的并有争议的事情。

第二节　概念的实质

一、按照体形系数大小将建筑物分级

1. 居住建筑

从 1949 年至 20 世纪 90 年代初,我国的城镇住宅一直实行社会主义计划经济体制下的公有住房模式,这是城市住房发展的主体。在这种模式下,本着先生产后生活的思想,为了控制非生产性建设投资,学习苏联的模式,遵照国家标准、规范,按照标准图设计施工,采用初步工业化的生产方式,大批量建造住宅。这一阶段,全国各地城镇住宅大同小异,其单体建筑的大小也非常类似。20 世纪 80 年代初,城镇住宅的标准规格是 6 层,3~4 个单元,体形系数小于等于 0.30。这便是我国建筑节能设计标准将此作为基准建筑的原因。北京劲松小区、恩济里小区和上海曹杨新村等就是这一时期住宅建设的典型代表。自 20 世纪 90 年代,住房的物权属性和生产供应模式发生彻底改变后,住房的形态也发生了巨大的变化,类型更加丰富,体量大小也

---

① 在许多地方标准中,会详细定义体形系数的计算规则,避免歧义和误解。

发生了巨大变化,在大城市,高层住宅逐渐变成了主要的住宅类型,高级的低层住宅也增长迅速。原来单一的体形系数限值已经不能应对这种变化。

从低层到高层,住宅建筑的体形系数呈现从高到低变化,但并不是呈现线性变化规律,随着建筑物体量增加,体形系数快速降低,增至一定体量后变化趋于平缓(图 6-1)。

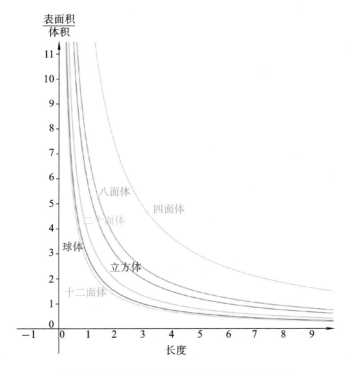

图 6-1　不同几何体体形系数随边长变化规律

2. 公共建筑

现行标准只对严寒和寒冷地区的公共建筑的体形系数做出了限制。夏热冬冷地区和夏热冬暖地区的北区的居住类建筑均设置了体形系数分级,公共建筑全部不做要求。

二、保证不同大小建筑物实现相同的节能率

在第五章论述了我国制定建筑节能设计标准的重要原则，为每一个或每一个版本的标准确定一个节能率目标，而体形系数与节能目标紧密关联。

为了保证节能率目标的实现，就需要保证几乎每一栋住宅都达到节能目标，才能在总体上完成国家布置的建筑节能任务。在这样的指导思想下，首先将住宅按照体量分级，表现为用体形系数来分类。然后，为每一个分级设定一套与之配套的围护结构的热工参数限值，如屋顶、外墙、窗等。体形系数小的大体量建筑，热工参数限值相对宽松，反之，体形系数大的小体量建筑限值则相对严格一些。标准编制时一般采取"参数设定和试算—修改设定再试算"的渐近计算方法，因此也就为每一组相近体形系数的建筑物设定一套与之相匹配的围护结构设计参数。这样的组合，就能比较精确控制大小不等的建筑，保证其达到预设的节能率目标，并基本保持一致。

JGJ 26—86 标准的耗热量指标是以体形系数为 0.30 左右的多层住宅建筑为基准而制定的，某一地区，只有一个耗热量指标，对于新设计的节能住宅，不论其体形系数大小，均应达到这一指标。

JGJ 26—95 标准的耗热量指标仍以体形系数为 0.30 左右的多层住宅建筑为基准来制定。为了从总体上实现节能 50％这一目标，不仅要求体形系数小于或等于 0.30 的多层和中高层住宅建筑的耗热量指标达到规定要求，而且要求体形系数大于 0.30，小于或等于 0.35 的多层住宅建筑的耗热量指标也达到规定要求。

JGJ 26—2010 标准仍然在延续这种思路，对体形系数进行了更进一步细分。JGJ 134 标准与 JGJ 26 标准在体形系数方面的思路是一致的。

JGJ 26—2018 标准则发生了重要的变化,将 2010 版的 4 级缩减为 2 级①,换句话说,小于或等于 3 层的高级住宅归为一类,4 层及以上的多层至高层住宅归为一类。这种划分方法与美国的同类标准就基本一致了,只是这两类住宅在美国的标准中由两个独立的标准分别管理。这个重要的改变实际上也表明,我国的标准开始淡化要求不同大小建筑物实现相同的节能率这一坚持多年的思想。

第三节 体形系数限值的变化

考察建筑物体形系数限值的变化可以从另一个角度观察我国建筑节能设计标准的变化历程。限值意味着应该满足的最小值或者不能超过的最高值,是最低可接受的设计要求。

表 6-2 和表 6-3 分别反映了 JGJ 26 标准和 JGJ 134 标准中对于建筑物体形系数的限值规定的变化情况。表 6-4 为 JGJ 475—2019 标准温和地区 A 区对体形系数的规定。

表 6-2　JGJ 26 标准中对体形系数限值规定的变化

气候区	JGJ 26—2018		JGJ 26—2010				JGJ 26—95	JGJ 26—86
	建筑层数		建筑层数				建筑层数	建筑层数
	≤3 层	≥4 层	≤3 层	(4~8)层	(9~13)层	≥14 层	不论层数	不论层数
严寒地区	0.55	0.30	0.50	0.30	0.28	0.25	建筑物体形系数宜控制在0.30及以下	建筑物体形系数宜控制在0.30及以下
寒冷地区	0.57	0.33	0.52	0.33	0.30	0.26		

① 根据《严寒和寒冷地区居住建筑节能设计标准》JGJ 26—2018 条文说明第 4.2.2 条,与上一版相比,在提高了围护结构热工性能限值的同时,简化了建筑层数的划分,将原先"4~8 层"和"≥9 层"的要求进行了合并。主要是因为随着围护结构热工性能的提高,特别是屋面性能的大幅提高,多/高层建筑由于屋面传热造成的单位面积能耗的差异非常小。本标准对多/高层建筑的体形系数统一了要求,因此多/高层建筑在围护结构热工性能方面的差异也大幅降低。

表 6-3　JGJ 134 标准中对体形系数限值规定的变化

	JGJ 134—2001	JGJ 134—2010
规定条文	第 4.0.3 条　条式建筑物的体形系数不应超过 0.35,点式建筑物的体形系数不应超过 0.40	第 4.0.3 条　夏热冬冷地区居住建筑的体形系数不应大于表 4.0.3 规定的限值。当体形系数大于表 4.0.3 规定的限值时,必须按照本标准第 5 章的要求进行建筑围护结构热工性能的综合判断

表 4.0.3　夏热冬冷地区居住建筑的体形系数限值

建筑层数	≤3 层	(4~11)层	≥12 层
建筑的体形系数	0.55	0.40	0.35

表 6-4　JGJ 475—2019 标准温和地区 A 区对体形系数的规定

建筑层数	≤3 层	4~6 层	7~11 层	≥12 层
建筑的体形系数	≤0.55	0.45	0.40	0.35

从表 6-2~表 6-4 可以看出我国建筑节能设计标准中对体形系数规定的变化呈以下特点。

(1) 从建议条款到强制条款。

JGJ 26—86 和 JGJ 26—95 中对体形系数限值规定的条款用词使用"宜",说明在实际执行中,该条文属于非强制性条款(表示允许稍有选择,在条件许可时首先应这样做:正面词采用"宜"或"可";反面词采用"不宜")。但是实际上,JGJ 26—95 标准的 4.2"围护结构设计"一节中对屋顶和外墙的平均传热系数限值均是基于体形系数的规定限值基础之上的,JGJ 26—95 标准的该推荐条文实际上起着强制条文的作用,这是该标准的不严谨之处。JGJ 26—2010 标准开始使用"不应大于"这样强制性的术语。JGJ 134—2001 标准使用"不应超过",JGJ 134—2010 使用"不应大于",均为强制性用语(表示严格,在正常情况下均应这样做:正面词采用"应";反面词采用"不应"或"不得")。

JGJ 75—2003 和 JGJ 75—2012 标准只对夏热冬暖地区的北区做出推荐

性要求(北区内,单元式、通廊式住宅的体形系数不宜超过 0.35,塔式住宅的体形系数不宜超过 0.40),JGJ 475—2019 标准对温和地区 A 区的规定是强制性条文。

GB 50189—2005 标准仅对采暖区的公共建筑体形系数做出了小于或等于 0.4 的强制规定,GB 50189—2015 调整为单栋小于 300 平方米的乙类建筑不做规定,大于 800 平方米的甲类建筑要求小于或等于 0.4,300～800 平方米的为小于或等于 0.5,体现抓大放小的思想。

(2) 从粗略到细分,再变为粗放。

随着我国经济社会的发展,居住建筑的类型越来越多样,从 20 世纪 80 年代城镇住宅主要以多层为主,到现在大中城市主要以高层为主、多层为辅的格局,同时,大量高级低层住宅也越来越多。因此用 2000 年以前标准中单一的限值不能应对这样的变化。

JGJ 26—2010 和 JGJ 134—2010 标准开始针对不同高度的建筑物体形系数做出不同的规定。JGJ 26—2010 分为 4 级,JGJ 134—2010 分为 3 级,层数的划分界限也不同,反映出不同建筑气候区、不同体形系数限值与不同层数之间的精确对应关系。没有公开的文献报告表述为什么两个标准划分的界限不同。在有些省市的地方标准中,又将这两个标准的划分界限做了调整。这是令人不解的多样化的划分界限。

《居住建筑节能设计标准(征求意见稿)》又给出了另外一种划分方法,限值也不同,并涵盖所有的热工分区,包括以前标准没有包括的温和地区(表 6-5)。

表 6-5　《居住建筑节能设计标准(征求意见稿)》居住建筑的体形系数限值

	建筑层数			
	≤3 层	4～6 层	7～9 层	≥10 层
严寒地区	≤0.55	≤0.30	≤0.26	≤0.24
寒冷地区	≤0.55	≤0.35	≤0.30	≤0.26
夏热冬冷地区、温和地区 A 区	≤0.55	≤0.40	≤0.35	≤0.30
夏热冬暖地区、温和地区 B 区	不限			

这个划分方法与《民用建筑设计通则》GB 50352—2005 中对建筑层数的分类方法保持了一致。需要说明的是，对于体形系数的梯级划分就是始于这个没有正式发布的标准，此前的夏热冬冷和北方采暖区的居住建筑节能设计标准均未细分，而之后除夏热冬暖地区以外的标准，包括所有的地方标准均进行了细分，因此该征求意见稿对在 JGJ 26—2010 和 JGJ 134—2010 标准发布前各地制定的地方标准中对于体形系数的细分起到了明显的引导作用。

我国当前的住宅层数因为设备（电梯）和防火规范的规定，（电梯的设置、防火疏散的要求）呈现出低层（3 层及以下）、6 层（不设置电梯的上限）、11 层（一部疏散楼梯一部电梯的上限）、18（一部疏散楼梯两部电梯的上限）~32 层（100 米，高层与超高层界限）几种格局。少有 JGJ 26—2010 标准中的划分情况，开发商能做高少有不做高的。新建住宅中几乎看不到 8~10 层的住宅，也很少看到 13~17 层的住宅。建筑体形系数随层数变化情况见图 6-2。

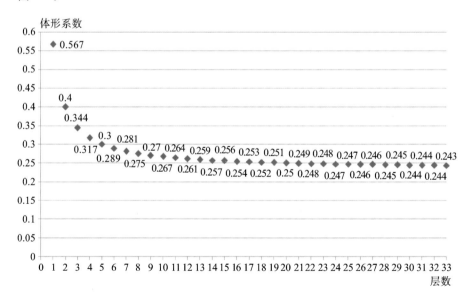

图 6-2　建筑体形系数随层数变化情况

注：模型：长 30 米，深 12 米，层数 33，层高 3 米。同一平面，不同层数。

建筑外表面积、体积随层数变化情况见图 6-3。从该图可以看出,体积的增加幅度与面积的增加幅度大不一样。

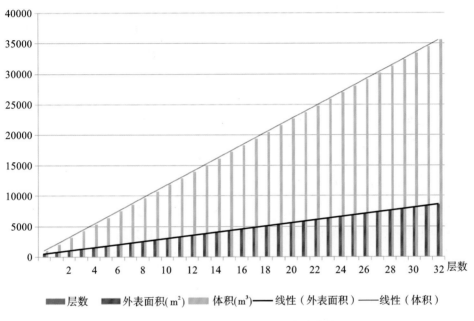

图 6-3　建筑外表面积、体积随层数变化情况

　　JGJ 26—2018 标准将体形系数分级减少是否意味着下一轮的 JGJ 134 和 JGJ 75 的更新也会减少分级,我们不得而知。但是在 JGJ 26—2018 之后发布的 JGJ 475—2019 仍然是 4 个分级。

第四节　体形系数的误区

一、体形系数与节能

　　相同体积的建筑物,如果外表面积越大,也就是体形系数越大,理论上单位体积通过单位外表面积的得热或散失的热量就越高,反之亦然。并且,室内外温差越大,这一规律表现得越明显。但是,从 JGJ 26 标准的采暖耗热量强度

353

(W/m²)，JGJ 134 和 JGJ 75 标准的年采暖和空调年耗电量(kW·h/m²)的角度看，表征这一关系的不是外表面积与体积的比值(体形系数)，而是建筑外表面积与建筑面积的比值。

JGJ 26—95 和 JGJ 26—2010 标准针对体形系数与节能关系的条文说明如下："在其他条件相同情况下，建筑物耗热量指标随体形系数的增长而增长。从有利于节能出发，体形系数应尽可能地小。体形系数越小，单位建筑面积对应的外表面积越小，外围护结构的传热损失就越小。从降低建筑能耗的角度出发，应该将体形系数控制在一个较小的水平上。"JGJ 134—2001和 JGJ 134—2010 版，以及 JGJ 75—2003 和 GB 50189—2005 的相关条文说明与上基本类似。但这一解释存在着明显的逻辑误区。

经研究发现，建筑能耗与体形系数之间的关系并不能以体形系数的大小简单进行比较，即便是单独考量通过外围护结构的耗热量时，在其他计算条件相同的情况下，体形系数 0.55 的独立住宅的单位建筑面积的耗热量并不表明就是体形系数 0.055 的水立方的 10 倍。导致这一结果是因为体形系数的定义，面积与体积相比，两者增减的幅度不一致。也就是说，其他条件相同，体形系数不同的建筑能耗不能放在一起简单比较，体形系数相同而建筑面积不同的建筑能耗也不能放在一起比较。

为了论述体形系数与能耗考核指标之间的关系，下面分别以严寒和寒冷地区、夏热冬冷地区两种情况来讨论。

1. 严寒和寒冷地区

为了计算方便，严寒和寒冷地区外围护结构与室外空气的传热特征通常简化为一维稳定传热模式，在计算该区的居住建筑的采暖耗热量(强度)指标时，通常采用下列公式：

$$q_H = q_{H \cdot T} + q_{INF} - q_{I \cdot H} \quad [1]$$

式中：

q_H——建筑物耗热量(强度)指标(W/m²)；

———

[1] 注：JGJ 26—86、JGJ 26—95 和 JGJ 26—2010 中采用了不同形式的公式，但是其实质内容是一样的。为简便起见，本文采用 1995 年版的公式。严寒和寒冷地区公共建筑的耗热量(强度)计算也可采用类似的公式，只是各项所占的比例不同。

$q_{\mathrm{H \cdot T}}$——单位建筑面积通过围护结构的传热耗热量（$\mathrm{W/m^2}$）；

q_{INF}——单位建筑面积的空气渗透耗热量（$\mathrm{W/m^2}$）；

$q_{\mathrm{I \cdot H}}$——单位建筑面积的建筑物内部得热（包括炊事、照明、电器和人体散热）。

其中第一项：$q_{\mathrm{H \cdot T}} = (t_{\mathrm{I}} - t_{\mathrm{E}})(\sum\limits_{i=1}^{m} \varepsilon_i \cdot K_i \cdot F_i)/A_0$

式中：

t_{I}——全部房间平均室内计算温度（℃）；

t_{E}——采暖期室外平均温度（℃）；

ε_i——围护结构传热系数的修正系数；

K_i——围护结构传热系数［$\mathrm{W/(m^2 \cdot K)}$］，对于外墙应取其平均传热系数；

F_i——围护结构的表面积（$\mathrm{m^2}$）；

A_0——建筑面积（$\mathrm{m^2}$）。

从该式中可以看出，在气候条件和建筑物的热工性能一定的条件下，通过围护结构的传热耗热量与建筑物外围护结构表面积与建筑面积之比 F_i/A_0 成正比，表现为线性关系。也就是说，$q_{\mathrm{H \cdot T}}$ 的结果与 F_i 正相关，与 A_0 负相关，与体积无关。这一结果与体形系数的定义不同。面积与面积之比与面积与体积之比得出的结果大不相同。

围护结构的表面积 F_i 意味着方案设计，围护结构传热系数 K_i 更多地意味着节能成本的投入，与材料和构造措施相关。理论上，在上式中，对于既定的建筑，分子 F_i 不变，随着分母 A_0 变化，$q_{\mathrm{H \cdot T}}$ 发生相应变化，而体形系数 F_i/V_0 却不会发生任何变化。由此可以看出用体形系数来作为规定性指标的缺陷。此外，建筑外表面积与建筑面积的比值 F_i/A_0 无量纲，而体形系数是一个有量纲的数值，其量纲为 $1/\mathrm{m}$。这意味着两者是否可以用于比较尚值得探讨。无量纲，意味着简单的线性关系，有量纲就不能反映这种关系，因为 F_i/A_0 和 F_i/V_0 并非发生同步平行改变。

同一体积内可以容纳不同的建筑面积，理论上相同的 F_i/V_0 值也可以有

不同的 F_i/A_0 值。因此既然用建筑面积来衡量能耗指标[①]，那么就应该使用 F_i/A_0 这个无量纲数值来设定规定性指标。节能标准的条文解释中"体形系数越小，单位建筑面积对应的外表面积越小"是基于建筑层高一定的前提下的。实际上，体形系数越小，单位建筑面积对应的外表面积并非越小。这也就是说，体形系数用于描述建筑的体形与节能的关系时必须附加一个前提：建筑的层高是规定在一定范围内的。这个前提条件在国家标准和行业标准中并未予以明确。也正因如此，在某些省市的居住建筑节能地方标准中对住宅层高纷纷做出了附加规定，例如，北京市《居住建筑节能设计标准》DBJ 11-602—2006、《天津市居住建筑节能设计标准》DB 29-1—2013、《安徽省居住建筑节能设计标准》DB 34/1466—2011、《黑龙江省居住建筑节能 65％设计标准》DB 23/1270—2008 等。这样就避免了单纯加高层高使体形系数变小而符合规定性指标，而实际上却出现因建筑外表面积/建筑体积的增加实际能耗反而增加的尴尬局面。虽然少有为了将体形系数降至标准限值而提高建筑物层高的做法，但毕竟存在这样的可能性。这样体形系数就失去了作为节能标准规定性指标的严谨性。定义和使用一个概念时，如需要附设前提条件，会使这个概念变得复杂而易生歧义。因此，如果需要一个参数来描述建筑物的几何特征，不如直接将外表面积与建筑面积之比 F_i/A_0 作为规定性指标，这样更直观、更易理解，也与单位建筑面积的能耗考核指标相匹配。单纯从节能的角度考虑，外表面积/建筑面积的比值比起体形系数而言更能反映节能设计标准的目的性和可操作性，使其具有线性的可比性。美国 IECC—1998 标准在使用性能化设计方法时也出现了"thermal envelope area to floor area"这样的概念，这个概念也就是 F_i/A_0。在其之后的版本中，因为这样的计算过于烦琐而被舍弃。

---

① 在 JGJ 26—95 标准的第 3.0.4 和 3.0.5 条中特别说明：建筑物耗热量指标和采暖耗煤量指标是评价建筑物能耗水平的两个重要指标。这两个指标可按单位建筑面积，也可按单位建筑体积来规定。考虑到居住建筑，特别是住宅建筑的层高差别不大，故本标准这两个指标仍按单位建筑面积来规定。

在其他标准中虽未明确说明这点，但是实际上都是基于此逻辑。

建筑面积是供使用者活动的二维平面，体积则是容纳使用者活动的三维空间。能耗考核指标以面积计比以体积计更能反映建筑的目的性和经济性。

在居住建筑节能设计标准中，层高一直被默认为 $2.8\sim3.0$ 米。F_i/V_0 与 F_i/A_0 之间也因此有着相对固定的关系，即 $F_i/A_0=$ 层高（或平均层高）· 体形系数 F_i/V_0。即便是平面形状不规则的和退台式的建筑，也符合上述的规律。这正是节能设计标准中使用体形系数这一概念的缘由，也是制定各地能耗指标的前提。《住宅设计规范》GB 50096—1999、GB 50096—2011 对住宅的层高提出了标准：普通住宅层高宜为 2.80 米。但均为建议性标准。实践中，北方地区常采用 2.8 米，南方地区常用 3.0 米。在居住建筑节能设计标准中，将这一建议标准固化为当然的标准。但是随着住宅产品的多样化和差异化，层高的变化远非 $2.8\sim3.0$ 米所能概括。稍高级一些的住宅常采用客厅部分挑空的做法，如同柯布西耶（Le Corbusier）著名的马赛公寓的做法，使用体形系数就无法准确描述这种情况。

公式的第二项：$q_{INF}=(t_1-t_E)(C_\rho\cdot\rho\cdot N\cdot V)/A_0$

式中：

t_I——全部房间平均室内计算温度（℃）；

t_E——采暖期室外平均温度（℃）；

C_ρ——空气比热容，取 0.28 W·h/(kg·K)；

ρ——空气密度（客观 kg/m³），取 t_E 条件下的值；

N——换气次数，住宅建筑取 0.5 次/h；

V——换气体积（m³）；

A_0——建筑面积（m²）。

从公式中可以看出单位建筑面积的空气渗透耗热量与换气体积成正比，与建筑面积成反比。对于一个既定的建筑气候区而言，可以简化为只与层高或平均层高相关。从计算规则上看，该项数值理论上与建筑的围护结构热工性能没有直接的关系。

假定设计的住宅无架空层，直接落地，层高相同，每层一样大小，这种假设符合大多数住宅建筑的实际情况，换气体积可按照建筑体积的 0.6 倍计算，如此，该式就可以简化为 $q_{INF}=(t_1-t_E)(C_\rho\cdot\rho\cdot N\cdot V)/A_0=(t_1-t_E)$ $(C_\rho\cdot\rho\cdot N\cdot$ 单层建筑面积·层高·层数·0.6)/单层建筑面积·层数 $=(t_1-t_E)(C_\rho\cdot\rho\cdot N\cdot$ 层高·0.6)。简化前和简化后，均表明，本项与体形系数的定义无关。

公式的第三项，$q_{1.H}$——单位建筑面积的建筑物内部得热。该项往往简化为每平方米因各种家用电器、照明器具及炊事器具工作时产生的热量，与面积成正比。该值已从 1995 版标准的 3.8 W/m^2 提高到 2010 版标准的 4.3 W/m^2，在公共建筑中该值则更高。

如果说住宅建筑的层高基本在一个很小的幅度变化是符合实际情况的，那么在公共建筑中，提出体形系数的限值则很难符合实际情况。公共建筑不同于居住建筑，其层高的变化是无法限定的，往往只会对其室内净空提出最低要求，因此同一体形系数也会如上述的计算一样，因层高的变化而对应着很大范围的 F_i/A_0 值和相应的很大范围的单位建筑面积的耗热量。例如，一个超市和差不多体量的办公楼，其体形系数一样，因建筑面积/层高的不同，F_i/A_0 却可能相差一倍，那么单位建筑面积通过围护结构的传热耗热量强度理论上也可能相差一倍。这样也就在很大程度上失去了设立体形系数限值的实际意义。

武汉天河机场 T2 航站楼，因其建筑体量和高度远大于旧的 T1 航站楼（注：现在已拆除），而体形系数大大小于 T1 航站楼，但实际运行结果表明，T2 的单位建筑面积的耗热量和耗冷量指标却远大于 T1 航站楼。在这里，体形系数的降低并没有带来能耗指标的降低，其结果却恰恰相反，用体形系数变化就无法解释这一现象。如果用建筑外表面积与建筑面积比值的变化来衡量，增加的耗热量和耗冷量就容易理解得多。用单位体积衡量耗能量就掩盖了单位面积能耗增加的事实，体形系数在这里就起到了负面的指导作用。

从以上的分析可以看出，体形系数与建筑节能指标之间缺乏逻辑上的必然联系。或者说必须附加前提条件才能使两者之间的相关性明确。在节能设计标准规定的计算条件下，经过对寒冷地区和夏热冬冷地区大量的居住建筑的能耗模拟计算，也证实了单位建筑面积耗热量指标与体形系数有很强的相关性。采暖度日数越高，这种规律越明显。这与许多文献研究得出的结论基本一致。但这均是基于用于相互比较的计算模型的建筑层高被假定为固定值这一前提。如果改变了这个前提，层高是非固定的，那么这种相关性就减弱或不存在了。

为了验证上述的初步结论,以寒冷 B 区的北京为例进行模拟试算,运用上述公式考察体形系数、外表面积和建筑面积的比值及层高与节能考核指标之间的关系,以验证上述的初步结论。

建筑模型和计算条件设定如下。

建筑尺度:面宽 60 米,进深 12 米,高度 18 米,体形系数 0.2561/m。

采暖期室内外平均温差 17.6 ℃,每小时换气次数 0.5 次。

窗墙比:南 0.4,北 0.3,东西 0.2,外窗传热系数统一为 2.8 W/(m² · K)。

屋面:0.45 W/(m² · K);外墙:0.6 W/(m² · K);修正系数按照 DBJ 11-602—2006 表 4.0.3 取值。

计算结果见表 6-6、图 6-4、图 6-5。

从以上的计算结果可以清楚地看出,在建筑体量不变、其他计算条件不变的情况下,其耗热量也就固定下来。若改变层高,单位建筑面积的耗热量指标将随之改变,并且与外表面积和建筑面积的比值 F_i/A_0 呈线性关系,也可以说与建筑的层高呈线性关系。同一体形系数可以对应不同的能耗指标。改变建筑的大小和形状及气候子区,该规律仍然成立。当层高变化复杂时,外表面积和建筑面积的比值能更方便地与建筑节能考核标准相匹配。而体形系数则无法反映这种关系。例如,在设计中,如果出现马赛公寓式的局部两层通高式的设计,用体形系数作为规定性指标就反映不出这种特点,而用外表面积与建筑面积之比则可准确地反映出来。

如果按照国家标准、行业标准或者北京地方标准中对规定性指标的设定,该建筑满足所有的规定性指标,可以被视为满足节能标准。但是显然,如果按照实际的单位面积耗热量指标考核,当层高超过 3.0 米时,就已经超过了 14.65 W/m² 节能 65% 标准了。而如果按照外表面积/建筑面积来考核,就不会出现这种情况。

表6-6 计算结果

面宽/m	进深/m	高/m	层数	层高/m	体积/m³	外表面积/m²	建筑面积/m²	体形系数/(1/m)	外表面积/建筑面积	通过围护结构耗热量/(W/m²)	空气渗透耗热量/(W/m²)	总采暖耗热量/(W/m²)
60	12	18	7	2.57	12960	3312	5040	0.256	0.657	7.71	5.35	13.06
			6	3			4320		0.767	9.0	6.24	15.24
			5	3.6			3600		0.92	10.8	7.49	18.29
			4	4.5			2880		1.15	13.5	9.36	22.86
			3	6			2160		1.53	18.0	12.48	30.48

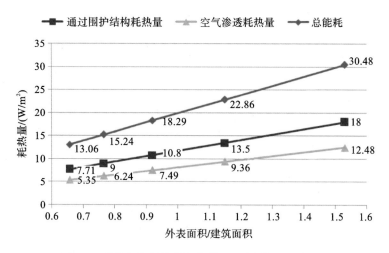

图 6-4　单位面积耗热量与外表面积/建筑面积的关系

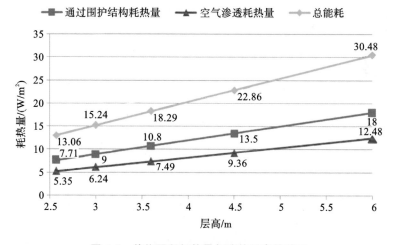

图 6-5　单位面积耗热量与建筑层高的关系

2. 夏热冬冷地区

夏热冬冷地区不仅要考察冬季采暖能耗,还需要考察夏季空调能耗。由于室内外热交换的规律与采暖区有着明显的不同,尤其是夏天。在这种气候条件下,建筑体形系数与节能之间的关系也存在异议。

　　黄炜(2008)对体形系数与节能的关系也展开了研究[①]。该作者应用PKPM-PBECA软件计算了杭州地区不同体量建筑的能耗,发现体形系数与能耗之间不存在必然对应关系。当采用相同节能构造措施时,相同体积不同体形比例的建筑,体形系数越大,节能率越小;而不同体积相同体形比例的建筑,体形系数越大,节能率也越大,这就与规范中规定性指标对体形系数限值的目的相悖。该作者认为造成上述现象的原因就在于规范对体形系数的定义不具有普遍性。该作者还提出了自己对体形系数的修正意见。

　　该作者认为体形系数定义存在两方面缺陷。

　　(1)该体形系数为一有量纲系数。从公式来看,该系数是面积与体积之比,其值为实数和(m^2/m^3)的乘积,即实数和($1/m$)的乘积。这就造成建筑体积越大,则体形系数越小;而建筑体积越小,体形系数则越大。小体量建筑就不容易或根本不可能满足规范对体形系数的限值要求。

　　(2)该体形系数在同体积建筑之间比较表面积或同表面积建筑之间比较体积方面具有实际意义,而对于不同的体积、不同的表面积的建筑之间的比较则不具有实际意义,缺乏普遍性。

　　作者还提出了改进建议,用无量纲系数 $S = F_0/V_0^{2/3}$ 代替体形系数。该修正定义具有如下意义。

　　(1)因该系数为一无量纲系数,故不会随体积变化而异化,具有普遍性,不可能出现小体量建筑在已经达到表面积最小化之后仍与规范限值相去甚远的情况(当然,该限值应是根据修正后的体形系数定义对原限值的修正)。

　　(2)因立方体底面积与体积存在一一对应关系,故建筑表面积与立方体底面积的比值和建筑表面积与立方体体积的比值也存在一一对应关系。因此,修正后的定义及公式仍然具有约束及指导性,而且更具实际意义。

　　文献最后还用新的定义重新将6幢建筑的体形系数按新定义修正后与各自的节能率比较,没有再出现体形系数越大而节能率也越大的情况,反映出与规范规定体形系数限值的目的的一致性,由此证明对体形系数定义的修正是可行的。

---

① 黄炜.建筑节能设计体形系数定义异议及修正建议[J].建筑节能,2008(5):19-21.

这一研究结论与笔者采用外表面积与建筑面积比值代替体形系数的建议有着相似的结果。

JGJ 134 标准假定的室内计算条件,简单来说,就是全部空间、全部时间、恒温的工作状态。这是一种理想状态,为的是统一计算条件,使计算结果可比较。实际上,对于绝大部分夏热冬冷地区的居住建筑而言,部分时间、部分空间采暖或使用空调是普遍的运行模式,这是一种最现实的应用状态,也是一种节能的模式。随着我国的经济社会发展水平进一步提高,居住建筑的室内热环境的理想状态是采取智能控制。在智能状态下,可设定为白天模式、傍晚模式、睡眠模式、工作日模式、假日模式等等非恒温采暖或空调状态。在这种工况下,外围护结构对室内采暖空调负荷影响会明显下降。随着采暖度日数的下降,体形系数与能耗指标的关系的离散度也随之增加。

付衡等(2010)也针对夏热冬冷地区建筑体形系数与能耗之间的关系进行了研究[①]。该作者利用 DeST-h 动态能耗模拟软件进行了低层、多层和高层 3 种各 4 个不同体形系数的 12 个案例的住宅在间歇式采暖空调运行模式下体形系数与建筑能耗之间的关系的验证。12 个案例分别在节能设计条件和非节能设计条件两种状态下进行计算,结果如下。

①非节能设计条件下(注:即采用一般的而非节能保温的构造措施)体形系数与能耗的关系:全年采暖和空调能耗趋势随体形系数的增大有所增加,但是能耗增加率很小,尤其是空调耗冷量指标增加幅度很小,有些还有减少的情况。体形系数每增大 1%,全年能耗平均只增加 1.57%。

②节能设计条件下体形系数与能耗的关系:在本试验的节能设计条件下,建筑能耗与体形系数相关性很弱,没有必然的对应关系。

该研究文献认为,(在夏热冬冷地区居住建筑中)在间歇运行的模式下,从传热的角度看,整栋建筑可以分解成若干个独立的采暖空调房间。当某一房间开启空调,而其相邻房间不开空调时,采暖空调房间的传热面是由外、内围护结构共同构成的,热量会通过外围护结构(外墙、外窗及屋面)传至室外,也会通过内墙和楼板传递到相邻房间,房间的外围护结构传热面为

① 付衡,龚延风,许锦峰,等.夏热冬冷地区居住建筑体形系数对建筑能耗影响的分析[J].新型建筑材料,2010(1):44-47+50.

一至两面,而内围护结构传热面会占到两至四面,由于内围护结构所占面积比例大,内围护结构的热工性能又较差,所以房间采暖空调的能耗中内围护结构占较大比重。因此,对于采暖空调设备间歇运行的居住建筑,建筑的能耗不能简单地认为随着建筑体形系数的增大而增加。

该研究最后得出结论:夏热冬冷地区居住建筑在采暖空调间歇运行模式下,全年的能耗与建筑体形系数没有必然的相关性。建议对该地区的居住建筑的体形系数限值可适当放宽。

莫天柱的研究文献[①]揭示了在重庆地区 JGJ 134—2001 标准施行后的居住建筑的体形系数的执行情况。统计数据表明:95%以上的建设工程项目是按节能综合指标设计(注:需权衡判断)。居住建筑体形系数绝大部分超过了标准限值,约90%高层建筑的体形系数超过标准限值,约93%多层建筑的体形系数超过标准限值,约98%的低层建筑的体形系数超过标准限值。这样的结果一方面让人怀疑设定体形系数的意义,另一方面也让人怀疑这个数据的准确性。

天津大学张海滨的博士论文[②]提取影响建筑能耗的建筑设计参数——平面形状、平面尺寸、建筑高度、体形系数以及窗墙比等,使用建筑能耗模拟软件对建筑体形系数与能耗的关系进行分析,并对比以往研究中的相关理论成果得出体形系数与建筑能耗的变化并无固定的比例关系的结论,这与现有的大多数关于北方采暖区体形系数与采暖能耗密切相关的研究结论有很大的不同。如果这个结论正确,将动摇现有建筑节能设计标准制定的基础。

国外针对体形系数与建筑能耗之间关系的关注程度远没有国内高。在利用已有的学术检索工具,检索国外关于体形系数与建筑节能之间关系的文献时发现,按照中国式的体形系数的官方译文 shape coefficient of building 和(building)shape factor 检索,没有文献。又用 surface area to

---

① 莫天柱,宋竹.夏热冬冷地区规划方案阶段控制体型系数的研究[J].建筑节能,2010(4):4-7.

② 张海滨.寒冷地区居住建筑体型设计参数与建筑节能的定量关系研究[D].天津:天津大学,2012.

volume ratio,surface-to-volume ratio 等检索,文献数量非常少。这从侧面反映了国外并不把限制建筑物体形系数作为节能的重要手段,这也可从美国、加拿大、英国等国家的同类建筑节能设计标准中不使用体形系数看出端倪。

在为数不多的研究体形系数的文献中有一篇来自法国的文献[①],该研究也采用了计算机模拟的方法探讨了法国的建筑体形系数与建筑能耗的关系。研究结果表明,在法国北部,体形系数与建筑总的能耗几乎呈线性比例关系,离散度在 0.91 之内。而在法国南部,两者之间的关系呈发散关系,没有明显的比例关系。研究还表明,这两者之间的关系与采暖度日数和日照的关系非常明显。采暖度日数越高,两者之间的关系越紧密,越呈线性关系,采暖度日数越低,则两者之间的关系越来越发散。换句话说,越冷的地方,控制体形系数的节能效果越明显。

德国的建筑节能设计标准 EnEV2014 中使用了体形系数这个概念,与我国所使用的进行比较则是另外一个研究话题。

从表 6-7 美国的居住建筑能耗调查结果来看,体形系数小的多/高层公寓的采暖能耗强度明显要比体形系数大的单户独立住宅要小得多,平均要低 40%,规模效应明显。一方面是公寓的气密性一般要比独立住宅要好,室内外空气交换的热损失要小得多,另一方面是因为公寓的层高/室内净空一般要比独立住宅小。空调能耗强度方面公寓和独立住宅两者比较接近,平均相差不到 10%。RECS 调查并没有给出独立住宅和公寓的建筑围护结构热工性能的具体情况,但从 ASHRAE 90 和 IECC 两个标准对主要的建筑气候区 3 层及以下的住宅围护结构的热工性能和 4 层及以上的要求基本一致的情况看,可以简单认为两者的建筑围护结构的保温隔热性能也基本一致。

① DEPECKER P,MENEZO C,VIRGONE J,et al. Design of buildings shape and energetic consumption,Building and Environment,France,Volume 36, Issue 5, June 2001, Pages 627-635.

表 6-7　2015 年美国 RECS 调查中独立住宅和公寓能耗强度比较

	计量单位	全国平均	东北地区	中西部地区	南方地区	西部地区
单户独立住宅总能耗强度	千 btu/平方英尺	37.1	42.2	40.2	34.8	32.6
5 户及以上的公寓住宅总能耗强度		38.8	49.1	42.5	35.3	32.2
单户独立住宅采暖能耗强度	千 btu/平方英尺	20.32	31.20	26.13	13.92	14.36
5 户及以上的公寓住宅采暖能耗强度		12.40	18.23	15.72	7.93	7.31
单户独立住宅空调能耗强度	千 btu/平方英尺	5.07	2.99	2.41	7.39	4.73
5 户及以上的公寓住宅空调能耗强度		4.63	4.45	1.79	5.28	4.78
单户独立住宅户均采暖能耗总量	百万 btu	44.9	76.6	64.8	28.5	29.2
5 户及以上的公寓住宅户均采暖能耗总量		9.7	15.2	13.6	6.7	4.3
单户独立住宅户均空调能耗总量	百万 btu	8.9	4.3	4.9	14.1	6.6
5 户及以上的公寓住宅户均空调能耗总量		2.9	1.9	1.1	4.6	2.3
单户独立住宅户均计算面积	平方英尺	2553	2974	2809	2379	2295
单户独立住宅户均采暖面积		2210	2455	2480	2047	2034
单户独立住宅户均空调面积		1757	1438	2029	1909	1396

续表

	计量单位	全国平均	东北地区	中西部地区	南方地区	西部地区
5 户及以上的公寓住宅户均计算面积	平方英尺	882	834	865	964	828
5 户及以上的公寓住宅户均采暖面积		782	834	865	845	588
5 户及以上的公寓住宅户均空调面积		627	427	615	872	481

注:采暖和空调能耗强度均按照实际采暖和空调面积计算。

而从住宅总的能耗强度来看,两者的差别非常小,这可能说明公寓的公共设施的能耗占比较高,例如电梯、水泵等。因此,仅从建筑总运行能耗的角度来看,两者基本相当,集居住宅的规模效应或者说体形系数小的优势被大大削弱了。

二、体形系数对业主的意义

对于公共建筑而言,较高级的常采用集中的中央采暖和空调系统,尤其是高级写字楼。业主或租户一般按面积或者按实际冷热量缴纳采暖和空调费用,因此将整个建筑视为一个整体考虑是合理的、简单的,也是必然的。而更为常见的公共建筑则采取分体式或者单元式的采暖和空调系统,这样投资较少,各自按需开机,按量缴费,自由可控,运行费用也较低。

对于住宅而言,尤其是占绝大部分的商品房而言,大家只是集居在一起,他们生活在一栋大建筑中的一个小的单位。各自独立的采暖/空调系统,每个家庭均是能源的消费者和控制者,并各自付账,邻居的能源消费行为往往与己无关。本书拟以三种情况为例,从低层住宅到多层住宅再到高层住宅,分析体形系数从高到低的变化对于一个家庭而言意味着什么。

1. 低层住宅

现在新建的城市低层住宅大多为高级住宅,一般分为独立式和非独立

式两种型式。

　　独立式住宅的每一个外围护结构面都为其专有,也因此有最大的体形系数,约为 0.5。若被要求保持与体形系数较小的其他住宅相一致或相似的能耗水平,必然要求其围护结构有更严格的热工性能,反过来,如果与其他住宅有一样的围护结构热工性能,其能耗水平就高。双联住宅因有一面墙共享,体形系数得以减小,采暖和空调能耗也会有所降低。多联住宅,如果围护结构的保温水平一致,则两端的能耗最高,中间的则较低。但两端会有更多的外墙面设置外窗,采光和通风条件会有所改善,故总能耗并不一定会比中间的高。此外,单纯从节能而不是节约土地的角度出发,低层住宅有着更好的条件利用地热、太阳能资源等可再生能源,建筑长久的使用能耗也许会比其他住宅要低(图 6-6)。

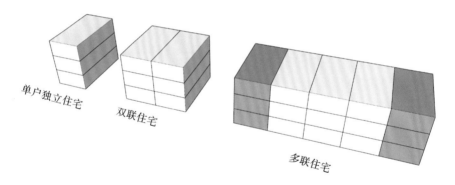

图 6-6　低层住宅及组合的可能性示意图

2. 多层住宅

　　多层住宅的空间位置有四种[①]:中间(包括一层中间)、尽端、顶层、既是顶层又是尽端(图 6-7)。体形系数的变化意味着这四种位置在整栋楼中所占的比例不同。单元数越多、层数越多,则中间户数所占比例就越高,体形系数也就越小。按照目前将整栋楼作为一个节能整体的思想,中间户数的增多,意味着每平方米建筑能耗会被摊薄。

---

① 注:如果考虑底层架空,还会增加新的可能性。

但是，对于某一个家庭而言，理论上其采暖和空调能源账单由所处的位置而决定，与体形系数的高低无关。在保持相同室内热环境质量和相同的外围护结构平均传热系数的前提下，中间家庭的账单最少，顶层＋尽端最多，尽端或顶层的处于中间。整栋建筑的体形系数大小与某一个具体家庭的账单基本无关。

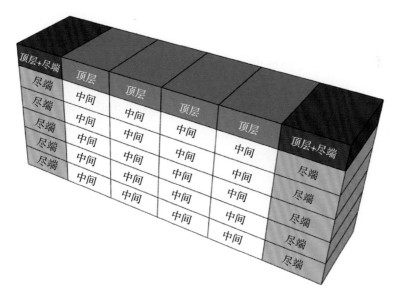

图 6-7　多层住宅家庭位置分布示意图

3. 高层住宅

　　这里简单考虑最常见的两种类型，点式（塔式）和板式。点式高层可简单看作是原来常见的点式多层的增高（图 6-8）。例如一个高层点式住宅其体形系数可以很容易就做到 0.25 及以下，而一个多层住宅往往需要 3～4 个单元，6 层才易将其体形系数控制在 0.28～0.30（即典型住宅或基准建筑）。对比这两个案例，我们可以轻易看出：①相同建筑面积的户型，高层往往比多层拥有更多的外墙面积；②多层住宅的通风往往比高层要好；③高层住宅有更多比例的外墙面朝向最不利的东西向。但高层因其体形系数小，在我国现行的居住建筑节能设计标准中，对于围护结构的热工性能的限值要求是最低的。而对于某一个住户而言，可能要付出的能源账单比多层住宅还要高。在这种情况下,体形系数的大小与控制采暖和空调的节能已经没有多大的关系了。板式高层也可看作是条式住宅的增高,其能耗情况则与条式多层相类似。如果考虑高层还要付出额外的水泵和电梯等运行费用,其单位面积能耗必然比多层住宅高。

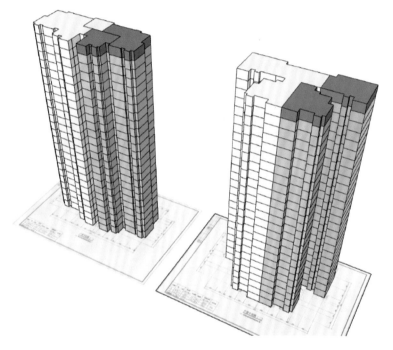

图 6-8　点式高层示意图

从以上的分析可以看出,并非体形系数越小越节能这么简单。用体形系数来控制能耗水平的想法过于笼统。如果需要一个建筑物的几何参数来描述与能耗之间的关系,使用外围护结构表面积/建筑面积这个指标,就可以避免出现以上难以解释的现象。这个指标是线性的,是可比较的。尽端或顶层住户,这个值就比中间住户要大许多,在其他条件相同的情况下,采暖或空调能耗也必然比中间户型大许多。只有大幅度提高最不利的东西两端和屋顶的热工性能,才可以做到相同的面积的住户的能源账单与户型的位置没有太大的关系。著名的"零能耗住宅"案例(英国的 BedZED)就将之作为节能设计策略之一,北和东西两端外墙及屋顶的保温层厚度高达 30 cm。

现有的能耗模拟计算工具均只能将整栋楼作为一个整体来计算,而不能按照每一户来计算。对此,现有的研究还没有触及这里。

我国用体形系数来控制能耗水平的思路施行三十余年来,从已发表的文献来看,其实效并没有多少实际数据支撑,理论计算和实际结果之间往往有差异。例如,缺乏不同体形系数大小的建筑物的实际采暖和空调能耗强度的调查数据及比较等,尤其是公共建筑。有关这方面还有待更进一步的深入研究。

第五节　本 章 小 结

引入体形系数这一概念来控制建筑物能耗强度水平是我国建筑节能设计标准与美国同类标准最重要的区别之一。除了适用于夏热冬暖南区和温和地区 B 区的标准以外,我国现行的居住建筑节能国家标准、行业标准和所有的地方标准,以及采暖区的公共建筑,关于建筑物围护结构中的最重要的热工参数均围绕体形系数来分级制定。其主要思想是控制不同体形系数大小的建筑物都能达到既定的相同的能耗强度。这一影响已延伸到建筑相关产品性能分级和标准图的编制。

体形系数理论上与建筑节能关系紧密,但其逻辑存在着缺陷,需要附加前提条件才得以成立,即建筑层高一致的情况下,两个不同体形系数的建筑物能耗才可以进行比较,而所有国家标准和行业标准均未列明这个前提条件。这对于居住建筑影响不大,但对于公共建筑则有重要的区别。因此从建筑物节能考核指标的角度来看,如果需要一个表征建筑物几何特征与建筑采暖和空调能耗之间关系的参数,外表面积与建筑面积的比值这一无量纲参数比体形系数更为准确,并且不会给现有标准带来根本性的变化,也不会增加设计和审查工作量。

从使用体形系数的夏热冬冷地区及严寒和寒冷地区居住建筑节能设计标准(包括地方标准)的分析来看,体形系数的梯级划分与围护结构的主要参数设定多数并非呈一一对应关系,这也在很大程度上弱化了体形系数细分的实际意义。

许多研究表明,在夏热冬冷地区,在间歇采暖和空调的运行条件下,建筑物全年的采暖和空调能耗与建筑体形系数没有必然的相关性。

本书研究也表明体形系数的大小与多层和高层住宅具体住户的采暖和空调能耗之间没有必然关系。

体形系数最大的目的是控制不同大小的建筑物的能耗水平基本保持在同一水平,但是随着参照建筑概念的引入,原来与基准建筑的基准能耗对比的思路逐渐转移到与参照建筑的能耗对比上,承认了不同大小的建筑物应有不同的能耗指标,这样也使体形系数的重要性降低了。因此,今后是否将体形系数继续作为最重要的指标列入我国的建筑节能设计标准尚需要更进一步的深入研究。

第七章 中美建筑节能设计标准路径的比较

拟建建筑或设计建筑需要怎样设计才被认为达到了节能设计标准规定的最低标准，中美标准的路径既有相同之处，也有相当大的差异。

第一节 中国的两种路径

我国的建筑节能的路径有两种：一种被称为规定性指标法；第二种被称为性能化方法。这两种方法是随着节能设计标准的发展而逐渐明确的。绝大部分地方标准沿袭了这两种达标方法，但也有个别例外(图 7-1)。

第一种方法是当拟建建筑的围护结构热工性能和采暖/空调设备能效均同时满足了节能设计标准中的规定性指标限值时，即认为该建筑满足了该标准所设定的节能率目标，无需设计者再进行复杂的计算校核，因为这些规定性指标及其组合是经过标准编制者反复验算过的，可以达到该标准既定的节能目标。这些规定性指标依气候区和建筑类型的不同而不同。

第二种方法是当设计无法满足规定性指标的某一项时，就需要采用计算的方法来进行评价和验证，用规定的考核指标来衡量和判断。对建筑能耗的考核指标因建筑类型(居住建筑和公共建筑)和建筑气候区的不同而不同。对于居住建筑而言，采暖区只考核采暖耗热量指标，对其他气候区还需考核空调耗电量指标。对于公共建筑而言，还需要把通风和照明的能耗也纳入考核指标中来。

需要特别注意的是，在我国当前的各个建筑节能设计标准中，这种性能化设计方法仅仅适用于建筑围护结构系统，也就是说只有当建筑围护结构的某项设计指标不满足时，才可以使用性能化方法，并且是有条件的，设备系统的设计参数限值要求必须达到。

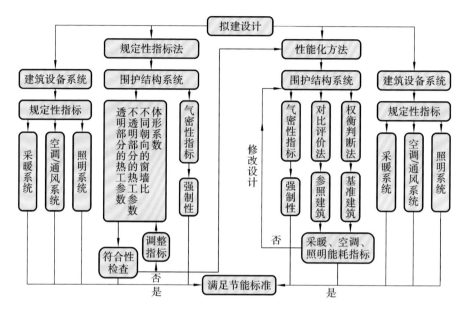

图 7-1　我国节能设计标准路径示意图

注:本图列出的是公共建筑的路径,居住建筑的设备系统要求根据气候区不同而不同。

各个国家标准和行业标准中对门窗的气密性要求并未列入强制性条文,但实际上起到了强制性

条文的作用,本文将此等同于强制性条文。

　　按照节能率目标由建筑外围护结构和建筑设备两个大的系统分担的基本指导思想,两者需分别完成各自既定的节能率目标,即便采暖空调设备系统因能效的提高已经相对于基准建筑承担了更多比例的节能贡献,或者利用了可再生能源而减少了购买的能源,也不能因此降低对围护结构部分的设计要求。在我国的建筑节能设计标准当中,设备系统和建筑围护结构部分是两个单独的考核体系。

一、建筑围护结构规定性指标达标法

　　围护结构规定性指标分为两类:一类是建筑物的几何参数,包括建筑物根据层数分级的体形系数和根据朝向制定的窗墙比;第二类是建筑围护结构各部分的物理参数,包括围护结构不透明部分和透光部分。不透明部分的主要指标有分部位的传热系数及墙和屋顶的热惰性指标;透光部分的主

要指标有传热系数和(综合)遮阳系数①。根据气候分区和建筑类型,这些指标在各标准中的具体设定有所不同。此外,气密性指标虽然在国家标准和行业标准中并未列为强制性条文,但在实际操作中具有强制性质。我国的建筑绝大部分都是用重质材料建造,不透明部分的气密性一般不会有什么问题,气密性要求一般都是针对门窗的要求,与建筑设计的关系不大,主要是对门窗产品和施工安装的要求。美国因建造体系的关系,气密性是对整个建筑外围护系统的整体性强制要求。

JGJ 26—86 作为第一个试行标准,并没有明确的规定性指标的达标方法。在该标准中,对于建筑物的几何参数的限制仅给出了建议值:建筑物体形系数宜控制在 0.3 以下。此外还提出了不分采暖度日数②但分朝向的窗墙比的建议值:南≤35%,东西≤30%和北向≤20%。物理参数方面则给出了三个方面的限值:气密性指标;以采暖度日数划分的透明部分的外门窗的传热系数,不分采暖度日数的阳台门的热阻限值;围护结构(包括透明部分和不透明部分的总和)平均传热系数限值。这个平均传热系数限值是按照标准的体形系数小于或等于 0.3 的基准建筑以不同采暖度日数制定的。如果设计建筑的体形系数超出了这个值,则需相应调整围护结构的平均传热系数。这几项限值和建议值在其后的标准中逐渐发展成围护结构的规定性指标。

在 JGJ 26—86 标准中,即便满足了以上的建议值和规定值,也需设计者计算居住建筑耗热量控制指标,与标准给出的按照采暖度日数制定的不同地区采暖居住建筑耗热量控制指标表比对。

JGJ 26—95 标准中,对于建筑物的体形系数的规定仍然保留为建议值,而将不同朝向的窗墙比的限值改为"强制性"③。该标准将 JGJ 26—86 标准的围护结构各部分传热系数限值从附录移至正文,成为强制性的条文。在应用该标准时,在满足强制性的条文也就是规定性的指标的同时,仍然要求

---

① GB 50189—2015 为了与国际主流标准接轨,以及更方便使用主流的能耗模拟软件,将该指标修改为太阳得热系数(Solar Heat Gain Coefficient,SHGC)。这两个物理量存在线性换算关系。

② JGJ 26—86 没有划分建筑气候分(子)区,而是"按采暖度日数规定不同地区居住建筑耗热量控制指标及围护结构平均传热系数的限值"。

③ 按照标准用词的说明,该条使用"不应超过"一词,表示严格,正常情况下均应这样做。

设计者进行采暖耗热强度的计算,并增加了采暖耗煤量指标的验算,以检验两项指标是否均满足标准的要求。这种思路与 JGJ 26—86 是一样的。

JGJ 134—2001 是我国的第三个建筑节能设计标准。该标准首次明确了强制性条文,以黑体字表示,必须严格执行。而此之前的标准 JGJ 26—86 和 JGJ 26—95 均未明确这点。自此以后的标准均延续这种做法,列明了强制性的条文。在满足了这些强制性条文后,即被认为达到了标准的要求,不再要求做验算,这是一个很大的进步。所有规定性指标(限值)均属强制性条文。这是一个重要的转变,即明确了规定性指标的路径(表 7-1)。

表 7-1 不同标准的围护结构各部分的规定性指标

标准	版本	围护结构规定性指标	备注
JGJ 26	1986	没有明确,但给出了: ①体形系数的建议值; ②外窗和阳台门透明部分的传热系数限值; ③不同朝向窗墙比建议值; ④围护结构平均传热系数限值; ⑤阳台门不透明部分的热阻限值; ⑥气密性等级指标	标准给出了稳态传热的耗热量强度计算公式
	1995	没有明确,但给出了: ①体形系数的建议值; ②围护结构各部分(包括透明部分)的传热系数限值; ③不同朝向窗墙比限值; ④气密性等级指标	标准给出了稳态传热的耗热量强度计算公式和耗煤量计算公式。 标准给出了主要城市的采暖耗热量(强度)指标

续表

标准	版本	围护结构规定性指标	备注
JGJ 26	2010	①体形系数梯级限值； ②不同朝向窗墙比限值①； ③围护结构各部分(包括透明部分)的传热系数限值； ④寒冷 B 区外窗综合遮阳系数②； ⑤气密性指标	当未满足以上第①、②、③、④项限值任一项要求时,必须进行"围护结构热工性能的权衡判断"。以建筑物耗热量指标为判断。该标准给出了主要城市的采暖耗热量(强度)指标。 标准给出了稳态传热的耗热量强度计算公式
	2015	①建筑的体形系数； ②不同朝向窗墙面积比限值； ③外围护结构热工性能参数限值； ④寒冷 B 区夏季外窗太阳得热系数限值,夏季天窗的太阳得热系数限值； ⑤气密性指标	当未满足以上第①、②、③、④项限值任一项要求时,必须进行有前设条件的"围护结构热工性能的权衡判断"。 当设计建筑的供暖能耗不大于参照建筑时,符合标准。 该标准给出了采暖区各地新建居住建筑设计供暖年累计热负荷和能耗值(绝对值)
JGJ 134	2001	①体形系数限值； ②不同朝向、不同窗墙比的外窗的传热系数限值； ③围护结构不透明部分的传热系数和热惰性指标； ④气密性等级指标	当未满足以上第①、②、③项限值任一项要求时,需采用"动态计算方法"计算建筑物耗热量、耗冷量和采暖、空调全年用电量 3 项指标作为建筑物的节能综合指标

① 标准规定,即便是"进行权衡判断时,各朝向的窗墙面积比最大也只能比表 4.1.4 中的对应值大 0.1"。

② 使用该标准给出的计算公式是无法在该项目不满足条件时进行权衡判断的。

377

续表

标准	版本	围护结构规定性指标	备注
JGJ 134	2010	①体形系数梯级限值； ②围护结构不透明部分的传热系数和热惰性指标； ③不同朝向、不同窗墙面积比的外窗传热系数和综合遮阳系数限值； ④气密性等级指标	当未满足以上第①、②、③项限值任一项要求时,需采用"动态计算方法"计算设计建筑不应超过参照建筑在同样条件下计算得出的采暖耗电量和空调耗电量之和。 采用DOE-2动态计算工具
JGJ 75	2003	①不同朝向窗墙比限值； ②天窗面积比、传热系数和遮阳系数； ③屋顶和外墙的传热系数和热惰性指标； ④不同窗墙比下的外窗的传热系数和综合遮阳系数； ⑤气密性等级指标； ⑥外窗可开启面积比限值	当未满足以上第①、②、③、④项限值任一项要求时,可采用"对比评定法"进行有条件综合评价,计算设计建筑不应超过参照建筑的空调采暖耗电指数(或耗电量)； 采用动态逐时模拟的方法计算
	2012	①不同朝向窗墙比限值； ②天窗面积比、传热系数和遮阳系数； ③屋顶和外墙的传热系数和热惰性指标； ④不同窗墙比下的建筑外窗的平均传热系数和平均综合遮阳系数； ⑤东、西向外窗建筑外遮阳系数不应大于0.8； ⑥外窗的通风开口面积比限值,主要房间窗地比	当未满足以上第①、②、③、④项限值任一项要求时,可采用"对比评定法"进行有条件综合评价,计算设计建筑不应超过参照建筑的空调采暖耗电指数(或耗电量)； 采用动态逐时模拟的方法计算

续表

标准	版本	围护结构规定性指标	备注
GB 50189	2005	①严寒和寒冷地区公共建筑体形系数限值； ②根据建筑气候区不同，围护结构各部分的传热系数、遮阳系数限值； ③不同朝向窗墙比限值； ④天窗面积比； ⑤气密性等级指标	当以上第①、②、③、④项未满足限值要求时，需计算设计建筑不应超过参照建筑的全年采暖和空气调节能耗； 采用DOE-2动态计算工具
	2015	①严寒和寒冷地区公共建筑体形系数限值； ②甲类公共建筑的屋顶透光部分面积不应大于屋顶总面积的20%； ③各个气候分区的甲类公共建筑的围护结构热工性能限值； ④同一立面透光面积（门窗和玻璃幕墙）的15%，且应按同一立面透光面积（含全玻璃幕墙面积）加权计算平均传热系数； ⑤气密性等级指标	当未满足以上第①、②、④项限值任一项要求时，须进行围护结构热工性能权衡判断（有条件）； 计算设计建筑在相同条件下的全年供暖和空气调节能耗，当设计建筑的供暖和空气调节能耗小于或等于参照建筑的供暖和空气调节能耗时，应判定围护结构的总体热工性能符合节能要求

注：

①JGJ 26标准中无热惰性要求。

②JGJ 75—2003中最小的热惰性指标 D 也要大于等于2.5，但注明如果小于2.5的话，需满足《民用建筑热工设计规范》GB 50176—93的隔热要求。也就是说，可以小于，但需满足隔热要求。

③JGJ 134—2010要求 D 值分为 $D \leqslant 2.5$ 和 $D > 2.5$，传热系数与 D 值须同时满足，如两项中的任一项不满足，就需要进行综合判断。在这版标准中，就比2001版标准拓宽了范围，可以使用轻型的墙体与屋面。2001版的规定性要求 D 值分为 $D \geqslant 2.5$ 和 $D \geqslant 3.0$，如果 K 值满足而 D 值不满足，则需按照《民用建筑热工设计规范》GB 50176—93进行隔热验算。理论上也可使用轻型墙体和屋面。

④GB 50189标准无热惰性要求。不分建筑气候区，均无此要求。

在详细分析了 JGJ 26—2010、JGJ 134—2010 标准中针对围护结构的规定性指标后,分别与其前版标准对比,可以发现以下区别。

1. 几何参数指标的细化

包括体形系数和窗墙比两项指标。

(1)体形系数。

在夏热冬冷及以北的地区,体形系数是各项规定性指标的核心指标。这些指标中最重要的围护结构各部分热工性能参数限值均围绕体形系数来制定,不同的体形系数对应的围护结构各部分热工性能参数限值不同。

如前所述,导致这个结果的原因是我国每一个节能设计标准都制定了节能率目标,要求建筑物无论大小,均应达到。为每一层数范围的建筑分别制定不同的围护结构传热系数限值,就能保证不同大小的建筑绝大部分都能达到既定的节能率。不同的是,当不满足规定性指标时,JGJ 26—2010 标准只与相对固定的基准建筑对比,而 JGJ 134—2010 则与参照建筑对比。

JGJ 26—2010 标准对体形系数限值按层数划分为 4 档,但对围护结构各部分热工性能参数限值只划分为 3 组。这意味着,建筑层数 9~13 和≥14 层两组对应的体形系数共享一组围护结构各部分热工性能参数限值。两组参数限值划分方法并不对应,划分 4 级体形系数的意义也打了折扣。

值得注意的是,在制定围护结构各部分热工性能参数限值时,该标准又是按照层数而不是体形系数来进行划分。从表面上看,标准制定者的逻辑是层数的分段与体形系数的限值是一一对应的,但实际情况是体形系数与层数并非一一对应的关系,这样就产生了一个模糊地带。例如一个 6 层的居住建筑,按照该标准对体形系数限值的划分,在寒冷地区其应小于或等于 0.33,但实际设计建筑的体形系数做到了 0.28,这种情况下设计应选取按层数制定的传热系数限值一列,还是应选择该建筑体形系数达到的大于或等于 9 层所属的另一列?标准没有给出任何解释。这种现象也出现在其他的标准中,包括地方标准。

各地以行业标准为基础制定的地方标准中出现了两种现象。一种是体形系数的分级与围护结构各部分热工性能参数限值分档一一对应,例如黑龙江省地方标准 DB 23/1270—2008 和内蒙古地方标准 DBJ 03-35—2008，体形系数划分为 4 档，传热系数也一一对应划分为 4 档。西安市地方标准 DBJ 61-44—2007 中，体形系数划分为 3 档，传热系数也一一对应划分为 3 档。第二种是则与 JGJ 26—2010 标准保持一致，体形系数划分为 4 档，传热系数划分为 3 档。例如吉林省地方标准 DB 22/T 450—2007、辽宁省地方标准 DB 21/T 1476—2011、新疆地方标准 XJJ 001—2011、山西省地方标准 DBJ 04-242—2012、河北省地方标准 DB 13(J)63—2011、山东省地方标准 DBJ 14-037—2012、北京市地方标准 DB 11/891—2012 等[①]（表 7-2）。

JGJ 134—2010 同 JGJ 26—2010 一样，并没有依据该标准对体形系数的梯级划分分别制定各自对应的围护结构各部分热工性能参数限值。标准虽给出了 3 档体形系数限值，但是在确定围护结构各部分热工性能参数限值时只按照 2 种体形系数制定，按照体形系数 0.4 为界来划分，也就是小于或等于 3 层和 4～11 层共享一组数据，12 层及以上单独一组。

与 JGJ 26 标准一样，以 JGJ 134—2001 标准为基础的地方标准中也出现了两种情况。例如武汉市城市圈标准 DB 42/T 559—2009，体形系数划分为 4 档，围护结构热工性能限值也划分为 4 档；四川省地方标准 DB 51/5027—2008 的三个主要气候区的体形系数均分为 4 档，寒冷和严寒地区围护结构各部分热工性能参数限值按层数分也相应划分为 4 档，而夏热冬冷地区则按照体形系数划分为 4 档。第二种情况与 JGJ 134—2010 基本一样，体形系数的划分与围护结构传热系数限值的制定不同步。例如上海市地方标准 DBJ 08-205—2011、重庆市地方标准 DBJ 50-071—2010、安徽省地方标准 DB 34/1466—2011、江苏省地方标准 DGJ 32/J 71—2008 则将体形系数划分为 5 档，屋面热阻限值划分为 4 档，墙面热阻限值又划分为 3 档[②]。

---

①   注：在 JGJ 26—2010 标准施行以前推出的地方标准均受到未颁布实施的国标征求意见稿的影响，其体形系数的梯级分档思路类同于国标征求意见稿。JGJ 26—2010 延续了国标征求意见稿的思路。

②   注：JGJ 134—2010 标准施行以前推出的地方标准同样受到未颁布实施的国标征求意见稿的影响。

以上围绕体形系数制定围护结构传热系数或热阻限值的种种差异,反映出我国建筑节能设计标准的制定的逻辑性和严谨性尚有待提高。既然划分了若干等级体形系数,理应为每一个分级相应设置一套指标,不然为什么要划分那么细。

表 7-2 部分标准体形系数梯级与围护结构不透明各部分
热工性能参数限值分档关系表

地区	标　　准	体形系数梯级划分	围护结构不透明各部分热工性能参数限值分档
严寒及寒冷地区	《严寒及寒冷地区居住建筑节能设计标准》JGJ 26—2010	4	3
	黑龙江省地方标准 DB 23/1270—2008	4	4
	内蒙古地方标准 DBJ 03-35—2008	4	4
	西安市地方标准 DBJ 61-44—2007	3	3
	吉林省地方标准 DB 22/T 450—2007	4	3
	辽宁省地方标准 DB 21/T 1476—2011	4	3
	新疆地方标准 XJJ 001—2011	4	3
	山西省地方标准 DBJ 04-242—2012	4	3
	河北省地方标准 DB 13(J)63—2011	4	3
	山东省地方标准 DBJ 14-037—2012	4	3
	北京市地方标准 DB 11/891—2012	4	3

续表

地区	标 准	体形系数梯级划分	围护结构不透明各部分热工性能参数限值分档
夏热冬冷地区	《夏热冬冷地区居住建筑节能设计标准》JGJ 134—2010	3	2
	武汉城市圈地方标准 DB 42/T 559—2009	4	4
	武汉城市圈地方标准 DB 42/T 559—2013	2	3
	四川省地方标准 DB 51/5027—2008	4	4
	上海市地方标准 DBJ 08-205—2011	3	2
	重庆市地方标准 DBJ 50-071—2010（65%）	4	3
	重庆市地方标准 DBJ 50-071—2016（65%）	3	2
	安徽省地方标准 DB 34/1466—2011	4	3
	江苏省地方标准 DGJ 32/J 71—2008（65%）	5	4(屋面),3(墙体)

（2）窗墙比。

这里的窗墙比均包括开敞式阳台门的透明部分。

JGJ 26—86 标准没有按照严寒和寒冷地区的子分区再细分,而仅仅是按照不同朝向简单划分为:南≤35%,东西≤30%,北≤20%。这一数值相当保守,这是基于当时寒冷地区绝大部分还采用的是实腹钢窗单玻璃或木框单玻窗,严寒地区也只是采用双层窗的现实情况。与此对应的外窗的传热系数除个别城市的北窗的传热系数稍低外,其余的不分朝向,传热系数基本一样。

JGJ 26—95 标准的窗墙比的限值中北窗从 0.20 提高到 0.25,其余不变。其传热系数的限值则不分朝向,取值一样。

　　到了 JGJ 26—2010，窗墙比则按照严寒地区和寒冷地区再进行细分，总体上比 1986 版和 1995 版标准大幅度放宽，南向窗墙比从 0.35 提高到寒冷地区 0.5、严寒地区 0.45。这是由于：一是新型的节能门窗的广泛应用，其热工性能及气密性能比起原来普遍使用的门窗大大提高；二是原标准的窗墙比给住宅设计限制太大，实践中往往被突破；三是在北方较大面积的外窗白天得到的太阳辐射对减少采暖负荷是有利的，因此适当加大窗墙比是可行的，窗墙比的加大可适当通过加强外墙及门窗自身的热工性能予以弥补。在 JGJ 26—2010 标准中，窗墙比对应的传热系数不仅根据窗墙比细分，还根据建筑物的体形系数再次细分。如此组合也是为了让这些建筑都能达到基本相同的节能率。

　　JGJ 26—2010 标准将体形系数减少为 2 档的同时，将窗墙比也从 4 档减少为 2 档，大大减少了组合可能性。该标准的这一变化可能会影响今后其他标准的修订。

　　JGJ 134—2001 标准中没有单独拟定窗墙比限值，而是将不同朝向、不同窗墙面积比及对应的传热系数合为一个表格。从中解析出，北向≤0.45，东西向≤0.50，南向≤0.5，这是一个尺度非常宽的窗墙比。

　　JGJ 134—2010 标准单独列出窗墙比，修改为北向≤0.40，东西向≤0.35，南向≤0.45，并规定允许每一套房间（不分朝向）窗墙比≤0.6。虽然与 JGJ 134—2001 相比，节能率并未提高，但窗墙比限值却降低了，而窗的传热系数基本未变。与此同时，外墙和屋顶的传热系数限值并未提高，看来窗墙比的限值设定还是有一定的灵活性的。允许每一套房间（不分朝向）窗墙比≤0.6 的规定给了住宅较大的设计灵活度，这对于那些注重景观的设计尤为适合。与 JGJ 134—2010 一样，在 JGJ 26—2010 标准中窗墙比对应的传热系数不仅根据窗墙比细分，还根据建筑物的体形系数再次细分，但是没有按照该标准体形系数细分为 3 档，而是分为 2 档。

　　一栋住宅的不同朝向有着不同的窗墙比，这就意味着可能出现多种不同性能要求的窗户，JGJ 26—2010 标准对窗的传热系数要求与窗墙面积比的大小联系在一起，由于窗墙面积比是按开间计算的，一栋建筑肯定会出现若干个窗墙面积比，因此就会出现一栋建筑要求使用多种不同传热系数窗的情况。这种情况的出现在实际工程中处理起来并没有太大困难。为简单起见，可以按最严的要求选用窗户产品，当然也可以按不同要求选用不同的窗产品。而笔者在调研门窗生产和施工企业时，得到的反馈是现行的做法给企业带来很大的困扰，因为不同性能的门窗存在成本的差异，建筑师一般也只按照设计标准中的规定根据不同朝向和不同窗墙比选用不同传热系数的门窗产品，甲方也一般从节约成本的角度出发不愿妥协，这样就造成了生产品种多而每种规格数量少的局面，给企业组织生产等带来了困难，而施工企业也容易混淆。造成这种结果的原因与体形系数概念的应用基本一致，即建筑物围护结构不同热工性能参数组合后其节能率均保持一致。这是典型的"统一"思想的反映。

JGJ 75—2003 标准中将夏热冬暖北区的平均窗墙比、传热系数和综合遮阳系数三项指标组合在一起，再根据外墙的平均传热系数和热惰性指标的不同细分，形成无数种组合，比起夏热冬冷地区要复杂许多。南区则只将外窗的综合遮阳系数与外墙的平均传热系数和热惰性指标组合，不再对传热系数提出要求。

2. 物理参数指标精细化倾向

围护结构不透明部分的热工性能参数除了随体形系数的变化而变化外，透明部分根据体形系数、窗墙比和朝向的变化而变化。因为有了体形系数指标的参与，因此，围护结构主要部分的热工参数呈现出复杂化的倾向。加之透明部分窗墙比的细分，及不透明部分热惰性指标的细分（除北方采暖区以外），使得规定性指标的组合可能性大大增加（图 7-2）。

3. 规定性指标的不足

除了上述的体形系数与围护结构各部分热工性能参数对应关系的严谨性不足以外，规定性指标还存在以下不足。

（1）热惰性指标。

在围护结构不透明部分规定性指标方面，JGJ 134 和 JGJ 26 最大的区别之一在于 JGJ 134 增加了热惰性指标。对于为什么要增加热惰性指标 D 的限值，JGJ 134—2010 标准中给出了解释：在非稳态传热的条件下，围护结构的热工性能除了用传热系数这个参数之外，还应该用抵抗温度波和热流波

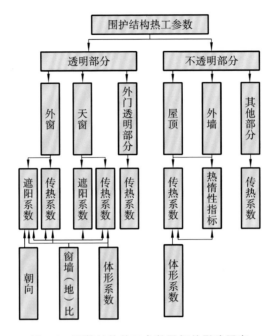

图 7-2　围护结构热工参数及相关影响因素

在建筑围护结构中传播能力的热惰性指标 D 来评价[①]。

在分析寒冷 B 区的代表城市北京和夏热冬冷地区的代表城市武汉的最热月的气象资料(图 7-3)后发现,北京夏季外围护结构同样有不稳定传热的特征,只是程度稍弱。北京 7 月和 8 月的太阳辐射总和几乎与武汉相同(图 7-4)。至于为什么在寒冷 B 区不使用热惰性指标,JGJ 26 标准没有给出说明,也没有相关文献对此展开研究。JGJ 26 标准自制定以来一直仅以采暖期的采暖耗热量指标为考核指标,虽然加强冬季围护结构的保温措施对降

---

① 这一地区夏季外围护结构严重地受到不稳定温度波作用,例如夏季实测屋面外表面最高温度南京、武汉、重庆分别可达 62 ℃、64 ℃、61 ℃以上,西墙外表面温度南京、武汉、重庆分别可达 51 ℃、55 ℃、56 ℃以上,夜间围护结构外表面温度可降至 25 ℃以下,对处于这种温度波幅很大的非稳态传热条件下的建筑围护结构来说,只采用传热系数这个指标不能全面地评价围护结构的热工性能。传热系数只是描述围护结构传热能力的一个性能参数,是在稳态传热条件下建筑围护结构的评价指标。在非稳态传热的条件下,围护结构的热工性能除了用传热系数这个参数之外,还应该用抵抗温度波和热流波在建筑围护结构中传播能力的热惰性指标 D 来评价。

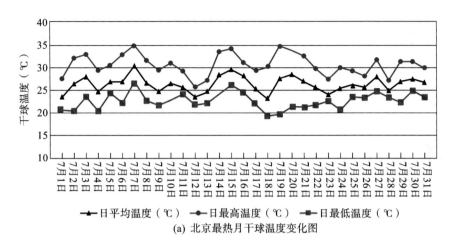

（a）北京最热月干球温度变化图

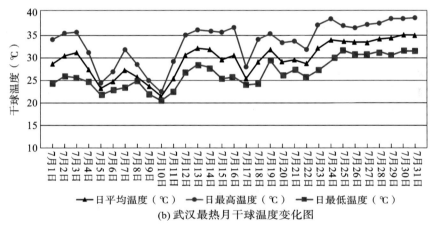

（b）武汉最热月干球温度变化图

图 7-3　北京和武汉最热月干球温度变化图

低夏季的空调耗电量有些许帮助[①]，但对于夏季没有考虑相似的"温度波幅很大的非稳态传热条件下的建筑围护结构"是该标准的一大不足。自 21 世纪以来，传统的夏季高温城市有北移的现象，北京、石家庄、济南等城市也明显感到夏季持续的酷热。在寒冷地区，空调已成为家庭必备的电器，北京平

———————————

① 注：李兆坚和江亿的研究指出，在北京市，提高建筑围护结构的保温性能对减小冬季供暖负荷有较大作用，但对减小空调负荷和能耗的效果不明显，并且在一定的情况下可能起到相反作用。资料来源：李兆坚，江亿. 北京市住宅空调负荷和能耗特性研究[J]. 暖通空调，2006，36（8）.

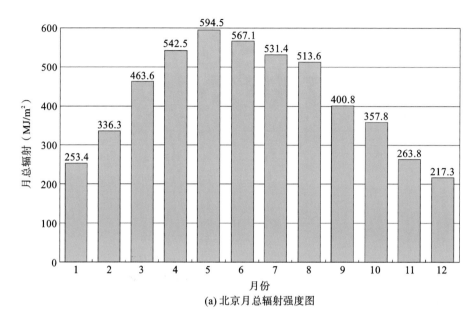

(a) 北京月总辐射强度图

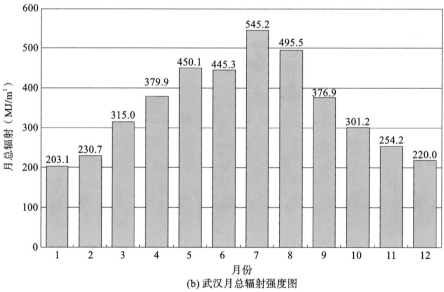

(b) 武汉月总辐射强度图

图 7-4　北京和武汉太阳辐射强度图

均每户家庭拥有空调的数量已近两台。空调耗电量占全年采暖和空调总能耗的比例也逐渐增高。

《公共建筑节能设计标准》GB 50189 也未将热惰性指标列入规定性指标当中。

①北京日平均温度、最高温度和最低温度均比武汉低，加之空气湿度较小，北京的夏季风速较武汉高，因此北京比武汉的夏季热舒适度要好（表 7-3）。

表 7-3　武汉、北京典型气象年最热月气象数据比较

日期	日平均温度/℃			日最高温度/℃			日最低温度/℃			日较差/℃	
	北京	武汉	差值	北京	武汉	差值	北京	武汉	差值	北京	武汉
7月1日	23.6	28.6	5.0	27.6	34.1	6.5	20.6	24.2	3.6	7.0	9.9
7月2日	26.6	30.3	3.7	32.2	35.3	3.1	20.4	25.8	5.4	11.8	9.5
7月3日	28.3	31.1	2.8	33.0	35.6	2.6	23.5	25.6	2.1	9.5	10.0
7月4日	24.8	27.6	2.8	29.6	31.0	1.4	20.5	24.8	4.3	9.1	6.2
7月5日	27.0	23.4	−3.6	30.5	24.6	−5.9	24.4	21.9	−2.5	6.1	2.7
7月6日	27.1	24.6	−2.5	32.9	26.8	−6.1	22.3	23.0	0.7	10.6	3.8
7月7日	30.6	27.4	−3.2	34.7	31.4	−3.3	26.9	23.4	−3.5	7.8	8.0
7月8日	26.7	25.9	−0.8	31.7	28.5	−3.2	22.8	24.9	2.1	8.9	3.6

续表

日期	日平均温度/℃			日最高温度/℃			日最低温度/℃			日较差/℃		
7 月 9 日	24.9	23.6	−1.3	29.5	24.8	−4.7	21.7	21.9	0.2	8.2	2.9
7 月 10 日	26.6	21.5	−5.1	31.0	22.3	−7.7	22.8	20.5	−2.3	7.2	1.8
7 月 11 日	25.8	25.3	−0.5	29.3	28.8	−0.5	24.1	22.4	−1.7	5.2	6.6
7 月 12 日	23.7	30.6	6.9	25.8	34.9	9.1	21.7	26.5	4.8	4.1	8.4
7 月 13 日	24.5	32.0	7.5	27.2	36.0	8.8	22.0	28.4	6.4	5.2	7.6
7 月 14 日	28.5	31.7	3.2	33.6	35.8	2.2	24.2	27.8	3.6	9.4	8.0
7 月 15 日	29.6	29.7	0.1	34.1	35.6	1.5	26.0	25.3	−0.7	8.1	10.3
7 月 16 日	28.3	30.6	2.3	31.2	36.6	5.4	24.6	25.7	1.1	6.6	10.9
7 月 17 日	25.2	25.3	0.1	29.4	27.9	−1.5	21.9	24.0	2.1	7.5	3.9
7 月 18 日	23.2	29.1	5.9	30.2	34.0	3.8	19.4	24.3	4.9	10.8	9.7
7 月 19 日	27.7	31.8	4.1	34.7	35.2	0.5	19.6	29.2	9.6	15.1	6.0
7 月 20 日	28.6	29.1	0.5	34.0	33.3	−0.7	21.3	26.0	4.7	12.7	7.3

续表

日期	日平均温度/℃			日最高温度/℃			日最低温度/℃			日较差/℃	
7月21日	27.0	29.5	2.5	32.7	33.6	0.9	21.5	27.3	5.8	11.2	6.3
7月22日	25.7	28.6	2.9	29.7	31.8	2.1	21.8	25.6	3.8	7.9	6.2
7月23日	24.2	32.1	7.9	27.4	37.3	9.9	22.5	27.2	4.7	4.9	10.1
7月24日	25.5	33.9	8.4	30.1	38.5	8.4	20.7	29.1	8.4	9.4	9.4
7月25日	26.3	33.6	7.3	29.5	37.0	7.5	23.6	31.6	8.0	5.9	5.4
7月26日	25.8	33.3	7.5	28.4	36.6	8.2	23.4	30.7	7.3	5.0	5.9
7月27日	28.1	33.5	5.4	31.8	37.3	5.5	24.8	30.7	5.9	7.0	6.6
7月28日	24.8	34.0	9.2	27.2	37.6	10.4	23.3	31.1	7.8	3.9	6.5
7月29日	27.2	34.2	7.0	31.4	38.6	7.2	22.4	30.5	8.1	9.0	8.1
7月30日	27.6	34.8	7.2	31.5	38.6	7.1	24.7	31.4	6.7	6.8	7.2
7月31日	26.8	34.9	8.1	30.0	38.8	8.8	23.3	31.3	8.0	6.7	7.5
积温	820.3	921.6	101.3	951.9	1038.2	86.3	702.7	822.1	119.6	247	215.8

　　②夏季两城市的太阳辐射强度基本一致。例如最热月7月和8月,武汉太阳辐射强度之和为 1040.7 MJ/m²,北京太阳辐射强度之和为 1045

MJ/m²。

③积温。

武汉、北京最热月日平均温度积温差 101.3 ℃,相当于日差 3.27 ℃。

武汉、北京最热月日最高温度积温差 86.3 ℃,相当于日差 2.78 ℃。

武汉、北京最热月日最低温度积温差 119.6 ℃,相当于日差 3.86 ℃。

武汉、北京最热月温度日较差差值 31.2 ℃,相当于日差 1.0 ℃。

武汉 CDD26:272.8,HDD18:1631.8;北京 CDD26:70.9,HDD18:2794.8。[1]

在 JGJ 75—2003 标准中,对屋顶和外墙的传热系数 K 和热惰性指标限值 D 的规定中,当屋顶的 $K \leqslant 1.0, D \geqslant 2.5$ 时,外墙的 K 值和 D 值组合有 3 组:$K \leqslant 2.0, D \geqslant 3.0$;$K \leqslant 1.5, D \geqslant 3.0$;$K \leqslant 1.0, D \geqslant 2.5$。其中第一组和第二组对 D 值的要求一致,而 K 值不同,这很容易让使用者产生这样的疑问:既然 $K \leqslant 2.0, D \geqslant 3.0$ 时就已经满足了标准的要求,那么当 $K \leqslant 1.5, D \geqslant 3.0$ 时更满足要求,为何列出这两组参数,没有文献对此给出解释。在 JGJ 75—2012 标准中对此已做了修订。

(2)遮阳系数。

在 JGJ 26—2010 和 JGJ 26—2018 标准中增加了寒冷 B 区外窗的遮阳系数的限值[2],标准规定如果不能满足这个限值,则需要权衡判断围护结构的热工性能。JGJ 26—2018 标准延续了这一规定。但是,该标准规定进行权衡判断时仅以建筑物耗热量强度指标为唯一的判据,这样就造成了逻辑上的矛盾。遮阳的目的仅是减少夏季太阳辐射得热。冬季,遮阳反而起负作用。因此应将此条文从进行权衡判断的前提条件中移除,或者是将夏季空调耗电量也纳入权衡判断的判据中。

此外,我国已颁布的所有的建筑节能设计标准中均没有关于遮阳系数的准确定义,只有关于综合遮阳系数的定义,我们只能从其他标准中查询,这也体现出我国建筑节能设计标准的独立性和完整性尚有不足。

湖北省的居住建筑节能设计地方标准经历过几次改变。JGJ 134—2001

---

[1] 数据来源:中国建筑热环境分析专用气象数据集[M].北京:中国建筑工业出版社,2005.

[2] 详见《严寒和寒冷地区居住建筑节能设计标准》JGJ 26—2018。

标准颁布后,湖北省编制了该标准的地方实施细则《居住建筑节能设计标准》DB 42/301—2005,与 JGJ 134—2001 大同小异,节能率同为 50%。2009年,武汉"1+8"城市圈率先施行 65%节能率标准《武汉城市圈低能耗居住建筑设计标准》DB 42/T 559—2009。2013 年,湖北省将 DB 42/T 559—2009进行修订,保持 65%节能率不变,升级成湖北省地方标准《低能耗居住建筑节能设计标准》DB 42/T 559—2013,原省标 DB 42/301—2005 废止。

DB 42/T 559 可能是国内仅有的将规定性指标法作为唯一路径并坚持这么做的地方标准,禁止使用 JGJ 134—2001 和 JGJ 134—2010 使用的围护结构性能化的权衡判断法,也没有采用 DB 42/301—2005 已经使用的性能化方法。这种做法限制了建筑师创作的自由度,也不符合设计标准朝规定性指标法与性能化法设计方法相结合发展的趋势。

同时期同气候区的其他省市,例如上海市、浙江省、江苏省、安徽省、湖南省、江西省、重庆市、四川省等的地方标准均采取了与行业标准 JGJ 134 一致的规定性指标法和性能化设计方法相结合的达标方法。

为什么只采用规定性指标法,DB 42/T 559—2009 标准第 4 章的综合说明如下:本标准与 DB 42/301 的最大区别,除了节能率不同之外,就是节能达标的途径不同。DB 42/301 有规定性指标和性能指标达标两种途径,即当体形系数或部分窗墙面积比超标时,可以加强其他部位的热工性能,通过能耗计算,使采暖空调能耗全年之和不超过标准的规定值,也认可是节能 50%的建筑。但在实施中发现,由于工程能耗计算软件不能反映建筑及其能耗的真实情况,加上其他非正常手段,有的工程除屋面 K 值达标之外,其他节能规定指标都不符合标准的规定,但能耗计算书的节能率却高于 50%,使建筑节能成了有名无实的空话。因此,本标准规定只有"规定指标"达标一种设计途径。大多数发达国家的节能设计标准都是如此。

(1) 该标准认为"工程能耗计算软件不能反映建筑及其能耗的真实情况"。

该标准第 4.2.5 条文说明规定:表 4.2.5-1 中的各部位围护结构各项热工性能指标的规定限值,是通过不同建筑层数和体形系数的典型建筑能耗计算模型,分别处于不同建筑朝向,并符合下列计算条件,采用动态能耗计

算软件计算不同条件组合下的采暖空调能耗,经综合平衡优化选择得到的。这说明编制者在制定该标准时使用了动态能耗计算软件,并且其规定性指标远比其他标准要复杂而细致,这完全是软件计算而不是实验的结果,却又在该标准的说明中写道:工程能耗计算软件不能反映建筑及其能耗的真实情况,前后矛盾。事实上,国内现行的所有建筑节能设计标准,无论是国家标准、行业标准还是地方标准,在编制时,能耗模拟工具软件是最重要的工具,不可能不使用。以实验为基础来检验软件可靠性的工作也从来没有停止过,以 DOE-2 为计算引擎的能耗模拟软件可信度还是很高的。

据笔者猜测,该标准的编制者可能是出于两方面的原因禁止使用性能化设计方法。一方面是担忧设计人员使用工程能耗计算软件时的可信度和质量控制水平。的确,有的设计单位在使用能耗计算软件时采用"非正常手段"获得的计算结果,使审查人员对结果产生怀疑,但这种现象并不十分普遍。出现这种现象也应促使软件商在程序设置上避免出现以上现象。另一方面为了提高施工图节能专项审查的质量,降低审查人员的劳动强度。一一核对软件的计算输入参数的可靠性是一项十分烦琐、耗费精力的工作,大型复杂项目的审查工作更为繁重。因此,在编制标准时就排除以上可能性,是一种简单的选择。

(2) 该标准认为"大多数发达国家的节能设计标准都是如此"。

这个说明缺乏充分的事实依据。性能化方法是国际上普遍采用的节能达标方法。据不完全调查,目前还没有哪个发达国家的同类设计标准强行规定只能有一个路径。

该标准 2013 版的征求意见稿仍然坚持采用"只有'规定指标'达标一种设计途径",其条文说明一字不差。而在 2013 年正式版本中,删除了关于为什么只采用规定性达标法的解释,在标准的前言中就直接说明:"本标准对建筑围护结构热工性能指标进行调整,采取规定指标达标的方法,不采用围护结构热工性能的综合判断,提高节能实效"。

在 DB 42/T 559 标准中,还有一些条款的设置和说法值得商榷。

1. 坡屋顶天窗

DB 42/T 559—2009 标准第 4.1.5 条规定:"坡屋面不应设置天窗,而应设置顶窗(老虎窗)。"在该条文的说明中给出了理由:由于天窗的热惰性指标 D 值小到可以忽略不计的程度,因此,当居室上部的坡屋面设置天窗之后,大部分太阳直射辐射透过天窗直接进入室内,既会增大夏季空调能耗,又会恶化室内热环境,造成室内有严重的烘烤感。同时,天窗的传热系数不可能达到本标准 4.2.5 条要求的屋面传热系数($K \leqslant 0.4$ 及 $K \leqslant 0.3$ 并按坡度乘以 $0.47 \sim 0.89$ 的修正系数),会增大采暖能耗。

老虎窗并无不好,但绝不是唯一的选择。而该条文实际上就规定了屋顶的形式,如果设计成坡屋顶并加以利用,就必须设计成垂直顶窗(老虎窗)。如果每一栋坡屋顶的住宅都这么设计,无疑将会导致建筑屋顶形式同质化。

行业标准 JGJ 134 没有做这样禁止性的规定,同时期的夏热冬冷地区其他省市的地方标准也均未设置这样禁止性的条款。

同为 65% 节能率的上海市工程建设规范《居住建筑节能设计标准》DGJ 08-205—2011 第 4.0.11 条(强制条文)规定:"居住建筑天窗(包括屋顶透明部分)应进行节能设计,其传热系数不应大于 3.2 W/(m² · K),遮阳系数不应大于 0.50,且面积不应大于屋顶面积的 4%。"

重庆市工程建设标准《居住建筑节能 65% 设计标准》DBJ 50-071—2010 第 4.2.7 条规定:"居住建筑屋顶天窗的传热系数不应大于 3.2 W/(m² · K),遮阳系数不应大于 0.50,且天窗面积不应大于房间地板轴线面积的 10%。"2016 版修改为第 4.2.8 条:"居住建筑屋顶天窗的传热系数不应大于 3.2 W/(m² · K),太阳得热系数不应大于 0.35,且天窗面积不应大于房间地板轴线面积的 10%。"

《江西省居住建筑节能设计标准》DB 36/J004—2006 第 4.2.2 条规定:"居住建筑的天窗面积不应大于屋顶总面积的 4%,传热系数不应大于 4.0 W/(m² · K),本身的遮阳系数不应大于 0.5。"

在比武汉太阳辐射时间更长、更强烈的夏热冬暖地区,JGJ 75—2003 标准的第 4.0.5 条(强制性条文)对此做出了这样的规定:"居住建筑的天窗面积不应大于屋顶总面积的 4%,传热系数不应大于 4.0 W/(m² · K),本身的遮阳系数不应大于 0.5。当设计建筑的天窗不符合上述规定时,其空调采暖

年耗电指数(或耗电量)不应超过参照建筑的空调采暖年耗电指数(或耗电量)。"对该条款的条文说明"天窗面积越大,或天窗热工性能越差,建筑物能耗也越大,对节能是不利的。随着居住建筑形式多样化和居住者需求的提高,在屋面和斜屋面上开天窗的建筑越来越多。编制组用 DOE-2 软件,对建筑物开天窗时的能耗做了计算,当天窗面积占整个屋顶面积 4%,天窗传热系数 $K=4.0$ W/(m^2·K),遮阳系数 SC=0.5 时,其能耗只比不开天窗建筑物能耗多 1.6%左右,对节能总体效果影响不大。但对开天窗的房间热环境影响较大,因此对天窗的面积和热工性能要予以控制。"JGJ 75—2012 标准修改为第 4.0.6 条(强制性条文):"居住建筑的天窗面积不应大于屋顶总面积的 4%,传热系数不应大于 4.0 W/(m^2·K),遮阳系数不应大于 0.40。当设计建筑的天窗不符合上述规定时,其空调采暖年耗电指数(或耗电量)不应超过参照建筑的空调采暖年耗电指数(或耗电量)。"相应的条文说明也修改为"天窗面积越大,或天窗热工性能越差,建筑物能耗也越大,对节能是不利的。随着居住建筑形式多样化和居住者需求的提高,在平屋面和斜屋面上开天窗的建筑越来越多。采用 DOE-2 软件,对建筑物开天窗时的能耗做了计算,当天窗面积占整个屋顶面积 4%,天窗传热系数 $K=4.0$ W/(m^2·K),遮阳系数 SC=0.5 时,其能耗只比不开天窗建筑物能耗多 1.6%左右,对节能总体效果影响不大,但对开天窗的房间热环境影响较大。根据工程调研结果,原标准的遮阳系数 SC 不大于 0.5 要求较低,本次提高要求,要求应不大于 0.4。本条文是强制性条文,对保证居住建筑达到第 3.0.4 条的节能 50%的目标是非常关键的。对于那些需要增加观瞻效果而加大天窗面积,或采用性能差的天窗的建筑,本条文的限制很可能被突破。如果所设计建筑的天窗不能完全符合本条的规定,则必须采用第 5 章的对比评定法来判定该建筑是否满足节能要求。采用对比评定法时,参照建筑的天窗面积和天窗热工性能必须符合本条文的规定。"

从上面的数据来看,开天窗对整体建筑能耗影响不大,对开天窗的房间影响还是较大的,但仍然是可以采取内外遮阳措施加以控制的。况且,冬季天窗对减少建筑采暖能耗还有积极意义。因此 DB42/T 559—2009 制定这样的禁止性条文尚缺乏充足的理由。

美国 ASHRAE 90.1—2013 及之前的标准对天窗设计的要求规定：天窗面积不超过屋顶楼板面积的 5%，不分气候区。ASHRAE 90.1—2016 降低为 3%，超出即需要做权衡判断。IECC 的要求则一直是 3%，如果设有活动遮阳的话，可放宽至 5%。

在 DB 42/T 559—2013 版的征求意见稿中仍然坚持了该条文，未加调整，笔者曾据此提出了自己的修改意见。在 DB 42/T 559—2013 正式版中该条款已经修改为"4.2.3 建筑物的东、西向和南向外窗或透明幕墙、屋顶天窗或采光顶应采取有效遮阳措施；当采用天窗、斜屋顶外窗时，开口面积不应大于该层卧室及起居室面积之和的 5%，并应采用活动遮阳措施。"但仍然坚持禁止采用坡度小于 30°的斜天窗及水平天窗。

2. 窗墙比限值

DB 42/T 559—2009 标准第 4.2.1 条规定：外窗（包括阳台门的透明部分）的窗墙面积比限值应符合表 4.2.1 的规定。窗墙面积比应按本标准附录 A 第 A.0.7 条的规定[①]计算（表 7-4）。

表 7-4　不同朝向外窗的窗墙面积比限值

建筑层数	外窗朝向	窗墙面积比	建筑层数	外窗朝向	窗墙面积比
>3 层	南	≤0.35	≤3 层	南	≤0.35
	北、东、西	≤0.30		北、东、西	≤0.25

该条文的说明："表 4.2.1 所列窗墙面积比能满足室内采光要求。当工程设计出现窗墙面积比限值不能满足最小窗墙面积比[②]的要求时，说明平面布置不合理，此时应修改设计，使其符合表 4.2.1 所列限值的规定。"

DB 42/T 559—2013 版中基本维持了 2009 版的规定，条文说明一致（表 7-5）。

---

① JGJ 26—2010 和 JGJ 134—2010 中定义的窗墙面积比均是指窗户洞口面积与房间立面单元面积（即建筑层高与开间定位线围成的面积）之比，而在 DB 42/T 559—2009 标准窗墙面积比是按照同朝向平均窗墙面积比，即加权平均，而非按照开间计算。

② 征求意见稿原文为"最小窗地面积比"，疑为笔误。

表 7-5　不同朝向外窗的窗墙面积比限值

气候区属		A 区		B 区	
建筑层数		≤3 层	≥4 层	≤3 层	≥4 层
外窗朝向	南	≤0.35		≤0.40	
	东、西	≤0.25	≤0.30	≤0.35	
	北				

注:B区指的是湖北省西部高海拔山区,该地区夏天凉爽,冬季采暖度日数要比平原地带长。

在表 7-4、表 7-5 中,窗墙比限值远小于 JGJ 134—2010 标准和 JGJ 75—2003,尤其是南向窗墙比,也小于同为 65% 节能率的重庆市居住建筑节能设计标准 DBJ 50-071—2010 和上海市居住建筑节能设计标准 DGJ 08-205—2011①,也大大小于 JGJ 26—2010。虽然这也足可以应对大部分居住建筑实际情况,但"当工程设计出现窗墙面积比限值不能满足最小窗墙面积比的要求时",并不能"说明平面布置不合理",这两者之间并非因果关系。超出窗墙比限值的原因未必是"平面布置不合理",还可能因为景观。面对风景方向,建筑无论是什么朝向,采用大面积落地门窗是大多数建筑师所采取的设计策略,也符合多数用户的心理。这是建筑设计被普遍接受和遵循的基本法则,风景无价。在这种情况下,窗墙比就处于次要的考虑因素,但可以采取更好性能的窗(阳台门)和更好的遮阳来解决这个问题,或同时加强外墙和屋顶的保温隔热性能来平衡。在夏热冬冷地区毕竟实际采暖空调时间只占全年的三分之一左右。在武汉城市圈,在 DB 42/T 559 的制约下将很难实现面向景观朝向开大面积窗的设计,而其他省市的地方标准则给出了性能化的途径。

从表 7-6 可以看出,DB 42/T 559 对窗墙比的限值是同时期同气候区地方标准中要求最高的,如果按照 DB 42/T 559 的条文解释,许多地方标准都是不合理的。

---

① DBJ 50-071—2010、DGJ 08-205—2011 和 DB 42/T 559—2013 三个标准对窗的传热系数限值设定几乎一样。

表7-6　JGJ 134—2010 和几个夏热冬冷地区地方标准主要维护结构部位传热系数限值 $K[\mathrm{W/(m^2 \cdot K)}]$ 和窗墙比限值

	行业标准	湖北省标准	武汉城市圈标准	湖北省标准	上海市标准	江苏省标准	重庆市标准
标准号	JGJ 134—2010	DB 42/301—2005	DB 42/T 559—2009	DB 42/T 559—2013	DGJ 08-205—2011	DGJ 32/J 71—2014	DBJ 50-102—2010
HDD18		1501	1501	1501(武汉)	1540	1775(南京)	1089
CDD26		283	283	283(武汉)	199	176(南京)	217
节能率	50%	50%	65%	65%	65%	65%	65%
外墙	I $K_{mi}\leq1.5$, $D\geq3.0$, $K_{mi}\leq1.0$, $D\geq2.5$ 或 II $K_{mi}\leq1.0$, $D\geq3.0$ 或 $K_{mi}\leq0.8$, $D\geq2.5$		$K_{mi}\leq1.10$, $D_{mi}\geq3.0$ 或 $K_{mi}\leq1.00$, $D_{mi}\geq2.5$	$K_{mi}\leq1.20$, $D_{mi}\geq2.5$	大于3层的住宅 轻质外墙 $<200\ \mathrm{kg/m^2}$, $K\leq0.7$ 普通外墙 $\geq200\ \mathrm{kg/m^2}$, $K\leq0.8$	系列一 $K\leq1.2$,$D>2.5$ 或 $K\leq1.0$, $1.6\leq D<2.5$ 系列二 $K\leq1.5$,$D>2.5$ 或 $K\leq1.2$, $1.6\leq D<2.5$	$K\leq0.8$, $D<2.5$ 或 $K\leq1.2$, $D\geq2.5$

续表

	行业标准	湖北省标准	武汉城市圈标准	湖北省标准	上海市标准	江苏省标准	重庆市标准
屋面	$K\leqslant0.8$、$D\leqslant2.5$ 或 $K\leqslant1.0$、$D>2.5$	I $K\leqslant1.0$、$D>3.0$ 或 $K\leqslant0.8$、$D>2.5$ II $K\leqslant0.8$、$D>3.0$	$K\leqslant0.40$、$D>3.0$	$K\leqslant0.50$、$D>3.0$	轻质屋面 $<200\ kg/m^2$，$K\leqslant1.0$，普通屋面 $\geqslant200\ kg/m^2$，$K\leqslant1.2$	$K\leqslant0.60$、$D>2.5$	$K\leqslant0.6$、$D<2.5$ 或 $K\leqslant0.8$、$D>2.5$
窗墙比限值							
南	$\leqslant0.45$	$\leqslant0.5$	$\leqslant0.35$	$\leqslant0.35$	$\leqslant0.5$	>0.25、$\leqslant0.45$	$\leqslant0.5$
北	$\leqslant0.35$	$\leqslant0.4$	$\leqslant0.30$	$\leqslant0.30$	$\leqslant0.35$	$\leqslant0.45$	$\leqslant0.45$
东、西	$\leqslant0.4$	$\leqslant0.5$	$\leqslant0.30$	$\leqslant0.30$	$\leqslant0.25$	$\leqslant0.45$	$\leqslant0.3$

注:D 为热惰性指标,K_m 为最小传热系数,D_m 为最小热惰性指标。

选择条件设定:

①体形系数≤0.35,或层数≥6;

②建筑朝向:南北向;

③DB 42/301—2005,按照条式建筑取值;

④DB 42/301—2005 中的 I 和 II 为编制标准所用的条式建筑计算模型;

⑤DGJ 32/J 71—2014 选取夏热冬冷地区,6 层及以上被动式建筑。

在 DB 42/T 559—2009 标准第 4.1.5 条文说明中还有这样的注释："为了使顶层楼的采暖、空调能耗分别不大于中间楼层采暖、空调能耗的 15%，则必须降低屋面的传热系数（发达国家的建筑节能标准也是如此，如美国类似地区的住宅屋面传热系数是外墙传热系数的 1/6～1/5）。"这一缺乏充分依据的说明大大削弱了该标准的权威性和严谨性。由于水平面夏季的太阳辐射得热比垂直面要大得多[①]，自然要求屋面的热工性能比墙面好，但是相差远比 1/6～1/5 大。该标准自身也并没有这样制定。以 6 层、体形系数为 0.32 的住宅为例，在 DB 42/T 559—2009 标准中，屋面设计要求 $K \leqslant 0.40$ W/m²、$D \geqslant 3.0$，与此对应的外墙平均传热系数 $K_{mi} \leqslant 1.10$ W/m²、平均热惰性 $D_{mi} \geqslant 3.0$，其屋面 K 值/外墙 K 值≈1/3。ASHRAE 90.1—2010 中屋顶普遍比墙面的传热系数要求高 1～1.5 倍。以类似武汉气候区的 3A 为例，屋面综合最大传热系数限值（Assembly Maximum U-factor）= 0.273 W/m²，墙面则要求 0.592 W/m²，比值≈1/2。IECC2012 的指标设定情况与 ASHRAE 90.1—2010 相似。由此看来，屋面传热系数与外墙传热系数比值并不是 1/6～1/5。

规定性指标法的目的使设计人员摆脱复杂的计算分析，可以节省大量时间和精力，同时也方便节能专项审查。但 DB 42/T 559 标准远比 JGJ 134—2001 以及后来的 JGJ 134—2010 复杂的规定性指标设定令施工图审查人员头疼不已。过于细致的规定性指标给出了太多的可能性，这反而加重了施工图审查人员的负担。该标准仍然拒绝性能化的达标方法，标准制定者似乎想替设计者提前计划好更多的路径，每一种组合都达到该标准设定的 65% 的节能率目标，所以从这个角度也能理解标准编制者为何将规定性指标划分如此之细。

性能化方法与规定性指标法两种路径互为补充，前者给设计者相对的自由，后者给设计和审查者方便，这是我国所有现行建筑节能设计标准所采取的通行的思路。如果只给出规定性指标法一种途径，换句话说，也就在很

---

① 据武汉气象资料统计计算结果，武汉的夏季水平面上的平均太阳直射辐射照度日总量，是南向墙面上日总量的 2.59 倍，是东或西向墙面上日总量的 1.96 倍，是北向墙面上日总量的 2.97 倍。

大程度上限制了建筑师创作的自由,这样的做法就超出节能设计标准本应制约的范围。制定建筑节能设计标准的目的是设计节能,但不应限制设计者为达到这个目标所采取的具体途径和方法。

应该说 DB 42/T 559 是一项与同期、同类地方标准相似,比起行业标准 JGJ 134—2010 要更丰富、全面和细致,也是更加完备、更加实用的居住建筑节能设计标准,该标准将空调、照明、可再生能源利用等要求均集成于一项标准中,并且明确指标,使之更具有实用性。标准附录还提供了非常实用的常用门窗和外墙构造的热工设计参数,也在很大程度上方便了设计者。

这种采用单一路径应作为特殊背景下的临时措施,不宜作为常态化标准。

二、性能化达标法

规定性指标法是简化的路径,它既方便设计者,也方便审查者。但是它不可能穷举所有的参数组合。当拟建建筑未能满足规定性指标中的某一项(依标准不同而不同)时,就需要使用性能化的方法来评价,这在我国现行的建筑节能设计标准中也是强制性的。换句话说,性能化的方法就是指标间的相互弥补,某一部分的热工性能差一些可以通过提高另一部分的热工性能弥补回来。例如,当体形系数超标了,就需要围护结构有更好的保温性能;当窗墙比超标了,就需要提高墙体和屋顶的热工性能等。性能化的方法不拘泥于建筑围护结构各局部的热工性能,而是着眼于总体热工性能是否满足节能标准的要求。

(一)稳态计算方法

由于采暖区冬季采暖时间长,室内外温差很大,通常将围护结构部分的传热过程视为稳态传热,室外取采暖期的平均温度而不是每天的实际温度。虽然这种简化模型并不精确,但我国 3 个版本的采暖区居住建筑的节能设计标准均按照这种设定考虑。稳态传热可以看作是动态传热的一种简化形式,稳态计算方法也因此可以看作是动态计算方法的一种简单设定。

1986、1995 和 2010 版的 JGJ 26 标准均给出了权衡判断计算公式,公式形式虽不同,其实质是一样的。JGJ 26—86 使用采暖度日数、围护结构平均传热系数和外表面积与建筑面积比值作为最重要的三个参数。JGJ 26—95 将采暖度日数简化为采暖期室外平均计算温度。JGJ 26—2010 则将其中的通过围护结构的传热量 q_{HT} 又分解为墙体 q_{Hq}、屋顶 q_{Hw}、地面 q_{Hd}、门窗 q_{Hmc} 和非采暖封闭阳台 q_{Hy} 5 个部分[1]，使之更加精确，并由此可了解各部分所占比例，以便采取更有针对性的节能措施。

采暖期室外平均计算温度是客观条件，与建筑节能设计相关的最重要的两项是建筑面积与外表面积的比值，以及围护结构的平均传热系数（含外门窗）。前一项关乎建筑设计，后一项则关乎节能投入。

在进行权衡判断时，有两种调整可能：一是改变建筑面积与外表面积的比值，在层高固定的前提下改变体形系数。换句话说，就是修改原设计，减少凸凹或建筑三维尺寸的比例关系；二是改变围护结构各部分的热工参数组合，使其平均传热系数达到要求，也就是强弱互补。

对于采暖区的居住建筑，由于我国现行标准仅考核其采暖耗热量强度这一指标，建筑围护结构热工性能的权衡判断目前仅以建筑物耗热量强度指标作为唯一判断依据。如果单独考核严寒和寒冷地区的公共建筑通过围护结构的耗热量，也可使用与居住建筑相似的计算方法。

如果将采暖地区夏季的空调能耗以及其他类型的能耗纳入节能考核指标中来，可以预见，这种稳态传热的计算方法将渐渐失去主导地位。随着计算机计算能力和计算方法的快速发展，以及建筑领域中建筑信息模型 BIM 技术的进步，基于 BIM 技术的 Auto CAD 技术将会成为建筑行业设计的必然发展趋势，在不久的将来，基于 BIM 技术的建筑节能设计软件将会走向成熟，届时稳态传热计算方法终将让位于更精确的动态计算技术。

（二）动态计算方法

"由于夏热冬冷地区的气候特性，室内外温差比较小，一天之内温度波动对围护结构传热的影响比较大，尤其是夏季，白天室外气温很高，又有很强的太阳辐射，热量通过围护结构从室外传入室内；夜间室外温度比室内温

---

① 详见《严寒和寒冷地区居住建筑节能设计标准》JGJ 26—2010 条文说明第 4.3.3 至 4.3.10 条。

度下降快,热量有可能通过围护结构从室内传向室外。由于这个原因,为了比较准确地计算采暖、空调负荷,并与现行国标《采暖通风与空气调节设计规范》GB 50019 保持一致,需要采用动态计算方法。"[1]夏热冬暖地区的夏季有着相似的气候特点,因此也采用动态的计算方法。《公共建筑节能设计标准》GB 50189—2005 适用于全国,在校验公共建筑的采暖和空调能耗时,也规定采用动态的计算方法。

在使用动态计算方法时,从 JGJ 134—2001 到 JGJ 75—2003 发生了重要的变化。

JGJ 134—2001 是我国第一个引入动态计算方法的建筑节能设计标准,该标准中使用的方法可称为"节能综合指标限值法"。该标准将夏热冬冷地区按照采暖度日数 HDD18 和空调度日数 CDD26 分别制定了采暖能耗和空调能耗的年耗电量指标。无论建筑大小,层数高低均须满足。也就是说,一个地区,其采暖和空调耗电量指标只有一个。节能综合指标限值法就是要验算不满足规定指标的建筑是否满足这个指标,如不满足,则需要调整设计,直至满足为止。

JGJ 75—2003 引入了参照建筑的概念,这是使用动态计算法的一个重要的转变,具有非常重要的意义。表现在设计建筑的动态计算能耗不再与一个固定的模型,即典型住宅或者基准建筑的能耗相比较,而是与一个假想的、与设计建筑大小形状完全一致且其围护结构的热工性能完全满足该标准要求的参照建筑的能耗相比较,这个参照建筑是满足节能要求的。参照建筑的空调采暖年耗电量 EC_{ref} 因建筑大小不同而不同,不再是固定值。因此,设计建筑在采用动态计算方法计算时也不再有固定的能耗比较值。在 JGJ 75—2003 中,这种方法被定义为"对比评定法"。这种思路在 JGJ 134—2010 中得到延续,取消了 JGJ 134—2001 中的"建筑物节能综合指标限值",突破了基准建筑基准能耗概念,这是一个重要的改变。

卜震、陆善后(2004)[2]等对两个标准所采取的两种性能化路径的实际应用进行了比较研究,得出以下结论:节能综合指标限值法主要适用于多层住

---

[1] 《夏热冬冷地区居住建筑节能设计标准》JGJ 134—2001 条文说明第 5.0.5 条。
[2] 卜震,陆善后,范宏武,等.两种住宅建筑节能评估方法的比较[J].建筑节能,2004(10).

宅的节能评估,对高层住宅和低层住宅并不完全适用。对比评定法是一种灵活、切实的节能评估方法,可以适用于不同建筑类型的节能评估,因而比采用限值法更为科学合理。

《公共建筑节能设计标准》GB 50189—2005 中性能化路径称为"权衡判断法"。值得注意的是这与 JGJ 26—2010 中权衡判断法有着不同的含义。是否引入参照建筑是两者最大的不同。JGJ 26—2010 中的权衡判断法使用稳态的计算方法,计算结果应与不同地区按照层数划分的采暖耗热量指标①相比较,而 GB 50189—2005 中的权衡判断法则引入"参照建筑"的概念,使用动态的计算方法,计算结果不再与固定的耗热量指标比较。两个标准使用相同的术语,但内涵明显不同。

由于目前我国实行的是分气候区、分建筑类型制定建筑节能设计标准的道路,各个标准适用于不同的地域范围和对象,不同的版本也存在着较大的变化。在这些标准中节能考核的内容不同,判别方式也存在着差异。这给整个建筑节能的研究与交流带来了困扰。

需要注意的是,进行性能化方法判断设计建筑是否达标时,针对的仅仅是围护结构。采暖和空调设备效率的提高并不能用来弥补围护结构的不足,两者的节能率不能相互借用。这是因为在标准制定时为围护结构和设备系统分别制定了节能贡献率,二者均需独立达标。关于这点在第五章中已有详细阐述(表 7-7)。

表 7-7　不同标准使用动态计算方法的比较

	JGJ 134		JGJ 75		GB 50189	
	2001 版	2010 版	2003 版	2012 版	2005 版	2015 版
节能率目标	50%	50%	50%		50%	65%
性能化方法名称	节能综合指标限值法	对比评定法	对比评定法		权衡判断法	

	JGJ 134		JGJ 75		GB 50189	
	2001 版	2010 版	2003 版	2012 版	2005 版	2015 版
对比对象	与典型住宅（基准建筑）的能耗对比	与参照建筑能耗对比	与参照建筑能耗对比		与参照建筑能耗对比	
考核指标	采暖和空调耗电量指标之和（kW·h/m²）	参照建筑的采暖和空调耗电量指标之和（kW·h/m²）	参照建筑的空调采暖年耗电量EC(或年耗电指数ECF)		参照建筑的采暖、空气调节能耗	
计算工具	DOE-2	DOE-2	DOE-2		DOE-2	

实现动态计算的关键条件有两个：典型气象年的逐时气象数据资料和计算工具。

1. 气象数据资料

动态能耗模拟程序需要有典型气象年的全年 8760 小时的逐时气象资料。典型气象年是以近 30 年的月平均值为依据，从近 10 年的资料中选取 1 年各月接近 30 年的平均值作为典型气象年。

编制 JGJ 134—2001 标准时，气象资料只有中国建筑科学研究院通过与美国能源部的劳伦斯伯克利国家实验室（LBNL）的技术合作开发的 26 个中国城市的，并且原始气象资料还来自国际地表面气象观察站（ISWO），气象记录数据也并非逐时测量，而是每间隔 3 h 的记录值，然后利用插值算法计算得出逐时数据①。目前所用的则是 2005 年清华大学与中国气象局合作利

---

① 郎四维.建筑能耗分析逐时气象资料的开发研究[J].暖通空调,2002(4).

用近 10 年的逐时数据建立了 270 个台站的热环境分析数据库①，这是迄今为止覆盖我国台站最多的标准气象年数据库。有了这个数据库，建筑节能动态模拟才成为可能。

2. 计算工具

计算工具即计算机动态模拟计算程序。全年 8760 小时逐时热工计算非人工所能完成，必须借助计算机。我国在编制 JGJ 134—2001 和 JGJ 75—2003 以及 GB 50189—2005 时，均得到美国能源部下属的劳伦斯·伯克利国家实验室的技术支持。国际上得到最广泛应用的动态能耗分析模拟软件 DOE-2 就是由 LBNL 所开发。DOE-2 的功能全面而强大，经过了无数工程的实践检验，是国际上公认的比较准确的能耗分析软件，国际上许多著名的能耗分析软件，如 eQuest、EnergyPlus、DesignBuilder 等均采用 DOE-2 作为计算引擎，重要的是 DOE-2 是免费软件。以上的 3 个标准均是基于该软件编制的，因此 DOE-2 成为了我国建筑节能设计标准的标准计算工具。

当前国内应用最广泛的建筑节能校验和达标分析软件有中国建筑科学研究院开发的 PKPM-PBECA、清华斯维尔 THS-BECS 与天正建筑节能软件 T-BEC 三款软件，它们的工作流程相同，开发思路也相同，只是在操作的界面以及一些细节的处理方面有所不同。这 3 款软件采用的计算引擎均为 DOE-2，足见 DOE-2 对我国建筑节能模拟计算的影响。清华大学开发的具有自主知识产权的计算引擎 DeST 使用人数较少，市场占有率低。

第二节　ASHRAE 90.1 标准中围护结构的三种路径

本书以 ASHRAE 90.1 标准为重点分析美国同类标准中的围护结构系统节能路径。自 2004 版以后，ASHRAE 90.1 路径就没有变化（图 7-5）。

除了围护结构系统外，设备系统的路径也非常明确，重要的 HVAC 和

---

① 中国气象局气象信息中心气象资料室，清华大学建筑技术科学系.中国建筑热环境分析专用气象数据集[M].北京：中国建筑工业出版社，2005.

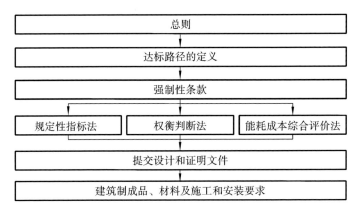

图 7-5 ASHRAE 90.1 建筑围护结构路径示意图

生活热水系统也采用了规定性指标法和性能化设计法相结合的路径(图 7-6、图 7-7)。

与我国标准中的规定性指标法的重要区别是,ASHRAE 90.1 为拟建建筑的符合性达标程序设定了更为严格的前提条件,也就是强制性条款,这与我国的标准中的强制性条文是有区别的。在我国的标准中,自 JGJ 134—2001 开始,我国的建筑节能设计标准就制定了"黑体字标志的条文为强制性条文,必须严格执行"的规定。而实际上这个强制性条文的含义有"无条件执行"和"可选择性执行"两方面的含义。例如气密性指标就属于无条件执行,而体形系数、窗墙比、传热系数等指标就属于选择性执行。因为即便不满足,还可以走第二条道路,即权衡判断或对比评价等。而 ASHRAE 90.1 中强制性条文是除了标准明确例外的情况下,必须要遵守的,无论最后采取哪种路径,这是前提。对围护结构的设计要求如此,对设备系统和照明设计以及生活热水供应系统的设计也同样如此。

我国的《标准化法》和其他一些法律、行政命令赋予了节能设计标准的定位。从法律属性来看,强制性条文属于必须要做或不得不做的规定,包括命令性条文和禁止性条文两类。命令性条文是正面用语,禁止性条文属反面用语。从这个意义上来看,我国建筑节能设计标准中的许多强制性条文并不具有这样的意义,尤其是关于围护结构的规定性条文。因此,在今后的标准更新中,应该注意用词的区别和准确。

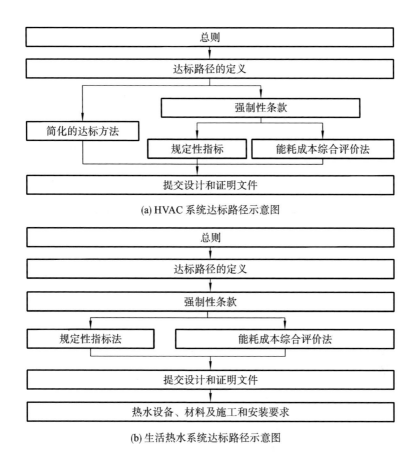

(a) HVAC 系统达标路径示意图

(b) 生活热水系统达标路径示意图

图 7-6 ASHRAE 90.1 HVAC 系统和生活热水系统路径示意图

一、建筑围护结构规定性指标法

prescriptive buildings envelope option 可译为围护结构规定性指标法。如果围护结构各部分的指标满足了规定性的指标，即认为拟建建筑符合节能标准。这与我国的规定性指标法基本类似，但也存在着重要的不同。

按此方法达标首先必须满足 3 个强制性条款，然后须满足 2 个附加条件。

图 7-7　ASHRAE 90.1 电气和照明系统路径示意图

1. 三个强制性条款

（1）保温（insulation）要求。

围护结构各部分，包括透明部分和不透明部分须满足最低的保温要求。

（2）门窗认证（fenestration and doors）要求。

美国的门窗产品出厂时均须经国家注册的实验室检测认证，并永久性地在门窗上标识传热系数（U-factor）、太阳得热系数（Solar Heat Gain Coefficient，SHGC）和可见光透射比（Visible Transmittance，VT）以及气密性指标（air leakage rate）四项指标。这是 EP Act 1992 法案中做出的强制规定。

（3）气密性（air leakage）要求。

美国的建筑材料和建造方式与我国大不相同。材料方面大量采用轻质结构，如木结构和轻钢结构等，在建造方式上大量采用工厂化生产、现场组装的模式，因此围护结构存在着大量的空腔和缝隙，容易造成风渗透。所以

ASHRAE 90.1 标准制定了严格的整体气密性要求。而我国的建筑中易产生风渗透的则多发生在门窗部位,对气密性的要求一般在门窗等开口部位。

2. 两个附加条件

(1)窗墙比。

不分气候区,不分朝向,不分气候分区,垂直外窗总面积不超过外墙总面积的 40%。

(2)天窗窗地比。

ASHRAE 90.1 在 2013 版之前一直规定天窗面积不超过屋顶楼板面积的 5%,从 2016 版开始降低为 3%。超出 3%,就需要权衡判断。

下面以与我国相关标准时间比较接近的 ASHRAE 90.1—2010 以及其最新版本为例,从中选取两个气候区的围护结构设计要求分析其指标设定与我国标准的异同。按照该标准提供的采暖度日数和空调度日数划分气候区标准,气候区 4A 类似于我国寒冷 B 区(北京),3A 类似于我国夏热冬冷地区(武汉)。但也存在着很大不同。相比而言,冬季北京、武汉比 4A 和 3A 气候区更冷,夏天比 4A 和 3A 气候区更热(表 7-8、表 7-9)。

从表 7-10、表 7-11 中可以看出,与我国的建筑节能设计标准相比较,使用规定性指标法时主要具有以下不同点。

(1)ASHRAE 90.1 标准涵盖所有的气候分区,除了 3 层及以下居住建筑外的所有建筑。

(2)没有引入体形系数参数。这使得其指标设定变得简单,相比中国的同类标准显得更粗放。

(3)没有热惰性指标 D 的限值。不同热惰性的构造用重质墙体和轻质墙体分别对应不同的传热系数或热阻。

(4)分非居住类建筑和 4 层及以上的居住建筑两大类。这两大类又统称为商用建筑。两类建筑的性能取值基本一致,有些参数设定非居住类建筑比居住建筑还略高,例如墙体、楼面等。

(5)为半采暖空间单独设定限值。ASHRAE 90.1 标准将建筑室内空间主要划分为 3 类:居住空间、半采暖空间、非居住空间。

表 7-8　ASHRAE 90.1—2010 中气候区 4 的围护结构部分热工性能指标

不透明部分	非居住建筑		居住建筑		半采暖空间	
	围护结构最大设计限值	保温层最小热阻	围护结构最大设计限值	保温层最小热阻	围护结构最大设计限值	保温层最小热阻
屋面						
屋面整体保温	U-0.273	R-3.5 c.i.	U-0.273	R-3.5 c.i.	U-0.982	R-0.9 c.i.
金属屋面	U-0.312	R-2.3+R-2.3	U-0.312	R-2.3+R-2.3	U-0.551	R-1.8
阁楼屋面和其他屋面	U-0.153	R-6.7	U-0.153	R-6.7	U-0.300	R-3.3
地面以上外墙						
重质墙	U-0.592	R-1.7 c.i.	U-0.513	R-2.0 c.i.	U-3.293	NR
金属墙	U-0.477	R-3.3	U-0.476	R-3.3	U-0.761	R-1.8
钢框架墙	U-0.365	R-2.3+R-1.3	U-0.365	R-2.3+R-1.3. c.i	U-0.705	R-2.3
木框架墙和其他类型墙	U-0.504	R-2.3	U-0.365	R-2.3+R-0.7. c.i.	U-0.504	R-2.3
地面以下外墙						
地下室外墙	C-6.473	NR	C-0.678	R-1.3. c.i.	C-6.473	NR

续表

不透明部分	非居住建筑		居住建筑		半采暖空间	
	围护结构最大设计限值	保温层最小热阻	围护结构最大设计限值	保温层最小热阻	围护结构最大设计限值	保温层最小热阻
楼板						
重质楼板	U-0.496	R-1.5 c.i.	U-0.420	R-1.8 c.i.	U-0.780	R-0.7 c.i.
钢龙骨楼板	U-0.214	R-5.3	U-0.214	R-5.3	U-0.390	R-2.3
木龙骨楼板和其他类型	U-0.188	R-5.3	U-0.188	R-5.3	U-0.376	R-2.3
地面						
非采暖区域	F-1.264	NR	F-0.935	R-1.8(0.6m)	F-1.264	NR
采暖区域	F-1.489	R-2.6(0.6m)	F-1.489	R-2.6(0.6m)	F-1.766	R-1.3(0.3m)
不透明门						
平开门	U-3.975		U-3.975		U-3.975	
非平开门	U-2.839		U-2.839		U-8.233	

续表

透明部分 门窗	组件最大传热系数 U	组件最大太阳得热系数 SHGC	组件最大传热系数 U	组件最大太阳得热系数 SHGC	组件最大传热系数 U	组件最大太阳得热系数 SHGC
垂直门窗·窗墙比 0～40%之间						
非金属窗框	U-2.27		U-2.27		U-6.81	
金属窗框（幕墙/店面）	U-2.84	SHGC-0.40	U-2.84	SHGC-0.40	U-6.81	
金属窗框（入户门）	U-4.83		U-4.83		U-6.81	
金属窗框（其他）	U-3.12		U-3.12		U-6.81	
玻璃占屋面面积的百分比						
0～2%	U-6.64	SHGC-0.49	U-5.56	SHGC-0.36	U-11.24	SHGC-NR
2.1%～5.0%	U-6.64	SHGC-0.39	U-5.56	SHGC-0.19	U-11.24	SHGC-NR
透明塑料占屋面面积的百分比						
0～2%	U-7.38	SHGC-0.65	U-7.38	SHGC-0.62	U-10.79	SHGC-NR
2.1%～5.0%	U-7.38	SHGC-0.34	U-7.38	SHGC-0.27	U-10.79	SHGC-NR
天窗整体面积占屋面面积的百分比						
0～2%	U-3.92	SHGC-0.49	U-3.29	SHGC-0.36	U-7.72	SHGC-NR
2.1%～5.0%	U-3.92	SHGC-0.39	U-3.29	SHGC-0.19	U-7.72	SHGC-NR

数据来源：ASHRAE 90.1—2010，TABLE 5.5-4 Building Envelope Requirements for Climate Zone 4 (A、B、C)。

注释：

①这里用的"居住建筑"指的是4层及以上的居住建筑。"非居住建筑"指的是除了4层及以上的居住建筑外的其他建筑。两者统称为商用建筑。适用于3层及以下的住宅建筑由ASHRAE 90.2标准负责。

②半采暖空间是有采暖无空调且采暖强度≥10 W/m²的空间。

③不透明部分围护结构均提供了两项设计参数：一项是围护结构最大传热系数（U-factor），单位为 W/(m²·K)。另一项是保温材料的最小热阻（R-value），单位为(m²·K)/W。设计时可任选其中一列作为设计限值。要求保温材料连续，没有冷桥。c.i.即要求保温材料是连续的。一般而言，U值适用于轻质围护结构；R值适用于重质的复合构造的围护结构，只需考虑保温材料的保温性能。表中有两项热阻R中的数据，分别指的是采用双层构造的各层要求。

④地面热阻R中的数据指的是部分地面在地下室外墙面的范围。该范围内R值有特殊要求。

⑤F是F-factor，表示周边地面热损失系数，单位为W/(m·K)。通常只对外墙在一定范围内有此设计要求。

⑥NR指对保温没有要求。

⑦太阳辐射得热系数SHGC的定义为：通过窗进入室内的太阳得热量与太阳入射辐量之比。我国采用的外窗遮阳系数SC的定义为：在给定条件下，太阳辐射透过窗玻璃所形成的室内得热量与太阳辐射得热量之比。两者不是同一概念。其换算关系为：SC＝1.15xSHGC。

⑧屋面整体保温体指的是保温材料在屋面结构的上方，与相同空气气温同层。

⑨金属屋面指屋面结构和敷面材料为金属。通常有三种方式：金属屋面直接固定在钢龙骨上，保温材料在结构层下方；金属屋面与敷面材料复合板。没有保温复合板：直接用保温复合板。

⑩阁楼屋面和其他屋面：美国采暖地区斜屋面非采暖阁楼通常其保温材料敷设在吊顶的上方或下方，而不在斜屋面，这样称为冷屋面。这样可以降低积雪雪融化的可能性。并起到阁楼保温作用。

⑪重质墙体：墙体材料的蓄热系数HC超过143kJ/(m²·k)或102kJ/(m²·k)。但容重不大于1920kg/m³的墙。重质楼板的蓄热系数和容重要求与此相同。

⑫金属墙体：面层和结构构体均是金属的墙体。但不包含幕墙系统的金属和玻璃面板。

⑬钢框架墙体：具有保温或其他方式形成空腔的墙，其外表面与金属龙骨构件隔开。典型的如轻钢龙骨墙体和幕墙。

表 7-9 ASHRAE 90.1—2010 中气候区 3 的围护结构部分热工性能指标

不透明部分	非居住建筑		居住建筑		半采暖空间	
	围护结构最大设计限值	保温层最小热阻	围护结构最大设计限值	保温层最小热阻	围护结构最大设计限值	保温层最小热阻
屋面						
屋面整体保温	U-0.273	R-3.5 c.i.	U-0.273	R-3.5 c.i.	U-0.982	R-0.9 c.i.
金属屋面	U-0.312	R-2.3+R-2.3	U-0.312	R-2.3+R-2.3	U-0.551	R-1.8
阁楼屋面和其他屋面	U-0.153	R-6.7	U-0.153	R-6.7	U-0.300	R-3.3
地面以上外墙						
重质墙	U-0.701	R-1.3 c.i.	U-0.592	R-1.7 c.i.	U-3.293	NR
金属墙	U-0.477	R-3.3	U-0.476	R-3.3	U-0.642	R-2.3
钢框架墙	U-0.479	R-2.3+R-0.7	U-0.365	R-2.3+R-1.3 c.i.	U-0.705	R-2.3
木框架墙和其他类型墙	U-0.504	R-2.3	U-0.504	R-2.3	U-0.504	R-2.3
地面以下外墙						
地下室外墙	U-6.473	NR	C-6.473	NR	C-6.473	NR

续表

不透明部分	非居住建筑		居住建筑		半采暖空间	
	围护结构最大设计限值	保温层最小热阻	围护结构最大设计限值	保温层最小热阻	围护结构最大设计限值	保温层最小热阻
楼板						
重质楼板	U-0.606	R-1.1	U-0.496	R-1.5	U-1.825	NR
钢龙骨楼板	U-0.296	R-3.3	U-0.296	R-3.3	U-0.390	R-2.3
木龙骨楼板和其他类型	U-0.288	R-3.3	U-0.188	R-5.3	U-0.376	R-2.3
地面						
非采暖区域	F-1.264	NR	F-1.264	NR	F-1.264	NR
采暖区域	F-1.558	R-1.8(0.6m)	F-1.558	R-1.8(0.6m)	F-1.766	R-1.3(0.3m)
不透明门						
平开门	U-3.975		U-3.975		U-3.975	
非平开门	U-8.233		U-2.839		U-8.233	

续表

透明部分门窗	组件最大传热系数 U	组件最大太阳得热系数 SHGC	组件最大传热系数 U	组件最大太阳得热系数 SHGC	组件最大传热系数 U	组件最大太阳得热系数 SHGC
垂直门窗·窗墙比 0～40%						
非金属窗框	U-3.69	SHGC-0.25	U-3.69	SHGC-0.25	U-6.81	SHGC-NR
金属窗框（幕墙/店面）	U-3.41	SHGC-0.25	U-3.41	SHGC-0.25	U-6.81	SHGC-NR
金属窗框（入户门）	U-5.11	SHGC-0.25	U-5.11	SHGC-0.25	U-6.81	SHGC-NR
金属窗框（其他）	U-3.69	SHGC-0.25	U-3.69	SHGC-0.25	U-6.81	SHGC-NR
玻璃占屋面面积的百分比						
0～2%	U-6.64	SHGC-0.39	U-6.64	SHGC-0.36	U-11.24	SHGC-NR
2.1%～5.0%	U-6.64	SHGC-0.19	U-6.64	SHGC-0.19	U-11.24	SHGC-NR
透明塑料占屋面面积的百分比						
0～2%	U-7.38	SHGC-0.65	U-7.38	SHGC-0.27	U-10.79	SHGC-NR
2.1%～5.0%	U-7.38	SHGC-0.34	U-7.38	SHGC-0.27	U-10.79	SHGC-NR
天窗整体面积占屋面面积的百分比						
0～2%	U-3.92	SHGC-0.39	U-3.92	SHGC-0.36	U-7.72	SHGC-NR
2.1%～5.0%	U-3.92	SHGC-0.19	U-3.92	SHGC-0.19	U-7.72	SHGC-NR

数据来源：ASHRAE 90.1—2010，TABLE 5.5-3 Building Envelope Requirements for Climate Zone 3 (A、B、C)

注释同表7-8。

表7-10 ASHRAE 90.1—2016中气候区4的围护结构部分热工性能指标

不透明部分	非居住建筑		居住建筑		半采暖空间	
	围护结构最大设计限值	保温层最小热阻	围护结构最大设计限值	保温层最小热阻	围护结构最大设计限值	保温层最小热阻
屋面						
屋面整体保温	U-0.184	R-5.3 c.i.	U-0.184	R-5.3 c.i.	U-0.527	R-1.8 c.i.
金属屋面	U-0.210	R-3.3+R-1.9Ls 或4-4.4+R-1.4	U-0.210	R-3.3+R-1.9Ls 或4-4.4+R-1.4	U-0.466	R-3.3
阁楼屋面和其他屋面	U-0.119	R-8.6	U-0.119	R-6.7	U-0.192	R-5.3
地面以上外墙						
重质墙	U-0.592	R-1.7 c.i.	U-0.513	R-2.0 c.i.	U-3.293	NR
金属墙	U-0.341	R-0+R-2.8 c.i.	U-0.286	R-0+R-3.3 c.i.	U-0.920	R-2.3
钢框架墙	U-0.365	R-2.3+R-1.3 c.i.	U-0.365	R-2.3+R-1.3 c.i.	U-0.705	R-2.3
木框架墙和其他类型墙	U-0.365	R-2.3+R-0.7 c.i. 或 R-3.5	U-0.365	R-2.3+R-0.7 c.i. 或 R-3.5	U-0.504	R-2.3
地面以下外墙						
地下室外墙	C-0.678	R-1.3 c.i.	C-0.522	R-1.8 c.i.	C-6.473	NR

续表

不透明部分	非居住建筑		居住建筑		半采暖空间	
	围护结构最大设计限值	保温层最小热阻	围护结构最大设计限值	保温层最小热阻	围护结构最大设计限值	保温层最小热阻
楼板						
重质楼板	U-0.321	R-2.6 c.i.	U-0.287	R-2.9 c.i.	U-0.606	R-1.1 c.i.
钢龙骨楼板	U-0.214	R-5.3	U-0.214	R-5.3	U-0.296	R-3.3
木龙骨楼板和其他类型	U-0.188	R-5.3	U-0.188	R-5.3	U-0.288	R-3.3
地面						
非采暖地面	F-0.900	R-2.6(0.6m)	F-0.900	R-2.6(0.6m)	F-1.264	NR
采暖地面	F-1.489	R-2.6(0.6m)	F-1.191	R-3.5(1.2m)	F-1.588	R-1.8(0.6m)
不透明门						
平开门	U-2.101		U-2.101		U-2.101	
非平开门	U-1.760		U-1.760		U-2.044	

续表

透明部分·门窗	组件最大传热系数 U	组件最大太阳得热系数 SHGC	组件最小 VT/SHGC	组件最大传热系数 U	组件最大太阳得热系数 SHGC	组件最小 VT/SHGC
垂直门窗·窗墙比 0~40%						
非金属框（固定扇）	U-1.76	所有框类型	所有框类型	U-6.81	所有框类型	所有框类型
金属框（固定扇）	U-2.16			U-6.81		
金属框（可开启）	U-2.61	0.36	1.10	U-6.81	NR	NR
金属框（入户门）	U-3.86			U-6.81		
天窗面积占屋面面积（0~3%）						
所有类型	U-2.84	0.40	NR	U-6.53	NR	NR

数据来源：ASHRAE 90.1—2012，TABLE 5.5-4 Building Envelope Requirements for Climate Zone 4 (A、B、C)。

注释：

①相比 ASHRAE 90.1—2010，不透明部分是一致的，透明部分（门窗）的设计要求做了调整：一是增加了 VT/SHGC 参数要求；二是简化了天窗的设计要求，并且将天窗面积占屋面面积的限值从最高 5% 降低为 3%。

②VT 为可见光透射比。通过门窗进入室内空间的可见光辐射与入射可见光辐射的比值，无量纲。VT/SHGC 的值表征门窗透过光与热的物理性能。

③Ls 指的是安装在横条下方连续的，没有被龙骨打断的薄膜。通常未压缩的保温材料设置于薄膜上方的横条之间。

④其余注释同表 7-8。

表7-11　ASHRAE 90.1—2016中气候区3的围护结构部分热工性能指标

不透明部分	非居住建筑		居住建筑		半采暖空间	
	围护结构最大设计限值	保温层最小热阻	围护结构最大设计限值	保温层最小热阻	围护结构最大设计限值	保温层最小热阻
屋面						
屋面整体保温	U-0.220	R-4.4 c.i.	U-0.220	R-4.4 c.i.	U-0.677	R-1.3 c.i.
金属屋面	U-0.233	R-1.8+R-3.3FC	U-0.233	R-1.8+R-3.3FC	U-0.545	R-2.8
阁楼屋面和其他屋面	U-0.153	R-6.7	U-0.153	R-6.7	U-0.300	R-3.3
地面以上外墙						
重质墙	U-0.701	R-1.3 c.i.	U-0.592	R-1.7 c.i.	U-3.293	NR
金属墙	U-0.533	R-0+R1.7 c.i.	U-0.410	R-0+R2.3 c.i.	U-0.920	R-2.3
钢框架墙	U-0.435	R-2.3+R-0.9 c.i.	U-0.365	R-2.3+R-1.3 c.i.	U-0.705	R-2.3
木框架墙和其他类型墙	U-0.504	R-2.3	U-0.365	R-2.3+R-0.7 c.i 或 R-3.5	U-0.504	R-2.3
地面以下外墙						
地下室外墙	U-6.473	NR	C-6.473	NR	C-6.473	NR

续表

不透明部分	非居住建筑		居住建筑		半采暖空间	
	围护结构最大设计限值	保温层最小热阻	围护结构最大设计限值	保温层最小热阻	围护结构最大设计限值	保温层最小热阻
楼板						
重质楼板	U-0.420	R-1.8 c.i.	U-0.420	R-1.8 c.i.	U-1.825	R-0.7 c.i.
钢龙骨楼板	U-0.214	R-5.3	U-0.214	R-5.3	U-0.390	R-3.3
木龙骨楼板和其他类型	U-0.188	R-5.3	U-0.188	R-5.3	U-0.376	R-3.3
地面						
非采暖地面	F-1.264	NR	F-0.935	R-1.8 (0.6m)	F-1.264	NR
采暖地面	F-1.489	R-2.6(0.6m)	F-1.489	R-2.6(0.6m)	F-1.766	R-1.3(0.3m)
不透明门						
平开门	U-2.101		U-2.101		U-2.101	
非平开门	U-1.760		U-1.760		U-2.044	

续表

透明部分门窗	组件最大传热系数U	组件最大太阳得热系数SHGC	组件最小VT/SHGC	组件最大传热系数U	组件最大太阳得热系数SHGC	组件最小VT/SHGC	组件最大传热系数U	组件最大太阳得热系数SHGC	组件最小VT/SHGC
垂直门窗,窗墙比 0~40%									
非金属框	U-1.87	所有框类型 0.25	所有框类型 1.10	U-1.99	所有框类型 0.25	所有框类型 1.10	U-4.94	NR	NR
金属框(固定窗)	U-2.56			U-2.78			U-6.81		
金属框(可开启)	U-3.41			U-3.41			U-6.81		
金属框(入户门)	U-4.37			U-3.86			U-4.37		
天窗面积占屋面面积(0~3%)									
所有类型	U-3.12	0.35	NR	U-3.12	0.35	NR	U-9.65	NR	NR

数据来源:ASHRAE 90.1—2016,TABLE 5.5-3 Building Envelope Requirements for Climate Zone 3 (A、B、C)

注释同表 7-10。

（6）为围护结构不透明部分设立了两种限值：一是构件的最大传热系数；二是保温材料的最小热阻。实际应用时，根据拟建建筑的特性选用其一即可。建筑构件最大传热系数是综合了围护结构各构造层后的传热系数，这适用于重质的复合构造。而保温层最小热阻仅单独考虑保温材料的热阻，不再计量其他构造层的保温隔热性能，这适合轻质结构。例如木结构或轻钢结构，起主要作用的是连续的保温材料的性能，而其他如骨架或者保护保温材料的饰面装饰层等所起的作用很小，如果计算在内，贡献不大，徒增工作量。

（7）垂直门窗不分朝向，最大窗墙比≤0.4。不以窗墙比的大小细分其最大传热系数值，而是根据窗框用料的不同及应用部位划分为 4 档。

（8）ASHRAE 90.1—2016 相较于 ASHRAE 90.1—2010，在透明部分的设计指标上做了简化。同时将天窗的窗顶比限值从 5% 调整到 3%。

二、围护结构权衡判断法

building envelope trade-off option 相当于我国的围护结构热工性能权衡判断。应用该方法同样需要先满足 3 个强制性条款。对于建筑的围护结构设计而言，可改变的主要有门窗的设计，并且只能改变窗墙比和窗地比，其保温性能是必须要满足的。窗地比影响的多数只是顶层或者中庭，窗墙比则影响建筑形式。例如，设计大窗户或玻璃幕墙，就需采用本办法达标。由于美国标准并未设定明确的节能率目标，也没有明确能耗强度指标，因此权衡判断并不以采暖耗热量强度或者空调耗电量强度指标及两者之和等为判据，而是以围护结构性能因子（envelope performance factor，EPF）为判据。在满足 3 个强制性条款并满足设计建筑的 EPF 小于等于参照建筑的 EPF 时，该建筑即被认为符合设计标准。

在进行 EPF 计算时，该标准引入了一个概念——基准设计（base design）。这是一个与参照建筑（reference building 或 budget building）非常相似的概念，其围护结构性能用基准维护结构性能因子（base envelope

performance factor）表示。基准设计（base design）与拟建设计（proposed design）相对应，围护结构热工性能权衡判断主要是比较拟建建筑与基准建筑的围护结构性能因子。

在计算 EPF 时，需按照每个围护结构构件分别计算围护结构性能因子的差异。这个差异是指拟建建筑的围护结构性能因子和基准建筑的围护结构性能因子之间的不同。围护结构构件包括不透明的屋顶、地面以上墙面、不透明的门、地下室墙体、楼板和地面，以及透明的垂直窗和天窗。计算参数的设定上与我国标准中参照建筑的设定要求几乎是一致的。

基准设计和实际设计的计算参数按以下要求设定：

（1）几何参数的设定上两者保持完全一致，例如三维尺寸、建筑面积、空间分类和功能等；

（2）物理参数上，基准设计的不透明部分须满足规定性指标中的传热系数限值，重质墙体的蓄热系数则要求保持与拟建建筑一致；

（3）在外窗的窗墙比设定上，两者应保持一致。按照是否有空间采暖空调的 3 个分类中，如果基准设计的任一分类空间的窗墙比超过 40%，就需要按照同一比例降低窗墙比，使这个分区内的窗墙比精确地等于 40%；

（4）天窗的设定原则与外窗的设定基本一致；

（5）基准围护结构的外门窗的传热系数、太阳得热系数及可见光透射系数须满足规定性指标中的限值；

（6）两者的屋顶参数均需满足太阳反射率和辐射率要求。

围护结构性能因子的计算是一个非常繁复的过程，要综合考虑采暖、空调、照明等对围护结构的影响，需要大量的基础数据。在进行计算时不仅需要计算拟建建筑的实际朝向的 EPF 值，还需要将建筑整体旋转 90°、180° 和 270°，分别计算，然后取 4 个结果的 EPF 算术平均值。

其计算式如下：

$$EPF = FAF \times \left[\sum HVAC_{surface} + \sum Lighting_{zone} \right]$$

式中：

FAF = floor area factor for the entire building/building floor area factor，建筑面积因子。

$\sum \text{HVAC}_{\text{surface}}$——采暖空调通风系统对每一个围护结构面的影响总和。

$\sum \text{Lighting}_{\text{zone}}$——照明对每一个采暖和空调分区的影响总和。

在实际的符合性检查工作中，一般采用诸如 COMcheck^{TM} 和 RECcheck^{TM} 这样的符合性检验工具，这些工具均由美国能源部免费提供。COMcheck^{TM} 适合商用建筑，可以检查 ASHRAE 90.1 和 IECC，以及部分州的标准。RECcheck^{TM} 则适合 3 层及以下的居住建筑，可以检查 IECC 及部分州的地方标准。这两款软件可以检查设计建筑所对应的标准中的所有条文，不仅包括围护结构，还包括各种采暖空调通风设备、照明、生活热水系统等，甚至还可以为项目的不同阶段分别生成不同的检查表。软件包含了大量关于材料、建筑产品和设备的数据库，以检验设计建筑所选材料、建筑产品和设备参数取值的真实性，也大大方便了设计者。

在比较中美两国标准中的权衡判断方法后发现，我国标准中的权衡判断与美国标准中的权衡判断有着不同的含义。在术语的实际内涵和使用上存在着很大的差别，很难一一对应起来。例如在 JGJ 26—2010[①] 和 GB 50189—2005[②] 中使用权衡判断与上述的 ASHRAE 90.1 中的权衡判断，其内容和用法就存在着很大的差异。最重要的不同在于我国的权衡判断需要进行能耗计算，计算方法也与 ASHRAE 90.1 有很大的不同。这样，因同样的术语有不同的内涵和用法，在进行国际学术交流时就会遇到障碍。

相同的是两国的权衡判断均只针对围护结构的性能，不涉及设备系统。不同的是，在进行权衡判断时我国的标准没有先决性条件[③]，并且使用的计

----

① JGJ 26—2010 标准中没有"权衡判断"的英译名词，北京地方标准 DB 11-891—2012 中的权衡判断法英译为 building envelope thermal performance trade-off，与 ASHRAE 90.1 相似。

② GB 50189—2005 中的权衡判断法的英译为 building envelope trade-off option，与 ASHRAE 90.1 完全一致。

③ 早期标准没有，新近修订的标准开始也设立了先决条件。

算方法也大不相同。美国 ASHRAE 90.1 标准基本上只能对应窗墙比的超标进行权衡,而我国标准则可对窗墙比之外的传热系数、体形系数进行综合权衡。计算方法上,JGJ 26—2010 使用稳态传热的计算方法,GB 50189—2005 中的权衡判断则使用动态的计算方法,如何计算则全交由软件执行,而这种动态的计算方法在 ASHRAE 90.1 标准中则是第三种路径才采用的方法。

三、能耗成本综合评价法

建筑围护结构规定性指标法和围护结构权衡判断法两种路径已能应对绝大部分的建筑。但是,当扩建一个项目,新旧部分的围护结构各项性能不同时,前两种方法都无效,此时就须采用能耗成本综合评价法 energy cost budget method 进行校验。该方法是规定性条款方法的替代解决方法。

使用该方法,拟建建筑需满足以下条件才被认为达到节能标准:

(1) 满足围护结构、HVAC 系统、热水系统、电力、照明和其他设备(包括电力发动机、电梯、升压水泵等)的强制性条款;

(2) 拟建建筑的模拟能源消耗水平不超过参照建筑的能源消耗水平;

(3) 拟建建筑的各组成部分的能效水平需达到或超过用于模拟计算的参照建筑的各组成部分的能效水平。

ASHRAE 90.1 标准十分详细地列出了在建立设计建筑和参照建筑的计算模型时的各项要求,还要求输入建筑所用能源(不包含可再生能源)的购买价格。标准还对用于模拟计算的软件的性能提出了要求。也就是说,采用本途径才会用到能耗模拟软件。第二种路径还只是使用 ComCheck 或 ResCheck 达标检查工具,也就是数据核对的工作。

使用该方法需要向审核机关提交包含以下信息的报告:

(1) 拟建建筑和参照建筑的模拟能源消耗计算结果;

(2) 与能耗相关的建筑各个部分的性能列表,并能表示设计建筑和参照建筑的各项区别;

（3）从模拟软件得到的设计建筑和参照建筑的能耗组成的输入和输出数据报告，至少包括照明、室内设备负载、热水设备信息、采暖设备信息、空调设备信息、风扇和其他设备信息（如水泵）等；

（4）一份模拟程序中提示的出错信息的说明。

我国标准中的权衡判断法和对比评定法[①]，从内容上来看，更接近于上述的 ASHRAE 90.1 的能耗成本综合评价法。它与我国标准中权衡判断法或者对比评价法相比，有以下特点（表 7-12）。

（1）ASHRAE 90.1 的能耗成本综合评价法路径才使用动态模拟程序进行能耗水平的计算。我国标准中没有与第二种路径相对应的方法。

（2）ASHRAE 90.1 的能耗成本综合评价法全面考核设计建筑的大部分能耗，不仅考核通过围护结构的能耗和 HVAC 系统的能耗，还考核照明系统、热水系统、电梯等的能耗；我国标准中的权衡判断法或者对比评定法均只考核采暖和空调能耗中的一项或两项。

（3）ASHRAE 90.1 的能耗成本综合评价法建立计算模型的要求比我国标准中对参照建筑的设定要求要详细得多。

（4）ASHRAE 90.1 的能耗成本综合评价法将建筑的能耗作为一个整体看待，不再区分围护结构的节能和设备系统的节能，也不设定各自分担的节能比例。

与上述对比可以看出，我国标准中的权衡判断法或者对比评定法可以说是能耗成本综合评价法的简化版本。

如果设计者想知道设计建筑的详细能耗水平，以及到底超过标准设定基准的多少，就需要使用其他方法。ASHRAE 90.1 还提供了性能评定方法，它可以评价超过本标准设定的能效水平的建筑设计的性能指数，但它不是一种达标方法。

---

① JGJ 75—2003 标准中"对比评定法"英译为 custom budget method，术语与 ASHRAE 90.1 基本一致；JGJ 26—2010 标准中的"对比评定法"没有对应英译名词。

表 7-12 ASHRAE 90.1—2010 围护结构达标途径

	建筑围护结构达标途径		
强制性条款	保温要求。必须满足该标准 5.8.1 至 5.8.8 中的建筑围护结构要求的保温要求。门窗要求。要求门窗产品必须达到的传热系数（U-factor）、太阳得热系数（SHGC）、可见光透射系数（VT）和气密性要求。要求产品附有国家认证标签。气密性要求。要求全部的围护结构均须达到气密性标准		
三种达标途径	规定性指标法	围护结构性能权衡判断法	能耗成本综合评价法
主要内容	规定性要求。包括两个方面：透明部分和不透明部分。每一个气候分区一个表格涵盖所有的规定性要求。大部分构件提供了两个值供选。设计者只需满足其中一个即可：构件的最大传热系数和保温材料最小热阻	满足 5.1、5.4、5.5、7 和 5.8，同时所满足围护结构能性能综合评价的该小于或等于目标建筑综合评价值；围护结构性能要素用附录 C 的方法计算	更灵活的达标方法。给了建筑师更大的设计自由
适用条件	①满足规定性要求；②垂直外窗窗墙比不超过 40%，不分气候区；③天窗的窗地比不超过 5%，不分气候区	①当不满足规定性要求时；②不满足垂直窗墙比和天窗窗地比	当不适用于前两种途径时

第三节　美国 IECC 标准中的围护结构 的两种路径

自 IECC—2006 以后,IECC 的路径就相对固定下来。因此,本节所述 IECC 的路径指的是 IECC—2006、IECC—2009 和 IECC—2012 三个版本的 路径,并以 IECC—2012 为主。

IECC 的影响力逐渐增强,特别是在 3 层及以下的居住建筑中。IECC 涵盖了所有的有采暖和空调设备的建筑,应用范围比 ASHRAE 90.1 多了 3 层及以下的住宅。该标准因此也分为两大部分:一部分适用于商用建筑;另 一部分适用于 3 层及以下的居住建筑。两部分的路径既有相同之处,也有差 异,也与 ASHRAE 90.1 不同。

需要说明的是,在 ASHRAE 90.1 标准和 IECC 标准当中,对于居住建 筑和非居住的定义是有区别的,例如在 ASHRAE 90.1 标准中,病房被认为 是居住用途,而在 IECC 中则被认为是商用用途,因为病房并非供家庭居住。 旅馆/汽车旅馆在 ASHRAE 90.1 标准中被当做居住建筑,而在 IECC 中则 被当做商用建筑。这一区别也导致同一建筑在两个标准中适用不同的 条款。

IECC 的围护结构达标的规定性指标法几乎与 ASHRAE 90.1 中的一 致,而 IECC 性能化的路径在居住建筑中使用 simulated performance alternative,在商用建筑中使用 total building performance,实质上是将 ASHRAE 90.1 中的后两种途径合并为一种,也就是我国标准中所说的性能 化方法,需要使用模拟软件进行验算。

在使用 IECC 规定性指标法时,需满足的强制性条要求与 ASHRAE 90.1 不同。ASHRAE 90.1 将围护结构所有部分的保温要求均作为强制性 条款,而 IECC 自 2009 版后的适用于 3 层及以下的居住建筑只将气密性和 门窗部分的传热系数和太阳得热系数三项作为强制性条款,而商用建筑自 2009 版后仅将气密性作为强制要求,其余的均可调整。相比而言,对于围护 结构的设计,IECC 比 ASHRAE 90.1 有更大的灵活性(表 7-13)。

表 7-13　IECC—2006 至 2018 标准围护结构规定性指标法的要求

		强制性设计要求	规定性设计要求
IECC—2006	居住建筑	402.4 气密性 402.5 湿度控制 402.6 门窗最大传热系数和最大太阳得热系数	402.1.1 保温和门窗设计标准 402.1.2 热阻计算规则 402.1.3 传热系数等效法 402.1.4 面积传热系数等效法 402.2 特定部位围护结构热工设计参数 402.3 门窗的热工设计参数
	商用建筑	502.4 气密性 502.5 湿度控制	502.1.1 保温和门窗设计标准 502.2 不透明部位围护结构热工设计参数 502.3 门窗的热工设计参数
IECC—2009	居住建筑	402.4 气密性 402.5 门窗最大传热系数和最大太阳得热系数	402.1.1 保温和门窗设计标准 402.1.2 热阻计算规则 402.1.3 传热系数等效法 402.1.4 面积传热系数等效法 402.2 特定部位围护结构热工设计参数 402.3 门窗的热工设计参数
	商用建筑	502.4 气密性	502.1.1 保温和门窗设计标准 502.1.2 传热系数等效法 502.2 特定部位围护结构热工设计参数 502.3 门窗的热工设计参数

续表

		强制性设计要求	规定性设计要求
IECC—2012	居住建筑	402.4 气密性 402.5 SHGC 门窗最大传热系数和最大太阳得热系数	402.1.1 保温和门窗设计标准 402.1.2 热阻计算规则 402.1.3 传热系数等效法 402.1.4 面积传热系数等效法 402.2 特定部位围护结构热工设计参数 402.3 门窗的热工设计参数
	商用建筑	402.4 气密性	402.1.1 保温和门窗设计标准 402.1.2 传热系数等效法 402.2 特定部位围护结构热工设计参数 402.3 门窗的热工设计参数
IECC—2015	居住建筑	401.3 对部分建筑材料和设备的强制认证要求 402.4 围护结构气密性要求	402.1.1 围护结构防水汽渗透要求 402.1.2 保温和门窗设计要求 402.1.3 热阻计算规则 402.1.4 传热系数等效法 402.1.5 面积传热系数等效法 402.2 特定部位围护结构热工设计参数 402.3 门窗的热工设计参数

续表

		强制性设计要求	规定性设计要求
	商用建筑	402.5 围护结构气密性要求	402.1.1 保温和门窗标准 402.1.2 传热系数等效法 402.2 特定部位围护结构热工设计参数 402.3 屋顶太阳反射系数和热透射系数 402.4 门窗的热工设计参数
IECC—2018	居住建筑	401.3 对部分建筑材料和设备的强制认证要求 402.4 围护结构气密性要求 402.5 门窗最大传热系数和太阳得热系数	402.1.1 围护结构防水汽渗透要求 402.1.2 保温和门窗设计要求 402.1.3 热阻计算规则 402.1.4 传热系数等效法 402.1.5 面积传热系数等效法 402.2 特定部位围护结构热工设计参数 402.3 门窗的热工设计参数
	商用建筑	402.5 围护结构气密性（强制性）要求	402.1.1 保温和门窗设计标准 402.1.2 传热系数等效法 402.2 特定部位围护结构热工设计参数 402.3 屋顶太阳反射系数和热透射系数 402.4 门窗的热工设计参数

资料来源：IECC—2006、IECC—2009、IECC—2012、IECC—2015 和 IECC—2018 五个版本标准统计。

下面同样以气候区 4B 和 3A 两个气候区为例说明 IECC—2012(与我国的同类标准时间比较接近)标准中对围护结构规定性指标的设定(表 7-14 至表 7-17)。

　　IECC 标准将门窗部分的设计要求单独列表,见表 7-18、表 7-19。

　　上两个表的传热系数 U-factor 单位是英制单位 Btu/(h·ft²·℉),与公制单位换算关系是:1Btu/(h·ft²·℉)＝5.67826 W/(m²·K)。

　　IECC—2018 与 IECC—2012 相比,除了增加不同朝向不同窗墙比的太阳得热系数的参数外,其他没有变化。

　　与 ASHRAE 90.1—2010 的规定性指标相比,IECC 要求如下。

　　(1) IECC 的围护结构指标设定项目,包括不透明部分和透明部分,基本一致。

　　(2) 两个标准的设计参数设定也基本保持一致,在某些参数上 IECC—2012 要稍严于 ASHRAE 90.1—2010。

　　(3) 两个标准不同气候区的设计参数设定差异要远小于我国的标准。例如屋面传热系数,在 IECC—2012 中最热的建筑气候分区 1(佛罗里达南部)是 0.273 W/(m²·K),最冷的建筑气候分区 9(阿拉斯加)也只有 0.159 W/(m²·K);重质外墙的传热系数建筑气候分区 1 是 0.806 W/(m²·K),建筑气候分区 9 是 0.346 W/(m²·K);外窗建筑气候分区 1 是 3.69 W/(m²·K),建筑气候分区 9 是 2.10 W/(m²·K)。ASHRAE 90.1—2010 与此保持基本一致。

　　(4) 一个气候区内一种建筑类型(居住和非居住两种)只提供一套参数组合,在这点上美国两个标准是一致的。这给设计者和检查者都提供了方便,而我国标准中使用规定性指标路径时的参数组合可能性要复杂得多。

　　值得提醒的是,从 IECC—1998(第一版)开始,在商用建筑设计方面均将 ASHRAE 90.1 标准视为 IECC 标准的另一种解决方案:如果设计建筑(商用建筑)满足了 ASHRAE 90.1 标准,IECC 也认为该建筑满足了 IECC 的要求。但是反过来,ASHRAE 90.1 标准并没有这样的说明:满足了 IECC 的要求也视为满足了 ASHRAE 90.1 标准的要求。

表7-14 IECC—2012 围护结构不透明部分热工性能指标（基于传热系数的设计参数限值）

建筑气候分区	1 其他建筑	1 居住建筑	2 其他建筑	2 居住建筑	3 其他建筑	3 居住建筑	4（除海洋性气候区外）气候区 其他建筑	4 居住建筑	5 和 4 区中的海洋性气候区 其他建筑	5 居住建筑	6 其他建筑	6 居住建筑	7 其他建筑	7 居住建筑	8 其他建筑	8 居住建筑
屋面																
屋面整体保温	U-0.273	U-0.273	U-0.273	U-0.273	U-0.273	U-0.273	U-0.221	U-0.221	U-0.221	U-0.221	U-0.182	U-0.182	U-0.159	U-0.159	U-0.159	U-0.159
金属屋面	U-0.250	U-0.199	U-0.199	U-0.199	U-0.199	U-0.199	U-0.199	U-0.199	U-0.199	U-0.199	U-0.176	U-0.176	U-0.165	U-0.165	U-0.165	U-0.165
阁楼屋面和其他屋面	U-0.153	U-0.153	U-0.153	U-0.153	U-0.153	U-0.153	U-0.153	U-0.153	U-0.153	U-0.153	U-0.119	U-0.119	U-0.119	U-0.119	U-0.119	U-0.119
地面以上外墙																
重质墙	U-0.806	U-0.806	U-0.806	U-0.698	U-0.625	U-0.591	U-0.591	U-0.511	U-0.443	U-0.443	U-0.443	U-0.403	U-0.346	U-0.346	U-0.346	U-0.346
金属墙	U-0.449	U-0.449	U-0.449	U-0.449	U-0.449	U-0.295	U-0.295	U-0.295	U-0.295	U-0.295	U-0.295	U-0.295	U-0.295	U-0.221	U-0.221	U-0.221
金属骨架墙	U-0.449	U-0.449	U-0.437	U-0.363	U-0.363	U-0.363	U-0.363	U-0.363	U-0.363	U-0.363	U-0.363	U-0.324	U-0.363	U-0.295	U-0.256	U-0.256
木骨架墙和其他类型墙	U-0.363	U-0.363	U-0.363	U-0.363	U-0.363	U-0.363	U-0.363	U-0.363	U-0.363	U-0.363	U-0.363	U-0.290	U-0.290	U-0.290	U-0.204	U-0.204
地面以下外墙																
地下室外墙	C-6.473	C-6.473	C-6.473	C-6.473	C-6.473	C-6.473	C-0.676	C-0.676	C-0.676	C-0.676	C-0.676	C-0.676	C-0.522	C-0.522	C-0.522	C-0.522

续表

建筑气候分区	1		2		3		4(除海洋性气候区外)		5和4区中的海洋性气候区		6		7		8	
	其他建筑	居住建筑	其他建筑	居住建筑	其他建筑	居住建筑	其他建筑	居住建筑	其他建筑	居住建筑	其他建筑	居住建筑	其他建筑	居住建筑	其他建筑	居住建筑
楼面																
与室外空气接触的重质楼面	U-1.828		U-0.608	U-0.494	U-0.432	U-0.432	U-0.432	U-0.420	U-0.420	U-0.420	U-0.363	U-0.324	U-0.312	U-0.290	U-0.312	U-0.290
轻质楼面	U-0.375		U-0.187	U-0.187	U-0.187	U-0.187	U-0.187	U-0.187	U-0.187	U-0.187	U-0.187	U-0.187	U-0.187	U-0.187	U-0.187	U-0.187
地面																
不采暖地面	F-1.26	F-1.26	F-1.26	F-1.26	F-1.26	F-1.26	F-0.93	F-0.93	F-0.93	F-0.93	F-0.93	F-0.90	F-0.69	F-0.69	F-0.69	F-0.69
采暖地面	F-1.21	F-1.21	F-1.21	F-1.21	F-1.21	F-1.21	F-1.13	F-0.93	F-1.0	F-1.0	F-1.0	F-1.0	F-0.95	F-0.95	F-0.95	F-0.95

数据来源:IECC—2012,TABLE C 402.1.2 Opaque Thermal Envelope Assembly Requirements 和 CHAPTER4[RE] RESIDENTIAL ENERGY EFFICIENCY 中体现。

注释:

①这里的"居住建筑"指的是4层及以上的住宅,"其他建筑"指的是除了住宅以上的其他建筑,两者合称为商用建筑。适用于3层及以下的居住建筑的则在该标准的CHAPTER4[RE] RESIDENTIAL ENERGY EFFICIENCY中体现。

②围护结构各部位定义与ASHRAE 90.1标准相同。每种建筑类型,每个气候区的每个围护结构部位或组件如何达到限值,其材料的热工性能和组合在ANSI/ASHRAE/IESNA 90.1标准中已有详细的描述,IECC规范也参照了该标准。

③表中U-factor代表材料的传热系数(空气到空气),单位为 $W/(m^2 \cdot K)$;C-factor代表材料的热传导系数(从表面到表面),单位为 $W/(m^2 \cdot K)$,F-factor代表地面周边线制热损失系数,单位为 $W/(m \cdot K)$。原表中的U、C和F均使用英制单位列出。上表已经换算成公制单位。换算关系是:U和C,1 $Btu/(h \cdot ft^2 \cdot °F)=5.678\ W/(m^2 \cdot K)$;热损失系数F,1 $Btu/(h \cdot ft \cdot °F)=1.731\ W/(m \cdot K)$。

表 7-15　IECC—2018 围护结构不透明部分热工性能指标（基于传热系数的设计参数限值）

建筑气候分区		1		2		3		4（除海洋性气候区外）		5 和 4 区中的海洋性气候区		6		7		8	
		其他建筑	居住建筑	其他建筑	居住建筑	其他建筑	居住建筑	其他建筑	居住建筑	其他建筑	居住建筑	其他建筑	居住建筑	其他建筑	居住建筑	其他建筑	居住建筑
屋面	屋面整体保温	U-0.273	U-0.273	U-0.221	U-0.221	U-0.221	U-0.221	U-0.182	U-0.182	U-0.182	U-0.182	U-0.182	U-0.182	U-0.159	U-0.159	U-0.159	U-0.159
	金属屋面	U-0.250	U-0.250	U-0.199	U-0.199	U-0.199	U-0.199	U-0.199	U-0.199	U-0.199	U-0.199	U-0.176	U-0.176	U-0.165	U-0.165	U-0.165	U-0.165
	阁楼和其他	U-0.153	U-0.153	U-0.153	U-0.153	U-0.153	U-0.153	U-0.153	U-0.153	U-0.153	U-0.153	U-0.119	U-0.119	U-0.119	U-0.119	U-0.119	U-0.119
地面以上外墙	重质墙体	U-0.857	U-0.857	U-0.857	U-0.857	U-0.698	U-0.698	U-0.591	U-0.591	U-0.511	U-0.511	U-0.454	U-0.454	U-0.403	U-0.403	U-0.346	U-0.346
	金属墙体	U-0.449	U-0.449	U-0.449	U-0.449	U-0.449	U-0.449	U-0.295	U-0.295	U-0.295	U-0.295	U-0.295	U-0.295	U-0.221	U-0.221	U-0.221	U-0.221
	金属骨架墙体	U-0.437	U-0.437	U-0.437	U-0.437	U-0.363	U-0.363	U-0.363	U-0.363	U-0.363	U-0.363	U-0.363	U-0.363	U-0.295	U-0.295	U-0.256	U-0.256
	木骨架墙和其他类型	U-0.363	U-0.363	U-0.363	U-0.363	U-0.363	U-0.363	U-0.363	U-0.363	U-0.363	U-0.363	U-0.290	U-0.290	U-0.290	U-0.290	U-0.204	U-0.204
地面以下外墙	地下室外墙	C-6.473	C-6.473	C-6.473	C-6.473	C-6.473	C-6.473	C-0.676	C-0.676	C-0.676	C-0.676	C-0.676	C-0.676	C-0.522	C-0.522	C-0.522	C-0.522

续表

建筑气候分区		1		2		3		4(除海洋性气候区外)		5 和 4 区中的海洋性气候区		6		7		8	
		其他建筑	居住建筑	其他建筑	居住建筑	其他建筑	居住建筑	其他建筑	居住建筑	其他建筑	居住建筑	其他建筑	居住建筑	其他建筑	居住建筑	其他建筑	居住建筑
楼面	与室外空气接触的重质楼面	U-1.828	U-1.828	U-0.608	U-0.494	U-0.432	U-0.432	U-0.432	U-0.420	U-0.420	U-0.363	U-0.363	U-0.363	U-0.312	U-0.290	U-0.312	U-0.290
	轻质楼面	U-0.375	U-0.375	U-0.187	U-0.187	U-0.187	U-0.187	U-0.187	U-0.187	U-0.187	U-0.187	U-0.187	U-0.187	U-0.187	U-0.187	U-0.187	U-0.187
地面	不采暖地面	F-1.26	F-1.26	F-1.26	F-1.26	F-1.26	F-1.26	F-0.93	F-0.93	F-0.93	F-0.93	F-0.93	F-0.90	F-0.69	F-0.69	F-0.69	F-0.69
	采暖地面	F-1.77	F-1.28	F-1.77	F-1.28	F-1.56	F-1.28	F-1.49	F-1.11	F-1.37	F-1.11	F-1.37	F-0.95	F-1.19	F-0.95	F-1.19	F-0.95
不透明门	平开门	U-3.464	U-3.464	U-3.464	U-3.464	U-3.464	U-3.464	U-3.464	U-3.464	U-3.464	U-3.464	U-2.10	U-2.10	U-2.10	U-2.10	U-2.10	U-2.10
	玻璃面积<14%的车库门	U-1.76	U-1.76	U-1.76	U-1.76	U-1.76	U-1.76	U-1.76	U-1.76	U-1.76	U-1.76	U-1.76	U-1.76	U-1.76	U-1.76	U-1.76	U-1.76

数据来源：IECC—2018，TABLE C 402.1.4 Opaque Thermal Envelope Assembly Maximum Requirements,U-Factor Method

注释：

①采暖地面第一项值是沿地下室外墙 600 mm 范围内的保温要求，第二项值是全地板保温要求。当地面位于室外地面以下时，要求低于地面的地下室外墙也做相应的保温处理。

②其余注释同表 7-14。

表 7-16　IECC—2012 围护结构不透明部分热工性能指标（基于热阻的设计参数限值）

建筑气候分区	1		2		3		4（除海洋性气候区以外）		5 和 4 区中的海洋性气候区		6		7		8	
	其他建筑	居住建筑	其他建筑	居住建筑	其他建筑	居住建筑	其他建筑	居住建筑	其他建筑	居住建筑	其他建筑	居住建筑	其他建筑	居住建筑	其他建筑	Group R 居住建筑
屋面																
屋面整体保温要求	R-3.5c.i.	R-3.5c.i.	R-3.5c.i.	R-3.5c.i.	R-3.5c.i.	R-3.5c.i.	R-4.4c.i.	R-4.4c.i.	R-4.4c.i.	R-4.4c.i.	R-5.3c.i.	R-4.4c.i.	R-6.2c.i.	R-6.2c.i.	R-6.2c.i.	R-6.2c.i.
金属屋面	R-3.3 + R-1.9 Ls	R-3.3 + R-1.9 Ls	R-3.3 + R-1.9 Ls	R-3.3 + R-1.9 Ls	R-3.3 + R-1.9 Ls	R-3.3 + R-1.9 Ls	R-3.3 + R-1.9 Ls	R-3.3 + R-1.9 Ls	R-3.3 + R-1.9 Ls	R-3.3 + R-1.9 Ls	R-4.4 + R-1.9 Ls	R-4.4 + R-1.9 Ls	R-5.3 + R-1.9 Ls	R-5.3 + R-1.9 Ls	R-5.3 + R-1.9 Ls	R-5.3 + R-1.9 Ls
阁楼屋面和其他屋面	R-6.7	R-6.7	R-6.7	R-6.7	R-6.7	R-6.7	R-6.7	R-6.7	R-6.7	R-6.7	R-8.6	R-8.6	R-8.6	R-8.6	R-8.6	R-8.6
地面以上外墙																
重质墙	R-1.0c.i.	R-1.0c.i.	R-1.0c.i.	R-1.3c.i.	R-1.3c.i.	R-1.3c.i.	R-1.7c.i.	R-1.7c.i.	R-2.0c.i.	R-2.0c.i.	R-2.3c.i.	R-2.3c.i.	R-2.7c.i.	R-2.7c.i.	R-4.4c.i.	R-4.4c.i.
金属墙体	R-2.3 + R-1.1c.i.	R-2.3 + R-1.1c.i.	R-2.3 + R-1.1c.i.	R-2.3 + R-1.1c.i.	R-2.3 + R-1.1c.i.	R-2.3 + R-1.1c.i.	R-2.3 + R-2.3c.i.	R-2.3 + R-2.3c.i.	R-2.3 + R-2.3c.i.	R-2.3 + R-2.3c.i.	R-2.3 + R-2.3c.i.	R-2.3 + R-2.3c.i.	R-2.3 + R-3.4c.i.	R-2.3 + R-3.4c.i.	R-2.3 + R-3.4c.i.	R-2.3 + R-3.4c.i.

续表

建筑气候分区 / 建筑类型	1		2		3		4（除海洋性气候区外）		5和4区中的海洋性气候区		6		7		8	
	其他建筑	居住建筑	其他建筑	居住建筑	其他建筑	居住建筑	其他建筑	居住建筑	其他建筑	居住建筑	其他建筑	居住建筑	其他建筑	居住建筑	其他建筑	Group R 居住建筑
金属骨架	R-2.3 + R-0.7c.i. 或 R-3.5	R-2.3 + R-0.9c.i. 或 R-3.5	R-2.3 + R-0.9c.i. 或 R-3.5	R-2.3 + R-1.3c.i. 或 R-3.5	R-2.3 + R-1.3c.i. 或 R-3.5	R-2.3 + R-1.3c.i. 或 R-3.5	R-2.3 + R-1.3c.i. 或 R-3.5	R-2.3 + R-1.3c.i. 或 R-3.5	R-2.3 + R-1.3c.i. 或 R-3.5	R-2.3 + R-1.3c.i. 或 R-3.5	R-2.3 + R-1.3c.i. 或 R-3.5	R-2.3 + R-1.3c.i. 或 R-3.5	R-2.3 + R-1.3c.i. 或 R-3.5	R-2.3 + R-2.8c.i. 或 R-3.5	R-2.3 + R-1.3c.i.	R-2.3 + R-3.1c.i.
木龙骨和其他类型	R-2.3 + R-0.7c.i. 或 R-3.5	R-2.3 + R-0.7c.i. 或 R-3.5	R-2.3 + R-0.7c.i. 或 R-3.5	R-2.3 + R-0.7c.i. 或 R-3.5	R-2.3 + R-0.7c.i. 或 R-3.5	R-2.3 + R-0.7c.i. 或 R-3.5	R-2.3 + R-0.7c.i. 或 R-3.5	R-2.3 + R-0.7c.i. 或 R-3.5	R-2.3 + R-0.7c.i. 或 R-3.5	R-2.3 + R-0.7c.i. 或 R-3.5	R-2.3 + R-0.7c.i. 或 R-3.5	R-2.3 + R-0.7c.i. 或 R-3.5	R-2.3 + R-0.7c.i. 或 R-3.5	R-2.3 + R-0.7c.i. 或 R-3.5	R-2.3 + R-1.8c.i.	R-2.3 + R-1.8c.i.
地下室外墙（地面以下外墙）	NR	NR	NR	NR	NR	NR	R-1.3c.i.	R-1.3c.i.	R-1.8c.i.	R-1.3c.i.	R-1.3c.i.	R-1.3c.i.	R-1.8c.i.	R-1.8c.i.	R-2.2c.i.	R-2.2c.i.
与室外空气接触的重质楼面（楼面）	NR	NR	NR	NR	NR	NR	R-1.8c.i.	R-1.8c.i.	R-1.8c.i.	R-2.2c.i.	R-2.2c.i.	R-2.2c.i.	R-1.8c.i.	R-2.9c.i.	R-2.6c.i.	R-2.9c.i.

续表

建筑气候分区	1		2		3		4(除海洋性气候外)气候区		5 和 4 区中的海洋性气候区		6		7		8	
	其他建筑	居住建筑	其他建筑	居住建筑	其他建筑	居住建筑	居住建筑	其他建筑	其他建筑	居住建筑	其他建筑	居住建筑	其他建筑	居住建筑	其他建筑	Group R 居住建筑
轻质楼面	NR	NR	R-5.3	R-5.3	R-5.3	R-5.3	R-5.3	R-5.3	R-5.3	R-5.3	R-5.3	R-5.3	R-5.3	R-5.3	R-5.3	R-5.3
地面 —— 非采暖地面	NR	NR	NR	NR	NR	NR	R-1.8 (0.6 m)	R-1.8 (0.6 m)	R-1.8 (0.6 m)	R-1.8 (0.6 m)	R-1.8 (0.6 m)	R-1.8 (0.6 m)	R-2.6 (0.6 m)	R-2.6 (0.6 m)	R-3.5 (0.6 m)	R-3.5 (0.6 m)
地面 —— 采暖地面	R-1.3 (0.3 m)	R-1.3 (0.3 m)	R-1.3 (0.3 m)	R-1.3 (0.3 m)	R-1.8 (0.6 m)	R-1.8 (0.6 m)	R-2.6 (0.6 m)	R-2.6 (0.6 m)	R-2.6 (0.9 m)	R-2.6 (0.9 m)	R-2.6 (0.9 m)	R-3.5 (1.2 m)	R-3.5 (1.2 m)	R-3.5 (1.2 m)	R-3.5 (1.2 m)	R-3.5 (1.2 m)
不透明门 —— 平开门	U-3.46	U-3.46	U-3.46	U-3.46	U-3.46	U-3.46	U-3.46	U-3.46	U-2.10	U-2.10	U-2.10	U-2.10	U-2.10	U-2.10	U-2.10	U-2.10
不透明门 —— 卷门或推拉门	R-0.84	R-0.84	R-0.84	R-0.84	R-0.84	R-0.84	R-0.84	R-0.84	R-0.84	R-0.84	R-0.84	R-0.84	R-0.84	R-0.84	R-0.84	R-0.84

数据来源:IECC—2012,TABLE C 402.2 Opaque Thermal Envelope Requirements

注释:

①原表中的热阻 R 单位为 ft²·h·℉/Btu,表内按照 1 ft²·h·℉/Btu=0.1763(m²·K)/W 进行了换算。

②其余注释同表 7-14。

表 7-17　IECC—2018 围护结构不透明部分热工性能指标（基于热阻的设计参数限值）

建筑气候分区	1		2		3		4(除海洋性气候区外)		5和4区中的海洋性气候区		6		7		8	
	其他建筑	居住建筑	其他建筑	居住建筑	其他建筑	居住建筑	其他建筑	居住建筑	其他建筑	居住建筑	其他建筑	居住建筑	其他建筑	居住建筑	其他建筑	居住建筑
屋面																
屋面整体保温要求	R-3.5c.i.	R-4.4c.i.	R-4.4c.i.	R-4.4c.i.	R-4.4c.i.	R-4.4c.i.	R-5.3c.i.	R-5.3c.i.	R-5.3c.i.	R-5.3c.i.	R-5.3c.i.	R-5.3c.i.	R-6.2c.i.	R-6.2c.i.	R-6.2c.i.	R-6.2c.i.
金属屋面	R-3.3 + R-1.9 Ls	R-3.3 + R-1.9 Ls	R-3.3 + R-1.9 Ls	R-3.3 + R-1.9 Ls	R-3.3 + R-1.9 Ls	R-3.3 + R-1.9 Ls	R-3.3 + R-1.9 Ls	R-3.3 + R-1.9 Ls	R-3.3 + R-1.9 Ls	R-3.3 + R-1.9 Ls	R-4.4 + R-1.9 Ls	R-4.4 + R-1.9 Ls	R-5.3 + R-1.9 Ls	R-5.3 + R-1.9 Ls	R-5.3 + R-1.9 Ls	R-5.3 + R-1.9 Ls
陶楼屋面和其他屋面	R-6.7	R-6.7	R-6.7	R-6.7	R-6.7	R-6.7	R-6.7	R-6.7	R-6.7	R-8.6	R-8.6	R-8.6	R-8.6	R-8.6	R-8.6	R-8.6
地面以上外墙体																
重质墙体	R-1.0c.i.	R-1.0c.i.	R-1.0c.i.	R-1.3c.i.	R-1.3c.i.	R-1.3c.i.	R-1.7c.i.	R-2.0c.i.	R-2.0c.i.	R-2.3c.i.	R-2.3c.i.	R-2.7c.i.	R-2.7c.i.	R-2.7c.i.	R-4.4c.i.	R-4.4c.i.
金属墙体	R-2.3 + R-1.1c.i.	R-2.3 + R-1.1c.i.	R-2.3 + R-1.1c.i.	R-2.3 + R-2.3c.i.	R-2.3 + R-1.1c.i.	R-2.3 + R-2.3c.i.	R-2.3 + R-2.3c.i.	R-2.3 + R-2.3c.i.	R-2.3 + R-2.3c.i.	R-2.3 + R-2.3c.i.	R-2.3 + R-2.3c.i.	R-2.3 + R-2.3c.i.	R-2.3 + R-2.3c.i.	R-2.3 + R-3.4c.i.	R-2.3 + R-2.3c.i.	R-2.3 + R-3.4c.i.

续表

建筑气候分区	1 其他建筑	1 居住建筑	2 其他建筑	2 居住建筑	3 其他建筑	3 居住建筑	4(除海洋性气候区外) 其他建筑	4 居住建筑	5和4区中的海洋性气候区 其他建筑	5和4区中的海洋性气候区 居住建筑	6 其他建筑	6 居住建筑	7 其他建筑	7 居住建筑	8 其他建筑	8 居住建筑
金属框架	R-2.3 + R-0.9c.i	R-2.3 + R-0.9c.i	R-2.3 + R-0.7c.i	R-2.3 + R-1.3c.i	R-2.3 + R-1.3c.i	R-2.3 + R-1.3c.i	R-2.3 + R-1.3c.i	R-2.3 + R-1.3c.i	R-2.3 + R-1.3c.i	R-2.3 + R-1.3c.i	R-2.3 + R-1.3c.i	R-2.3 + R-1.3c.i	R-2.3 + R-1.3c.i	R-2.3 + R-2.8c.i	R-2.3 + R-1.3c.i	R-2.3 + R-3.1c.i
木龙骨和其他	R-2.3 + R-0.7c.i 或 R-3.5	R-2.3 + R-0.7c.i 或 R-3.5	R-2.3 + R-0.7c.i 或 R-3.5	R-2.3 + R-0.7c.i 或 R-3.5	R-2.3 + R-0.7c.i 或 R-3.5	R-2.3 + R-0.7c.i 或 R-3.5	R-2.3 + R-0.7c.i 或 R-3.5	R-2.3 + R-0.7c.i 或 R-3.5	R-2.3 + R-0.7c.i 或 R-3.5	R-2.3 + R-0.7c.i 或 R-3.5	R-3.5 + R-0.7c.i	R-3.5 + R-0.7c.i	R-3.5 + R-0.7c.i	R-3.5 + R-0.7c.i	R-3.5 + R-1.8c.i	R-3.5 + R-1.8c.i
地面以下外墙																
地下室外墙	NR	NR	NR	NR	NR	NR	R-1.3c.i	R-1.3c.i	R-1.3c.i	R-1.3c.i	R-1.3c.i	R-1.3c.i	R-1.8c.i	R-1.8c.i	R-2.2c.i	R-2.2c.i
楼面																
重质楼面	NR	NR	R-1.1c.i	R-1.5c.i	R-1.8c.i	R-1.8c.i	R-1.8c.i	R-1.8c.i	R-1.8c.i	R-2.2c.i	R-2.2c.i	R-2.2c.i	R-2.6c.i	R-2.9c.i	R-2.6c.i	R-2.9c.i
轻质楼面	NR	NR	R-5.3	R-5.3	R-5.3	R-5.3	R-5.3	R-5.3	R-5.3	R-5.3	R-5.3	R-5.3	R-5.3	R-5.3	R-5.3	R-5.3

续表

建筑气候分区	1		2		3		4(除海洋性气候区外)		5和4区中的海洋性气候区		6		7		8	
	其他建筑	居住建筑	其他建筑	居住建筑	其他建筑	居住建筑	其他建筑	居住建筑	其他建筑	居住建筑	其他建筑	居住建筑	其他建筑	居住建筑	其他建筑	居住建筑
地面																
非采暖地面	NR	NR	NR	NR	NR	NR	R-1.8 (0.6 m)	R-1.8 (0.6 m)	R-1.8 (0.6 m)	R-1.8 (0.6 m)	R-1.8 (0.6 m)	R-2.6 (0.6 m)	R-2.6 (0.6 m)	R-2.6 (0.6 m)	R-2.6 (0.6 m)	R-3.5 (0.6 m)
采暖地面	R-1.3 (0.3 m) + R-0.9 (全)	R-1.3 (0.3 m) + R-0.9 (全)	R-1.3 (0.3 m) + R-0.9 (全)	R-1.3 (0.3 m) + R-0.9 (全)	R-1.8 (0.6 m) + R-0.9 (全)	R-1.8 (0.6 m) + R-0.9 (全)	R-2.6 (0.6 m) + R-0.9 (全)	R-2.6 (0.6 m) + R-0.9 (全)	R-2.6 (0.9 m) + R-0.9 (全)	R-2.6 (0.9 m) + R-0.9 (全)	R-2.6 (0.9 m) + R-0.9 (全)	R-3.5 (1.2 m) + R-0.9 (全)	R-3.5 (1.2 m) + R-0.9 (全)	R-3.5 (1.2 m) + R-0.9 (全)	R-3.5 (1.2 m) + R-0.9 (全)	R-3.5 (1.2 m) + R-0.9 (全)
不透明门																
非平开门	R-0.84	R-0.84	R-0.84	R-0.84	R-0.84	R-0.84	R-0.84	R-0.84	R-0.84	R-0.84	R-0.84	R-0.84	R-0.84	R-0.84	R-0.84	R-0.84

数据来源：IECC—2018，TABLE C 402.1.3 Opaque Thermal Envelope Insulation Component Minimum Requirements，R-Value Method

注释同上表。

表7-18 IECC—2012 围护结构透明部分热工性能指标

建筑气候区	1	2	3	4（除海洋性气候区外）	5 和 4 区中的海洋性气候区	6	7	8
垂直门窗								
传热系数[U-factor·W/(m²·K)]								
固定窗	2.84	2.84	2.61	2.16	2.16	2.04	1.65	1.65
可开启门窗	3.69	3.69	3.41	2.56	2.56	2.44	2.10	2.10
入户门	6.25	4.71	4.37	4.37	4.37	4.37	4.37	4.37
太阳得热系数(SHGC)								
太阳得热系数(SHGC)	0.25	0.25	0.25	0.40	0.40	0.40	0.45	0.45
天窗								
传热系数	4.26	3.69	3.12	2.84	2.84	2.84	2.84	2.84
太阳得热系数(SHGC)	0.35	0.35	0.35	0.40	0.40	0.40	NR	NR

数据来源:IECC—2012,TABLE C 402.3 Building Envelope Requirements: Fenestration

注：一个气候区内,门窗的 U-factor 和太阳得热系数 SHGC 均只有一个值,可开启门窗和固定窗有区别,并且不以窗地比划分传热系数和太阳得热系数限值,也不像 ASHRAE 90.1—2010 那样以窗框类型划分传热系数。

表 7-19　IECC—2018 围护结构透明部分热工性能指标

建筑气候区	1		2		3		4(除海洋性气候区外)		5 和 4 区中的海洋性气候区		6		7		8	
垂直门窗　传热系数[U-factor·W/(m²·K)]																
固定窗	2.84		2.84		2.61		2.16		2.16		2.04		1.65		1.65	
可开启门窗	3.69		3.69		3.41		2.56		2.56		2.44		2.10		2.10	
入户门	6.25		4.71		4.37		4.37		4.37		4.37		4.37		4.37	
太阳得热系数(SHGC)																
门窗朝向	其他朝向	北	其他朝向	北	其他朝向	北	其他朝向	北	其他朝向	北	其他朝向	北	其他朝向	北	其他朝向	北
$PF<0.2$	0.25	0.33	0.25	0.33	0.25	0.33	0.36	0.48	0.38	0.51	0.40	0.53	0.45	NR	0.45	NR
$0.2{\leqslant}PF<0.5$	0.30	0.37	0.30	0.37	0.30	0.37	0.43	0.53	0.46	0.56	0.48	0.58	NR	NR	NR	NR
$PF{\geqslant}0.5$	0.40	0.40	0.40	0.40	0.40	0.40	0.58	0.58	0.61	0.61	0.64	0.64	NR	NR	NR	NR
天窗																
传热系数	4.26		3.69		3.12		2.84		2.84		2.84		2.84		2.84	
太阳得热系数	0.35		0.35		0.35		0.40		0.40		0.40		NR		NR	

数据来源:IECC—2018,TABLE C 402.4 Building Envelope Fenestration Maximum U-Factor And Shgc Requirements

注释:

①NR=不作要求。PF=投射系数。遮阳装置水平深度与门窗透明部分底部至遮阳构件的底部的距离的比值,类似我国标准中的建筑遮阳特征值。

②正北向两侧各 22.5°范围内均为北,其余的为其他朝向。

第四节　中美标准两个典型气候区居住建筑围护结构规定性设计指标比较

　　本节选取中美两国两个相似气候区,比较不同标准的居住建筑的主要规定性指标设定。

　　(1)气候区的选取。美国建筑气候分区 4A 基本相当于我国的寒冷 B 区(以北京为代表),建筑气候分区 3A,基本相当于我国的夏热冬冷地区(以武汉为代表)。

　　(2)比较建筑的选取。美国,选 ASHRAE 90.1—2010 标准表 TABLE 5.5-3 和 TABLE 5.5-4 的居住建筑(适用于 4 层及以上的居住建筑),IECC—2012 中适用于商用建筑的部分表 TABLE C402.1.2 的居住建筑(适用于 4 层及以上的居住建筑)。中国,选用典型住宅,6 层,体形系数为 0.3,窗墙比:南 0.4,东西 0.25,北 0.3。

　　(3)围护结构不透明部分条件设定。美国,外墙选用 ASHRAE 90.1—2010 的 TABLE 5.5-3、TABLE 5.5-4 和 IECC—2012 表 TABLE C402.1.2 中重质围护结构,屋顶选用地面以上整体保温(类同与我国的平屋顶)。中国,夏热冬冷地区选用常见的热惰性指标 $D \geqslant 3.0$ 的普通外墙和屋顶,寒冷 B 区不限。

　　(4)围护结构透明部分条件设定。美国,ASHRAE 90.1—2010 选用标准表 TABLE 5.5-3 和 TABLE 5.5-4 中即金属骨架,IECC—2012 选用表 TABLE C402.3 中的可开启窗,窗墙比均≤0.4;中国,窗墙比,南向统一选 0.4,东西向 0.25,北向 0.30。天窗,按照标准选定。

　　(5)公共建筑的围护结构部分设定基本与居住建筑保持一致(表 7-20)。

表7-20　我国部分标准和美国 ASHRAE 90.1—2010 和 IECC—2012 标准在相似气候主要围护结构规定性设计指标比较

		ASHRAE 90.1—2010		IECC—2012		JGJ 134—2010	上海市地方标准 DGJ 08-205—2011	JGJ 26—2010	北京市地方标准 DB 11-891—2012	GB 50189—2005	
		3A	4A	3	4	夏热冬冷地区	夏热冬冷	寒冷B区	寒冷B区	夏热冬冷地区	寒冷B区
	气候区	N/A	N/A	N/A	N/A	夏热冬冷地区	夏热冬冷	寒冷B区	寒冷B区	夏热冬冷地区	寒冷B区
	节能率	N/A	N/A	N/A	N/A	50%	65%	65%	75%	50%	50%
不透明部分	屋面/[W/(m²·K)]	U-0.273	U-0.273	U-0.048 (IP) U-0.273 (SI)	U-0.039 (IP) U-0.221 (SI)	1.0 D=3.0	0.8 D=3.0	0.45	0.35	0.7	0.55
	外墙/[W/(m²·K)]	U-0.592	U-0.513	U-0.104 (IP) U-0.590 (SI)	U-0.090 (IP) U-0.511 (SI)	1.5 D=3.0	1.2 D=3.0	0.60	0.40	1.0	0.60
透明部分	窗墙比	≤0.4	≤0.4	≤0.3 有条件放宽至0.4	≤0.3 有条件放宽至0.4	南=0.4, 东西=0.25, 北=0.3	南=0.4, 东西=0.25, 北=0.3	南=0.4, 东西=0.25, 北=0.3	南=0.4, 东西=0.25, 北=0.3	南=0.4, 东西=0.25, 北=0.3	南=0.4, 东西=0.25, 北=0.3

续表

透明部分	ASHRAE 90.1—2010		IECC—2012		JGJ 134—2010	上海市地方标准 DGJ 08-205—2011	JGJ 26—2010	北京市地方标准 DB 11-891—2012	GB 50189—2005	
垂直窗 [W/(m²·K)]	U-3.69	U-3.12	U-0.60(SD) U-3.41(SD)	U-0.45(IP) U-2.27(SD)	南=3.2, 东西=4.0, 北=4.0	南=2.8, 东西=3.5, 北=3.5	南=2.5, 东西=2.8, 北=2.8	南=2.0, 东西=2.0, 北=1.8	南=3.0, 东西=3.5, 北=3.5	南=2.6, 东西=2.9, 北=2.9
垂直窗的太阳得热系数	SHGC_all-0.25	SHGC_all-0.4	0.25	0.40	南 0.45 东西 N/A 北 N/A	南向:设置外遮阳,并使外窗综合遮阳系数≤0.40 东西 N/A 北 N/A	南 0.45 东西 N/A 北 N/A	南 N/A 东西 N/A 北 N/A	南 0.5 东西 N/A 北 N/A	南 N/A 东西 N/A 北 N/A
天窗窗地比	≤5%	≤5%	≤3% 有自动遮阳装置的话,可以至5%	≤3% 有自动遮阳装置的话,可以至5%	N/A	≤4%	N/A	平屋顶≤5% 坡屋顶≤1/11	20%	20%
天窗 [W/(m²·K)]	U_all-6.64	U_all-5.56	U-0.55(IP) U-3.12(SD)	U-0.50(IP) U-2.84(SD)	N/A	3.2	N/A	2.0	3.0	2.7
天窗的太阳得热系数	SHGC_all-0.19	SHGC_all-0.19	0.35	0.40	N/A	0.5	N/A	N/A	0.4	0.5

注:IECC栏中有关传热系数的上行数据为原表中采用的英制单位,下行数据已按照 $1 \mathrm{Btu}/(h \cdot ft^2 \cdot {}^\circ F) = 5.67826 \ W/(m^2 \cdot K)$ 换算成公制单位。
N/A表示没有规定。

经比较后,可以得出以下结论。

(1)我国夏热冬冷地区居住建筑的屋面和外墙的传热系数与美国 3(A)气候区的设计要求有较大的差距。

(2)我国寒冷 B 区 75％的居住建筑的屋面和外墙的传热系数与美国 4(B)气候区的设计要求已经比较接近,屋面传热系数的限值稍小于美国标准,而外墙的设计要求高于美国标准。

(3)我国夏热冬冷地区和寒冷 B 区的围护结构热工性能限值差别很大,而美国标准相差很小。

(4)垂直门窗的传热系数设计限值要求方面,我国标准与美国标准比较接近。

(5)天窗的传热系数设计限值要求方面,我国标准比美国标准高许多。

(6)美国非居住类商用建筑的围护结构热工参数限值与居住类建筑的限值基本保持一致。

(7)美国标准的规定性指标要比我国标准简洁许多,没有体形系数一项就使指标限值大大减少,也没有根据窗墙比设定不同的限值,不因朝向和窗墙比设定不同的遮阳系数。

由表 7-20 的对比也可说明我国标准起点较高,进步较快。我国的大部分标准从发布至今最多经历过 4 次更新,而美国同类标准 ASHRAE 90.1 从第一版开始已更新过 7 次,IECC 也自 1998 年第一版开始更新了 5 次。

第五节 本 章 小 结

中美两国的建筑节能设计标准的路径均遵循规定性指标法和性能化法两种道路,前者简化了建筑师和工程师的设计工作,后者则给建筑师和工程师一定的设计创作自由度,两者互为补充。中美两国标准在具体运用这两种方法的异同表现在以下方面。

(1)两国的围护结构规定性指标法都基于控制围护结构各部分性能基础之上,只要控制了建筑围护结构主要构件的热工参数,就能保证建筑物透过建筑围护结构的能耗达到规定的水平,无需设计者自行再进行复杂的

验算。

在具体实施规定性指标路径时,两国的思路又有很大的差别。我国的标准由于引入了体形系数的概念,不同层数对应不同的体形系数分级,然后分别制定不同的围护结构热工设计参数,加之不同的窗墙比对应不同的传热系数,总的结果是规定性指标划分得非常细致。美国同类标准中则采取了简化的思路,ASHRAE 90.1 和 IECC 均采取了一个气候分区一种建筑分类只有一套指标的方式,大大简化了建筑师和标准监督执行者的工作。

我国的部分标准中的围护结构热工参数设定已经比较接近美国同类标准相似气候区的标准,但是我国南北气候区的指标限值设定的差异比美国标准要大很多。

(2) 在采用性能化的路径时,两国采取的方法也有很大的不同。我国采用的性能化方法仅仅适用于建筑围护结构。美国标准则除了围护结构外,部分设备系统也有性能化的路径选项。此外美国标准还提供了建筑整体性能达标的选择,给了设计者更大的设计自由度。我国不同的标准中采取的性能化方法均有差异,即便是使用相同的术语,其实质内容和具体方法也不相同,在与美国同类标准比较时易产生混淆。

(3)《武汉城市圈低能耗居住建筑节能设计标准》将规定性指标法作为唯一的路径,限制了建筑创作的自由度,只能作为特殊阶段的特殊做法,不宜长期坚持。同时其复杂的围护结构热工性能参数设置也给设计者和监督者带来困扰。

附录 A 图 表 索 引

459

附录 B　我国颁布的关于建筑节能的主要法规、政策、标准、规范列表（以颁布时间为序）

发布时间	实施日期	文件号	法律、政策、标准、规范名称	性质	编制单位	颁布主体	制定/替代情况
1986.1.12	1986.4.1		《节约能源管理暂行条例》	国务院政令		国务院	
1986.2.21	1986.7.1	JGJ 24—86	《民用建筑热工设计规程（试行）》	部颁标准（行业标准）	中国建筑科学研究院等	城乡建设环境保护部	制定
1986.3.3	1986.8.1	JGJ 26—86	《民用建筑节能设计标准（采暖居住建筑部分）（试行）》	部颁标准（行业标准）	中国建筑科学研究院等	城乡建设环境保护部	制定

续表

发布时间	实施日期	文件号	法律、政策、标准、规范名称	性质	编制单位	颁布主体	制定/替代情况
1987.12.30	1988.8.1	GBJ 50019—87	《采暖通风与空气调节设计规范》	国家标准	中国有色金属工业总公司	国家计委	制定
1992.11.9		国发〔1992〕66号	《关于加快墙体材料革新和推广节能建筑的意见》	国务院政令		国务院	制定
1993.3.17	1993.10.1	GB 50176—93	《民用建筑热工设计规范》	国家标准	中国建筑科学研究院等	建设部	制定
1993.7.5	1994.2.1	GB 50178—93	《建筑气候区划标准》	国家标准	中国建筑科学研究院等	国家技术监督局、建设部	制定
1995.5.11			《建筑节能"九五"计划和2010年规划》	政策规划		建设部	制定

续表

发布 时间	实施 日期	文件号	法律、政策、 标准、规范名称	性质	编制单位	颁布主体	制定/ 替代情况
1995. 12.7	1996. 7.1	JGJ 26—95	《民用建筑节能设计标准（采暖居住建筑部分）》	部颁标准（行业标准）	中国建筑科学研究院	建设部	替代 JGJ 26—86
1996. 5.13			《中国节能技术政策大纲》		国家计委、国家经贸委、国家科委		制定
1997. 10.1	1998. 3.1	主席令第91号	《中华人民共和国建筑法》	法律	全国人大	全国人大	立法
1997. 11.1	1998. 3.1	主席令第90号	《中华人民共和国节约能源法》	法律	全国人大	全国人大	立法
2000. 10.11	2001. 1.1	JGJ 129 —2000	《既有采暖居住建筑节能改造技术规程》	部颁标准（行业标准）	北京中建建筑设计院	建设部	制定

续表

发布时间	实施日期	文件号	法律、政策、标准、规范名称	性质	编制单位	颁布主体	制定/替代情况
2001.2.9	2001.6.1	JGJ 132—2001	《采暖居住建筑节能检验标准》	部颁标准（行业标准）	中国建筑科学研究院	建设部	制定
2001.7.5	2001.10.1	JGJ 134—2001	《夏热冬冷地区居住建筑节能设计标准》	部颁标准（行业标准）	中国建筑科学研究院 重庆大学	建设部	制定
2002.6.20			《建设部建筑节能"十五"计划纲要》	政策规划	建设部	建设部	制定
2003.7.11	2003.10.1	JGJ 75—2003	《夏热冬暖地区居住建筑节能设计标准》	部颁标准（行业标准）	中国建筑科学研究院和广东省建筑科学研究院	建设部	制定
2004.6.18	2004.12.1	GB 50034—2004	《建筑照明设计标准》	国家标准	中国建筑科学研究院等	建设部 国家质量监督检验检疫总局	制定

续表

发布时间	实施日期	文件号	法律、政策、标准、规范名称	性质	编制单位	颁布主体	制定/替代情况
2005.4.4	2005.7.1	GB 50189—2005	《公共建筑节能设计标准》	国家标准	中国建筑科学研究院、中国建筑业协会建筑节能专业委员会	建设部、国家质量监督检验检疫总局	制定
2005.5.31		建科〔2005〕78号	《关于发展节能省地型住宅和公共建筑的指导意见》	政策	建设部	建设部	制定
2005.6.6		国办发〔2005〕33号	《关于进一步推进墙体材料革新和推广节能建筑的通知》	政策	建设部	国务院	
2005.11.10	2006.1.1	第143号	《民用建筑节能管理规定》	建设部令	建设部	建设部	制定
2007.5.23		国发办〔2007〕15号	《节能减排综合性工作方案》	政策规划	发改委	国务院	

续表

发布时间	实施日期	文件号	法律、政策、标准、规范名称	性质	编制单位	颁布主体	制定/替代情况
2007.10.28	2008.4.1	主席令第77号	《中华人民共和国节约能源法》	法律	全国人大	全国人大	立法
2008.8.1	2008.10.1	第530号	《民用建筑节能条例》	国务院政令	国务院	国务院	
2009.9.10	2010.7.1	JGJ/T 132—2009	《居住建筑节能检测标准》	部颁标准（行业标准）	中国建筑科学研究院等	住房和城乡建设部	替代 JGJ 132—2001
2009.12.10	2010.7.1	JGJ/T 177—2009	《公共建筑节能检测标准》	部颁标准（行业标准）	中国建筑科学研究院等	住房和城乡建设部	
2010.3.18	2010.8.1	JGJ 26—2010	《严寒和寒冷地区居住建筑节能设计标准》	部颁标准（行业标准）	中国建筑科学研究院等	住房和城乡建设部	替代 JGJ 26—95

续表

发布时间	实施日期	文件号	法律、政策、标准、规范名称	性质	编制单位	颁布主体	制定/替代情况
2010.3.18	2010.8.1	JGJ 134—2010	《夏热冬冷地区居住建筑节能设计标准》	部颁标准（行业标准）	中国建筑科学研究院等	住房和城乡建设部	替代 JGJ 134—2001
2011.4.22	2011.7.1	主席令第90号	《建筑法》	法律	全国人大	全国人大	修订
2011.8.31		国发办[2011]26号	《"十二五"节能减排综合性工作方案》	政策规划	发改委	国务院	
2012.5.9		建科[2012]72号	《建设部"十二五"建筑节能专项规划》	政策规划	住房和城乡建设部、建筑节能与科技司	住房和城乡建设部	
2012.11.2	2013.4.1	JGJ 75—2012	《夏热冬暖地区居住建筑节能设计标准》	部颁标准（行业标准）	中国建筑科学研究院等	住房和城乡建设部	JGJ 75—2003

续表

发布时间	实施日期	文件号	法律、政策、标准、规范名称	性质	编制单位	颁布主体	制定/替代情况
2012.12.25	2013.5.1	GB/T 50824—2013	《农村居住建筑节能设计标准》	国家标准	中国建筑科学研究院、中国建筑设计研究院等	住房和城乡建设部	制定
2013.1.1		国办发〔2013〕1号	《绿色建筑行动方案》	政策规划	发改委、住房和城乡建设部	国务院	
2015.2.2	2015.10.1	GB 50189—2015	《公共建筑节能设计标准》	国家标准	中国建筑科学研究院	住房和城乡建设部	替代 GB 50189—2005
2016.4.15	2016.12.1	GB/T 51161—2016	《民用建筑能耗标准》	国家标准	住房和城乡建设部标准定额研究所、深圳市建筑科学研究院股份有限公司	住房和城乡建设部国家质量监督检验检疫总局	制定
2016.12.20		国发〔2016〕74号	《"十三五"节能减排综合工作方案》	政策规划	发改委	国务院	

续表

发布时间	实施日期	文件号	法律、政策、标准、规范名称	性质	编制单位	颁布主体	制定/替代情况
2017. 3.1		建科〔2017〕53号	《建筑节能与绿色建筑发展"十三五"规划》	政策规划	住房和城乡建设部	住房和城乡建设部	
2017. 11.4			《中华人民共和国标准化法》	法律	全国人大	全国人大	修订
2018. 12.18	2019. 8.1	JGJ 26—2018	《严寒和寒冷地区居住建筑节能设计标准》	部颁标准（行业标准）	中国建筑科学研究院主编	住房和城乡建设部	替代 JGJ 26—2010
2019. 2.1	2019. 10.1	JGJ 475—2019	《温和地区居住建筑节能设计标准》	部颁标准（行业标准）	云南省建设投资控股集团有限公司 云南工程建设总承包股份有限公司等	住房和城乡建设部	制定

附录C 我国现行 55 项建筑专业设计标准及颁布和更新时间表中标准代号与标准名称对照

序号	标准代号	标准名称	备注
1	GB 50178—93	《建筑气候区划标准》	
2	GB 50176—2016	《民用建筑热工设计规范》	前身为《民用建筑热工设计规程(试行)》JGJ 24—86
3	JGJ 26—2018	《严寒和寒冷地区居住建筑节能设计标准》	1986 版和 1995 版《民用建筑节能设计标准(采暖居住建筑部分)》。2010 版后更名
4	JGJ 134—2010	《夏热冬冷地区居住建筑节能设计标准》	
5	JGJ 75—2012	《夏热冬暖地区居住建筑节能设计标准》	
6	GB 50189—2015	《公共建筑节能设计标准》	
7	GB/T 50001—2018	《房屋建筑制图统一标准》	
8	GB 50016—2014	《建筑设计防火规范》	
9	GB 50033—2013	《建筑采光设计标准》	前身为 GB/T 50033—2001
10	GB 50034—2013	《建筑照明设计标准》	前身为《民用照明设计标准》GBJ 133—90 和《工业企业照明设计标准》GB 50034—92

续表

序号	标准代号	标准名称	备注
11	GB 50067—2014	《汽车库、修车库、停车场设计防火规范》	前身为《汽车库设计防火规范》GBJ 67—84
12	GB 50096—2011	《住宅设计规范》	
13	GB 50099—2011	《中小学校设计规范》	前身为《中小学校建筑设计规范》GBJ 99—86
14	GB/T 50104—2010	《建筑制图标准》	
15	GB/T 50121—2005	《建筑隔声评价标准》	前身是《建筑隔声评价标准》GBJ 121—88
16	GB 50226—2011	《铁路旅客车站建筑设计规范》	
17	GB 50352—2005	《民用建筑设计通则》	现改名为《民用建筑设计统一标准》(GB 50352—2019)。前身是《民用建筑设计通则》JGJ 37—87
18	GB/T 50353—2013	《建筑工程建筑面积计算规范》	
19	GB/T 50362—2005	《住宅性能评定技术标准》	
20	GB 50368—2005	《住宅建筑规范》	
21	GB/T 50378—2019	《绿色建筑评价标准》	
22	JGJ 25—2010	《档案馆建筑设计规范》	
23	JGJ/T 30—2015	《房地产业基本术语标准》	
24	JGJ 31—2003	《体育建筑设计规范》	
25	JGJ 35—87	《建筑气象参数标准》	
26	JGJ 36—2016	《宿舍建筑设计规范》	

续表

序号	标准代号	标准名称	备注
27	JGJ 38—2015	《图书馆建筑设计规范》	前身为《图书馆建筑设计规范》JGJ 38—87 和《图书馆建筑设计规范》JGJ 38—99
28	JGJ 39—2016	《托儿所、幼儿园建筑设计规范》	
29	JGJ/T 40—2019	《疗养院建筑设计标准》	前身为《疗养院建筑设计规范》JGJ 40—87
30	JGJ/T 41—2014	《文化馆建筑设计规范》	
31	JGJ 48—2014	《商店建筑设计规范》	
32	JGJ 49—88	《综合医院建筑设计规范》	现已改为 GB 51039—2014
33	JGJ 57—2016	《剧场建筑设计规范》	
34	JGJ 58—2008	《电影院建筑设计规范》	
35	JGJ/T 60—99	《汽车客运站建筑设计规范》	与《港口客运站建筑设计规范》JGJ 86—92 合并成《交通客运站建筑设计规范》JGJ/T 60—2012
36	JGJ 62—2014	《旅馆建筑设计规范》	
37	JGJ 64—2017	《饮食建筑设计标准》	前身是《饮食建筑设计规范》JGJ 64—89
38	JGJ 66—2015	《博物馆建筑设计规范》	
39	JGJ 67—2006	《办公建筑设计规范》	
40	JGJ 76—2003	《特殊教育学校建筑设计规范》	

续表

序号	标准代号	标准名称	备注
41	JGJ 86—92	《港口客运站建筑设计规范》	现已改名《交通客运站建筑设计规范》JGJ/T 60—2012,并合并了《汽车客运站建筑设计规范》JGJ 60—99
42	JGJ 91—93	《科学实验室建筑设计规范》	
43	JGJ 100—98	《汽车库建筑设计规范》	现改名《车库建筑设计规范》JGJ 100—2015
44	JGJ 102—2003	《玻璃幕墙工程技术规范》	
45	JGJ 117—98	《民用建筑修缮工程查勘与设计规程》	
46	JGJ 124—99	《殡仪馆建筑设计规范》	
47	JGJ 127—2000	《看守所建筑设计规范》	
48	JGJ/T 129—2012	《既有居住建筑节能改造技术规程》	
49	JGJ/T 132—2009	《居住建筑节能检测标准》	前身为《采暖居住建筑节能检验标准》JGJ 132—2001
50	JGJ 144—2004	《外墙外保温工程技术规程》	
51	JGJ 156—2008	《镇(乡)村文化中心建筑设计规范》	
52	JGJ 176—2009	《公共建筑节能改造技术规范》	
53	JGJ/T 177—2009	《公共建筑节能检测标准》	
54	JGJ 218—2010	《展览建筑设计规范》	
55	JGJ/T 229—2010	《民用建筑绿色设计规范》	

附录 D ASNRAE 90.1—2013 标准的主要内容目录结构

4.2 Compliance　合规要求

4.2.1 Compliance Paths　达标路径

4.2.1.1 New Buildings　新建建筑

4.2.1.2 Additions to Existing Buildings　既有建筑扩建

4.2.1.3 Alterations of Existing Buildings　既有建筑改建

4.2.2 Compliance Documentation　达标文件要求

4.2.2.1 Construction Details　设计和施工详细文件

4.2.2.2 Supplemental Information　其他必要补充信息

4.2.2.3 Manuals　建筑使用和维护手册

4.2.3 Labeling of Material and Equipment　规定建筑材料和设备的标识要求

4.2.4 Inspections　检查

5 Building Envelope　围护结构设计要求

5.1 General　一般性说明

5.1.1 Scope　适用范围

5.1.2 Space-Conditioning Categories　采暖/空调空间分类

5.1.3 Envelope Alterations　围护结构的变更

5.1.4 Climate　建筑气候分区

5.2 Compliance Paths　达标路径

5.3 Simplified Building（Not Used）　简易建筑（该条目不再使用）

5.4 Mandatory Provisions　强制性规定

5.4.1 Insulation　保温要求

5.4.2 Fenestration and Doors　门窗

5.4.3 Air Leakage　气密性规定

5.4.3.1 Continuous Air Barrier 整体气密性

5.4.3.2 Fenestration and Doors 门窗的气密性

5.4.3.3 Loading Dock Weatherseals　装卸门气密性

5.4.3.4 Vestibules　门厅的气密性

5.5 Prescriptive Building Envelope Option　围护结构规定性设计要求

5.5.3 Opaque Areas 不透明部分

    5.5.3.1 Roof Insulation 屋顶保温

    5.5.3.2 Above-Grade Wall Insulation 地面以上外墙保温

    5.5.3.3 Below-Grade Wall Insulation 地下室外墙保温

    5.5.3.4 Floor Insulation 楼面保温

    5.5.3.5 Slab-on-Grade Floor Insulation 地面保温

    5.5.3.6 Opaque Doors 不透明门保温

5.5.4 Fenestration 门窗

    5.5.4.1 General 通用要求

    5.5.4.2 Fenestration Area 门窗面积

    5.5.4.3 Fenestration U-Factor 门窗平均传热系数 U-Factor

    5.5.4.4 Fenestration Solar Heat Gain Coefficient 门窗平均太阳得热系数 SHGC

    5.5.4.5 Fenestration Orientation 门窗的朝向

    5.5.4.6 Visible Transmittance/SHGC Ratio 可见光透射系数/窗平均太阳得热系数比值（VT/SHGC）

5.6 Building Envelope Trade-Off Option 围护结构权衡判断

    5.6.1.2 Trade-Offs Limited to Building Permit 进行围护结构权衡判断的条件

5.7 Submittals 达标文件的提交

5.7.1 General 一般说明

5.7.2 Submittal Document Labeling of Space Conditioning Categories 对采暖/空调空间明确分类标识

5.7.3 Visible Transmittance 天窗透射系数计算文件

5.7.4 Submittal Documentation of Daylight Areas 自然采光面积计算文件

5.8 Product Information and Installation Requirements 产品信息和安装要求

5.8.1 Insulation 保温材料

5.8.1.1 Labeling of Building Envelope Insulation　围护结构保温材料的标识

5.8.1.2 Compliance with Manufacturers' Requirements　符合保温材料制造商的安装要求

5.8.1.3 Loose-Fill Insulation Limitation　对松散型保温材料应用的限制

5.8.1.4 Baffles　排风口挡板

5.8.1.5 Substantial Contact　实质性接触

5.8.1.6 Recessed Equipment　保温层有内嵌式设备时的要求

5.8.1.7 Insulation Protection　保温材料的保护

5.8.1.8 Location of Roof Insulation　屋顶保温材料的安装位置

5.8.1.9 Extent of Insulation　保温材料覆盖范围

5.8.1.10 Joints in Rigid Insulation　硬式保温材料的连接

5.8.2 Fenestration and Doors　门窗保温性能

5.8.2.1 Rating of Fenestration Products　门窗部品的认证评级

5.8.2.2 Labeling of Fenestration and Door Products　门窗部品的标识

5.8.2.3 U-Factor　门窗的平均传热系数

5.8.2.4 Solar Heat Gain Coefficient SHGC　门窗的平均太阳得热系数 SHGC

5.8.2.5 Visible Transmittance　门窗的可见光透射比 VT

6 Heating, Ventilating, and Air Conditioning　采暖通风和空气调节系统 HVAC

6.1 General　一般说明

6.1.1 Scope　适用范围

6.1.1.1 New Buildings　新建建筑

6.1.1.2 Additions to Existing Buildings　既有建筑的扩建

6.1.1.3 Alterations to Heating, Ventilating, Air Conditioning, and Refrigeration in Existing Buildings　对既有建筑 HVAC 和冷

藏系统的更新

6.2 Compliance Paths　达标路径

6.3 Simplified Approach Option for HVAC Systems　简易 HVAC 系统达标方法

6.3.1 Scope　一般说明

6.3.2 Criteria　评判标准

6.4 Mandatory Provisions 强制性要求

6.4.1 Equipment Efficiencies，Verification，and Labeling Requirements-Standard Rating and Operating Conditions　在标准定额和运行工况下的设备能效、验证和标识要求

6.4.1.1 Minimum Equipment Efficiencies-Listed Equipment-Standard Rating and Operating Conditions　在标准定额和运行工况下规定设备的最低能效

6.4.1.2 Minimum Equipment Efficiencies-Listed Equipment-Nonstandard Conditions　非标准运行工况下规定设备的最低能效

6.4.1.3 Equipment Not Listed　未列出的设备

6.4.1.4 Verification of Equipment Efficiencies　设备能效的验证

6.4.1.5 Labeling　标识

6.4.2 Calculations　计算

6.4.2.1 Load Calculations　负荷计算

6.4.2.2 Pump Head　水泵扬程

6.4.3 Controls　设备运行控制

6.4.3.1 Zone Thermostatic Controls　分区温度调节

6.4.3.2 Setpoint Overlap Restriction　控制点重叠限制

6.4.3.3 Off-Hour Controls　非工作时间控制

6.4.3.4 Ventilation System Controls　通风系统控制

6.4.3.5 Heat Pump Auxiliary Heat Control　热泵辅助采暖控

制

6.4.3.6 Humidification and Dehumidification 加湿与除湿

6.4.3.7 Freeze Protection and Snow/Ice Melting Systems 防冻和冰雪融化系统

6.4.3.8 Ventilation Controls for High-Occupancy Areas 高频使用区域的通风控制

6.4.3.9 Heating in Vestibules 门厅采暖控制

6.4.3.10 Direct Digital Control（DDC）Requirements 数字化控制（DDC）要求

6.4.4 HVAC System Construction and Insulation HAVC 系统设备的施工与安装

6.4.5 Walk-In Coolers and Freezers 步入式冷藏空间

6.4.6 Refrigerated Display Case 冷藏陈列柜

6.5 Prescriptive Path HAVC 系统的规定性达标路径

6.5.1 Economizers 节能器

6.5.2 Simultaneous Heating and Cooling Limitation 同时采暖和空调的限制

6.5.3 Air System Design and Control 风暖/风冷系统系统设计与控制

6.5.4 Hydronic System Design and Control 水暖系统设计与控制

6.5.5 Heat Rejection Equipment 散热设备

6.5.6 Energy Recovery 热回收

6.5.7 Exhaust Systems 排风系统

6.5.8 Radiant Heating Systems 辐射式采暖系统

6.5.9 Hot Gas Bypass Limitation 热气体旁路限制

6.5.10 Door Switches 采暖/空调区域的门控制

6.5.11 Refrigeration Systems 冷藏系统

6.6 Alternative Compliance Path 其他达标路径

6.7 Submittals 达标文件的提交

6.7.1 General 一般说明

6.7.2 Completion Requirements 达标要求

6.7.2.1 Drawings 工程图纸

6.7.2.2 Manuals 建筑设备使用和维护手册

6.7.2.3 System Balancing 系统平衡

6.7.2.4 System Commissioning 系统调试

6.8 Minimum Equipment Efficiency Tables 最低设备能效表

6.8.1 Minimum Efficiency Requirement Listed Equipment-Standard Rating and Operating Conditions 在标准定额和运行工况下列表设备最低能效要求

6.8.2 Duct Insulation Tables 最小管道热阻要求表

6.8.3 Pipe Insulation Tables 最小管道保温厚度要求表

7 Service Water Heating 生活热水系统

7.1 General 一般说明

7.1.1 Service Water Heating Scope 生活热水系统设计要求适用范围

7.2 Compliance Paths 达标路径

7.3 Simplified/Small Building Option（Not Used） 简易建筑/小型建筑（该条目不再使用）

7.4 Mandatory Provisions 强制性设计要求

7.4.1 Load Calculations 负荷计算

7.4.2 Equipment Efficiency 设备能效

7.4.3 Service Hot-Water Piping Insulation 热水管道保温

7.4.4 Service Water Heating System Controls 热水系统控制

7.4.5 Pools 水池

7.4.6 Heat Traps 热阱

7.5 Prescriptive Path 规定性达标路径

7.5.1 Space Heating and Water Heating 空间采暖和水加热

7.5.2 Service Water Heating Equipment 水加热设备

9.2.2.2 Space-by-Space Method　逐一空间法

9.2.2.3 Interior Lighting Power　室内照明供电设计

9.3（Not Used）（该条目不再使用）

9.4 Mandatory Provisions　强制性设计要求

9.4.1 Lighting Control　照明控制

9.4.1.1 Interior Lighting Controls　室内照明控制

9.4.1.2 Parking Garage Lighting Control　停车库照明控制

9.4.1.3 Special Applications　特殊照明

9.4.1.4 Exterior Lighting Control　室外照明控制

9.4.2 Exterior Building Lighting Power　建筑外部照明功率计算

9.4.3 Functional Testing　功能测试

9.5 Building Area Method Compliance Path　建筑面积功率密度达标方法

9.6 Alternative Compliance Path：Space-by-Space Method　可选达标方法：逐个空间符合法

9.7 Submittals　达标文件的提交

9.8 Product Information（Not Used）　产品信息(该条目不再使用)

10 Other Equipment　其他设备系统

10.1 General　一般说明

10.2 Compliance Paths　达标路径

10.3 Simplified/Small Building Option（Not Used）　简易建筑/小型建筑(该条目不再使用)

10.4 Mandatory Provisions　强制性设计要求

10.4.1 Electric Motors　电机

10.4.2 Service Water Pressure Booster Systems　给水加压系统

10.4.3 Elevators　电梯

10.4.4 Escalators and Moving Walks　自动扶梯和自动人行步道

10.4.5 Whole-Building Energy Monitoring　建筑能耗监测

10.5 Prescriptive Compliance Path（Not Used）　规定性指标达标方法(该条目不再使用)

附录 E IECC—2012 标准中商用建筑部分的内容目录结构

Preface 前言

Introduction 规范简介

Development 规范的编制

Adoption 规范的采用

Maintenance 规范的维护

Code Development Committee Responsibilities (Letter Designations in Front of Section Numbers)标准编制委员会的职责[节号前的字母]

Marginal Markings 边缘标记

Italicized Terms 斜体条款

Effective Use of the 2012 International Energy Conservation Code 高效使用 2012 年国际建筑节能设计规范

Arrangement and Format of the 2012 IECC   2012 IECC 的内容安排与格式

Legislation 立法

Chapter 1 [CE] - Scope and Administration 第 1 章 商用建筑节能设计规范的应用范围和管理制度

Part 1 Scope and Application 第一部分 适用范围与标准的使用

Section C101 Scope and General Requirements 适用范围和一般要求

C101. 1 Title 标题

C101. 2 Scope 适用范围

C101. 3 Intent 标准的目的

C101. 4 Applicability 适用领域

C101. 4. 1 Existing Buildings 关于既有建筑的适用

C101. 4. 2 Historic Buildings 关于历史建筑的适用

C101. 4. 3 Additions，Alterations，Renovations or Repairs 关于增建、改建、翻新或维修情况下的适用

C101. 4. 4 Change in Occupancy or Use 关于使用情况或功能改变下的适用

C101. 4. 5 Change in Space Conditioning 关于采暖/空调状态的改变下的适用

C101. 4. 6 Mixed Occupancy 混合功能下的适用

C101. 5 Compliance 标准的遵守

C101. 5. 1 Compliance Materials 遵守本规范所需的材料和工具

C101. 5. 2 Low Energy Buildings 关于低能耗情况下的适用

Section C102 Alternate Materials—Method of Construction，Design or Insulating Systems 关于施工、设计和保温系统中的替代性材料

C102. 1 General 一般说明

C102. 1. 1 Above Code Programs 高于本规范要求的项目

Part 2　Administration and Enforcement 行政和执法

Section C103 Construction Documents 施工文件

C103. 1 General 一般要求

C103. 2 Information on Construction Documents 有关施工文件的信息

C103. 3 Examination of Documents 施工文件审查

C103. 3. 1 Approval of Construction Documents 施工文件的批准

C103. 3. 2 Previous Approvals 本规范生效前已获得的核准

C103. 3. 3 Phased Approval 分阶段核准

C103. 4 Amended Construction Documents 施工文件的变更

C103. 5 Retention of Construction Documents 建筑文件的存留

Section C104 Inspections 检查

C104. 1 General 一般说明

C104. 2 Required Approvals 应本规范要求进行检查

C104.3 Final Inspection 竣工检查

C104.4 Reinspection 复检

C104.5 Approved Inspection Agencies 被认可的检查机构

C104.6 Inspection Requests 检查请求

C104.7 Reinspection and Testing 复查和测试

C104.8 Approval 验收通过

C104.8.1 Revocation 撤销

Section C105 Validity 本标准的有效性

C105.1 General 一般说明

Section C106 Referenced Standards 参照标准

C106.1 Referenced Codes and Standards 参照的规范和标准

C106.1.1 Conflicts 与本规范和参照标准冲突的处理

C106.1.2 Provisions in Referenced Codes and Standards 参考规范和标准中的规定

C106.2 Conflicting Requirements 规定相互冲突时的处理

C106.3 Application of References 参照标准的应用

C106.4 Other Laws 其他法律

Section C107 Fees 许可证费

C107.1 Fees 许可证费

C107.2 Schedule of Permit Fees 许可证费附表

C107.3 Work Commencing before Permit Issuance 许可证签发前开始的工作

C107.4 Related Fees 相关费用

C107.5 Refunds 退款

Section C108 Stop Work Order 停工令

C108.1 Authority 规范官员的权利

C108.2 Issuance 停工令的签发

C108.3 Emergencies 紧急情况

C108.4 Failure to Comply 拒绝停工的罚款

Section C109 Board of Appeals 申诉委员会

C109.1 General 一般说明

C109.2 Limitations on Authority 对委员会权利的限制

C109.3 Qualifications 申诉委员会成员资格

Chapter 2［CE］Definitions 第 2 章术语定义

Section C201 General 一般说明

C201.1 Scope 适用范围

C201.2 Interchangeability 术语的时态、词性和单数复数具有可互换性

C201.3 Terms Defined in Other Codes 其他规范中定义的术语

C201.4 Terms not Defined 未定义的术语

Section C202 General Definitions 术语定义

Chapter 3［CE］General Requirements 第 3 章商用建筑节能设计一般要求

Section C301 Climate Zones 建筑气候分区

C301.1 General 一般说明

C301.2 Warm Humid Counties 加星号的温湿气候区郡县

C301.3 International Climate Zones 国际建筑气候分区

Section C302 Design Conditions 室内设计工况

Section C303 Materials, Systems and Equipment 建筑材料、系统和设备

C303.1 Identification. 性能识别

C303.1.1 Building Thermal Envelope Insulation 围护结构保温材料

C303.1.2 Insulation Mark Installation 保温材料的安装

C303.1.3 Fenestration Product Rating 门窗部品的评级认证

C303.1.4 Insulation Product Rating 保温材料的评级认证

C303.2 Installation 安装要求

C303.3 Maintenance Information 维护保养说明

Chapter 4 [CE] Commerical Energy Efficiency 第 4 章商用建筑节能设计要求

Section C401 General 一般说明

　C401. 1 Scope 适用范围

　C401. 2 Application 本标准的应用

　　C401. 2. 1 Application to Existing Buildings 应用于既有建筑

Section C402 Building Envelope Requirements 围护结构设计要求

　C402. 1 General (Prescriptive) 一般规定性设计要求

　　C402. 1. 1 Insulation and Fenestration Criteria 保温和门窗设计标准

　　C402. 1. 2 U-factor Alternative 传热系数指标的替代

　C402. 2 Specific Insulation Requirements (Prescriptive) 保温设计要求（规定性条款）

　　C402. 2. 1 Roof Assembly 屋顶组件

　　　C402. 2. 1. 1 Roof Solar Reflectance and Thermal Emittance 屋顶太阳反射率和热发射率

　　C402. 2. 2 Classification of Walls 墙的分类

　　C402. 2. 2. 1 Above-grade Walls 地面以上外墙

　　C402. 2. 2. 2 Below-grade Walls 地下室外墙

　　C402. 2. 3 Thermal Resistance of Above-Grade Walls 地面以上外墙热阻

　　C402. 2. 4 Thermal Resistance of Below-Grade Walls 地下室外墙的热阻

　　C402. 2. 5 Floors over Outdoor Air or Unconditioned Space 架空楼面或不采暖空间上的楼面

　　C402. 2. 6 Slabs on Grade 地面

　　C402. 2. 7 Opaque Doors 不透明门

　　C402. 2. 8 Insulation of Radiant Heating Systems 辐射采暖的保温

　C402. 3 Fenestration (Prescriptive) 规定性门窗设计要求

　　C402. 3. 1 Maximum Area 最大面积

C402. 3. 1. 1 Increased Vertical Fenestration Area with Daylighting Controls 有自然采光控制前提下可增的垂直开窗面积

C402.3.1.2 Increased Skylight Area with Daylighting Controls 有自然采光控制前提下可增的天窗开窗面积

C402.3.2 Minimum Skylight Fenestration Area 最小天窗面积

C402. 3. 2. 1 Lighting Controls in Daylight Zones under Skylights 天窗下自然采光区采光控制

C402.3.2.2 Haze Factor 天窗散射指数

C402.3.3 Maximum U-factor and SHGC 门窗最大传热系数和太阳得热系数限值

C402.3.3.1 SHGC Adjustment 太阳得热系数的修正

C402.3.3.2 Increased Vertical Fenestration SHGC 可增加的垂直门窗得热系数情况

C402.3.3.3 Increased Skylight SHGC 可增加的天窗得热系数

C402.3.3.4 Increased Skylight U-factor 可增加天窗传热系数情况

C402.3.3.5 Dynamic Glazing 可变色玻璃

C402.3.4 Area-weighted U-factor 面积权衡法传热系数

C402.4 Air Leakage（Mandatory)强制性空气渗漏设计要求

C402.4.1 Air Barriers 空气屏障

C402.4.1.1 Air Barrier Construction 空气屏障的施工要求

C402.4.1.2 Air Barrier Compliance Options 空气屏障的达标选项

C402.4.2 Air Barrier Penetrations 空气屏障门

C402.4.3 Air Leakage of Fenestration 门窗空气渗漏要求

C402.4.4 Doors and Access Openings to Shafts，Chutes，Stairways，and Elevator Lobbies 门及开向竖井、垃圾道、楼梯间和电梯厅的开口

C402.4.5 Air Intakes，Exhaust Openings，Stairways and Shafts 进风口、排风口、楼梯间和通风井

C402.4.5.1 Stairway and Shaft Vents 楼梯间和竖井通风

C402.4.5.2 Outdoor Air Intakes and Exhausts 户外进风和排风口

C402.4.6 Loading Dock Weather Seals 装卸平台气密门

C402.4.7 Vestibules 门厅

C402.4.8 Recessed Lighting 隐蔽处照明

Section C403 Building Mechanical Systems 建筑设备系统

C403.1 General 一般说明

C403.2 Provisions Applicable to All Mechanical Systems (Mandatory)适用于所有机械系统的强制性规定

C403.2.1 Calculation of Heating and Cooling Loads 采暖和制冷负荷计算

C403.2.2 Equipment and System Sizing 设备和系统规模

C403.2.3 HVAC equipment Performance Requirements HVAC设备性能要求

C403.2.3.2 Positive Displacement (Air-cooled and Water-cooled) Chilling Packages 主动置换(气冷或水冷)

C403.2.4 HVAC System Controls HVAC 系统控制

C403.2.4.1 Thermostatic Controls 温度控制

C403.2.4.1.1 Heat Pump Supplementary Heat 热泵辅助加热

C403.2.4.2 Set Point Overlap Restriction 控制点和重叠控制

C403.2.4.3 Off-hour Controls 非工作时间控制

C403.2.4.4 Shutoff Damper Controls 关闭风门控制装置

C403.2.4.5 Snow Melt System Controls 融雪系统控制

C403.2.5 Ventilation 通风系统设计要求

C403.2.5.1 Demand Controlled Ventilation 按需通风控制系统

C403.2.6 Energy Recovery Ventilation Systems 热回收通风系统

C403.2.7 Duct and Plenum Insulation and Sealing 管道和中压保温和密封

C403.2.7.1 Duct Construction 管道施工

C403.2.8 Piping Insulation 管道保温

C403.2.8.1 Protection of Piping Insulation 管道保温的保护

C403.2.9 Mechanical Systems Commissioning and Completion Requirements 机械系统调试和完成要求

C403.2.10 Air System Design and Control HVAC 系统的设计与控制

C403.2.10.1 Allowable Fan Floor Horsepower 风扇功率限制

C403.3 Simple HVAC Systems and Equipment（Prescriptive）简易暖通空调系统和设备规定性设计要求

C403.3.1.1 Air Economizers 空气节约器

C403.3.1.1.1 Design Capacity 设计容量

C403.3.2 Hydronic System Controls 循环加热系统控制

C403.4 Complex HVAC Systems and Equipment（Prescriptive）复杂的暖通空调系统和设备（规定性条款）

C403.4.1 Economizers 节能器

C403.4.1.1 Design Capacity 设计容量

C403.4.1.2 Maximum Pressure Drop 最大压降

C403.4.1.3 Integrated Economizer Control 集成节能器控制

C403.4.1.4 Economizer Heating System Impact 节能对采暖系统的影响

C403.4.2 Variable Air Volume（VAV）Fan Control 变风量控制

C403.4.2.1 Static Pressure Sensor Location 静压传感器的位置

C403.4.2.2 Set Points for Direct Digital Control 数字控制的设置点

C403.4.3 Hydronic Systems Controls 循环加热/制冷系统控制

C403.4.3.1 Three-pipe System 三管系统

C403.4.3.2 Two-pipe Changeover System 双管转换系统

C403.4.3.3 Hydronic（Water Loop）Heat Pump Systems 循环

水热泵系统

　　C403.4.3.4 Part Load Controls 部分负荷控制

　　C403.4.3.5 Pump Isolation 泵的保温

　　C403.4.4 Heat Rejection Equipment Fan Speed Control 散热设备风扇速度控制

　　C403.4.5 Requirements for Complex Mechanical Systems Serving Multiple Zones 服务于多区域的复杂(空间)机械系统的要求

　　C403.4.5.1 Single Duct Variable Air Volume (VAV) Systems，Terminal Devices 单管变风量系统、终端设备

　　C403.4.5.2 Dual Duct and Mixing VAV Systems，Terminal Devices 双管和混合阀系统、终端设备

　　C403.4.5.3 Single Fan Dual Duct and Mixing VAV Systems，Economizers 单扇双风管和混合变风量系统，节能器

　　C403.4.5.4 Supply-Air Temperature Reset Controls 补风温度复位控制

　　C403.4.6 Heat Recovery for Service Water Heating 服务热水的热回收

　　C403.4.7 Hot Gas Bypass Limitation 热气体旁路限制

Section C404 Service Water Heating (Mandatory)生活热水系统设计要求(强制性)

　　C404.1 General 一般说明

　　C404.2 Service Water-heating Equipment Performance Efficiency 热水设备性能效率

　　C404.3 Temperature Controls 温度控制

　　C404.4 Heat Traps 热阱(低温热源)

　　C404.5 Pipe Insulation 管道保温

　　C404.6 Hot Water System Controls 热水系统控制

　　C404.7 Pools and Inground Permanently Installed SPAs (Mandatory)游泳池和永久安装的水疗池(强制性要求)

C404.7.1 Heaters 加热装置

C404.7.2 Time Switches 定时开关

C404.7.3 Covers 盖子

Section C405 Electrical Power and Lighting Systems（Mandatory）电气和照明系统（强制性要求）

C405.1 General（Mandatory）强制性一般要求

C405.2 Lighting Controls（Mandatory）强制性照明控制要求

C405.2.1 Manual Lighting Controls 手动照明控制

C405.2.1.1 Interior Lighting Controls 室内照明控制

C405.2.1.2 Light Reduction Controls 减光控制

C405.2.2 Additional Lighting Controls 其他照明控制

C405.2.2.1 Automatic Time Switch Control Devices 自动定时开关控制装置

C405.2.2.2 Occupancy Sensors 人员活动感知传感器

C405.2.2.3 Daylight Zone Control 自然采光区域控制

C405.2.3 Specific Application Controls 特殊应用照明控制

C405.2.4 Exterior Lighting Controls 室外照明控制

C405.3 Tandem Wiring（Mandatory）串联布线（强制性要求）

C405.4 Exit Signs（Mandatory）安全出口标志（强制性要求）

C405.5 Interior Lighting Power Requirements（Prescriptive）室内照明功率规定性要求

C405.5.1 Total Connected Interior Lighting Power 室内照明总功率

C405.5.1.1 Screw Lamp Holders 螺口灯泡灯座

C405.5.1.2 Low-voltage Lighting 低压照明

C405.5.1.3 Other Luminaires 其他灯具

C405.5.1.4 Line-voltage Lighting Track and Plug-in Busway 照明轨道和插入式汇流排槽

C405.5.2 Interior Lighting Power 室内照明总功率

C405.6 Exterior Lighting（Mandatory)室外照明(强制性要求）

C405.6.1 Exterior Building Grounds Lighting 建筑室外地面照明

C405.6.2 Exterior Building Lighting Power

C405.7 Electrical Energy Consumption（Mandatory)电能消耗(强制性要求）

Section C406 Additional Efficiency Package Options 附加节能装备选项

C406.1 Requirements 要求

C406.2 Efficient HVAC Performance 高效暖通空调性能

C406.3 Efficient Lighting System 高效照明系统

C406.3.1 Reduced Lighting Power Density 降低照明功率密度

C406.4 On-site Renewable Energy 在地可再生能源

Section C407 Total Building Performance 整体建筑性能

C407.1 Scope 应用范围

C407.2 Mandatory Requirements 强制性设计要求

C407.3 Performance-based Compliance 基于性能的达标路径

C407.4 Documentation 文件准备

C407.4.1 Compliance Report 合规性报告生成

C407.4.2 Additional Documentation 补充文件

C407.5 Calculation Procedure 计算程序

C407.5.1 Building Specifications 建筑规格

C407.5.2 Thermal Blocks 热计算模块

C407.5.2.1 HVAC zones designed 设计有 HVAC 分区

C407.5.2.2 HVAC zones not designed 没有进行 HVAC 分区

C407.5.2.3 Multifamily Residential Buildings 多家庭住宅建筑

C407.6 Calculation Software Tools 性能模拟计算软件

C407.6.1 Specific Approval 性能模拟计算机的替代

C407.6.2 Input Values 参数输入

Section C408 System Commissioning 系统调试

C408.1 General 一般说明

附录 F 英文技术报告

1. MAKELA E,WILLIAMSON J. Comparison of Standard 90. 1-2010 and the 2012 IECC with Respect to Commercial Buildings, Pacific Northwest National Laboratory,September 2011.

2. Building Energy Codes Program (BECP) and the American Institute of Architects (AIA). Building Energy Codes Resource Guide: Commercial Building for Architects,September 2011,PNNL-SA-82940,DOE.

3. THORNTON B A,ROSENBERG M I,et al. Achieving the 30% Goal: Energy and Cost Savings Analysis of ASHRAE Standard 90. 1-2010, PNNL-20405,Pacific Northwest Laboratory,May 2011.

4. THORNTON B A,CHO H, et al. Cost-effectiveness of ASHRAE Standard 90. 1-2010 Compared to ASHRAE Standard 90. 1-2007,PNNL-22043,Pacific Northwest National Laboratory,May 2013.

5. DORIS E,COCHRAN J,VORUM M. Energy Efficiency Policy in the United States: Overview of Trends at Different Levels of Government, Technical Report NREL/TP-6A2-46532,DOE,December 2009.

6. JOSKOW P L. Energy Policies and Their Consequences after 25 Years,MIT Center for Energy and Environmental Policy Research,2003.

7. Impacts of the 2009 IECC for Residential Buildings at State Level, Pacific Northwest National Laboratory,September 2009.

8. Niles Bolton Associates, Inc. Impact of the 2009 and 2012 International Energy Conservation Code in Multifamily Buildings,Prepared for: National Multi Housing Council and National Apartment Association, March 2012.

9. Progress Report: Implementing HUD's Energy Strategy, U. S.

Department of Housing and Urban Development,December 2008.

10. HUANG Y,GOWRI K. Analysis of IECC (2003, 2006, 2009) and ASHRAE 90. 1-2007 Commercial Energy Code Requirements for Mesa, AZ,PNNL-20214,Pacific Northwest National Laboratory,February 2011.

11. LUCAS R, Analysis of 2009 International Energy Conservation Code Requirements for Residential Buildings in Mesa, Arizona, PNNL-20230,Pacific Northwest National Laboratory,March 2011.

12. PEAVY B A, POWELL F J, BURCH D M. Dynamic Thermal Performance of an Experimental Masonry Building, Building Science Series 45, National Bureau of Standards, Washington, DC, July 1973.

13. PEAVY B A, BURCH D M, POWELL F J, et al. Comparison of Measured and Computer-Predicted Thermal Performance of a Four-Bedroom Wood-Frame Townhouse, Building Science Series 57, National Bureau of Standards, Washington,DC, April 1975.

14. PETERSEN S R, The Role of Economic Analysis in the Development of Energy Standards for New Buildings, NBSIR 78-1471, National Bureau of Standards, Washington, DC, May 1978.

15. PETERSEN S R, HELDENBRAND J L, A "Reference Building" Approach to Building Energy Performance Standards for Single-Family Residences, NBSIR 80-2161, National Bureau of Standards, Washington, DC, October 1980.

16. PETERSEN S R. Economics and Energy Conservation in the Design of New Single-Family Housing, NBSIR 81-2380, National Bureau of Standards, Washington, DC, August 1981.

17. PETERSEN S R. BLCC—The NIST Building Life-Cycle Cost Program, first software release, 1985, is based on BSS 64.

18. PETERSEN S R, Retrofitting Existing Housing For Energy Conservation: An Economic Analysis, Building Science Series 64, National Bureau of Standards, Washington, DC, December 1974.

19. An Introduction to the Development of International Construction and Fire Codes ICC Code Development Process.

20. LIVINGSTON O V, COLE P C, ELLIOTT D B, et al. Building Energy Codes Program: National Benefits Assessment, 1992-2040, PNNL-22610, October 2013.

21. National Cost-effectiveness of ANSI/ASHRAE/IES Standard 90. 1-2013, January 2015.

22. Energy and Energy Cost Savings Analysis of the 2015 IECC for Commercial Buildings, August 2015.

23. National Cost-Effectiveness of the Residential Provisions of the 2015 IECC, June 2015.

24. The National Energy Conservation Policy Act of 1978 (Pub. L. 95-619), enacted on November 9, 1978

25. The Energy Policy Act of 1992(Pub. L. No. 102-486)enacted on October 24, 1992

26. The Energy Policy Act of 2005 (Pub. L. 109 - 58) enacted on August 8, 2005

27. ANSI/ASHRAE/IESNA STANDARD 90. 1-(1989, 2001, 2004, 2007, 2010, 2013, 2016) Energy Standard for Buildings Except Low-Rise Residential Buildings, Published by American Society of Heating Refrigerating and Airconditioning Engineer Inc.

28. ANSI/ASHRAE/IESNA STANDARD 90. 2-(2001, 2004, 2007, 2018)Energy Efficient Design of Low-Rise Residential Buildings, Published by American Society of Heating Refrigerating and Airconditioning Engineer Inc.

29. INTERNATIONAL ENERGY CONSERVATION CODE (1998, 2000, 2003, 2006, 2009, 2012, 2015, 2018), Published by International Code Council.

30. ANSI/ASHRAE/IESNA STANDARD 169-2013 Climatic Data for

Building Design Standards.

31. ANSI/ASHRAE/IESNA STANDARD 189. 1-2017 Standard for the Design of High-Performance Green Buildings Except Low-Rise Residential Buildings

32. ANSI/ASHRAE/IESNA STANDARD 100-2018 Energy Efficiency in Existing Buildings

33. International Green Construction Code(IgCC)

附录 G 其他参考资料

法律及政令

1.《中华人民共和国标准化法》(1989)

2.《中华人民共和国标准化法》(2017)

3.《中华人民共和国节约能源法》(1998)

4.《中华人民共和国节约能源法》(2008)

5.《中华人民共和国节约能源法》(2016)

6.《中华人民共和国可再生能源法》(2006)

7.《民用建筑节能条例》(国务院令第 530 号,2008)

8.《民用建筑节能管理规》(2006)

节能政策与规划

1.《中国 21 世纪议程——中国 21 世纪人口、环境与发展白皮书》(1994)

2.《建筑节能"九五"计划和 2010 年规划》(1995)

3.《中国的环境保护》(1996)

4.《1996—2010 中国建筑技术政策》(中国建筑工业出版社,1998)

5.《建筑节能"十五"计划纲要》(建设部,2002)

6.《关于发展节能省地型住宅和公共建筑的指导意见》(2005)

7.《关于进一步推进墙体材料革新和推广节能建筑的通知》(2005)

8.《中国的环境保护(1996—2005)》(2006)

9.《中国的能源状况与政策》(2007)

10.《中国应对气候变化科技专项行动》(2007)

11.《中国应对气候变化的政策与行动》(2008)

12.《中国应对气候变化的政策与行动》(2011)

13.《"十二五"节能减排综合工作方案》(2011)

14.《"十二五"建筑节能专项规划》(建设部,2012)

15.《中国的能源政策》(2012)

16.《绿色建筑行动方案》(2013)

17.《国家应对气候变化规划(2014—2020 年)》(2014)

18.《"十三五"节能减排综合工作方案》(2016)

19.《中国落实 2030 年可持续发展议程国别方案》(2016)

20.《建筑节能与绿色建筑发展"十三五"规划》(建设部,2017)

21.《中国落实 2030 年可持续发展议程进展报告》(2017)

网络资源

1.美国人口调查局. www. census. gov.

2.美国能源部信息署. www. eia. gov.

3.美国能源部. www. doe. gov.

4.美国能源部建筑节能设计标准促进计划 Building Energy Codes Program(BECP). http://www. energycodes. gov/.

5.美国能源部所属西北太平洋国家实验室(PNNL). www. pnl. gov.

6.美国能源部所属劳伦斯伯克利国家实验室(LBNL). www. lbl. gov.

7.国家可再生能源实验室(NREL). www. nrel. gov.

8.美国国家标准研究院(NIST). www. nist. gov.

9.美国国家标准学会(ANSI). http://www. ansi. org.

10.美国建筑师学会. www. aia. org.

11.美国建筑能耗统计年鉴. Building Energy Data Book. http://buildingsdatabook. eren. doe. gov/default. aspx.

12. 美国商用建筑能耗调查数据库. http://www. eia. gov/consumption/commercial/.

13. 美国居住建筑能耗调查数据库. http://www. eia. gov/consumption/residential.

14.国际规范协会(ICC). www. iccsafe. org.

15. 美国美国采暖、制冷与空调工程师学会（ASHRAE）. www.

ashrae. org.

16. 政府间气候变化专门委员会 IPCC 各工作组提交的《第三次评估报告》(TAR). http://www. ipcc. ch/home_languages_main_chinese. shtml♯. UiQz5rKBT-o.

17. 联合国气候变化框架公约京都议定书. http://untreaty. un. org/cod/avl/pdf/ha/kpccc/kpccc_c. pdf.

18. 联合国气候变化框架公约. http://unfccc. int/resource/docs/convkp/convchin. pdf.

参 考 文 献

[1] 罗马俱乐部.增长的极限［M］.李宝恒,译.成都:四川人民出版社,1983.

[2] 德内拉·梅多斯,兰德斯,丹尼斯·梅多斯.增长的极限［M］.李涛,王智勇,译.北京:机械工业出版社,2006.

[3] 清华大学节能研究中心.中国建筑年度节能研究报告 2007［M］.北京:中国建筑工业出版社,2008.

[4] 清华大学节能研究中心.中国建筑年度节能研究报告 2008［M］.北京:中国建筑工业出版社,2009.

[5] 清华大学节能研究中心.中国建筑年度节能研究报告 2009［M］.北京:中国建筑工业出版社,2010.

[6] 清华大学节能研究中心.中国建筑年度节能研究报告 2010［M］.北京:中国建筑工业出版社,2011.

[7] 清华大学节能研究中心.中国建筑年度节能研究报告 2011［M］.北京:中国建筑工业出版社,2012.

[8] 清华大学节能研究中心.中国建筑年度节能研究报告 2012［M］.北京:中国建筑工业出版社,2013.

[9] 清华大学节能研究中心.中国建筑年度节能研究报告 2013［M］.北京:中国建筑工业出版社,2014.

[10] 清华大学节能研究中心.中国建筑年度节能研究报告 2014［M］.北京:中国建筑工业出版社,2015.

[11] 清华大学节能研究中心.中国建筑年度节能研究报告 2015［M］.北京:中国建筑工业出版社,2016.

[12] 清华大学节能研究中心.中国建筑年度节能研究报告 2016［M］.北京:中国建筑工业出版社,2017.

[13] 清华大学节能研究中心.中国建筑年度节能研究报告 2017[M].北京:中国建筑工业出版社,2018.

[14] 清华大学节能研究中心.中国建筑年度节能研究报告 2018[M].北京:中国建筑工业出版社,2019.

[15] 格鲁特,大卫·王.建筑学研究方法[M].王晓梅,译.北京:机械工业出版社,2005.

[16] 吕俊华,彼得·罗,张杰.中国现代城市住宅:1840—2000[M].北京:清华大学出版社,2003.

[17] 清华大学建筑学院,清华大学建筑设计研究院.建筑设计的生态策略[M].北京:中国计划出版社,2001.

[18] 徐伟.国际建筑节能标准研究[M].北京:中国建筑工业出版社,2012.

[19] 许鹏,殷荣欣,朱亚明,等.美国建筑节能研究总览[M].北京:中国建筑工业出版社,2012.

[20] 中国建筑节能协会.中国建筑节能现状与发展报告[M].北京:中国建筑工业出版社,2012.

[21] 涂逢祥,等.坚持中国特色建筑节能发展道路[M].北京:中国建筑工业出版社,2010.

[22] 刘伊生.建筑节能技术与政策[M].北京:北京交通大学出版社,2015.

[23] 中国建筑科学研究院.中国建筑节能标准回顾与展望[M].北京:中国建筑工业出版社,2017.

[24] 郝斌.建筑节能与清洁发展机制[M].北京:中国建筑工业出版社,2010.

[25] 北京市统计局.北京统计年鉴 2012,北京:中国统计出版社,2012 年.

[26] 武汉市统计局.武汉统计年鉴 2012,北京:中国统计出版社,2012 年.

[27] 广州市统计局.广州统计年鉴 2012,北京:中国统计出版社,2012 年.

[28] 上海市统计局.上海统计年鉴 2012,北京:中国统计出版社,2012 年.

[29] 朱保良,姚大锱.建筑节能设计[J].世界建筑,1982(4).

[30] 郎四维.住宅建筑采暖能耗计算方法及节能措施初步探讨[J].建筑科

学,1985(1).

[31] 胡璘,杨善勤.我国《民用建筑节能设计标准(采暖居住建筑部分)》(试行)简介[J].建筑学报,1986(6).

[32] 杜文英.我国采暖地区住宅建筑能耗调查分析[J].硅酸盐建筑制品,1987(2).

[33] 陈苰蒂,周景德,杜文英.采暖住宅建筑能耗调查与实测[J].建筑技术通讯(暖通空调),1987(2).

[34] 蔡敬琅.《民用建筑节能设计标准》JGJ 26—86 与《北京地区实施细则》中的几个问题的探讨[J].建筑技术通讯(暖通空调),1990(6).

[35] 张锡虎.也谈《民用建筑节能设计标准》和《北京地区实施细则》中的一些问题[J].暖通空调,1991(4).

[36] 汪训昌.《旅游旅馆建筑热工与空气调节节能设计标准》GB 50189—93 介绍[J].建筑科学,1994(2).

[37] 杨善勤.《民用建筑节能设计标准(采暖层住建筑部分)》JGJ 26—95 简介[J].建筑科学,1996(4).

[38] 杨善勤.《民用建筑节能设计标准(采暖居住建筑部分)》修订的主要内容及实施建议[J].房材与应用,1997(1).

[39] 陈绮.实行第二阶段建筑节能的目标和要求——民用建筑节能设计标准(采暖居住建筑部分)北京地区实施细则(DBJ01-602-97)简介[J].建筑技术开发,1997(6).

[40] 郎四维,林海燕,付祥钊,等.《夏热冬冷地区居住建筑节能设计标准》简介[J].暖通空调,2001(4).

[41] 冯雅,杨红.《夏热冬冷地区居住建筑节能设计标准》中窗墙面积比的确定[J].西安建筑科技大学学报(自然科学版),2001(4)

[42] 刘岩松.对《民用建筑节能设计标准》的几点建议[J].房材与应用,2001(6).

[43] 卫明.美国的建筑标准与规范(上)[J].建筑,2001(9).

[44] 卫明.美国的建筑标准与规范(下)[J].建筑,2001(10).

[45] 傅秀章.夏热冬冷地区住宅能耗计算方法及程序实现[J].东南大学学

报(自然科学版),2002(2).

[46] 郎四维.我国建筑节能设计标准的现况与进展[J].制冷空调与电力机械,2002(3).

[47] 郎四维.建筑能耗分析逐时气象资料的开发研究[J].暖通空调,2002(4).

[48] 郎四维.我国建筑节能设计标准编制思路与进展[J].暖通空调,2004(5).

[49] 郎四维.标准瞄住 65%——修订北方居住建筑节能设计标准的思考[J].建设科技,2003(8).

[50] 公共建筑节能设计标准编制组,郎四维.《公共建筑节能设计标准》编制思路和要点[J].机电信息,2005(23).

[51] 全首琎.民用建筑采暖设计规范与节能标准差异比较[J].新型建筑材料,2005(2).

[52] 郎四维.建筑节能设计标准剖析[J].住宅产业,2006(6).

[53] 龙惟定.建筑能耗比例与建筑节能目标[J].中国能源,2005(10).

[54] 郎四维.《公共建筑节能设计标准》GB 50189—2005 剖析[J].暖通空调,2005(11).

[55] 马宏权,龙惟定,马素贞.美国《2005 能源政策法案》简介[J].暖通空调,2006(9).

[56] 王庆一.按国际准则计算的中国终端用能和能源效率[J].中国能源,2006(12).

[57] 建设部:广泛征求《居住建筑节能设计标准(征求意见稿)》意见[J].中国建设信息,2006(16).

[58] 高维庭.对《公共建筑节能设计标准》的一点建议[J].建筑节能,2007(1).

[59] 杨秀,魏庆芃,江亿.建筑能耗统计方法探讨[J].建筑节能,2007(1).

[60] 林海燕,郎四维.建筑节能设计标准中几个问题的说明[J].建设科技,2007(6).

[61] 龙惟定,马素贞,白玮.我国住宅建筑节能潜力分析——除供暖外的

住宅建筑能耗[J].暖通空调,2007(5).

[62] 杨仕超.《夏热冬暖地区居住建筑节能设计标准》相关问题研究[A].中国建筑学会建筑物理分会.建筑环境与建筑节能研究进展——2007全国建筑环境与建筑节能学术会议论文集[C].中国建筑学会建筑物理分会:中国建筑学会建筑物理分会,2007:9.

[63] 董孟能,丁小猷,姜涵,等.重庆市"十一五"建筑节能贡献率分析[J],重庆建筑大学学报,2008(3).

[64] 雷飞.对《公共建筑节能设计标准》个别条款的商榷[A].中国建筑学会暖通空调分会、中国制冷学会空调热泵专业委员会.全国暖通空调制冷2008年学术年会资料集[C].中国建筑学会暖通空调分会、中国制冷学会空调热泵专业委员会:中国制冷学会,2008:1.

[65] 黄炜.建筑节能设计体形系数定义异议及修正建议[J].建筑节能,2008(5):19-21

[66] 龙惟定,白玮,马素贞,等.中国建筑节能现状分析[J].建筑科学,2008(10).

[67] 李兆坚,江亿.我国城镇住宅夏季空调能耗状况分析[J].暖通空调,2009,39(5).

[68] 刘刚.美国建筑规范体系介绍(Ⅰ)[J].商品与质量·建筑与发展,2010(7).

[69] 刘刚.美国建筑规范体系介绍(Ⅱ)[J].商品与质量·建筑与发展,2010(8).

[70] 刘刚.美国建筑规范体系介绍(Ⅲ)[J].商品与质量·建筑与发展,2010(9).

[71] 刘刚.美国建筑规范体系介绍(Ⅳ)[J].商品与质量·建筑与发展,2010(10).

[72] 杨秀.美国国家建筑能耗统计概况[J].建筑科学,2010(4).

[73] 付衡,龚延风,许锦峰,等.夏热冬冷地区居住建筑体形系数对建筑能耗影响的分析[J].新型建筑材料,2010,37(01):44-47+50.

[74] 莫天柱.夏热冬冷地区规划方案阶段控制体型系数的研究[J].建筑节

能 2010(4):4-7.

[75] 赵辉,杨秀,张声远.德国建筑节能标准的发展演变及其启示[J].动感(生态城市与绿色建筑),2010(3).

[76] 陈劼.探析浙江省居住建筑节能设计标准的发展与变化[J].浙江建筑,2010(3).

[77] 韩学廷,李国富,朱建章.围护结构热工性能权衡判断方法及简化形式探讨[J].建筑热能通风空调,2012,31(1):46-49+8.

[78] 苑翔,龙惟定,张洁.建筑体形参数与外扰因素影响下冷负荷的相关性分析[J].中南大学学报(自然科学版),2010(5).

[79] 支金双.浅议住宅楼梯间采暖问题——对《民用建筑节能设计标准》JGJ26-95-4.1.3条规定的商榷意见[J].区域供热,2011(6):92-93.

[80] 韩学廷,朱建章,李国富.对《公共建筑节能设计标准宣贯辅导教材》中"围护结构热工性能权衡判断法"的一点商榷[J].建筑科学,2012(4).

[81] 陈景堃,田波,陈雯珺.JGJ26—2010《严寒和寒冷地区居住建筑节能设计标准》探析[J].建筑节能,2012(3).

[82] 陈婕.汉中市居住建筑能耗调查分析[J].四川建筑科学研究,2013(1).

[83] 徐伟,邹瑜,陈曦,等.GB50189《公共建筑节能设计标准》修订原则及方法研究[J].暖通空调,2015(10).

[84] 徐伟,邹瑜,孙德宇,等.GB50189—2015《公共建筑节能设计标准》动态节能率定量评估研究[J].暖通空调,2015,45(10).

[85] 刘宗江,徐伟,孙德宇,等.GB50189—2015《公共建筑节能设计标准》典型技术的地区适应性[J].暖通空调,2015,45(10).

[86] 张海滨.寒冷地区居住建筑体型设计参数与建筑节能的定量关系研究[D].天津:天津大学,2012.

[87] 李兆坚.我国城镇住宅空调生命周期能耗与资源消耗研究[D].北京:清华大学,2007.

[88] 李保峰.适应夏热冬冷地区气候的建筑表皮之可变化设计策略研究

[D].北京:清华大学,2004.

[89]　杨玉兰.居住建筑节能评价与建筑能效标识研究[D].重庆:重庆大学,2009.

[90]　赵天蓉.成都市居住建筑能耗调查及节能分析[D].成都:西华大学,2010.

[91]　龙恩深.建筑能耗基因理论研究[D].重庆:重庆大学,2005.

[92]　周智勇.建筑能耗定额的理论与实证研究[D].重庆:重庆大学,2010.

[93]　阮方.分室间歇用能方式下居住建筑围护结构保温节能理论研究[D].杭州:浙江大学,2017.

[94]　中华人民共和国国家统计局.中国统计年鉴1996[M].北京:中国统计出版社,1997.

[95]　中华人民共和国国家统计局.中国统计年鉴1997[M].北京:中国统计出版社,1998.

[96]　中华人民共和国国家统计局.中国统计年鉴1998[M].北京:中国统计出版社,1999.

[97]　中华人民共和国国家统计局.中国统计年鉴1999[M].北京:中国统计出版社,2000.

[98]　中华人民共和国国家统计局.中国统计年鉴2000[M].北京:中国统计出版社,2001.

[99]　中华人民共和国国家统计局.中国统计年鉴2001[M].北京:中国统计出版社,2002.

[100]　中华人民共和国国家统计局.中国统计年鉴2002[M].北京:中国统计出版社,2003.

[101]　中华人民共和国国家统计局.中国统计年鉴2003[M].北京:中国统计出版社,2004.

[102]　中华人民共和国国家统计局.中国统计年鉴2004[M].北京:中国统计出版社,2005.

[103]　中华人民共和国国家统计局.中国统计年鉴2005[M].北京:中国统计出版社,2006.

[104]　中华人民共和国国家统计局.中国统计年鉴 2006[M].北京:中国统计出版社,1997.

[105]　中华人民共和国国家统计局.中国统计年鉴 2007[M].北京:中国统计出版社,1998.

[106]　中华人民共和国国家统计局.中国统计年鉴 2008[M].北京:中国统计出版社,1999.

[107]　中华人民共和国国家统计局.中国统计年鉴 2009[M].北京:中国统计出版社,2010.

[108]　中华人民共和国国家统计局.中国统计年鉴 2010[M].北京:中国统计出版社,2011.

[109]　中华人民共和国国家统计局.中国统计年鉴 2011[M].北京:中国统计出版社,2012.

[110]　中华人民共和国国家统计局.中国统计年鉴 2012[M].北京:中国统计出版社,2013.

[111]　中华人民共和国国家统计局.中国统计年鉴 2013[M].北京:中国统计出版社,2014.

[112]　中华人民共和国国家统计局.中国统计年鉴 2014[M].北京:中国统计出版社,2015.

[113]　中华人民共和国国家统计局.中国统计年鉴 2015[M].北京:中国统计出版社,2016.

[114]　中华人民共和国国家统计局.中国统计年鉴 2016[M].北京:中国统计出版社,2017.

[115]　中华人民共和国国家统计局.中国统计年鉴 2017[M].北京:中国统计出版社,2018.

[116]　中华人民共和国国家统计局.中国统计年鉴 2018[M].北京:中国统计出版社,2019.

后　记

　　节能设计标准是实施建筑节能的技术起点,明确工程需达到的性能目标和达成途径,制定最低可接受的性能标准。编制标准从技术层面上来看清晰而简单,围绕围护结构节能、用能设备节能和利用可再生能源三个方面来制定规则和标准。关于人的因素,即使用节能方面目前在中美的节能设计标准中还较少涉及或很难涉及。

　　建筑能耗调查与统计涉及两个方面:建筑数据和能耗数据。建筑数据是基础,其中包括有多少房子、地理/气候分区分布如何、功能类别情况、建筑规模和层数、采暖空调等设备安装使用情况、围护结构状况、建造年份,改扩建情况、各自占比如何、使用时间和人数等。在建筑调查数据的基础上通过能耗调查掌握其中真实的能耗数据及其规律,总量、强度、能源种类等与建筑属性的相互关系,在真实的使用环境下搜集信息并分析。这是制定和修订相关建筑节能政策的前提,也是检验节能政策和技术标准实效的唯一有效途径,也可据此阐明哪些能耗是刚性的,哪些是有节能潜力可挖的,以及将会遇到怎样的技术和经济问题等。这是建筑节能最重要的基础性工作之一。

　　制定和修订节能设计标准相对要简单得多,即便缺乏坚实的基础研究,没有翔实的统计数据,也能编制出设计标准,新标准比之前的版本更节能、更全面,并且只需要不超过百人的团队就可完成。而能耗调查与统计显然要复杂得多。以建筑节能设计标准为龙头的整个建筑节能技术体系已经全面建立起来,据不完全统计数据表明,建筑能耗的增长率要远小于建筑面积的增长速度,这说明节能取得了实实在在的成效。但成效到底如何,节能投资与回报的性价比如何等目前仍然是模糊的和不确定的。从结果来看,可能是因为没有引起足够的重视,或暂时遇到了难以克服的困难等。不然经过十多年的研究还没有完整的数据,这显然是不正常的。我们的目标是实

实在在地节能,而不是标准节能、文件节能。

从我国的建筑节能历史来看,整体上呈现政策驱动的自上而下特点,各个环节多是在被动执行政策文件,按规则按标准办事,利益相关各方的积极性还没有充分调动起来;有关建筑节能的基础性研究投入不足且分散,缺乏整体布局和持续投入;权威而全面的实证数据支撑是短板;标准分散,标准之间的协调性不够;标准的编制机制不能适应新形势的要求,缺乏与标准配套的材料或构造的热工性能和设备的性能数据库,缺乏设计指南;标准的实施也缺乏技术支持和教育培训。这些不足说明我国未来的建筑节能还有大量的工作要做。

经过研究发现中美两国在建筑节能设计标准的编制机制、内容以及相关实证研究等方面的差距是显而易见的,而且是多方面的。本研究的目的并非仅仅是找出差距,而是探究差异产生的原因,以及这些差异带给我们的启示。

目前,在国内的建筑节能研究中,理性地分析并比较中美两国在节能设计标准的相关研究仍然是缺乏的,这正是本研究的意义所在。

因对美国建筑节能方面资料掌握的局限性,本文对我国的建筑节能设计标准的研究要多于对美国同类标准的研究。再者由于我国标准按气候区分建筑类型,这使得在描述我国的标准时行文显得有些繁复,这也是迫不得已的事情。

由于缺乏标准编制的经验,本文的研究更多的是站在旁观者的角度的观察与思考,难免有失偏颇,甚至错误,敬请读者批评指正。

本书初稿曾得到华中科技大学李保峰教授的悉心指正,在此表示衷心感谢。

作者
2020 年 8 月